長沙走馬樓西漢簡牘

肆

U0275401

長沙簡牘博物館
湖南大學簡帛文獻研究中心
編著

岳麓書社·長沙

凡　例

一、本卷收録走馬樓西漢簡部分文書内容，包括六組案例簡、未歸類簡，共547枚，以及新清理飽水簡442枚。

二、本卷圖版按照六組案例簡、未歸類簡、新增飽水簡的順序排列。六組案例簡分别按照彩色整版編聯正面原大圖版、紅外綫整版正背面編聯原大圖版、紅外綫單簡正背面圖版及釋文的順序排列，釋文簡注附於每組單簡圖版之後。未歸類簡排序按每枚彩色正面圖版、紅外綫正面圖版、紅外綫背面圖版並附釋文的順序排列。新增飽水簡作置於本卷附録，按紅外綫正面圖版、紅外綫背面圖版並附释文的順序排列。

三、所有圖版原則上以原大形式呈現，但本卷對部分長簡圖版做特殊處理：案例簡的彩色整版編聯圖版、紅外綫整版編聯圖皆以原大形式呈現，每組單簡圖版中的長簡以及未歸類簡中的長簡按一定比例縮放，並在簡號右側加『☆』標識，讀者可根據彩色和紅外綫整版原大圖版，或者卷末所附《簡牘編號、材質及尺寸對照表》核對原簡信息。

四、爲便於核查，簡牘圖版上端依次標出本卷卷内序號與原始編號，兩枚以上的殘簡拼綴者，則同時注明其殘簡的原始編號。新增飽水簡置於附録，衹在簡牘上端標出整理號，不出卷内號。

五、在整理過程中，儘可能將殘斷的簡拼合復原，並根據文句内容、書體風格、背面反印文及揭取位置等加以編排。不能確定編排次序的簡，置於各組末尾。

六、本卷釋文以繁體字豎排。爲方便讀者，簡文除個别特有字形外，其他文字儘可能採用通行字，不一一嚴格隸定。

七、原簡符號『∟』『ノ』『●』『·』於釋文中照録，原簡中的重文、合文『〓』直接整理爲釋文，不特殊標注。

八、下列符號爲整理時所加：

□　表示未能釋出的字，一字一□。

……　表示不確定未釋字數。

字　表示有殘餘墨跡並據文意可以補釋的字。

（）　表示異體字或通假字的正字。

〈〉　表示錯訛字括注正字。

［］　表示衍文。

〔 〕　表示據文例補出的脱文。

【 】　表示雖無墨跡，但據文意或相關簡文可以補充的殘簡、缺簡内容。

☐　表示原簡殘缺。

九、原簡行文中空白處，僅在簡注中加以推測説明，不加符號標注。簡文起首和簡文結束後的空白以及編繩處不做空白處理。

十、彩色與紅外綫圖版在簡文的清晰度和簡的完殘程度等方面不盡相同，釋文擇優而寫，不逐一注明圖版異同。

十一、簡注引用已刊出土材料時，一般祇標明篇章名，對原有篇章名與整理者所取的篇章名不加區别，注釋中間或有參考今人注釋，因體例所限，不另加注。

目錄

彩色圖版

案例一　令史兄等爲武擅解脱易枉案　正面編聯圖版

001 0118

002 0518

003 0573

004 0589

005 0582

006 0591

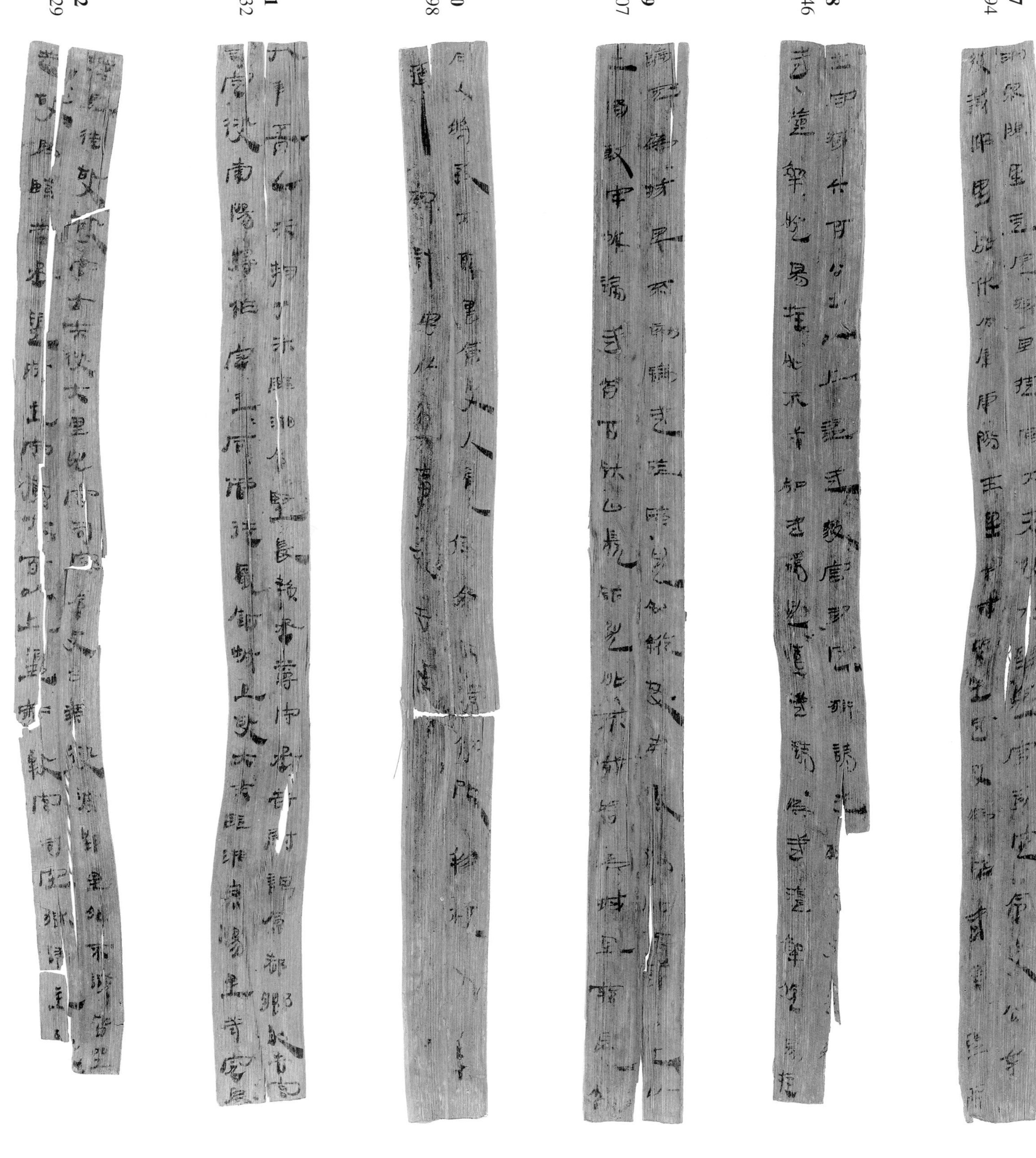

007 0594

008 0546

009 0207

010 0598

011 0232

012 0229

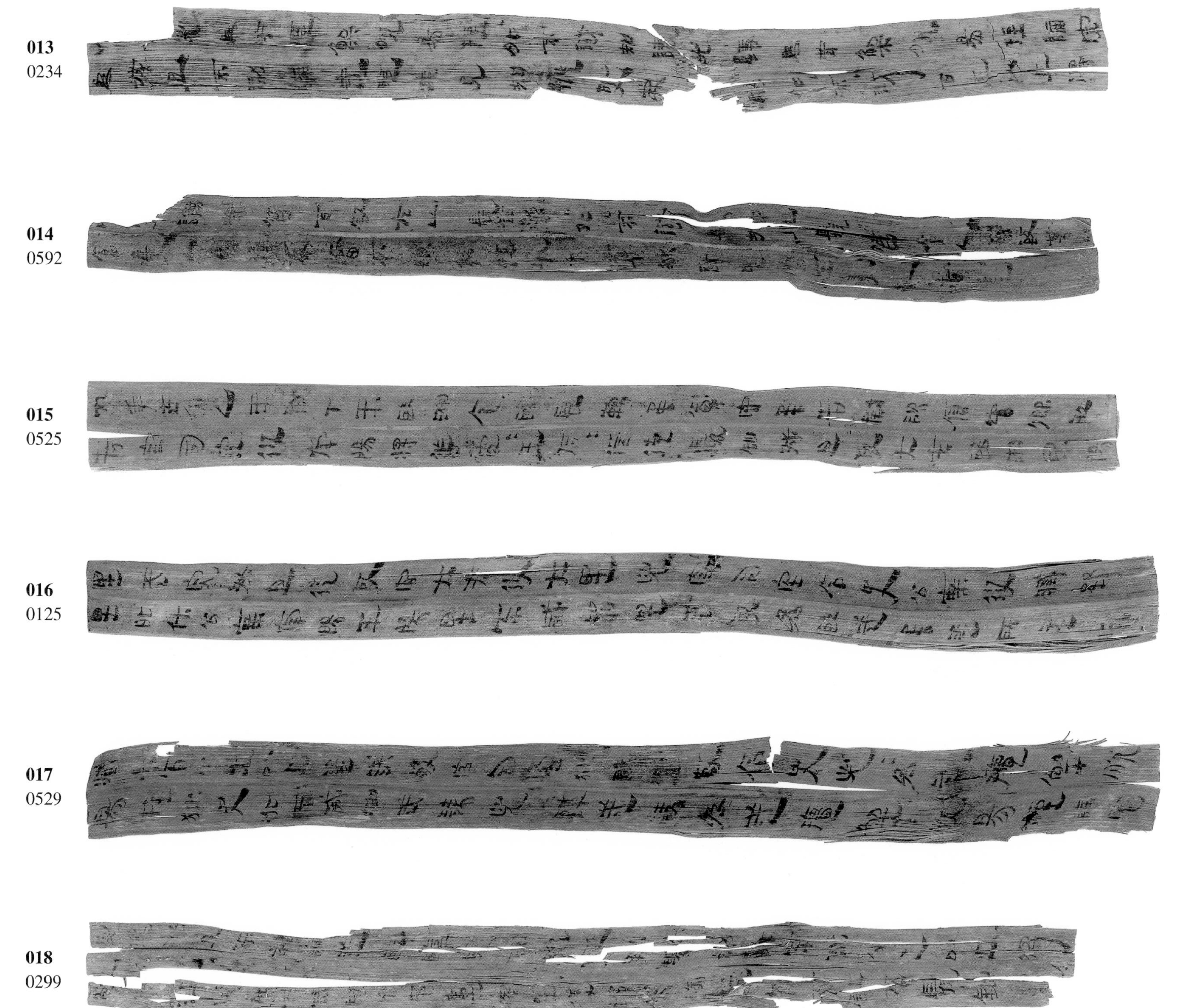

013
0234

014
0592

015
0525

016
0125

017
0529

018
0299

019
0263

020
0583

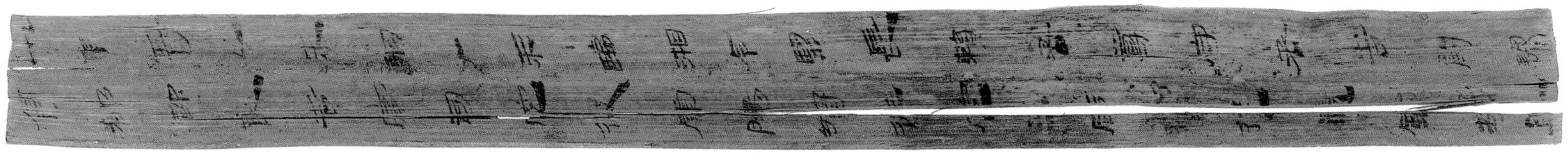

021
0524

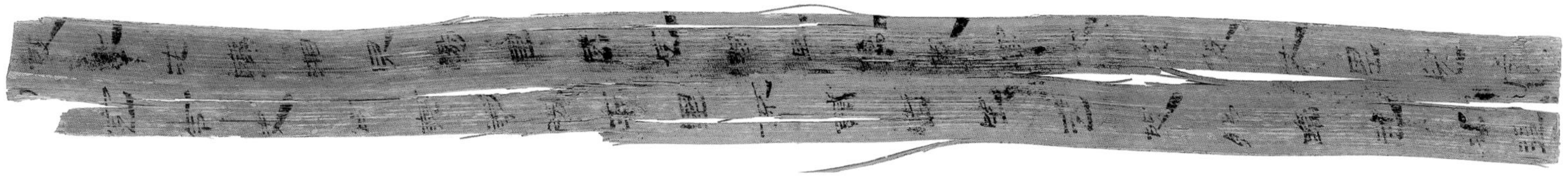

022
0117

023
0519

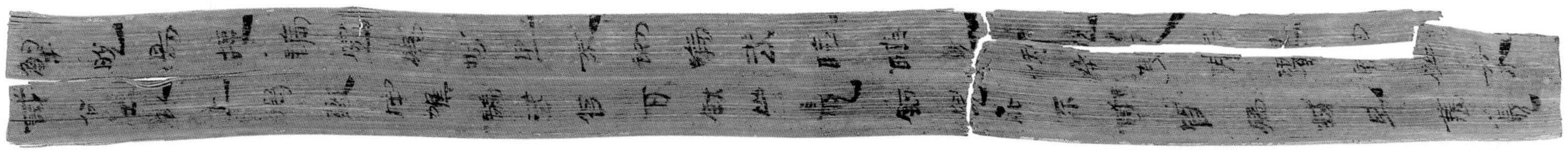

024
0580

025 0814

026 0798

027 0803

028 0809

029 0811

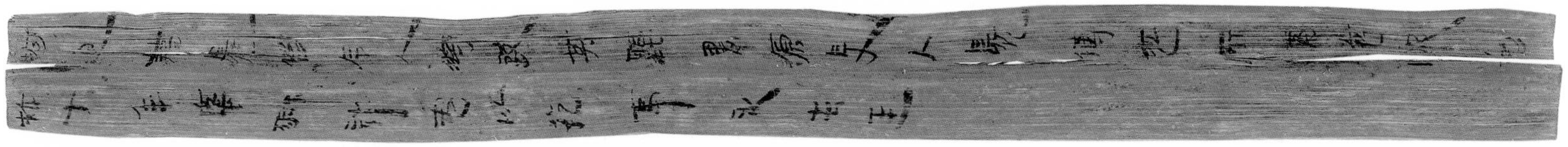

030 0797

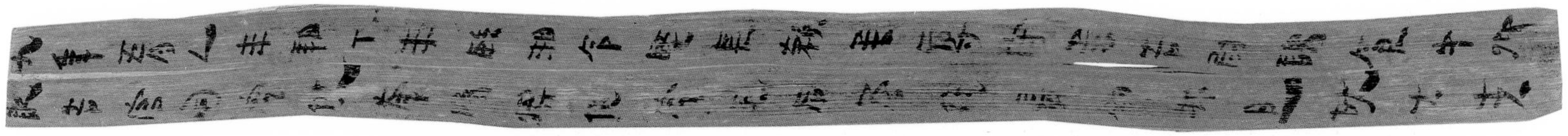

031 0799

032
0804

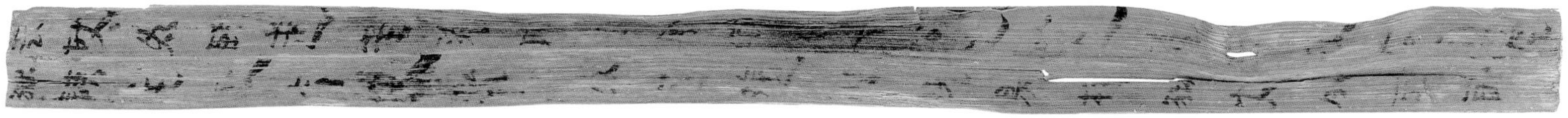

033
0810

034
0808

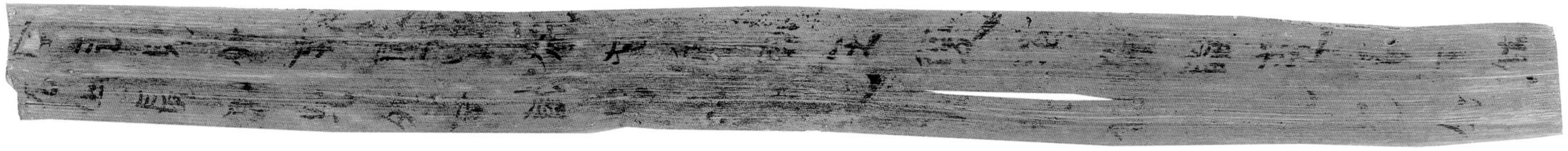

035
0801

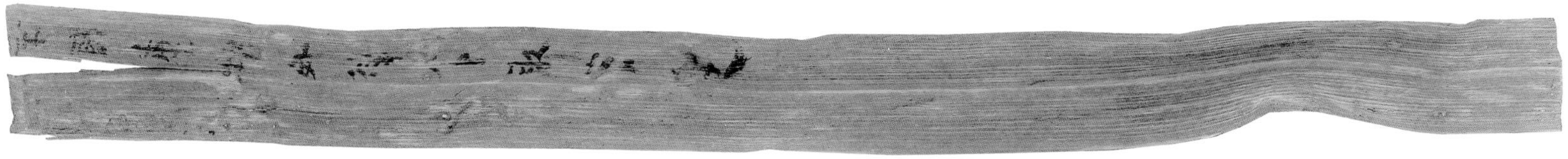

036
0597

037
0208

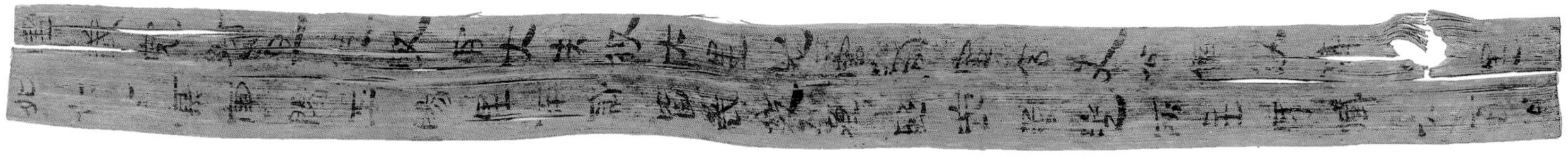

038
0590

039
0240

040
0920

041
1550

042
0200

043
0309

044
0350

045
1570

046
0223

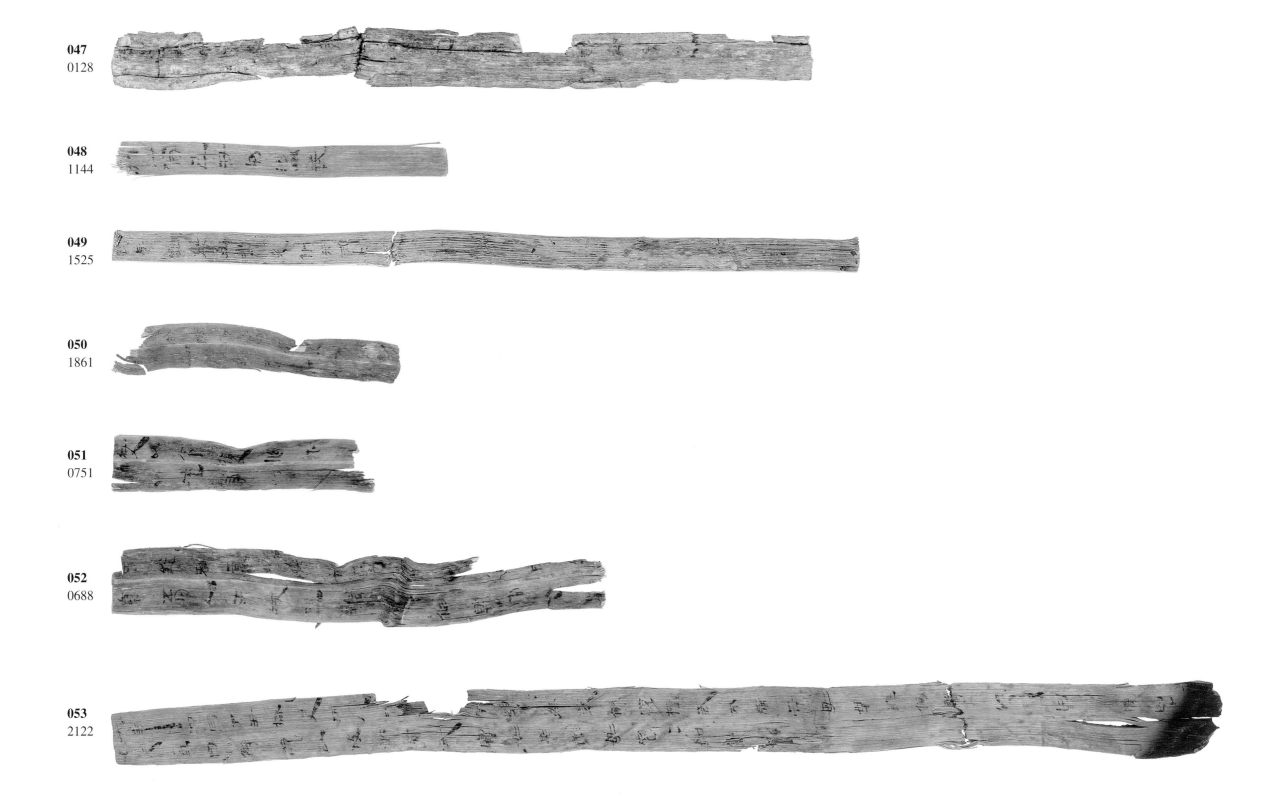

047
0128

048
1144

049
1525

050
1861

051
0751

052
0688

053
2122

案例二　血婁、齊盜賊案　正面編聯圖版

054
0127

055
0274

056
0153

057
0585

058
0119

059
0226

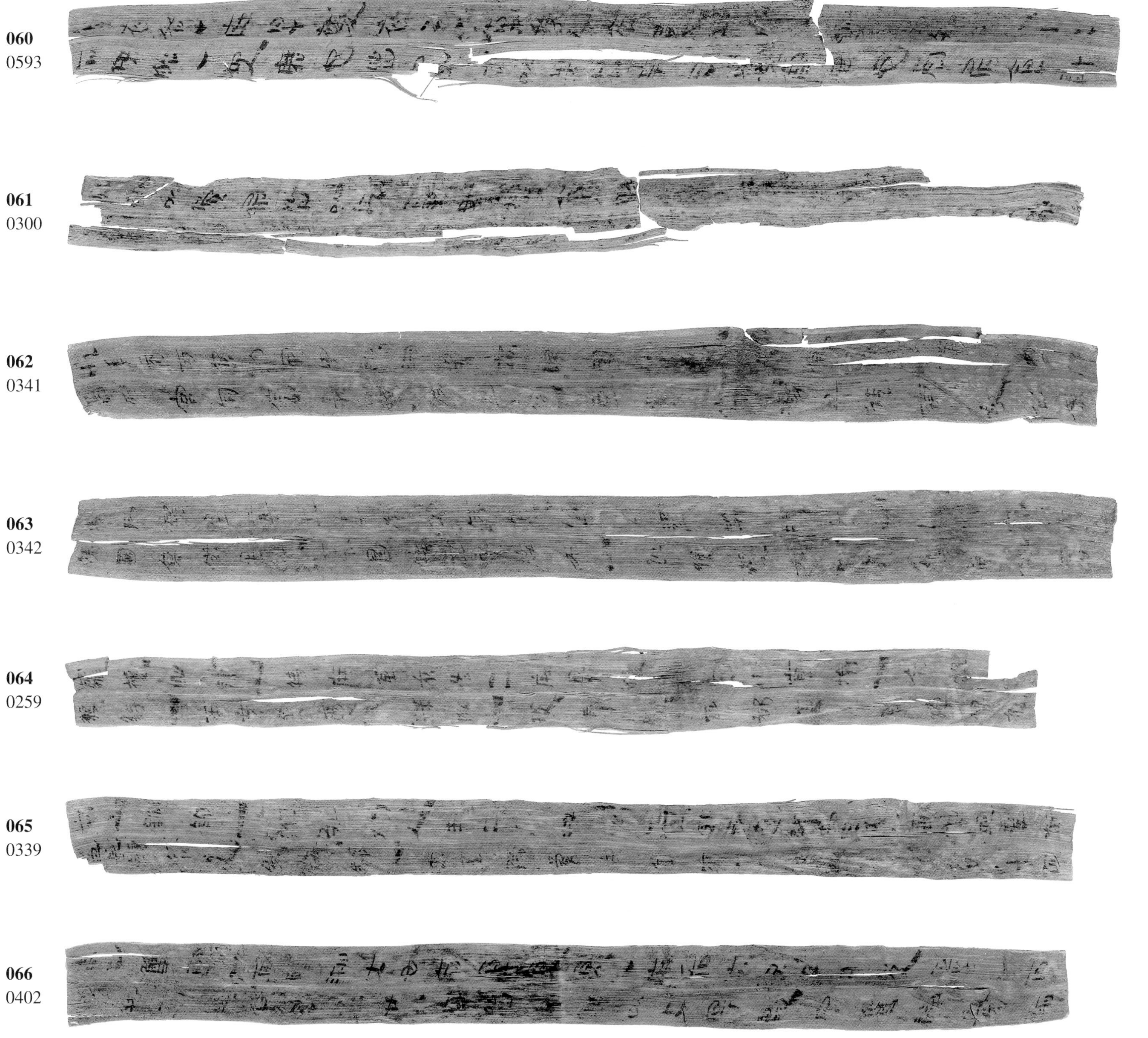

060
0593

061
0300

062
0341

063
0342

064
0259

065
0339

066
0402

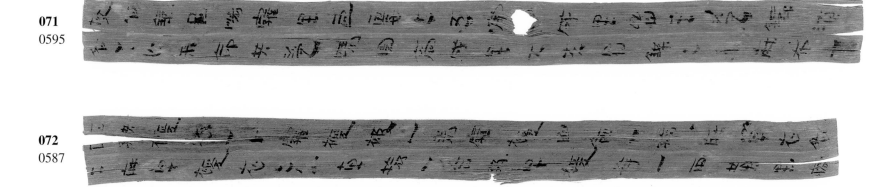

067 0729

068 0888

069 0881＋0877

070 0547

071 0595

072 0587

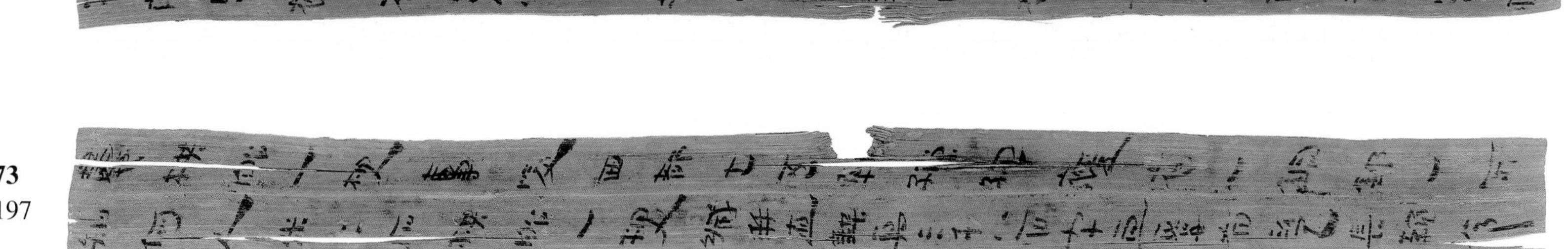

073 0197

074
0535

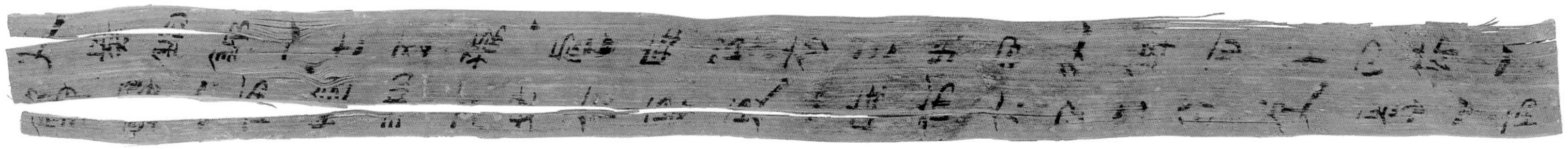

075
0549

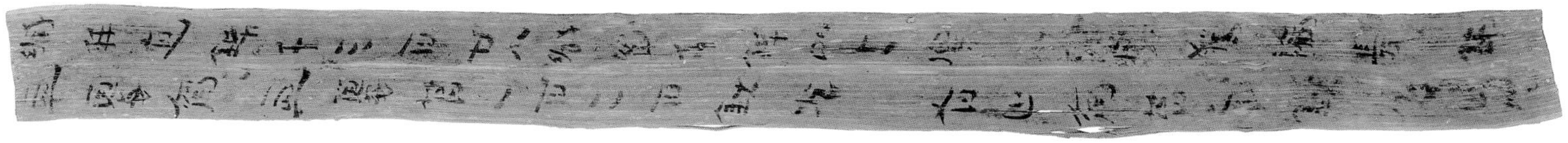

076
0596

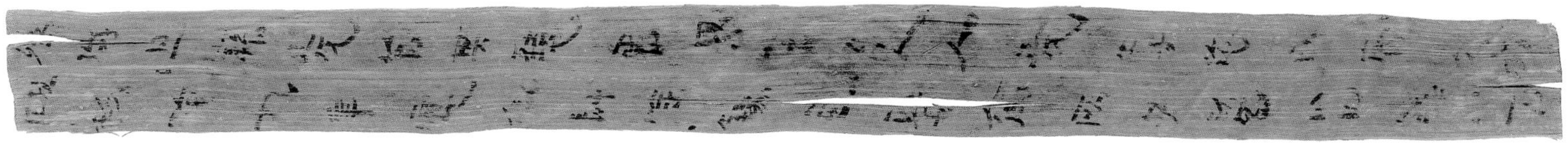

077
0588

078
0984

079
1197+
1106+
1781

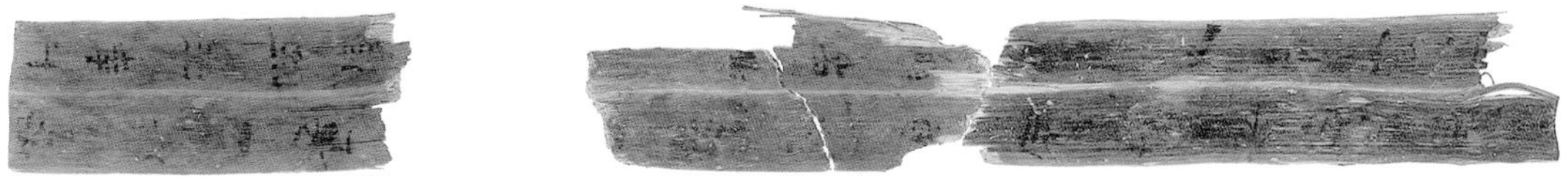

080
1878+
0980

081
1191

082
1893

083
0482

084
0227

085
1171

086
0684

087
0738

088
0857

089
1036

090 1093

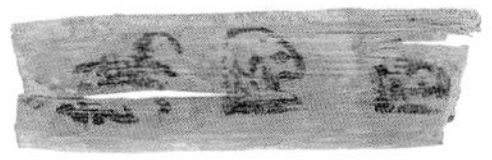

091 1194

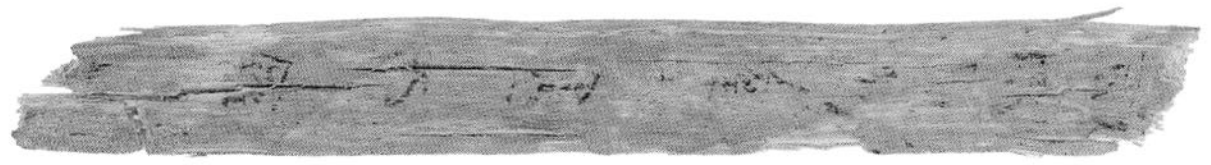

092 1202

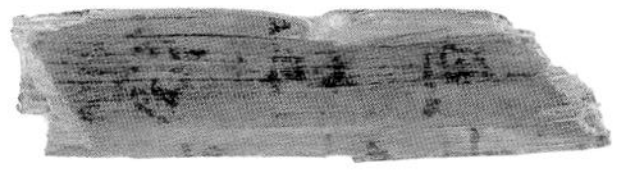

093 1417

094 1696

095 1876

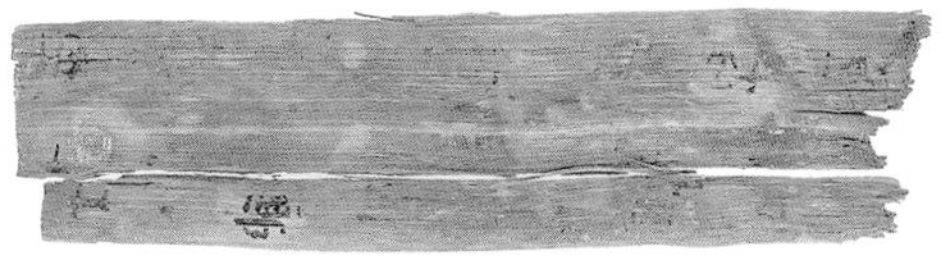

096 2126

097 1252

案例三　可思首匿案　正面編聯圖版

104
0213

103
2125

102
2116

101
2127

100
2117

099
1513

098
0647

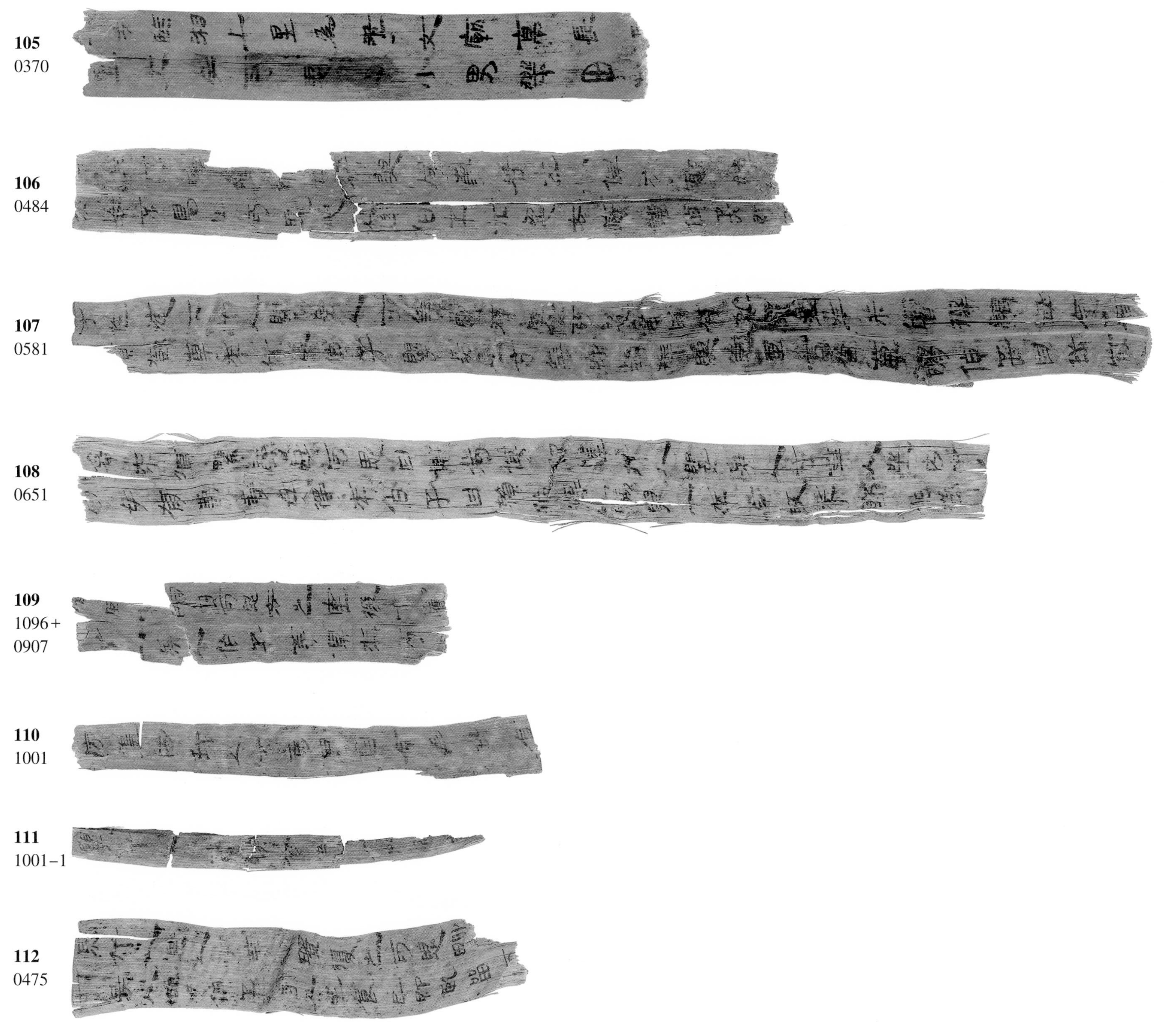

105
0370

106
0484

107
0581

108
0651

109
1096+
0907

110
1001

111
1001–1

112
0475

113
0887

114
0267

115
1599

116
0435+
0874

117
1051

118
1236

119
0807

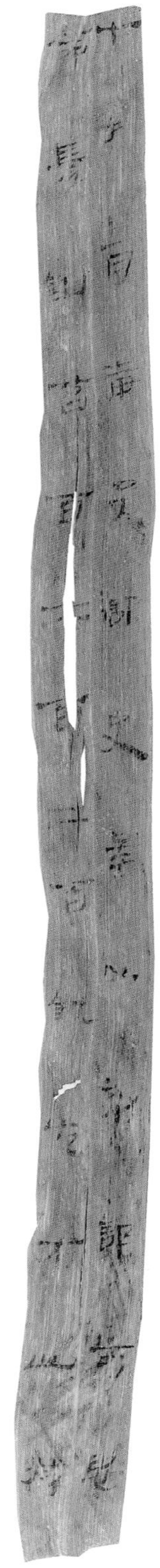

120
2059

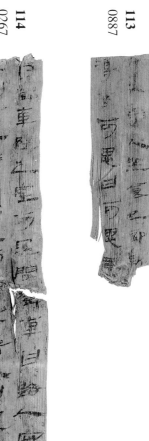

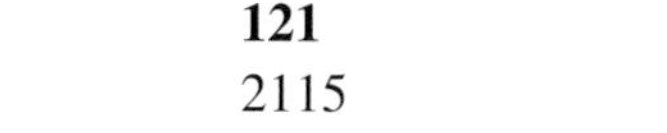

121
2115

122
0704

123
0968

124
0988

125
0689

126
1149

127
1285

128
1453

129
1457

案例四　定邑令史辛與佐齒監臨主守盜縣官錢案　正面編聯圖版

130
0556

131
0557

132
0545

133
0196

134
0575

案例五　六年六月公乘適坐自占年故不以實　正面編聯圖版

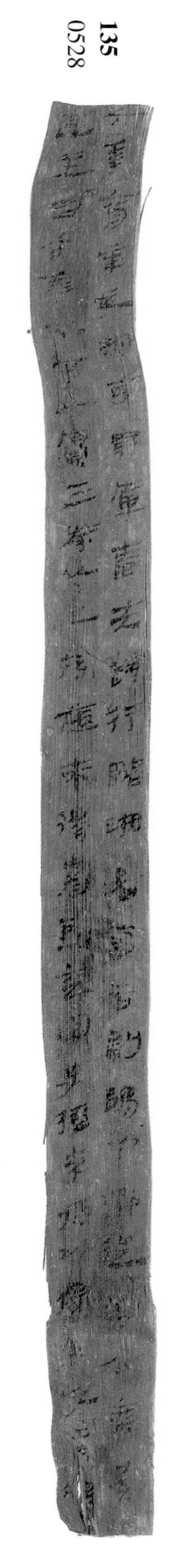

135
0528

136
0260

137
0174

138
0275

案例六　臨湘胡里燕坐盜息里王別案　正面編聯圖版

145 1552

146 1653

147 1983

148 1188

149 0146

150 0433

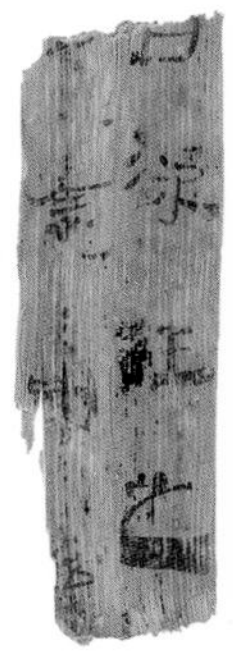

紅外綫圖版

案例一　令史兒等爲武擅解脱易桎案　正背面編聯圖版

001
0118

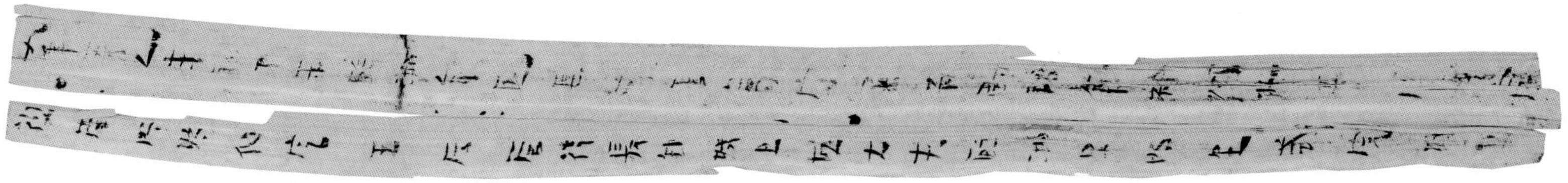

002
0518

003
0573

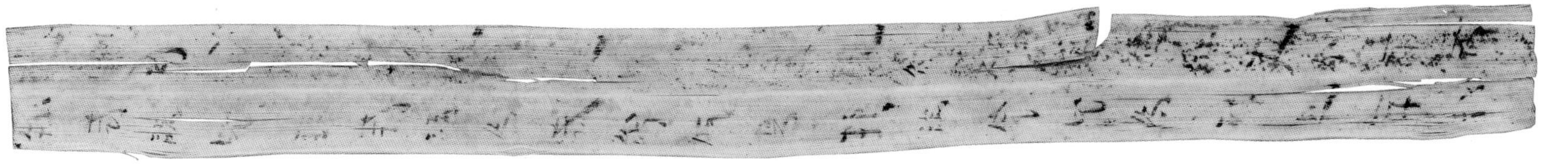

004
0589

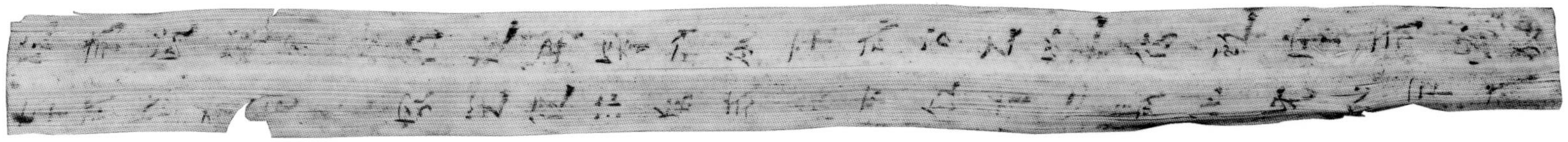

005
0582

006
0591

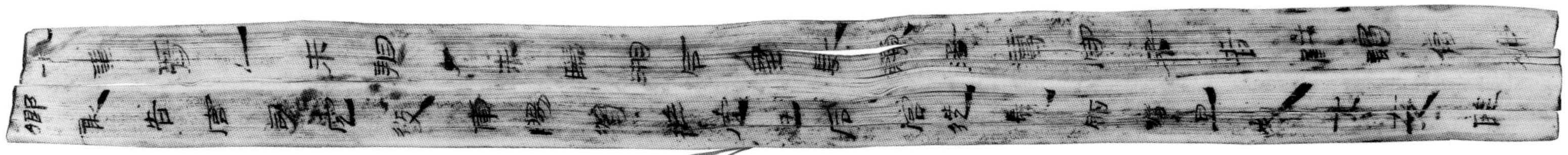

001b
0118b

002b
0518b

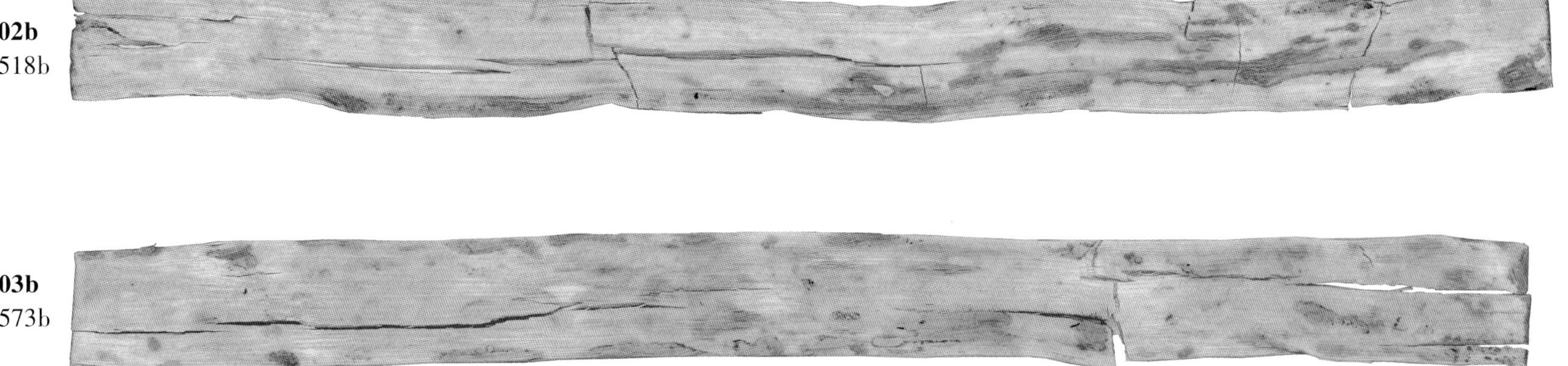

003b
0573b

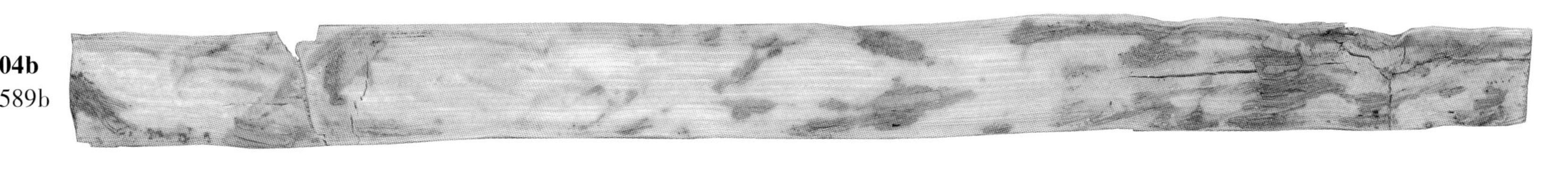

004b
0589b

005b
0582b

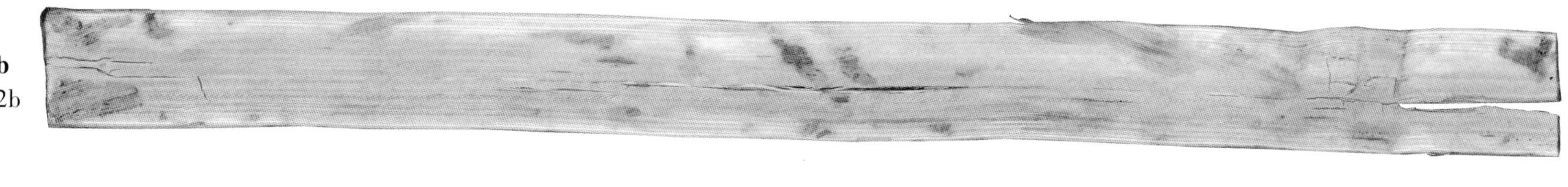

006b
0591b

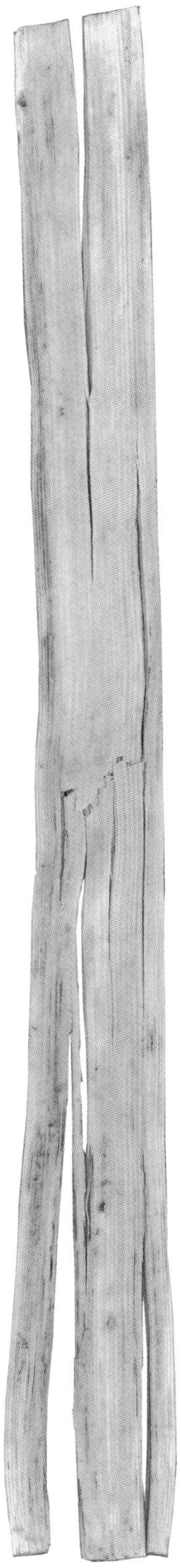

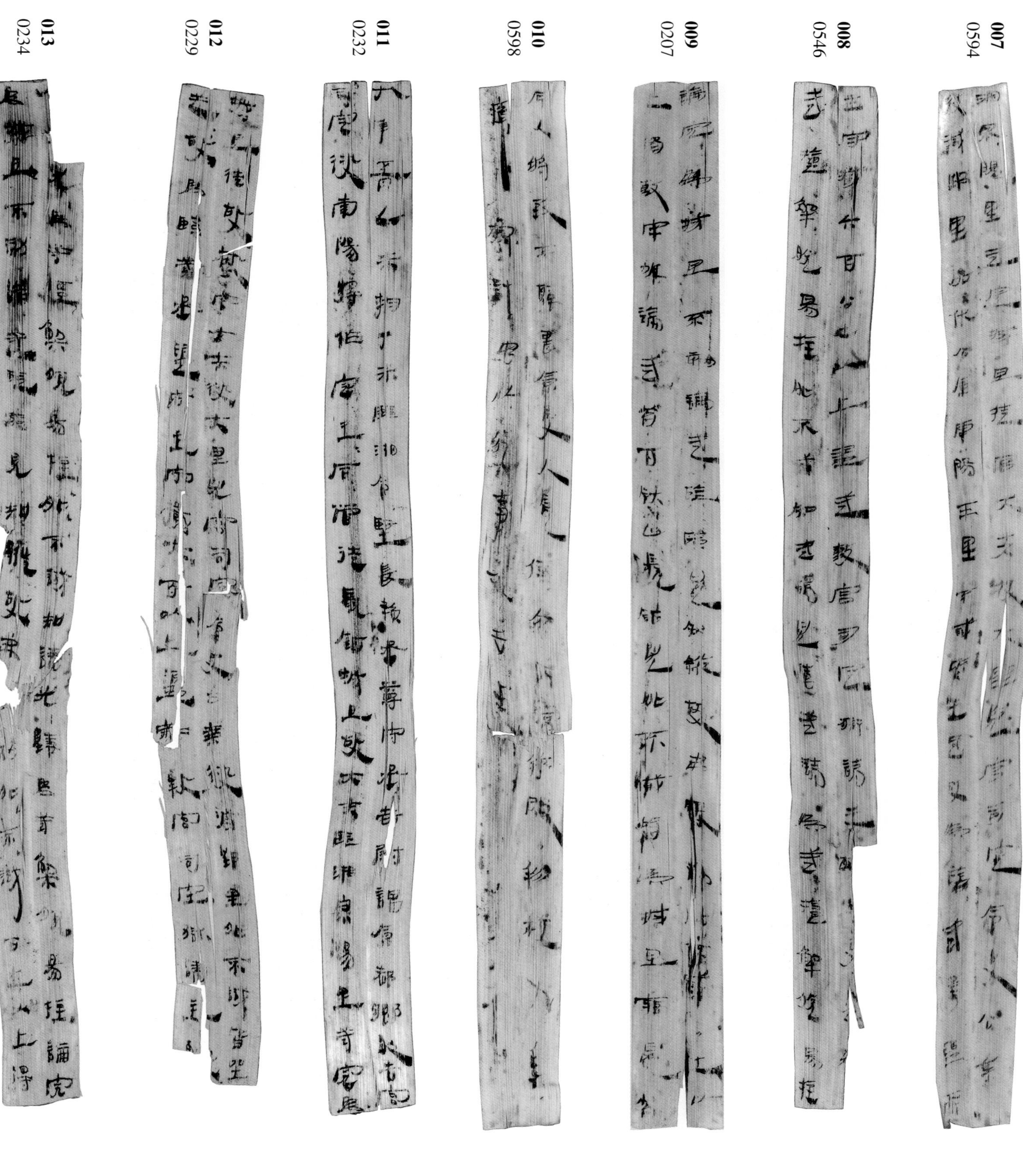

007 0594

008 0546

009 0207

010 0598

011 0232

012 0229

013 0234

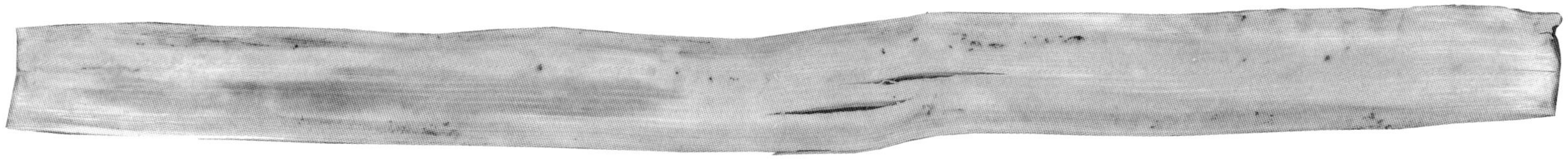

007b
0594b

008b
0546b

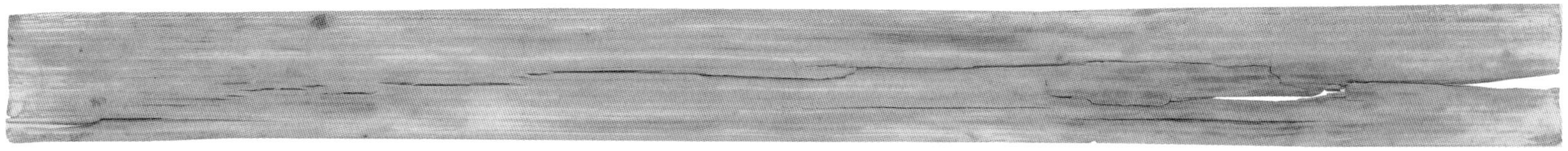

009b
0207b

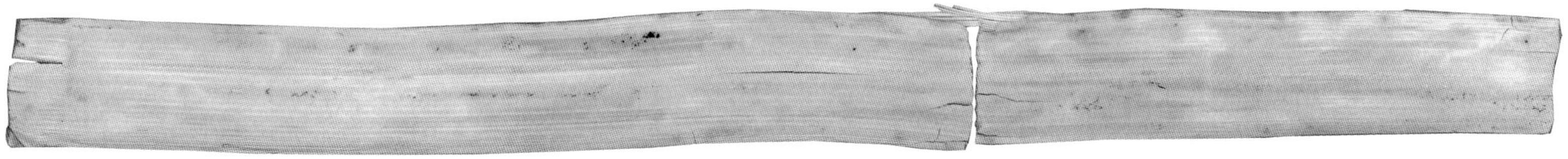

010b
0598b

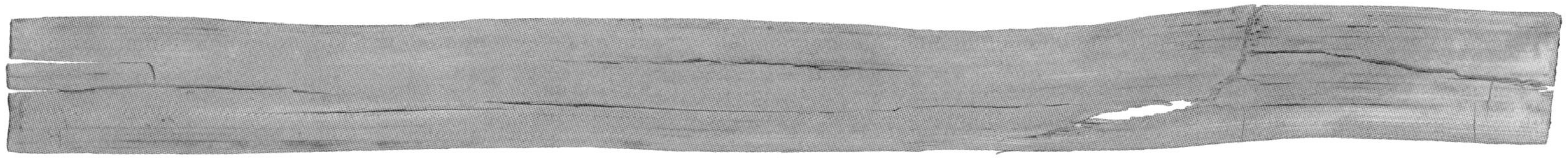

011b
0232b

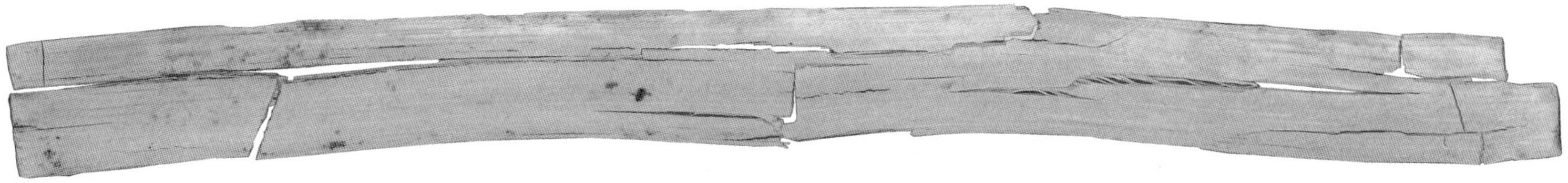

012b
0229b

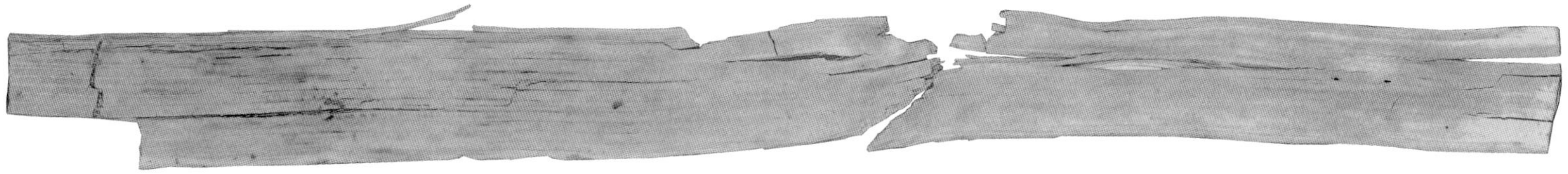

013b
0234b

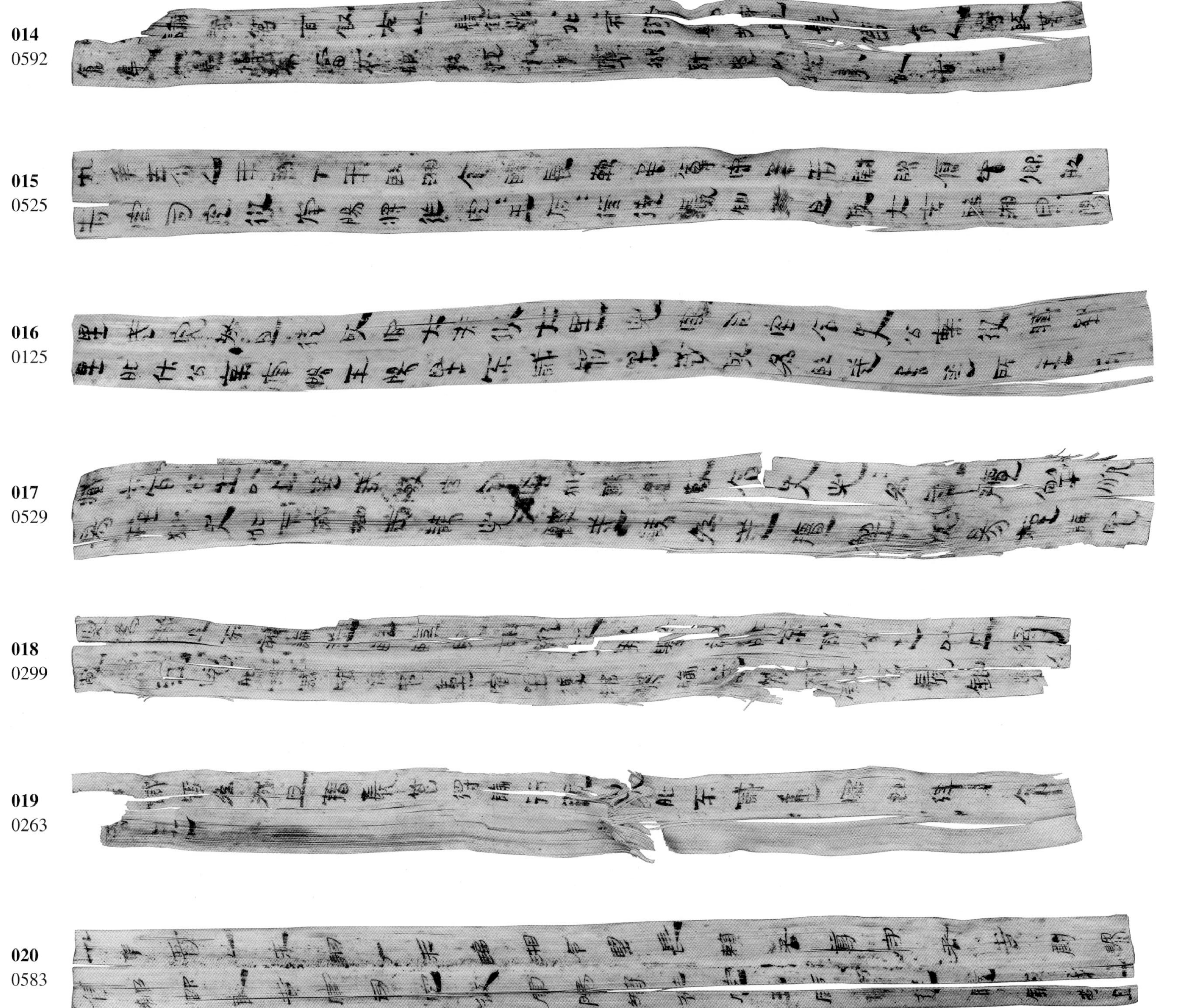

014
0592

015
0525

016
0125

017
0529

018
0299

019
0263

020
0583

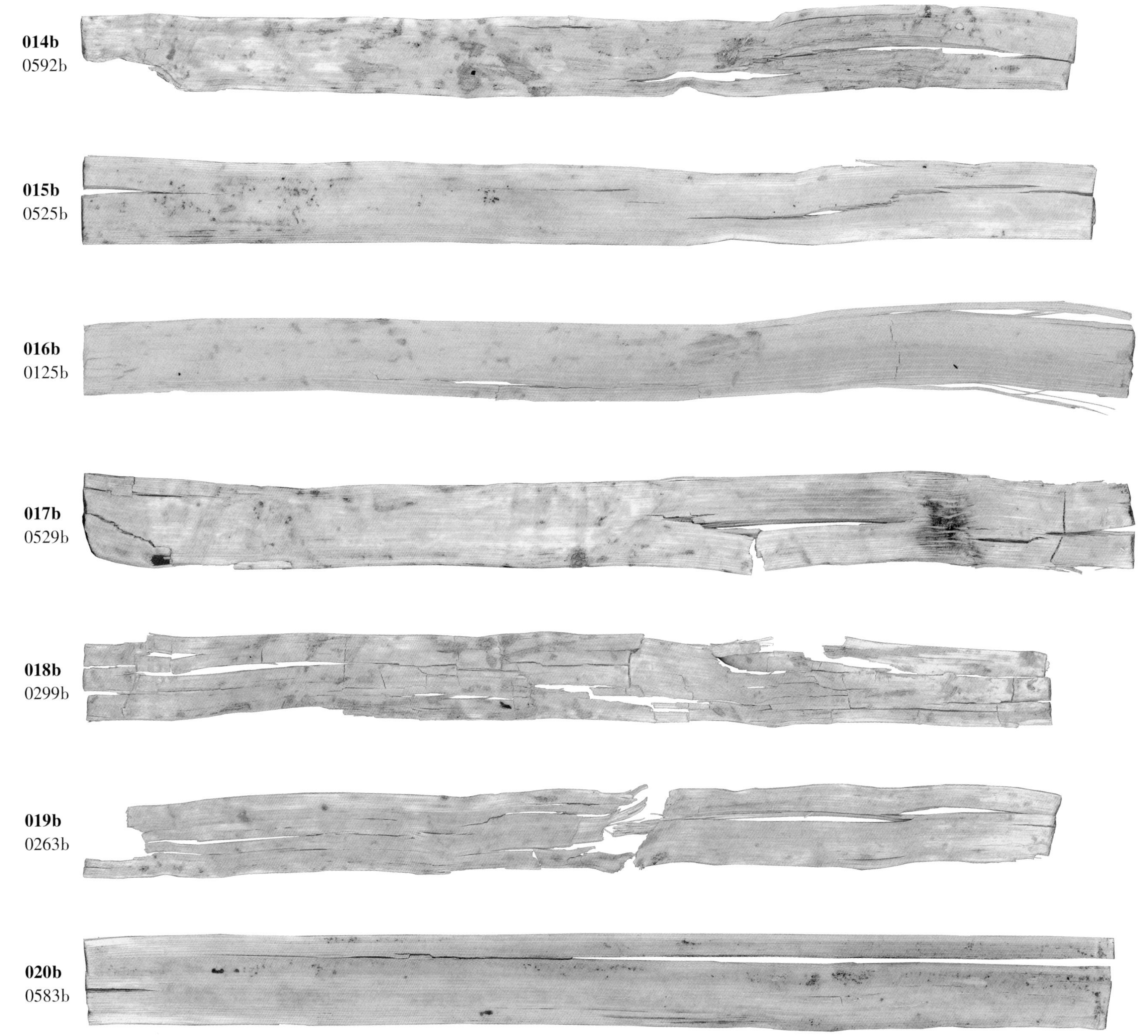

014b
0592b

015b
0525b

016b
0125b

017b
0529b

018b
0299b

019b
0263b

020b
0583b

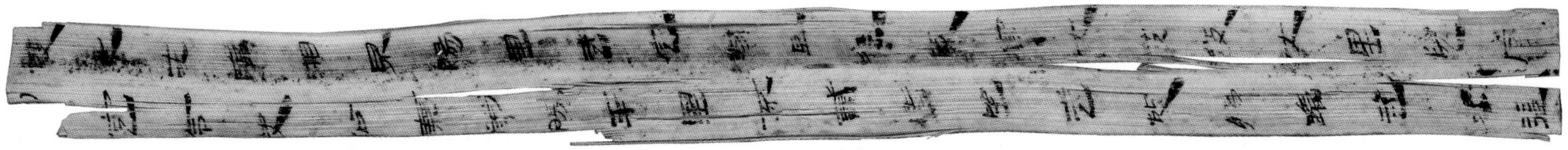

021
0524

022
0117

023
0519

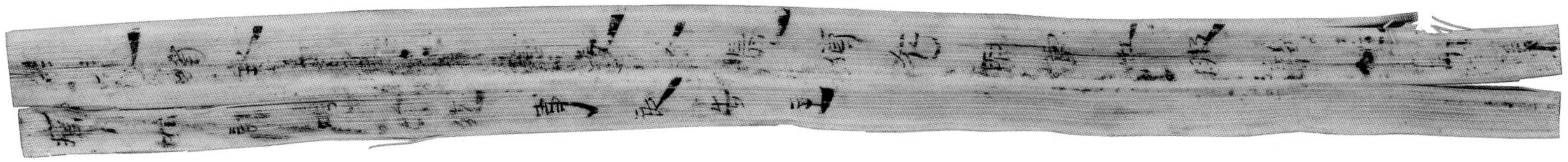

024
0580

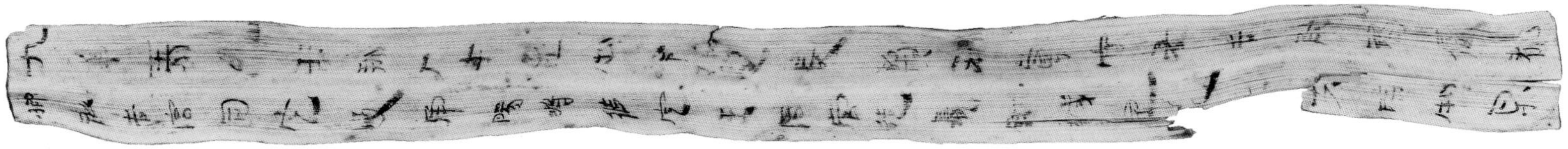

025
0814

026
0798

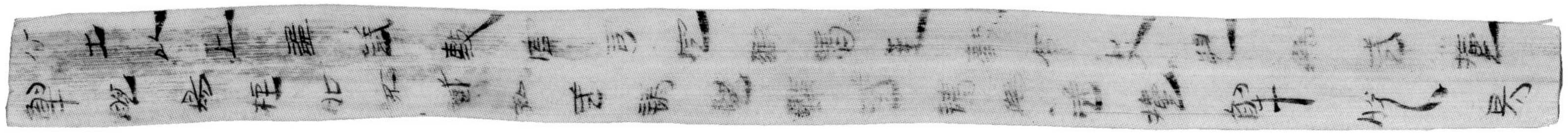

027
0803

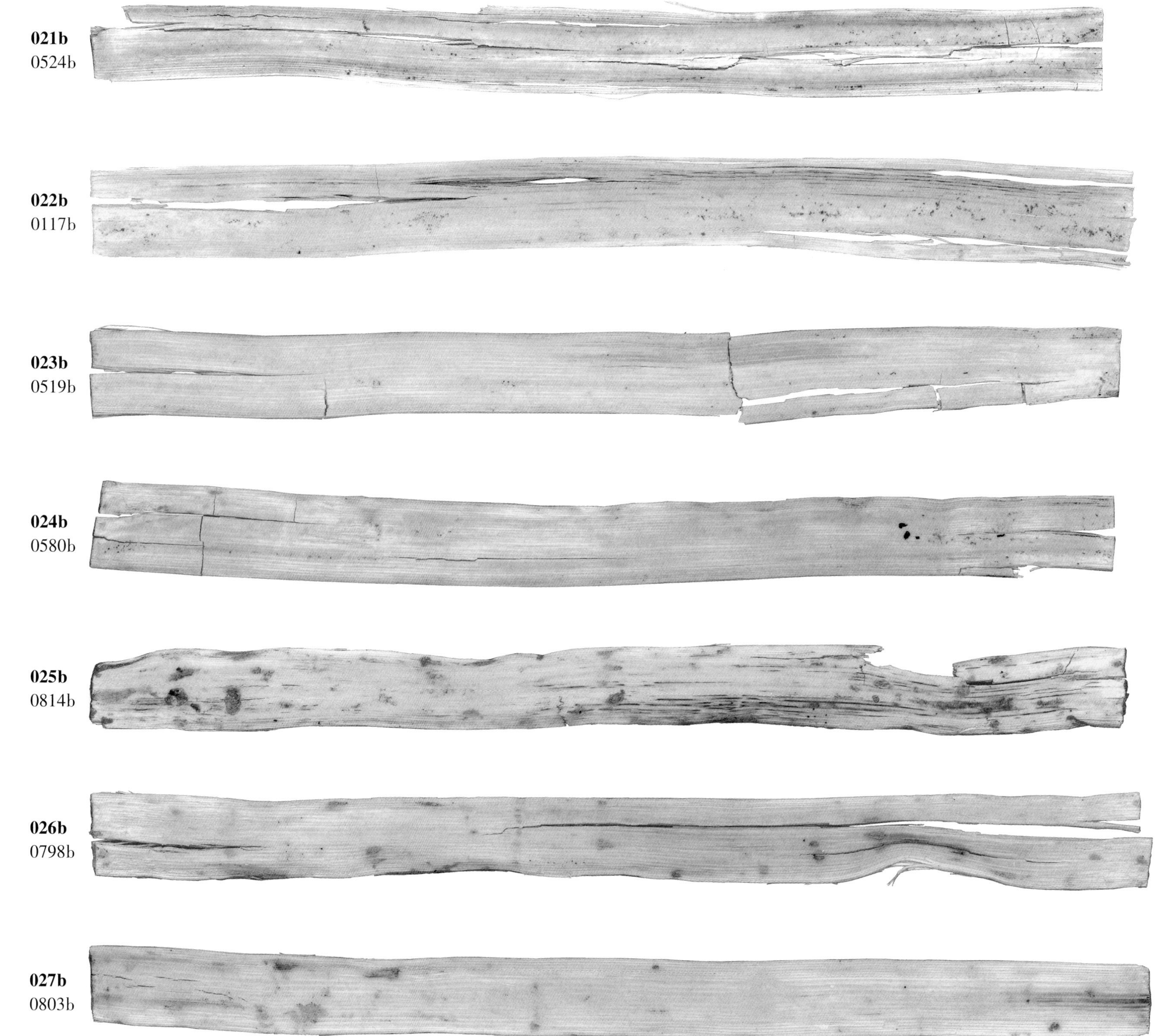

021b
0524b

022b
0117b

023b
0519b

024b
0580b

025b
0814b

026b
0798b

027b
0803b

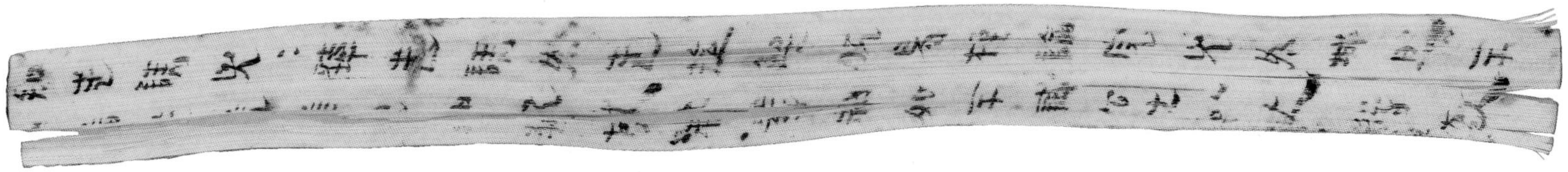

034 0808

033 0810

032 0804

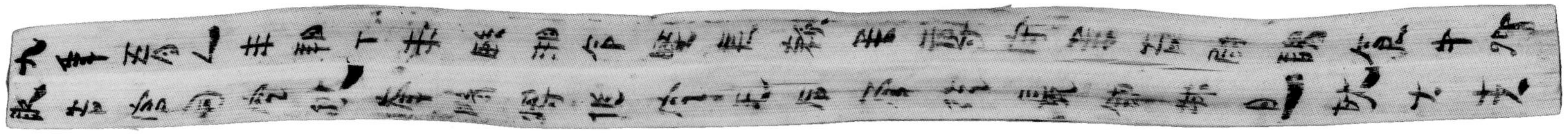

031 0799

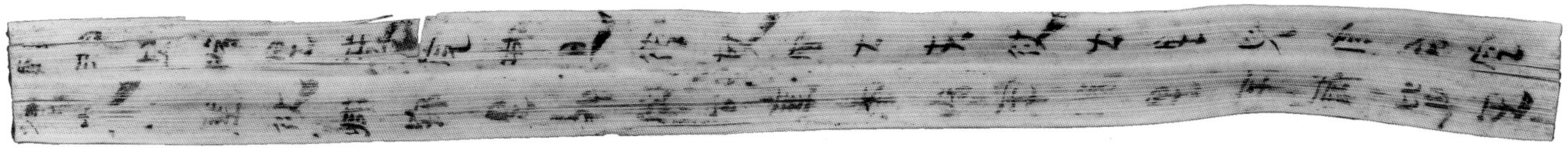

030 0797

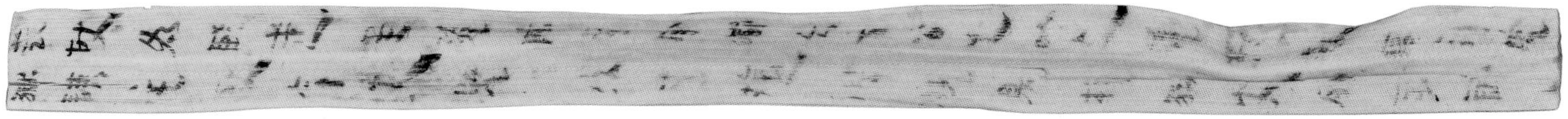

029 0811

028 0809

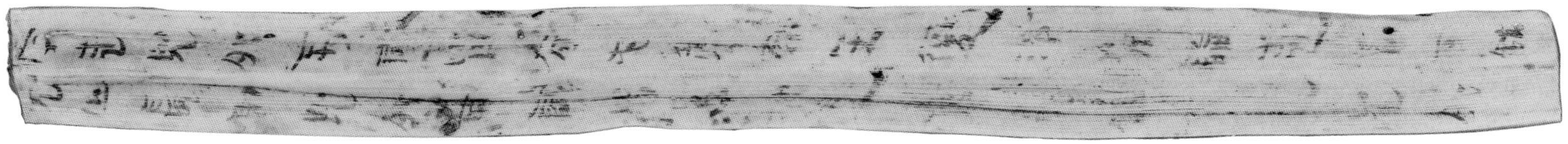

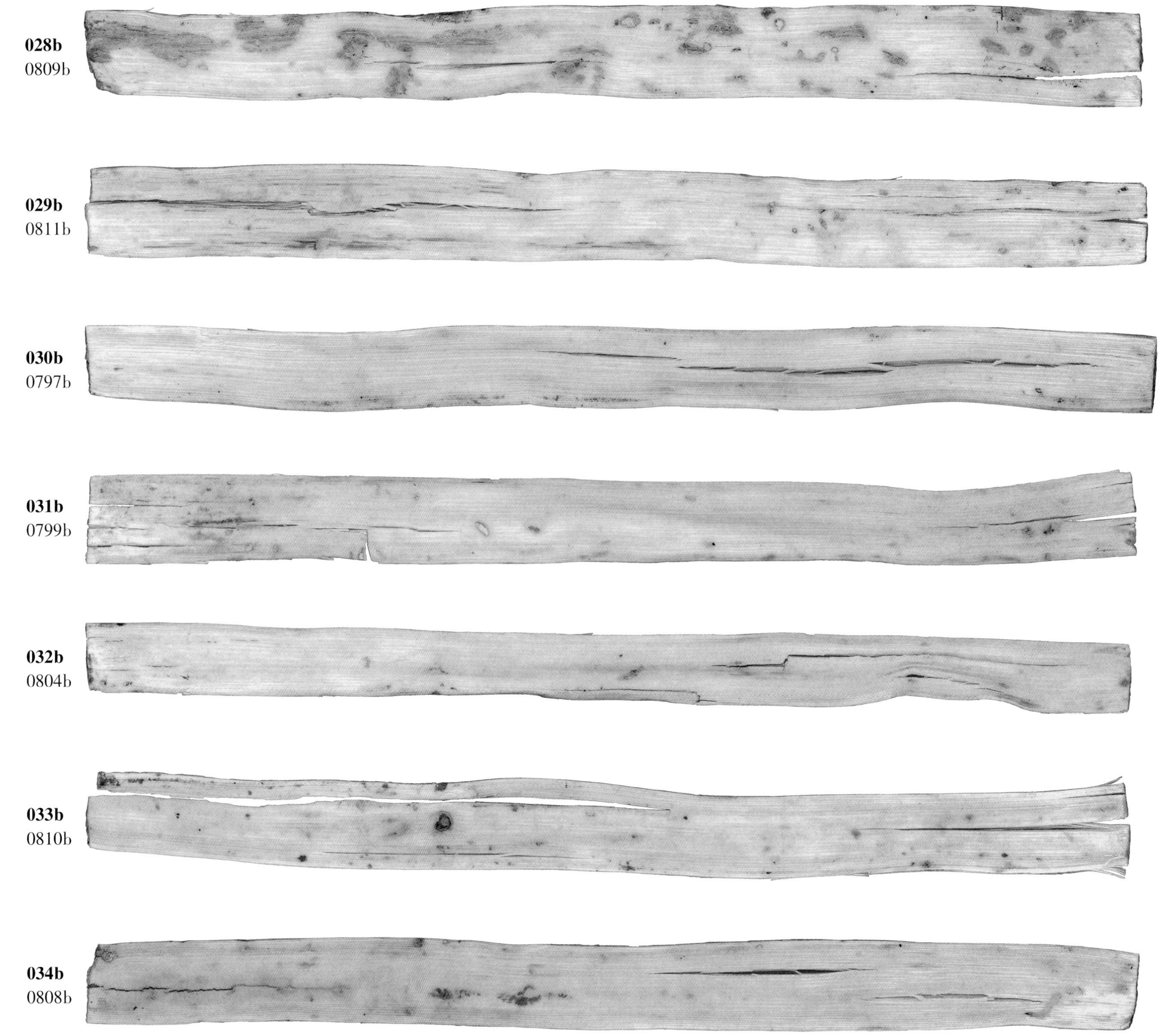

028b
0809b

029b
0811b

030b
0797b

031b
0799b

032b
0804b

033b
0810b

034b
0808b

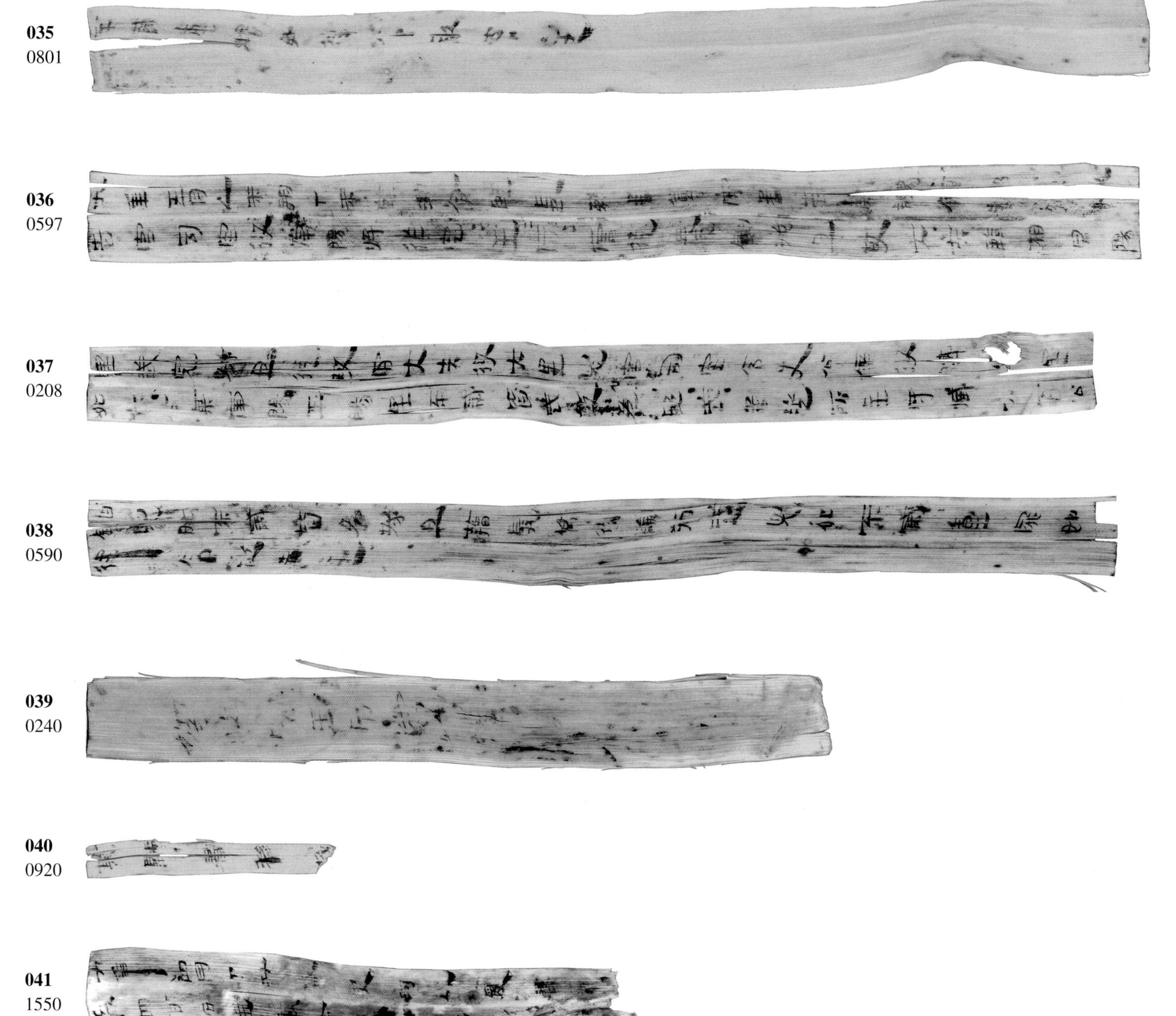

035
0801

036
0597

037
0208

038
0590

039
0240

040
0920

041
1550

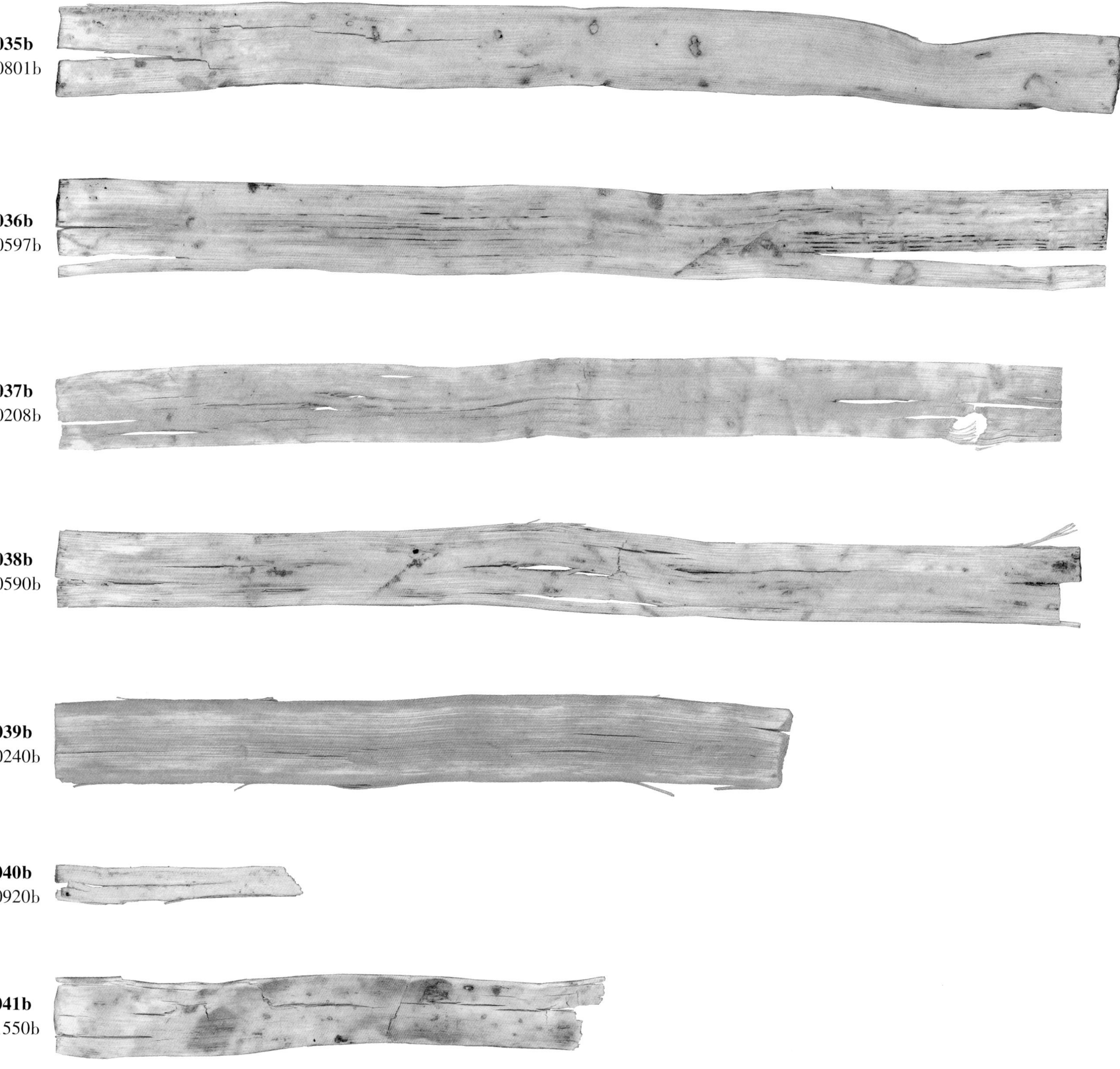

035b 0801b

036b 0597b

037b 0208b

038b 0590b

039b 0240b

040b 0920b

041b 1550b

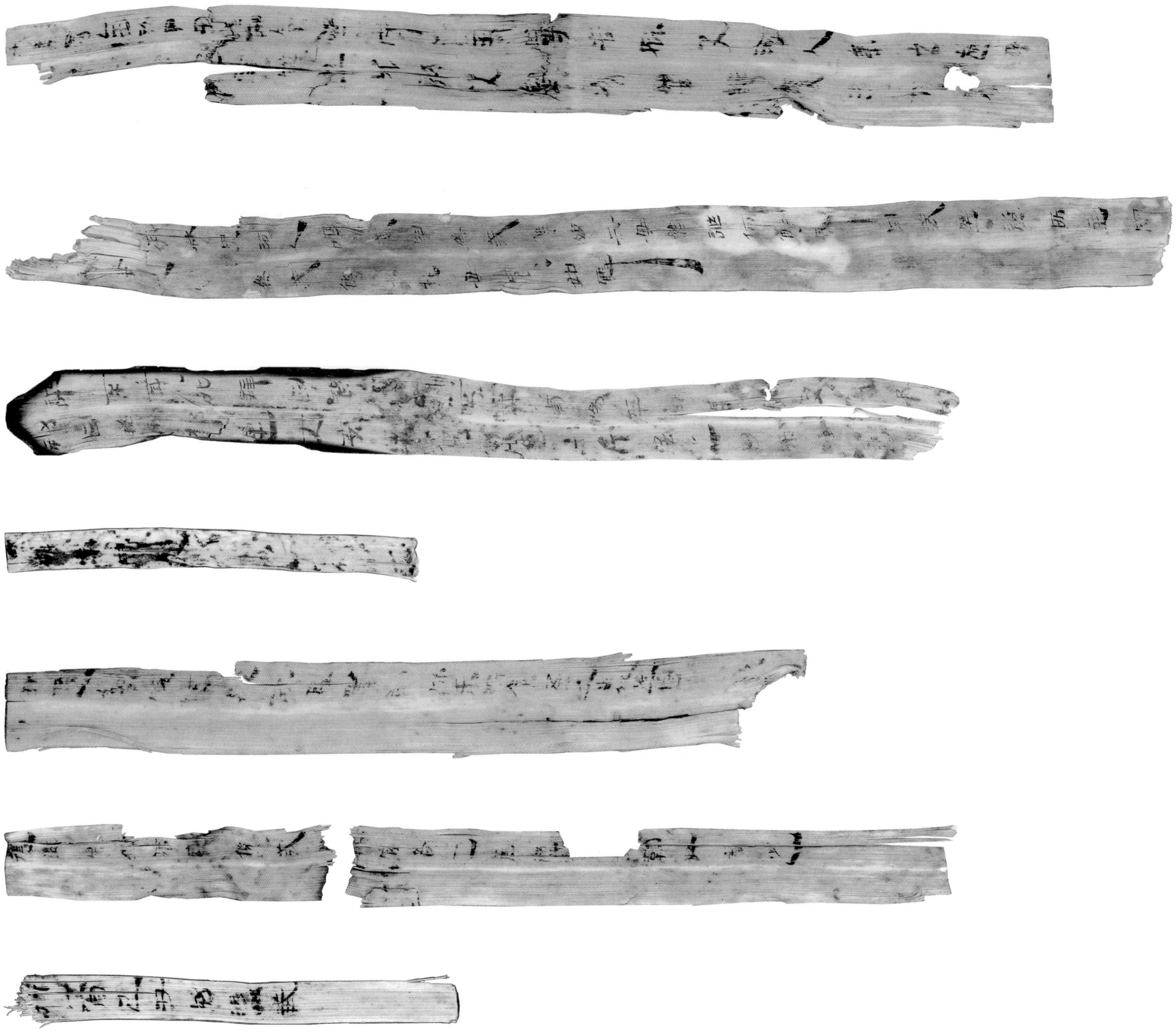

042
0200

043
0309

044
0350

045
1570

046
0223

047
0128

048
1144

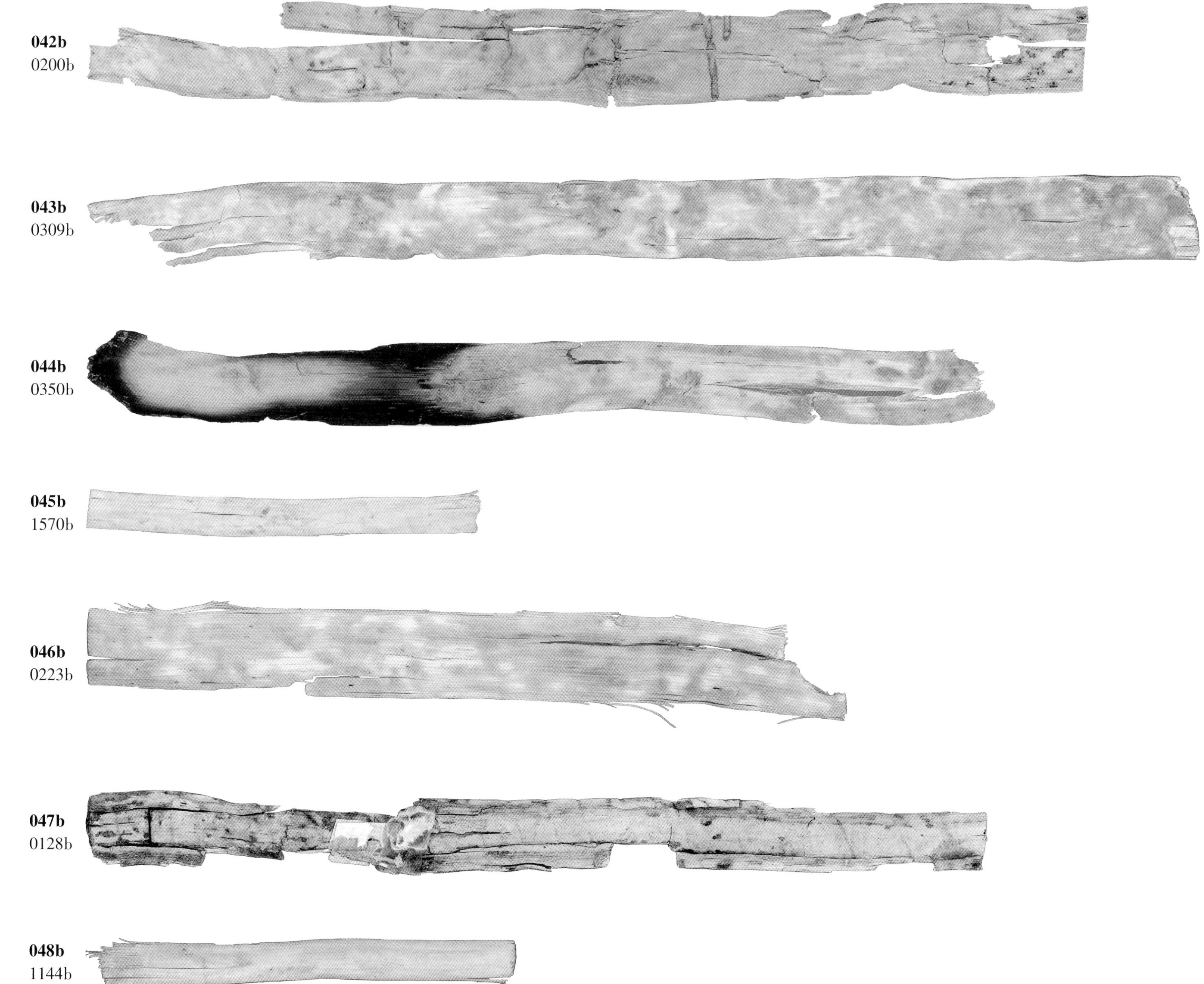

042b
0200b

043b
0309b

044b
0350b

045b
1570b

046b
0223b

047b
0128b

048b
1144b

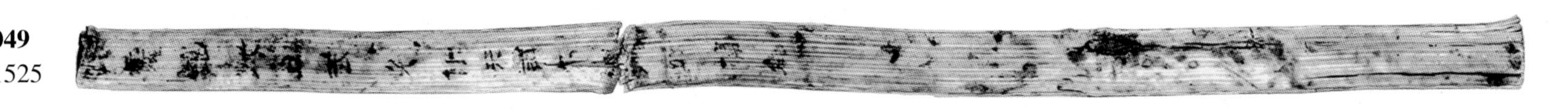

049
1525

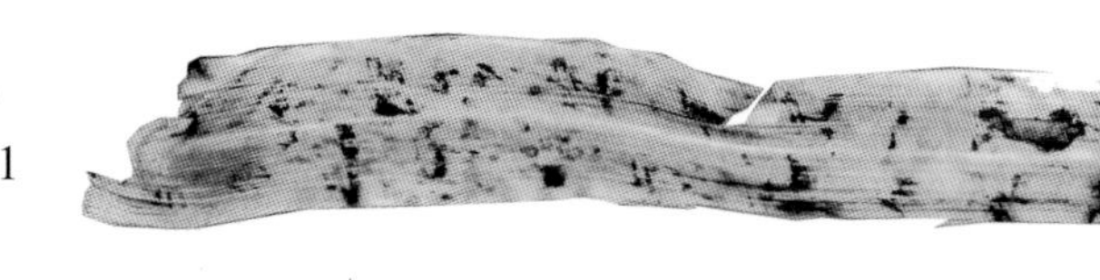

050
1861

051
0751

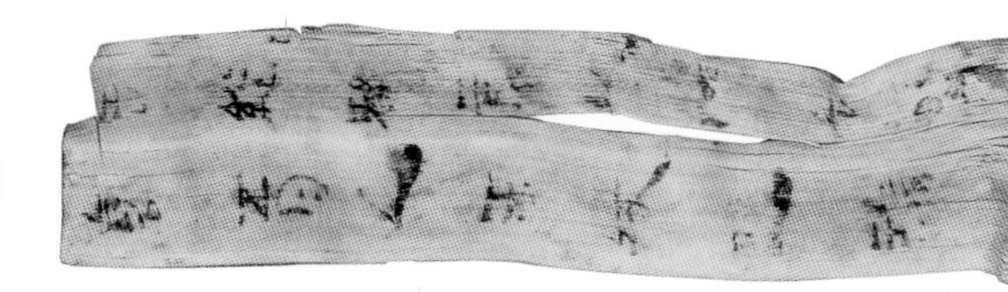

052
0688

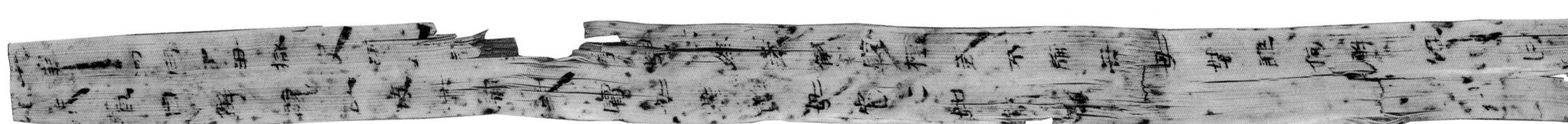

053
2122

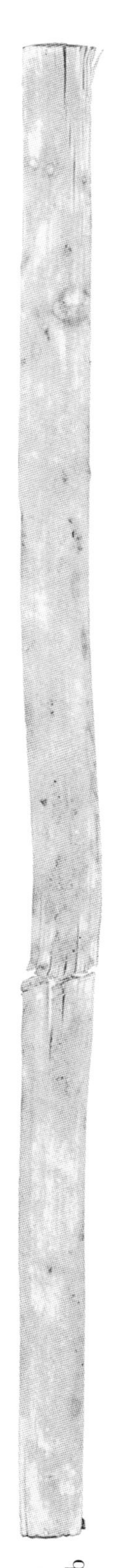

049b
1525b

050b
1861b

051b
0751b

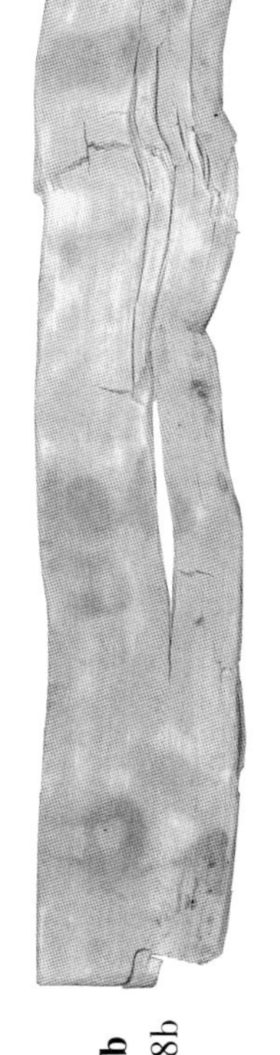

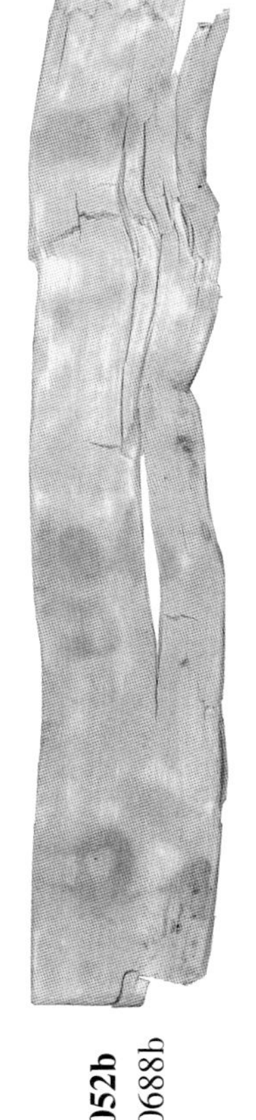

052b
0688b

053b
2122b

案例一　令史兒等爲武擅解脱易桎案　單簡圖版及釋文

001 0118

001b 0118b

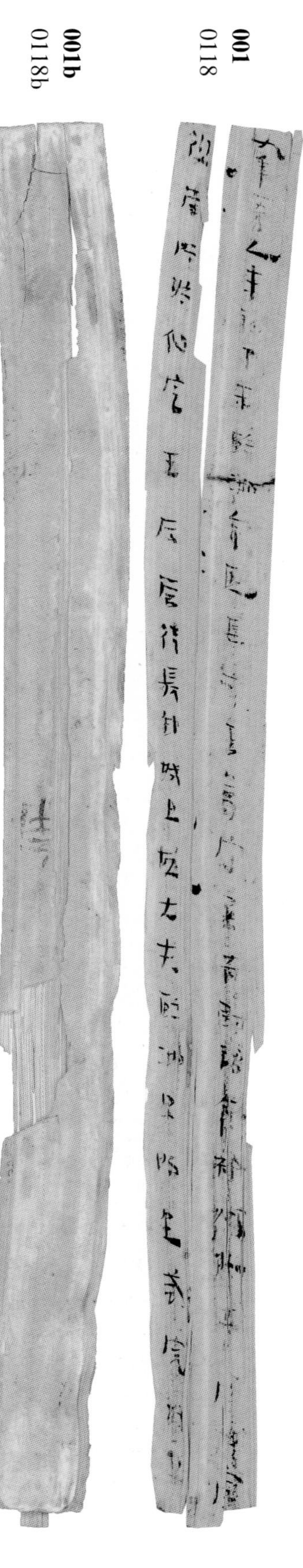

九年五月乙未朔丁未[一]，臨湘[二]令堅、長賴[三]丞尊守丞告尉，謂倉、都鄉，敢告宫司空[四]、
攸[五]、南陽[六]、將作定王后[七]：王后營[八]徒髡鉗城旦、故大夫臨湘泉陽里武，完城旦
（背面）報

002 0518

002b 0518b

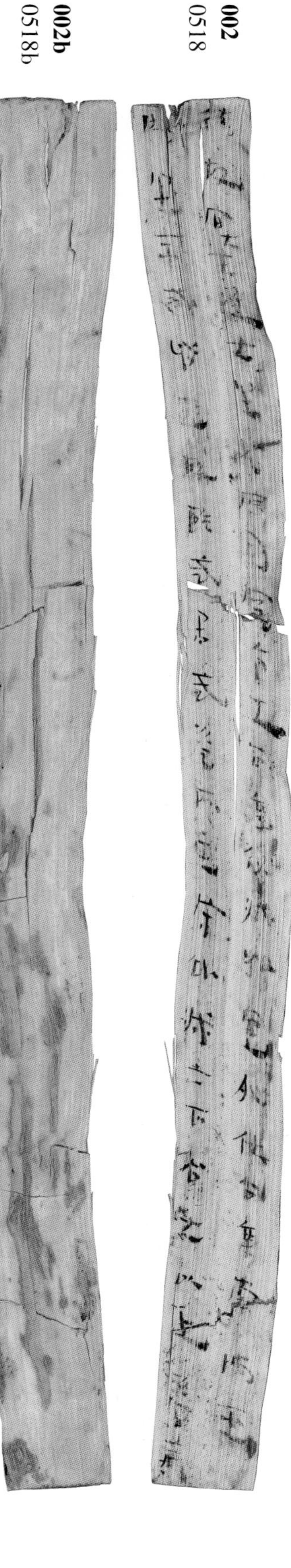

徒、故官大夫攸大里兒，宫司空令史、公乘攸臧郢里外，佐、公乘南陽平
陽里不識，皆坐。故臨武[九]丞武盜所主守錢臧（贓）六百，公士以上盜，武

003 0573

003b 0573b

轂（繫）宫司空，請主轂（繫）令史兒爲武擅解脱易桎。獄史外、不識
知武請兒，聽武請，爲武解脱易桎。論完兒爲城旦，不劾

004 0589

004b 0589b

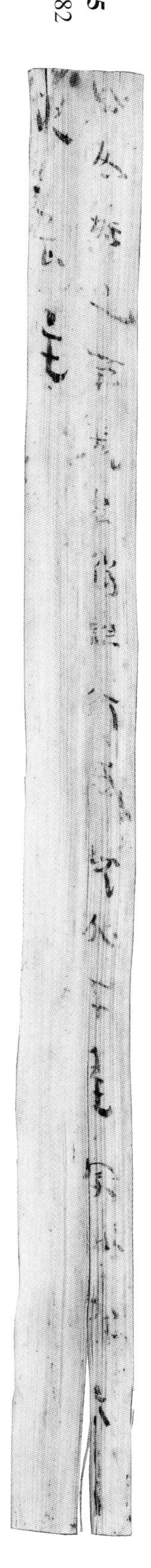

論武，監臨見知縱故弗舉劾[九]，外、不識公士以上，得，轂（繫）牢。武、兒、外、不識皆有它重罪，坐，復治，駕（加）武笞百，鈦左止，髡鉗兒、外、不識，

005 0582

005b 0582b

皆爲城旦籍髡笞。得論行武、兒、外、不【識】重罪如律令。敢告主。

006 0591

006b 0591b

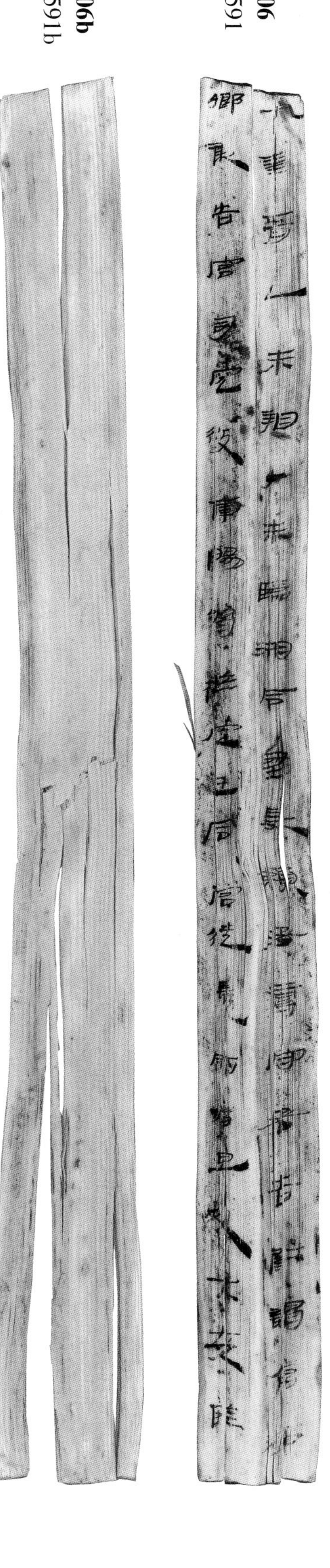

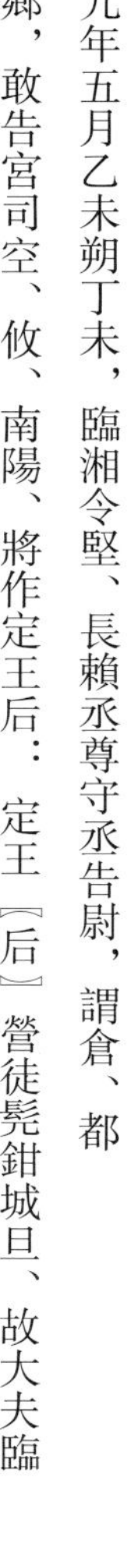

九年五月乙未朔丁未，臨湘令堅、長賴丞尊守丞告尉，謂倉、都鄉，敢告宮司空、攸、南陽、將作定王后：定王【后】營徒髡鉗城旦、故大夫臨

007 0594

007b 0594b

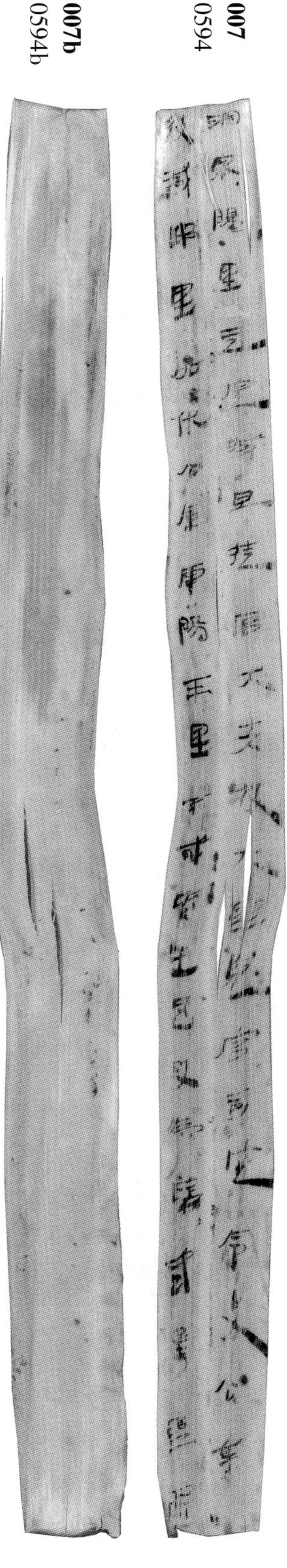

湘泉陽里武，完城旦徒、官大夫攸大里兒，宮司空令史、公乘攸臧郢里外，佐、公乘南陽平里不識，皆坐。武故爲臨武丞，盗所

008 0546

008b 0546b

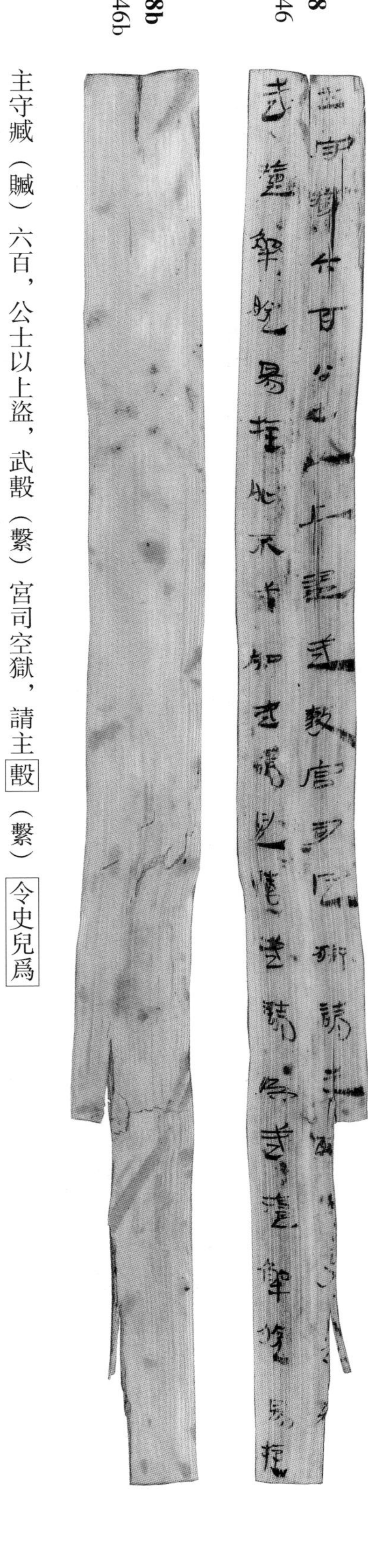

主守臧（贓）六百，公士以上盗，武毄（繫）宮司空獄，請主毄（繫）令史兒爲武擅解脱易桎。外、不識知武請兒，聽武請，爲武擅解脱易桎

009 0207

009b 0207b

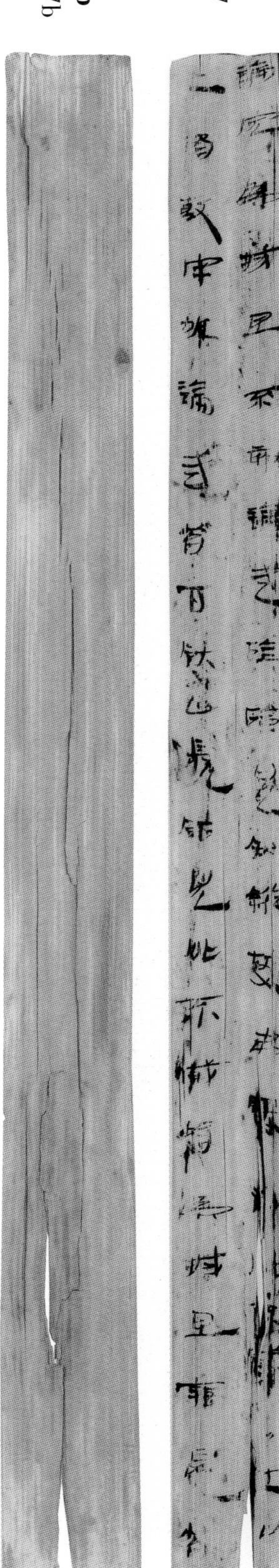

論完爲城旦，不劾論武。監臨見知縱故弗舉劾，外、不識公士以上，得，毄（繫）牢。駕（加）論武笞百、釱止，髡鉗兒、外、不識，皆爲城旦籍髡笞。

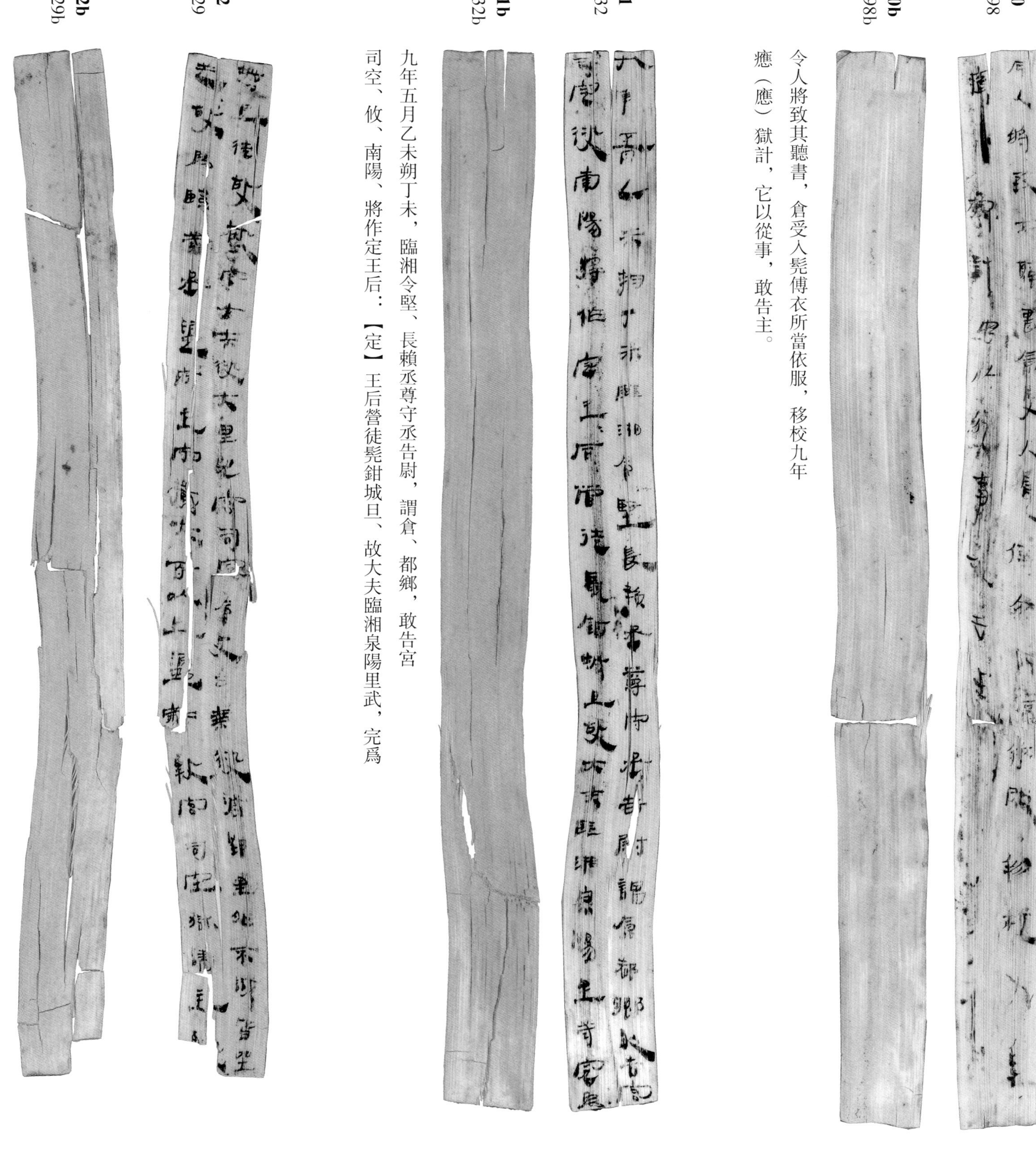

010 0598

010b 0598b

令人將致其聽書，倉受入髡傳衣所當依服，移校九年
癄（應）獄計，它以從事，敢告主。

011 0232

011b 0232b

九年五月乙未朔丁未，臨湘令堅、長賴丞尊守丞告尉，謂倉、都鄉，敢告宮
司空、攸、南陽、將作定王后：【定】王后營徒髡鉗城旦、故大夫臨湘泉陽里武，完爲

012 0229

012b 0229b

城旦徒、故[十]官大夫攸大里兒，宮司空令史、公乘攸臧郢里外、不識，皆坐
武。武故爲臨武丞，盜所主守臧（贓）六百以上，盜臧毄（繫）宮司空獄。請主毄（繫）

013
0234

013b
0234b

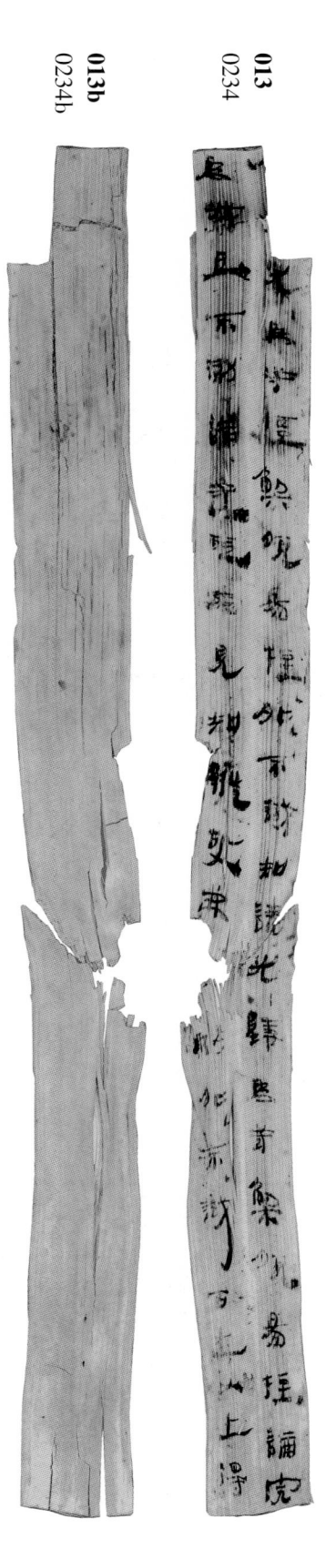

令史兒∟，爲武擅解脱易桎∟。外∟、不識知請兒∟，聽爲武解脱易桎，論完爲城旦，不劾論武。監臨見知縱故弗【舉】劾，外∟、不識公士以上，得，

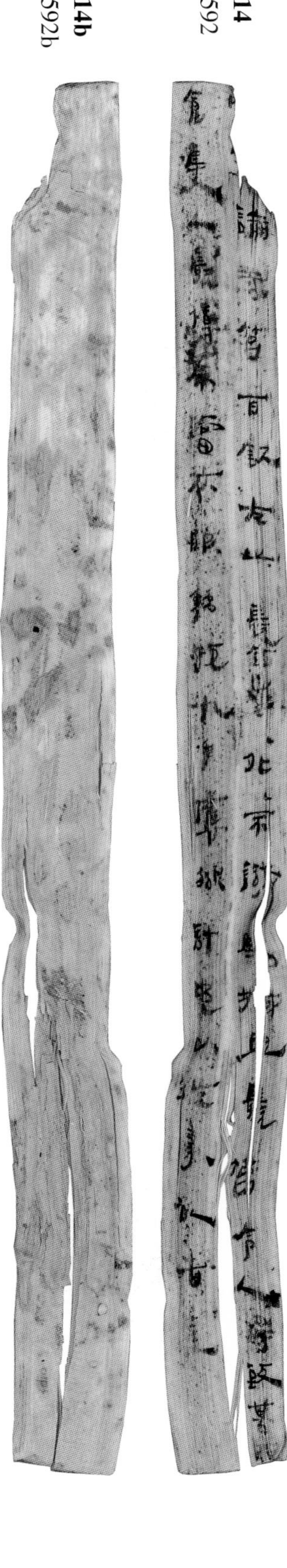

014
0592

014b
0592b

牢。[十一]駕（加）論武笞百、釱左止，髡鉗兒∟、外∟、不識，爲城旦髡笞。令人將致其罪，倉受入髡傅衣當衣服，移校九年應獄計。它以從事，敢告主。

015
0525

015b
0525b

九年五月乙未朔丁未，臨湘令堅、長賴丞尊守丞告尉，謂倉、中鄉，[十二]敢告宮司空、攸、南陽、將作定王[十三]后：定〖王〗后營徒髡鉗城旦、故大夫臨湘泉陽

016 0125

016b 0125b

里武，完城旦徒、故官大夫攸大里兒，宮司空令史、公乘攸臧郢里外，佐、公乘南陽平陽里不識，皆坐。武故爲臨武丞，盜所主守

017 0529

017b 0529b

臧（贓）六百，公士以上盜，武毄（繫）宮司空獄。請主毄（繫）令史兒，兒爲武擅解脱易桎。獄史外、不識知武請兒，聽武請，爲武擅解脱易桎，論完

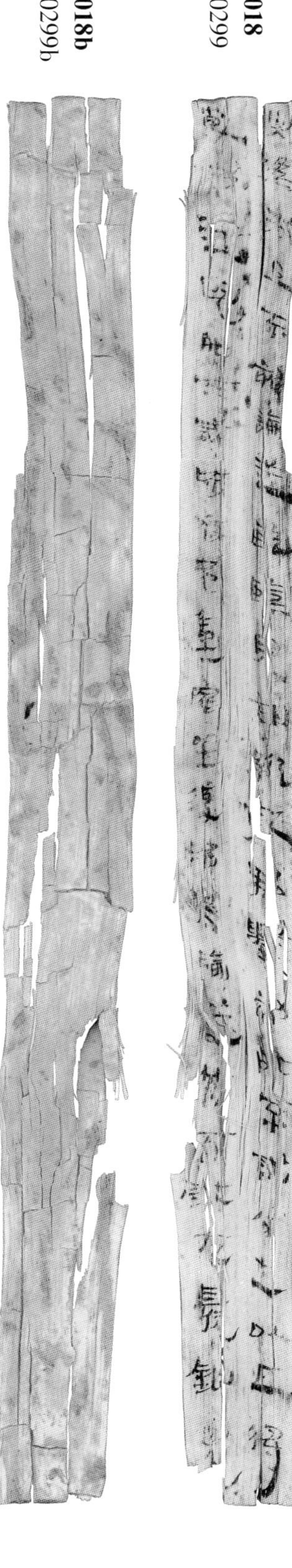

018 0299

018b 0299b

兒爲城旦，不劾論武。監臨見知縱故弗舉劾，外、不識公士以上，得，毄（繫）牢。武、兒、外、不識皆有它重罪，坐，復治。駕（加）論武笞百、鈦左，髡鉗兒、

019 0263　019b 0263b

【外、】不識皆爲城旦籍髡笞。得論行武、兒、外、不識重罪如律令。

【敢】告主

020 0583　020b 0583b

九年五月乙未朔丁未，臨湘令堅、長賴丞尊守丞告尉，謂

倉、都鄉，敢告宮司空、攸、南陽、將作定王后：〖王后〗營徒髡鉗城旦、

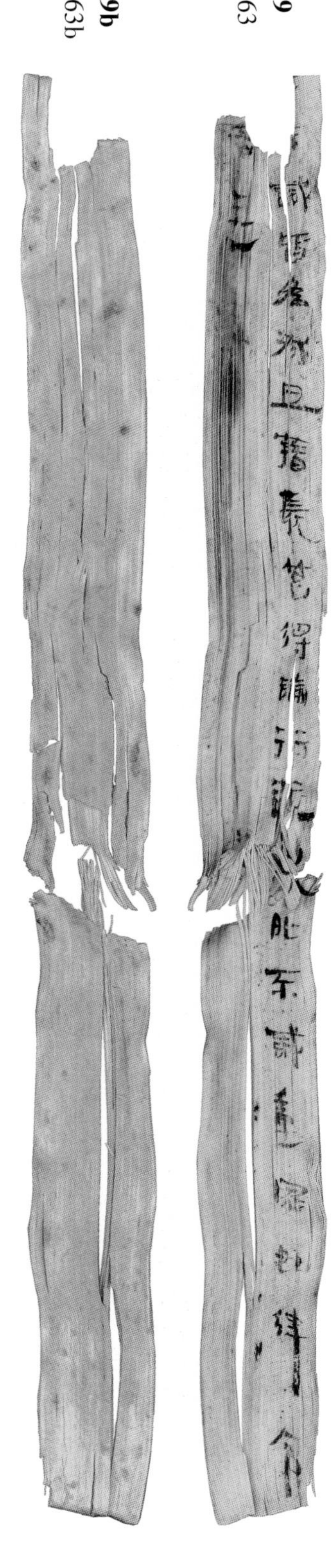

021 0524　021b 0524b

故大夫臨湘泉陽里武，完城旦徒、故官大夫攸大里兒，宮

司空令史、公乘南陽平里不識，皆坐。武故爲臨武丞，盜

022
0117

022b
0117b

所主守臧（贓）六百，公士以上盜，武毄（繫）宮司空獄。請主毄令史兒爲武擅解脱易桎。外、不識知武請兒，兒聽武請，爲武擅

023
0519

023b
0519b

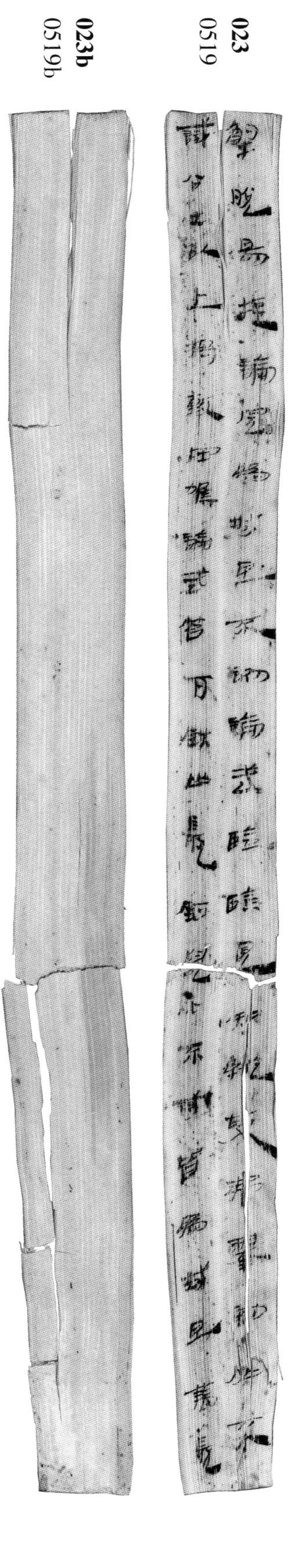

解脱易桎，論完爲城旦，不刻論武。監臨見知縱故弗舉劾，外、不識公士以上，得，毄（繫）牢。駕（加）論武笞百、鈦止，髡鉗兒、外、不識皆爲城旦籍髡

024
0580

024b
0580b

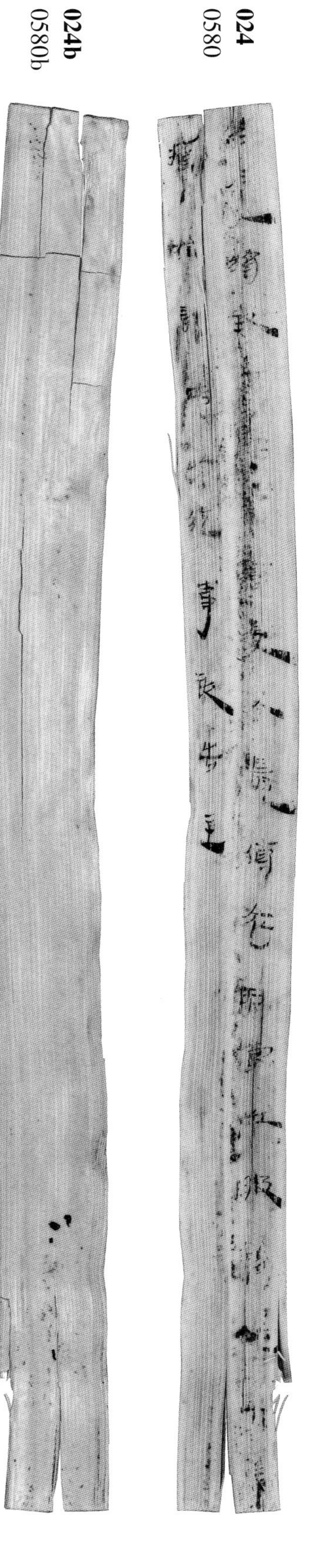

笞。令人將致其聽書，倉受入髡傳衣所當依服，移[校]九年應獄計。它以從事，敢告主。

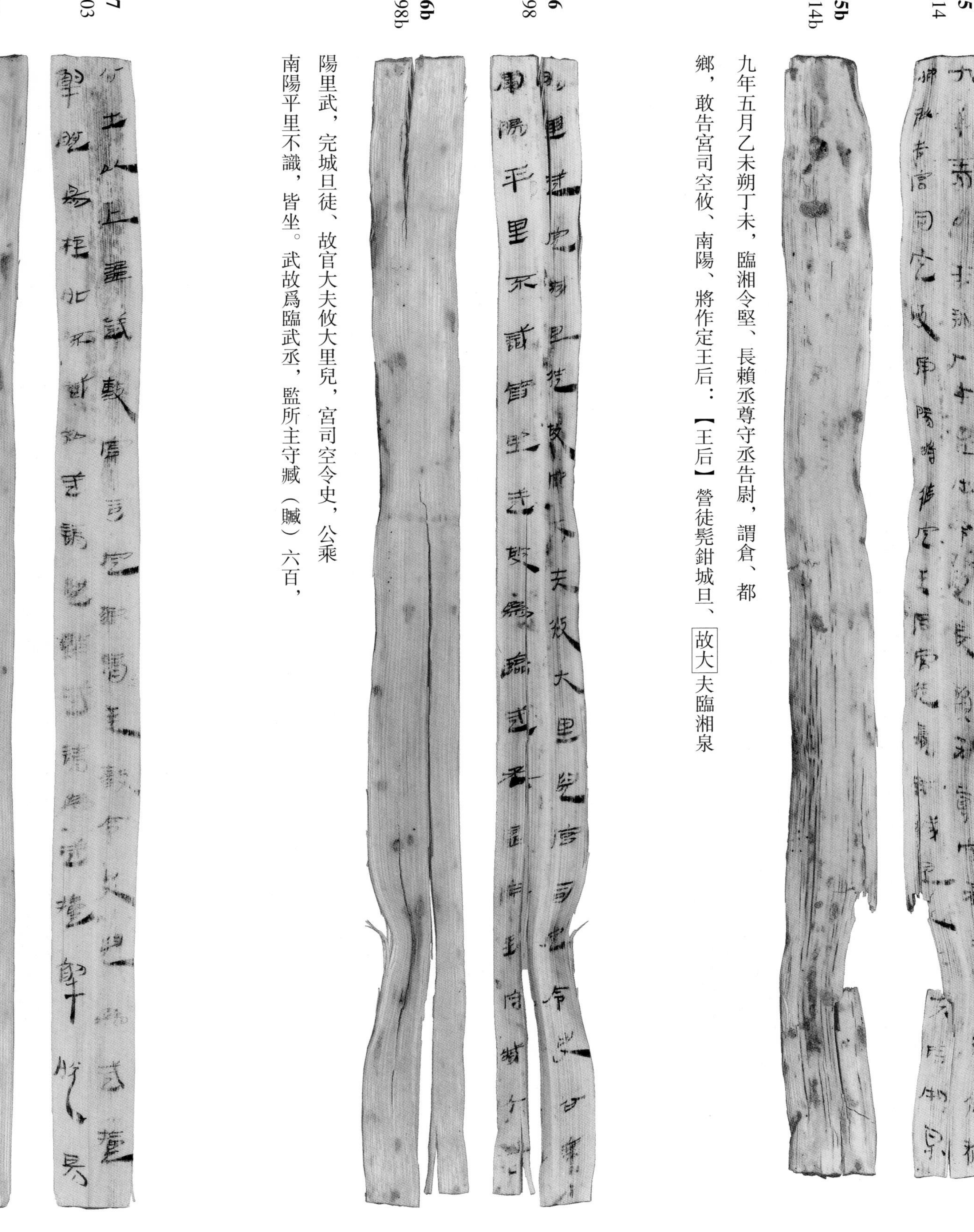

025 0814

025b 0814b

九年五月乙未朔丁未，臨湘令堅、長賴丞尊守丞告尉，謂倉、都鄉，敢告宮司空攸、南陽、將作定王后：【王后】訾徒髡鉗城旦、故大夫臨湘泉

026 0798

026b 0798b

陽里武，完城旦徒、故官大夫攸大里兒，宮司空令史，公乘南陽平里不識，皆坐。武故爲臨武丞，監所主守臧（贓）六百，

027 0803

027b 0803b

公士以上盜，武毄（繫）宮司空獄。請主毄（繫）令史兒，爲武擅解脱易桎。外、不識知武請兒，聽武請，爲武擅解脱易

028
0809

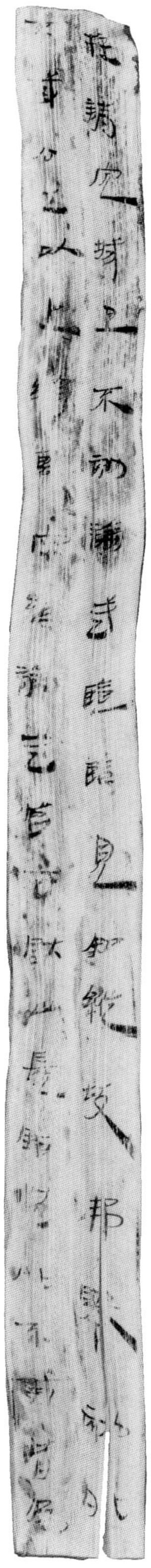

028b
0809b

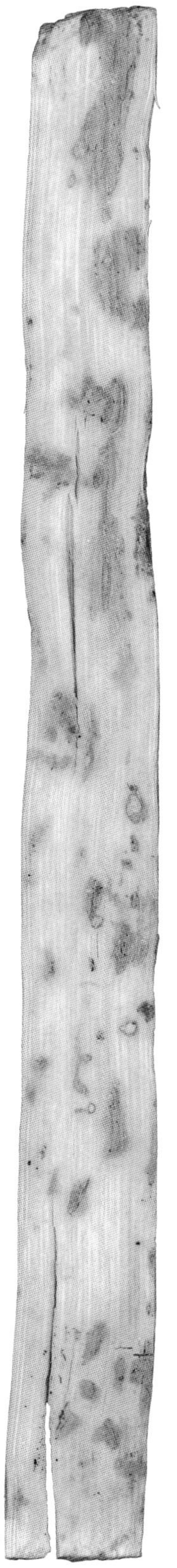

桎，請〈論〉完城旦，不劾論武。監臨見知縱故弗舉劾，外、不識公士以上，得，毄（繫）牢。駕（加）論武笞百、釱止，髡鉗兒、外、不識皆爲

029
0811

029b
0811b

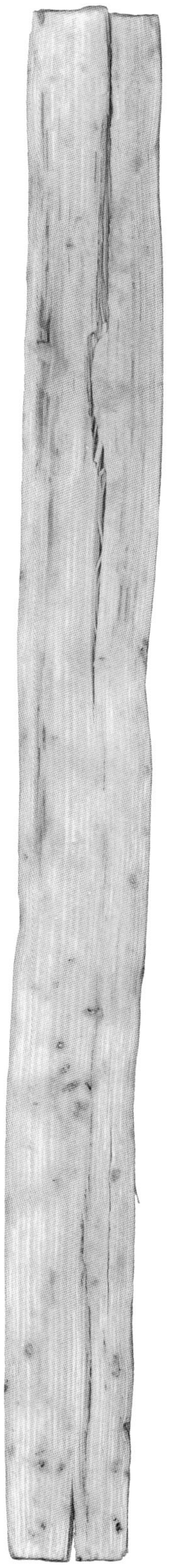

城旦籍髡笞。令人將致其聽書，倉受入髡傳衣所當依服。移校九年應獄計，它以從事，敢告主。

030
0797

030b
0797b

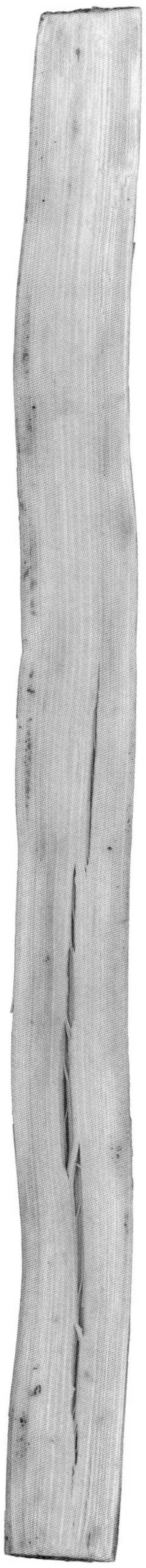

九年五月乙未朔丁未，臨湘令堅、長賴丞尊守丞告尉，謂倉、中鄉，敢告宮司空、攸、南陽、將作定王后：營徒髡鉗城旦、故大夫

031
0799

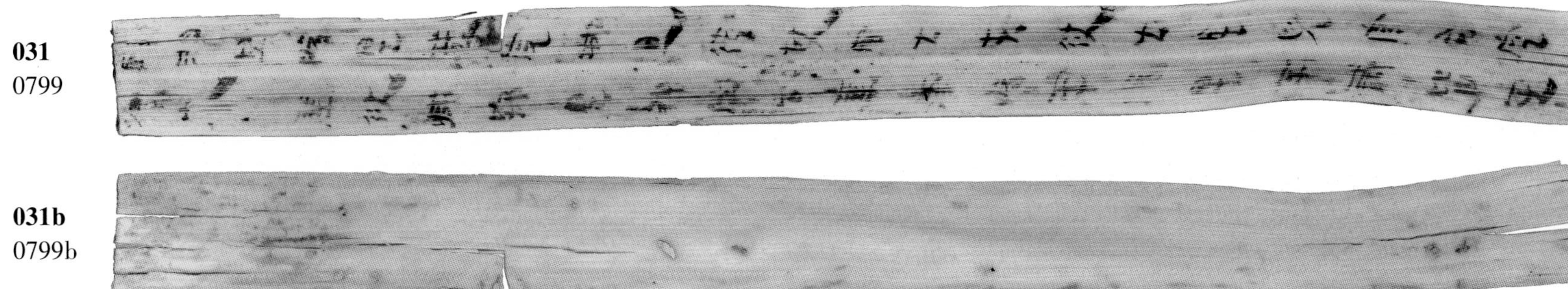

031b
0799b

臨湘泉陽里武、完城旦徒、故官大夫攸大里兒，宮司空
令史、公乘攸臧鄢里外，佐、公乘南陽平陽里不識，皆坐。

032
0804

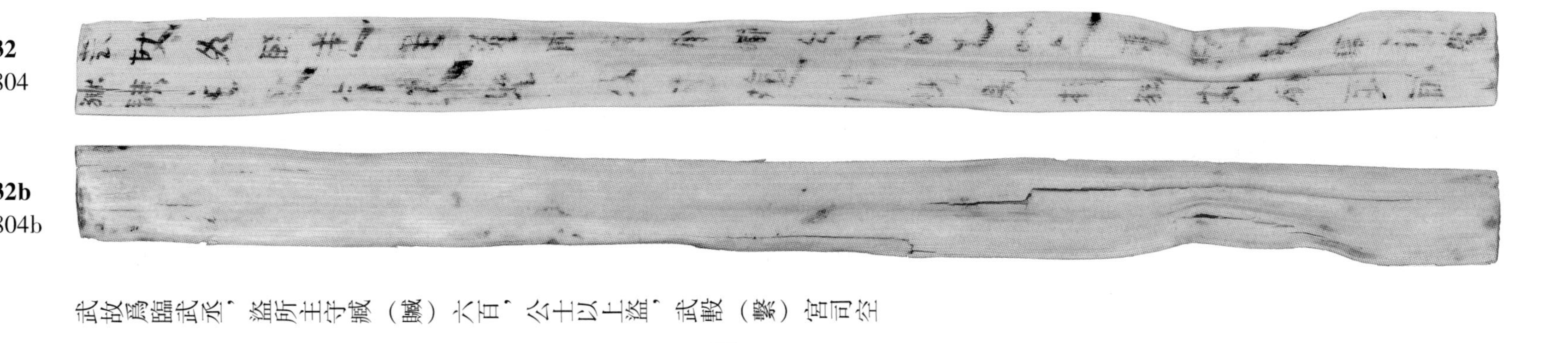

032b
0804b

武故爲臨武丞，盜所主守臧（贓）六百，公士以上盜，武毄（繫）宮司空
獄。請主毄（繫）令史兒爲武擅解脱易桎。獄史外、不識

033
0810

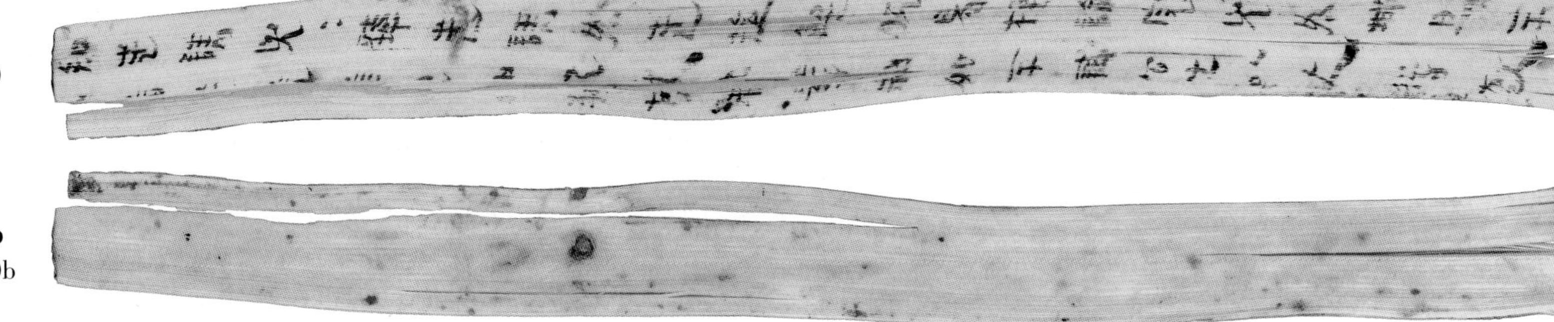

033b
0810b

知武請兒，兒聽武請，爲武擅解脱易桎。論完兒爲城旦，不
劾論武。監臨見知縱故弗舉劾，外、不識公士以上得毄（繫）

034 0808

034b 0808b

牢。武、兒、外不識皆有它重罪，坐，復治。駕論武笞百、鈦左止，髡鉗兒、外、不識皆爲城旦籍髡笞。行[十四]武、兒、外

035 0801

035b 0801b

不識重罪如律令，敢告主。

036 0597

036b 0597b

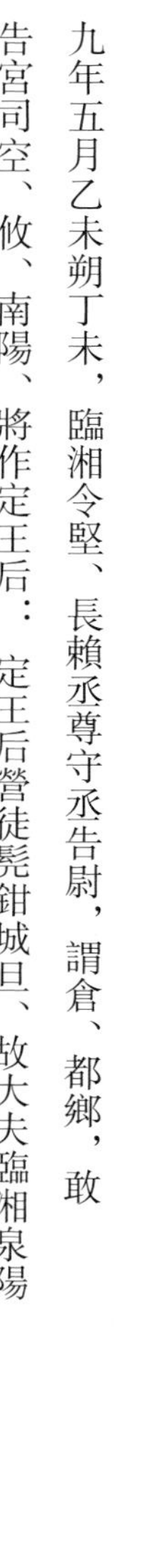

九年五月乙未朔丁未，臨湘令堅、長賴丞尊守丞告尉，謂倉、都鄉，敢告宮司空、攸、南陽、將作定王后：定王后營徒髡鉗城旦、故大夫臨湘泉陽

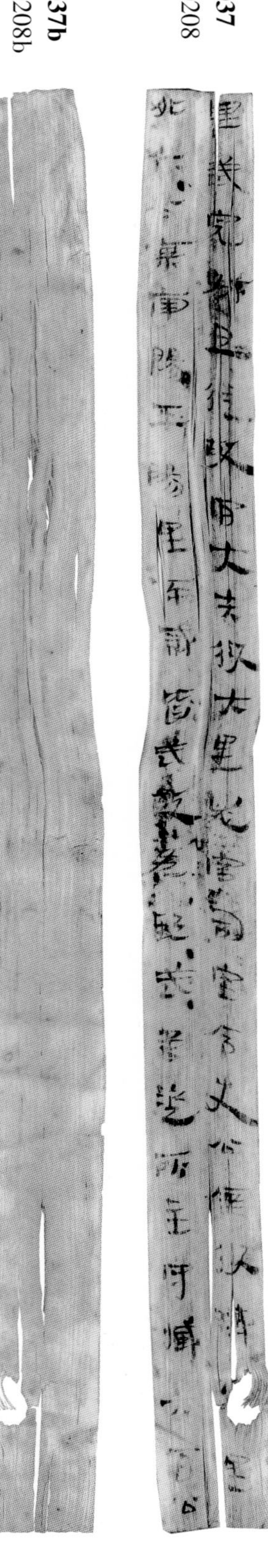

037 0208

037b 0208b

里武，完城旦徒、故官大夫攸大里兒，宮司空令史、公乘攸臧郢里外，佐、公乘南陽平陽里不識，皆【坐】。武故爲臨武丞，盜所主守臧（贓）六百，公

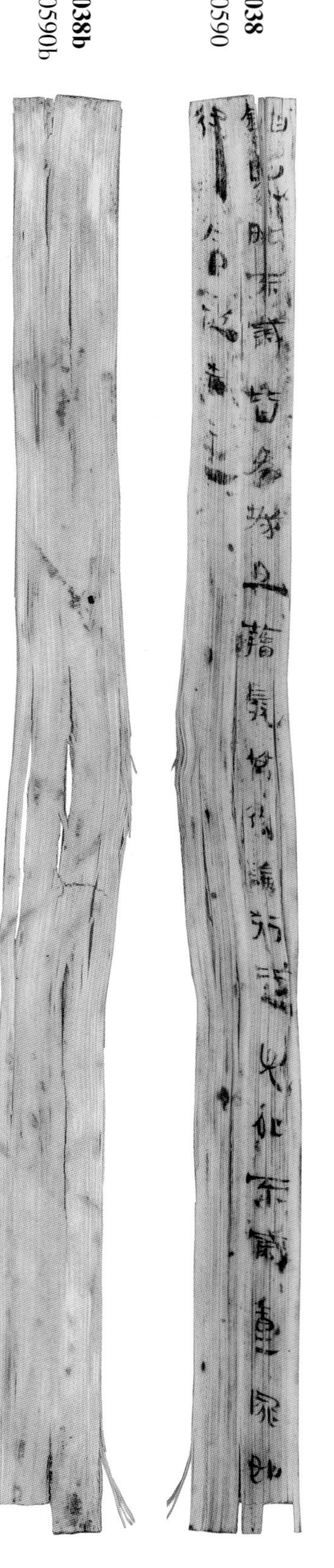

038 0590

038b 0590b

鉗兒、外、不識，皆爲城旦籍髡笞。得論行武、兒、外、不識重罪如律令，敢告主。

039 0240

039b 0240b

將作定王后營徒……

040 0920 **040b** 0920b

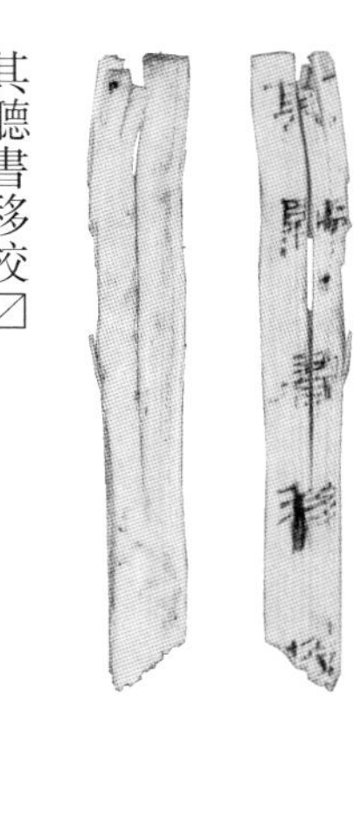

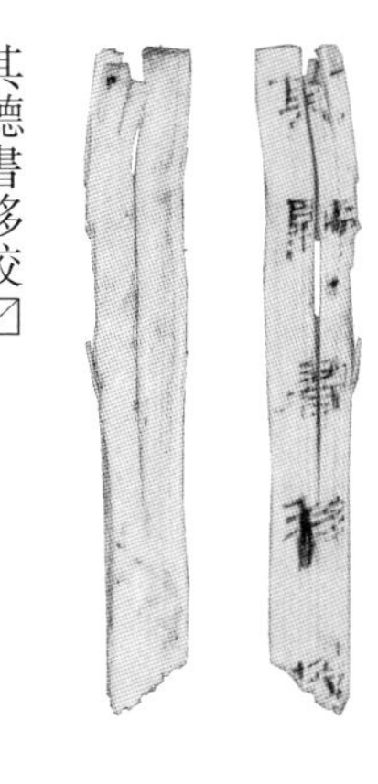

其聽書移校☑

041 1550 **041b** 1550b

九年四月丁丑，獄史河人爰書□☑

秩四百石，主轂（繫）令史兒坐劾□髳☑

042 0200 **042b** 0200b

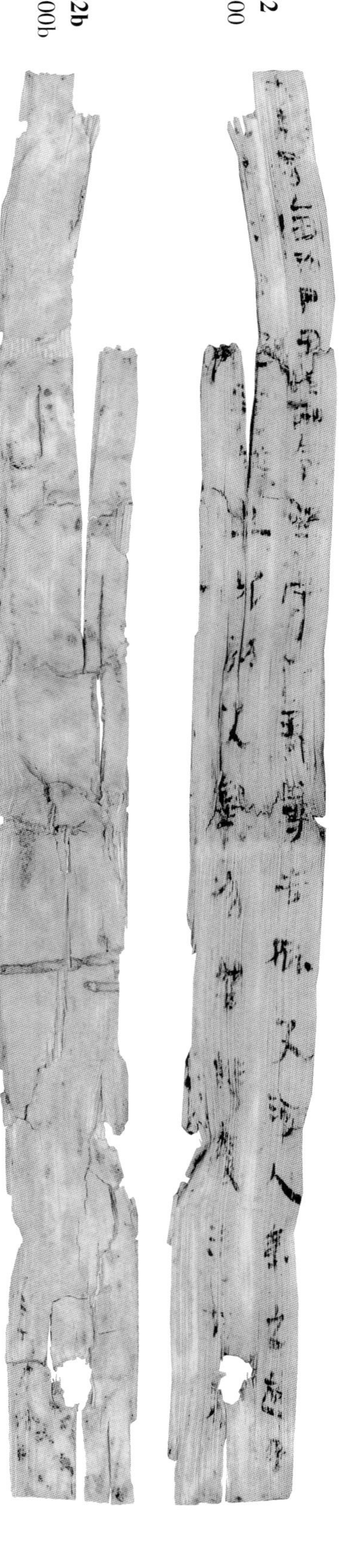

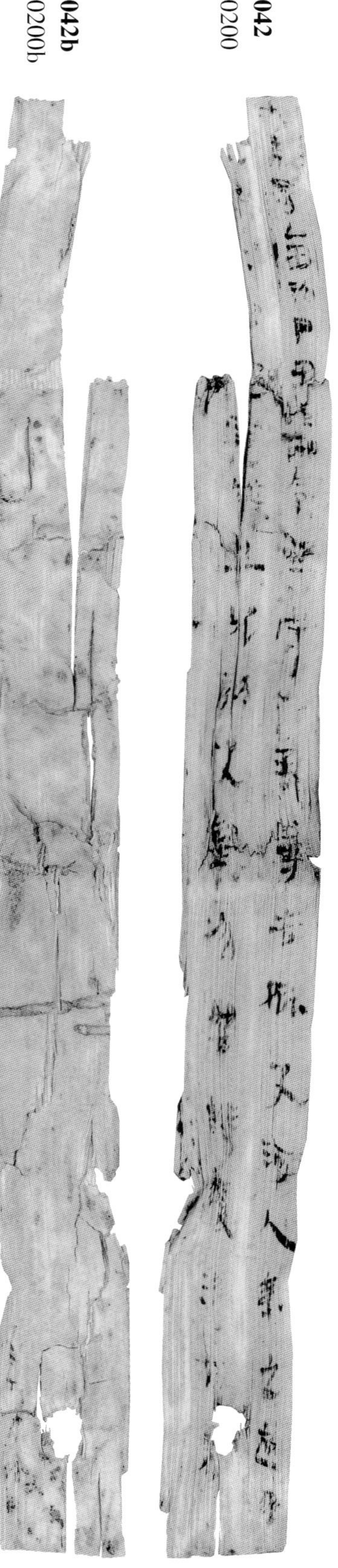

九年四月乙丑朔丁丑，臨湘令堅、守丞尊告獄史河人、乘之：適將

☑□□□□完城旦兒、獄史釘有姦詐（詐），復治，有書

043 0309 **043b** 0309b

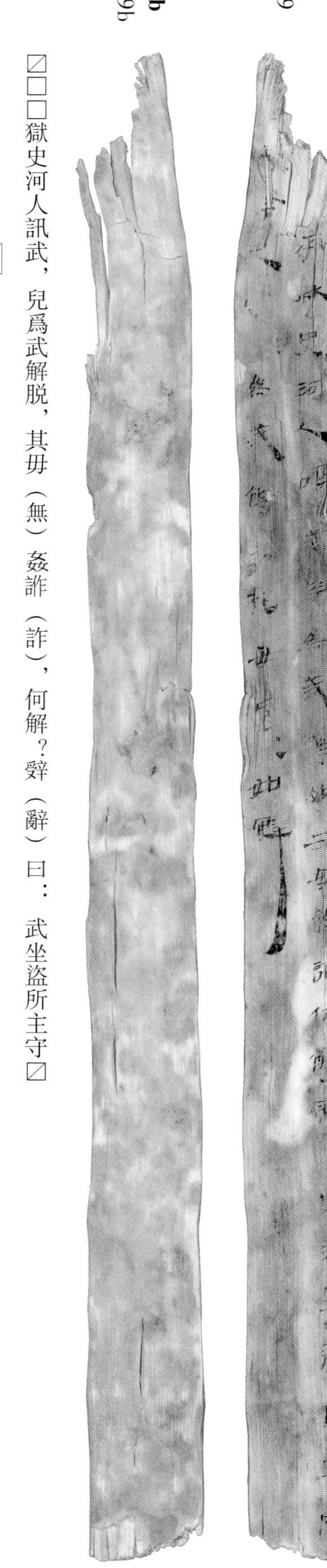

☑□□獄史河人訊武，兒爲武解脱，其毋（無）姦詐（詐），何解？辤（辭）曰：武坐盜所主守☑

☑□令史兒爲武解易桎，毋它。它如辤（辭）。

044 0350

044b 0350b

☐訊不識┗、外，辤（辭）曰：皆☐☐不識南陽平陽里☐，【外攸臧郢里】☐

☐劾曰：臨湘郢里大夫壬負罰金一斤，居之，日未備☐☐☐

045 1570

045b 1570b

·外、不識辤（辭）。

046 0223

046b 0223b

☐遣☐☐不敢故弗舉劾，獄未斷，會五月乙未赦，[十五]遣自☐☐

敢☐之

047 0128

047b 0128b

復作毄（繫）外、不識、倪、武作縣官各二歲☐☐鞫敢言之☐……

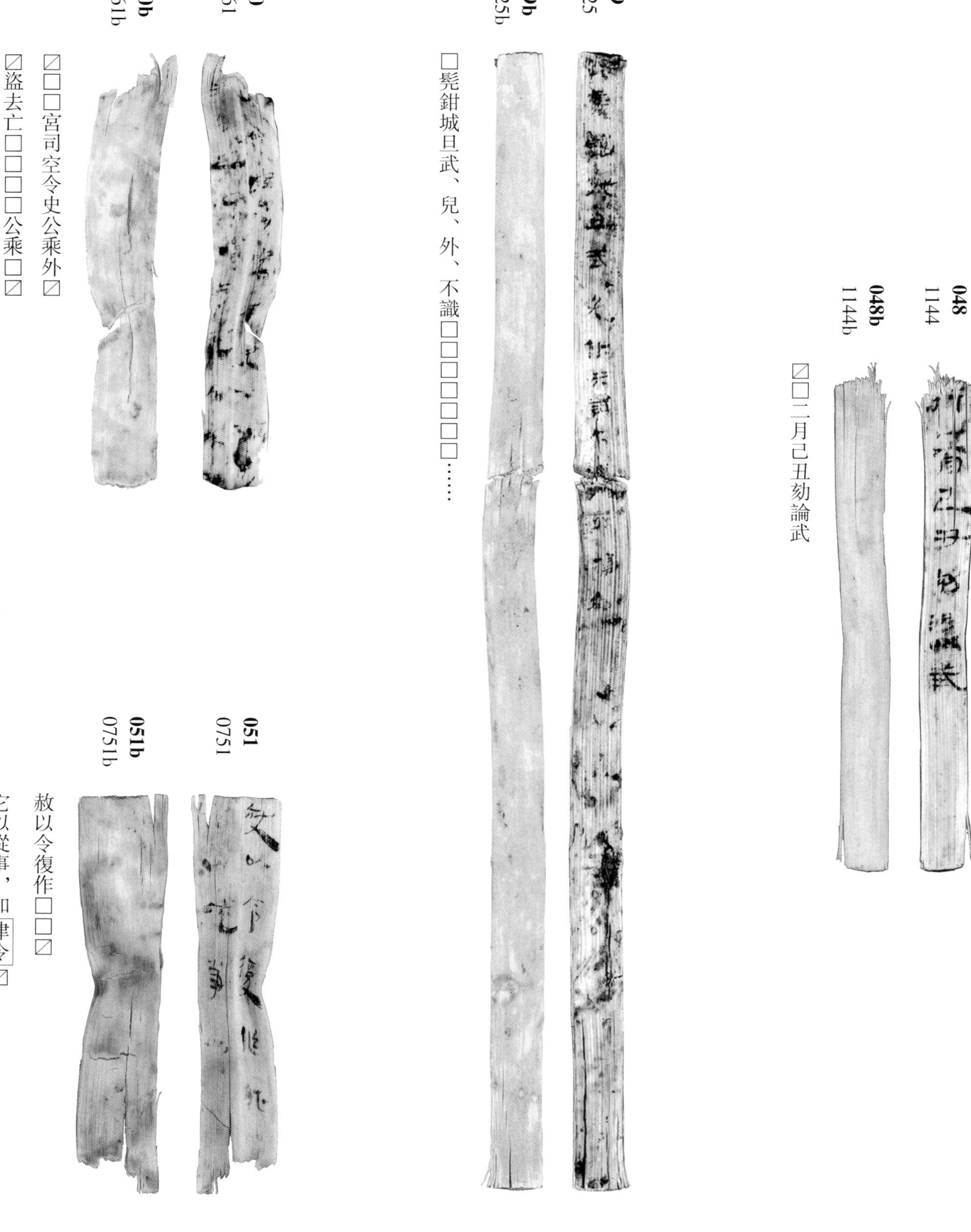

048 1144

048b 1144b

☑□二月己丑劾論武

049 1525

049b 1525b

□髡鉗城旦武、皃、外、不識□□□□□□□□……

050 1861

050b 1861b

☑□□宮司空令史公乘外☑

☑盜去亡□□□□公乘□☑

051 0751

051b 0751b

赦以令復作□□☑

它以從事，如律令☑

052
0688

052b
0688b

告縱都亭以□去時□□□□□☑

會五月乙未赦已論復作縣官二歲☑

053
2122

053b
2122b

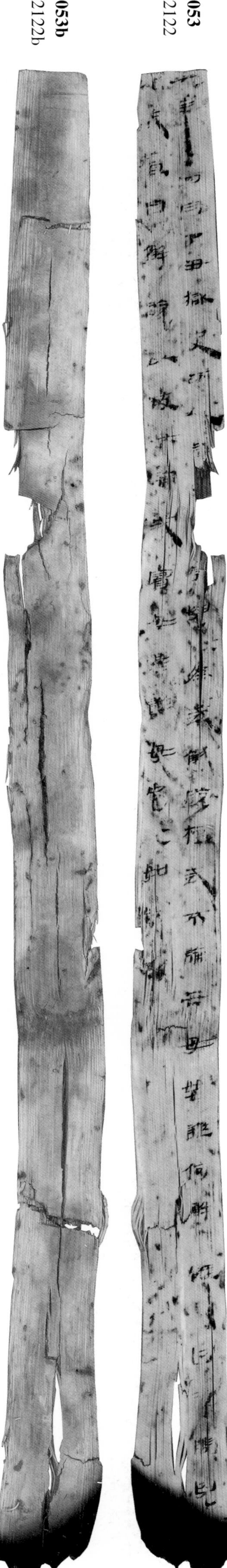

九年四月丁丑，獄史河人訊□□謂兒爲武解脱桎，武不論，其毋姦詐，何解？辤（辭）曰：問兒□☑

爲武擅自解脱，以故狀論武，實毋姦詐，毋（無）它，它如辤（辭）。

注釋：

［一］九年五月乙未朔丁未（五月十三日），據張培瑜《三千五百年曆日天象》，漢武帝元狩三年（前120）五月朔在乙未，對應長沙康王九年。

［二］臨湘，長沙國都所在縣，位於今長沙市。《漢書·地理志》：『長沙國……縣十三：臨湘，羅，連道，益陽，下雋，攸，酃，承陽，湘南，昭陵，荼陵，容陵，安成。』

［三］長賴，長沙國地名，地望不詳。長沙五一廣場東漢簡有『長賴亭』『長賴鄉嗇夫』等記載，可以參看。

［四］宮司空，諸侯王國所屬司空機構。執掌包括治獄、管理刑徒等。

［五］攸，長沙國屬縣，今湖南攸縣。

［六］南陽，縣名，地望不詳，後文有『公乘南陽平陽里不識』等記載。

［七］將作定王后，將作，據《漢書·百官公卿表》，秦設將作少府，漢景帝中六年更名將作大匠，主管宮室、宗廟、陵寢、園邑建造，西漢諸侯王國仿漢制設立將作一職。將作定王后似主管長沙定王發之王后陵寢建造的機構。

［八］營，通『塋』，指葬地。《漢书·楚元王传》：『太夫人薨，賜塋，葬靈戶。』顔师古注：『塋，冢地。』王后營徒即營造王后塋地之刑徒。

［九］監臨見知縱故，『見知縱故』，《漢書》作『見知故縱』，即『見知之法』。依律，監臨發現官吏違法當舉劾，不舉劾即爲『見知故縱』。《漢書·刑法志》：『於是招進張湯、趙禹之屬，條定法作見知故縱、監臨部主之法，緩深故之罪，急縱出之誅。』

［十］簡文此處書有兩個『故』，第二個『故』字後書有删除號。

［十一］『牢』前少一『轂』字。

［十二］中鄉，文書四、文書七皆爲中鄉，其他文書皆作都鄉。

［十三］『王』字後少一重文符號。

［十四］行前少『得論』二字。

［十五］五月乙未赦，漢武帝元狩三年（長沙康王九年）五月赦令。《漢書·武帝紀》：『三年春，有星孛于東方。夏五月，赦天下。』

案例二　血婁、齊盜贓案　正背面編聯圖版

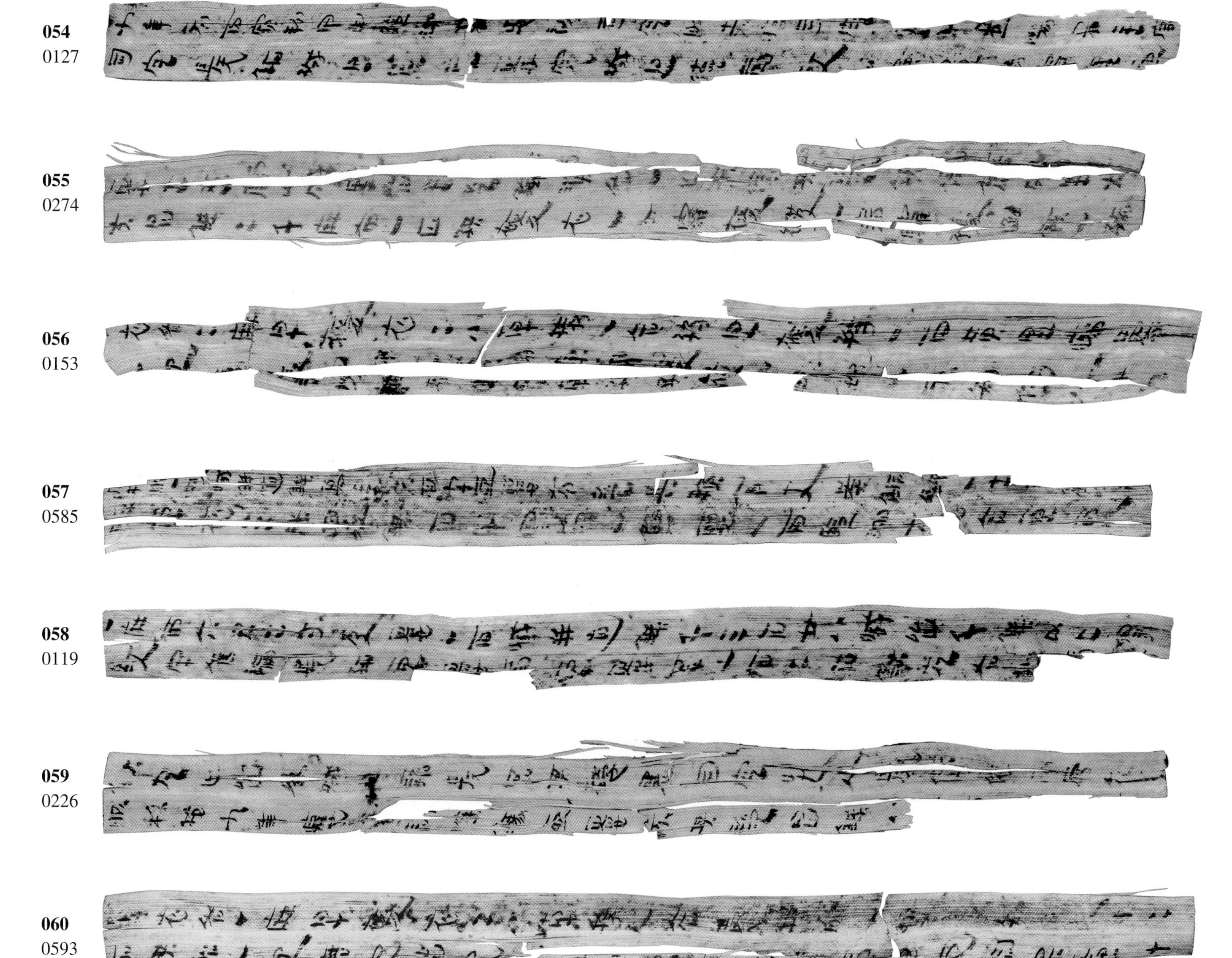

054 0127

055 0274

056 0153

057 0585

058 0119

059 0226

060 0593

054b 0127b

055b 0274b

056b 0153b

057b 0585b

058b 0119b

059b 0226b

060b 0593b

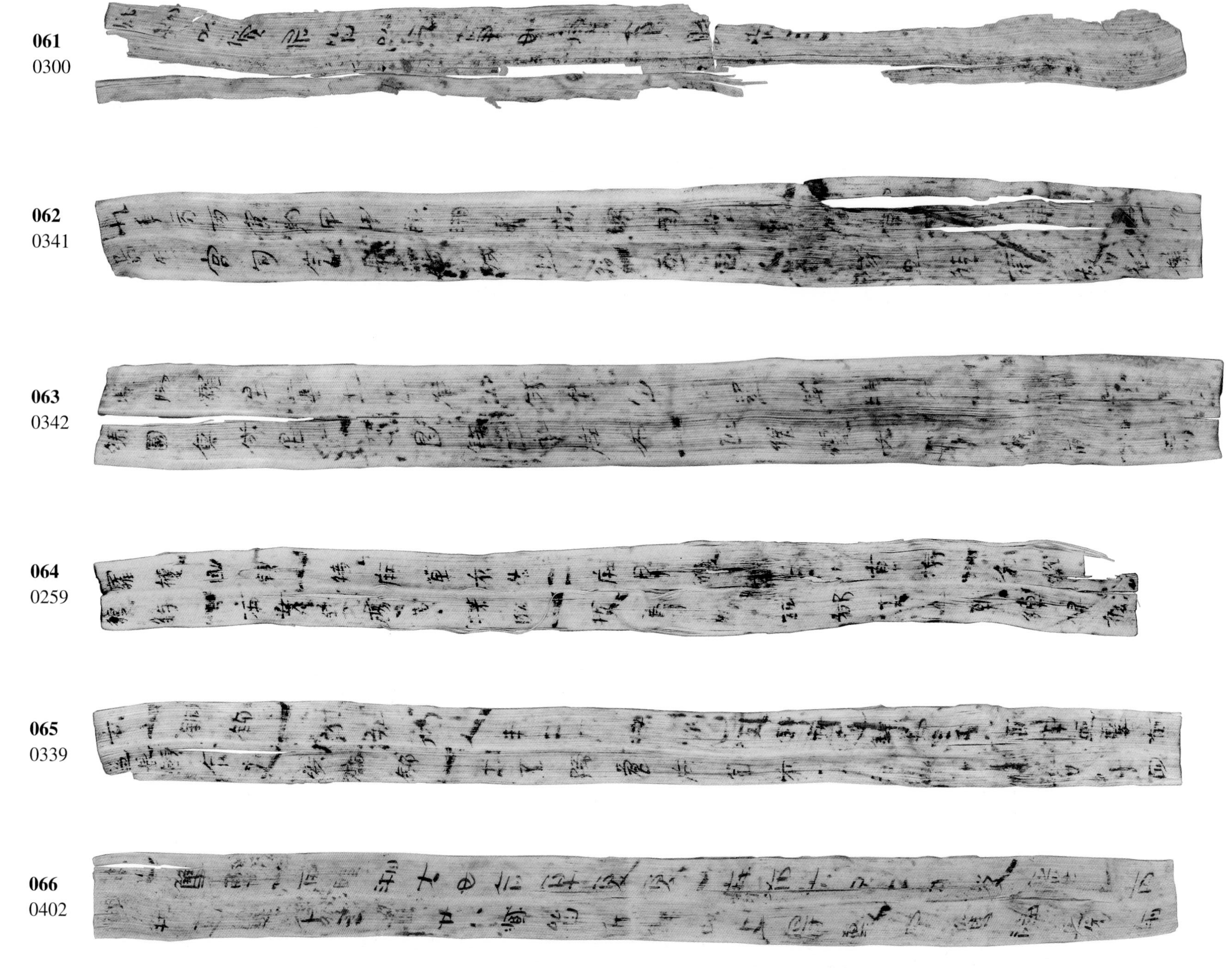

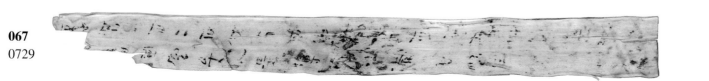

061
0300

062
0341

063
0342

064
0259

065
0339

066
0402

067
0729

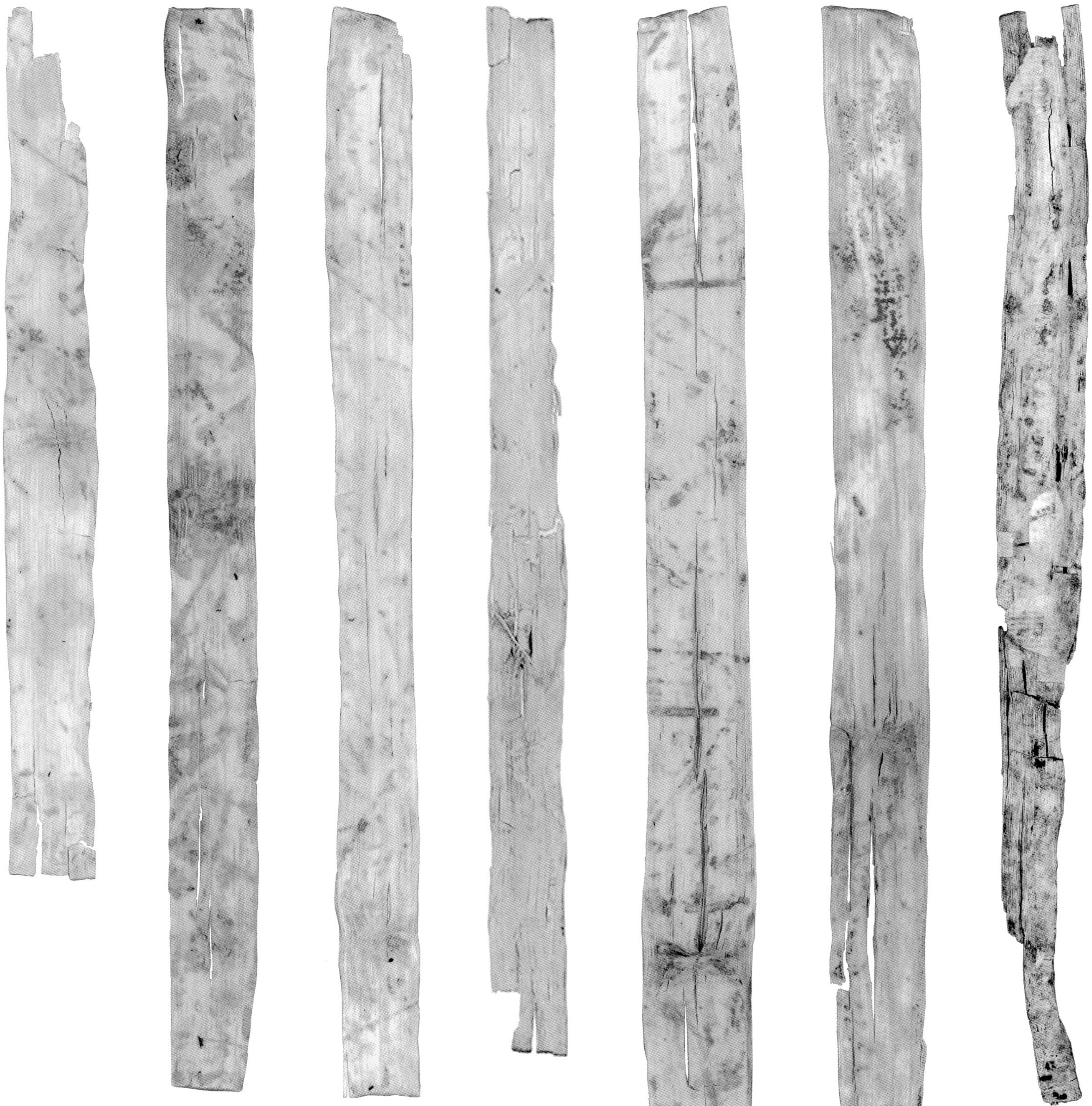

061b
0300b

062b
0341b

063b
0342b

064b
0259b

065b
0339b

066b
0402b

067b
0729b

068
0888

069
0881+
0877

070
0547

071
0595

072
0587

073
0197

074
0535

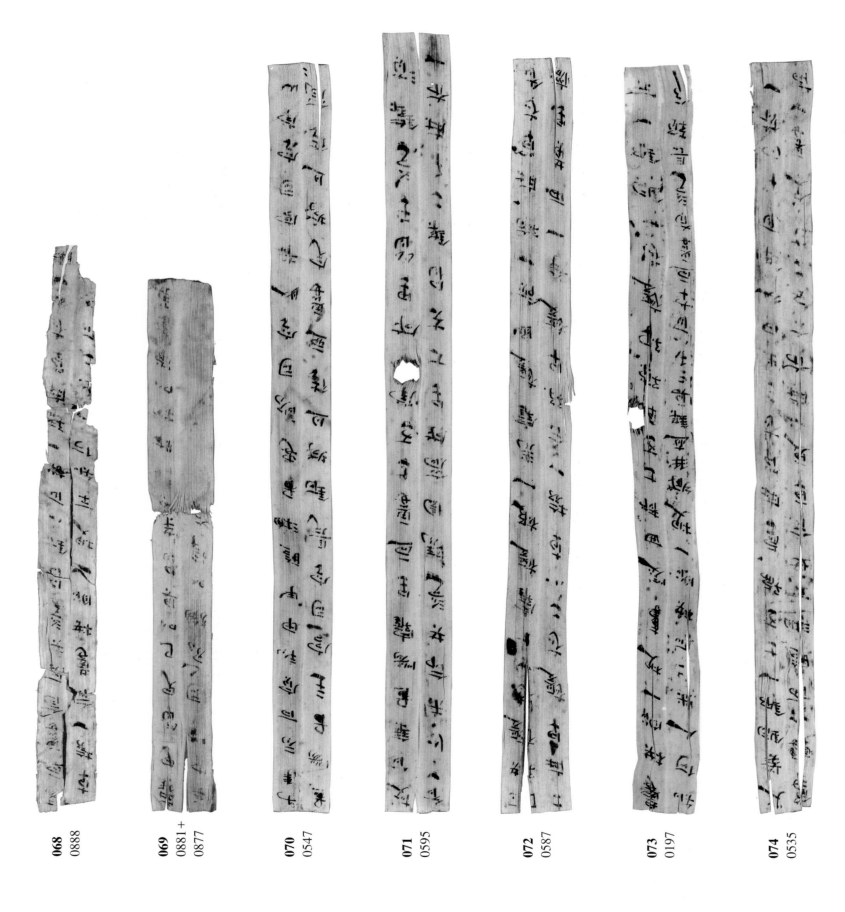

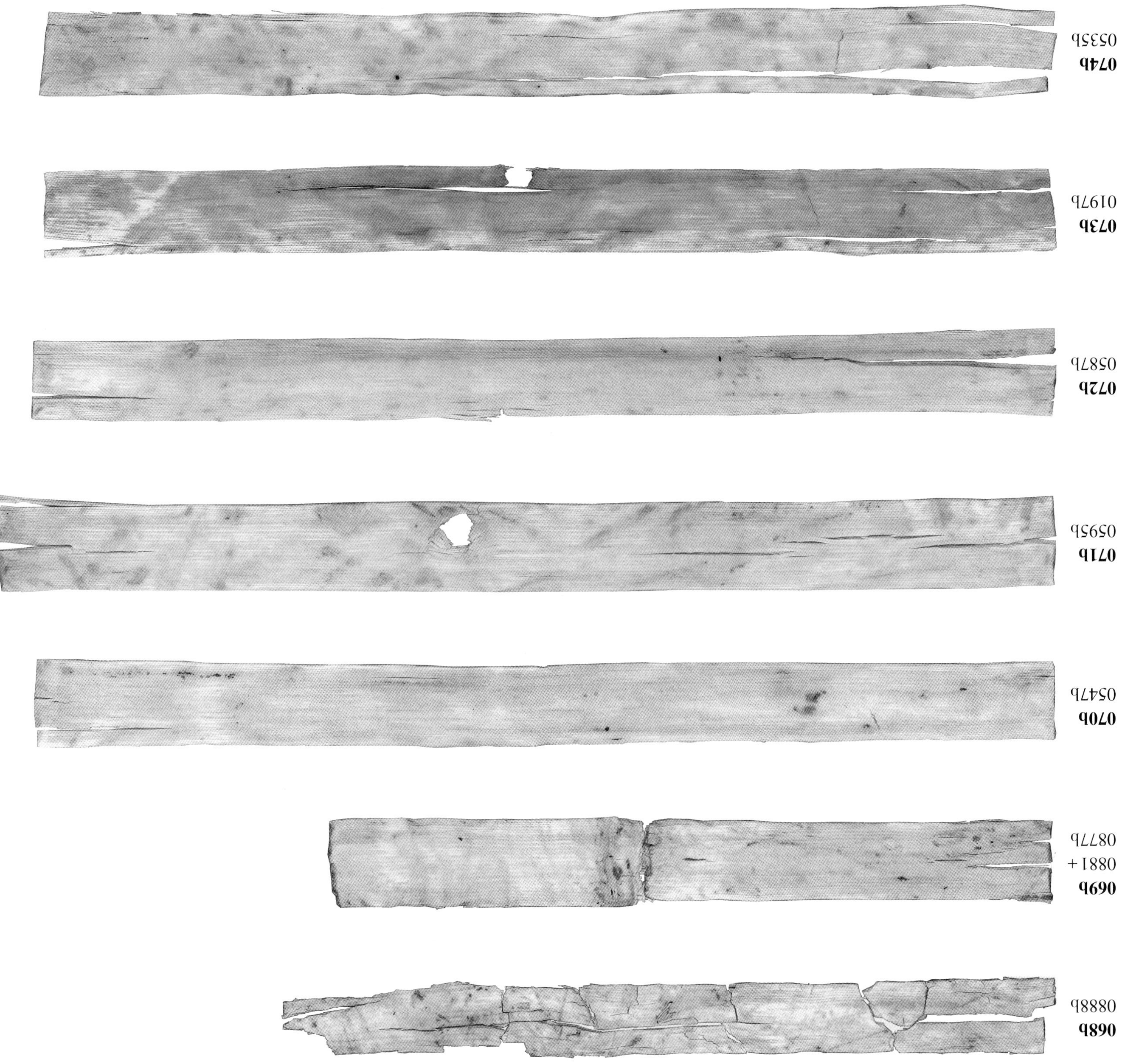

068b 0888b

069b 0881+0877b

070b 0547b

071b 0595b

072b 0587b

073b 0197b

074b 0535b

075
0549

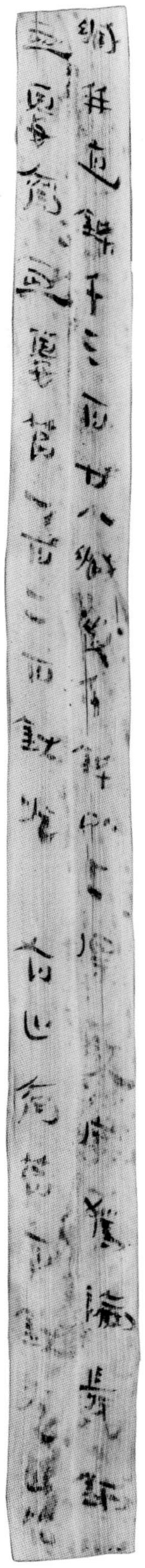

076
0596

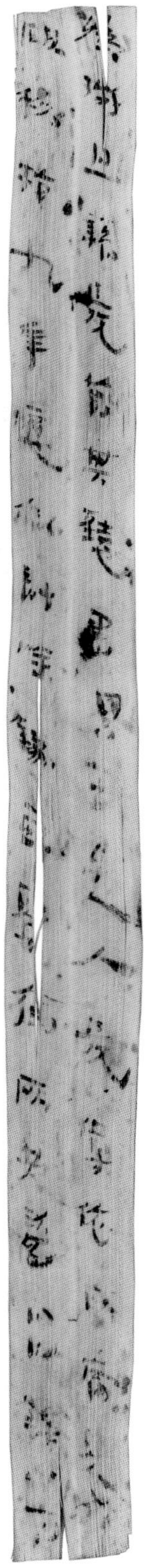

077
0588

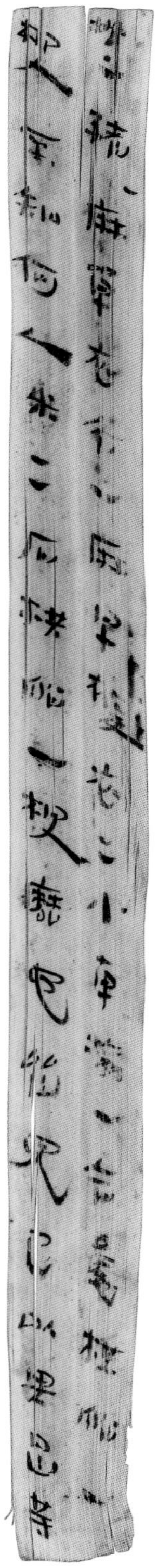

078
0984

079
1197+
1106+
1781

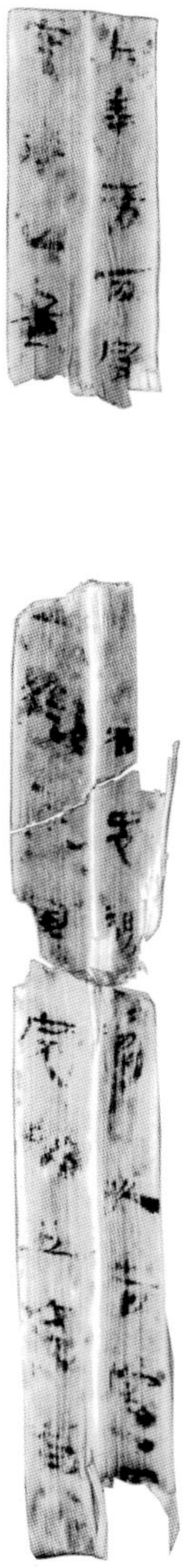

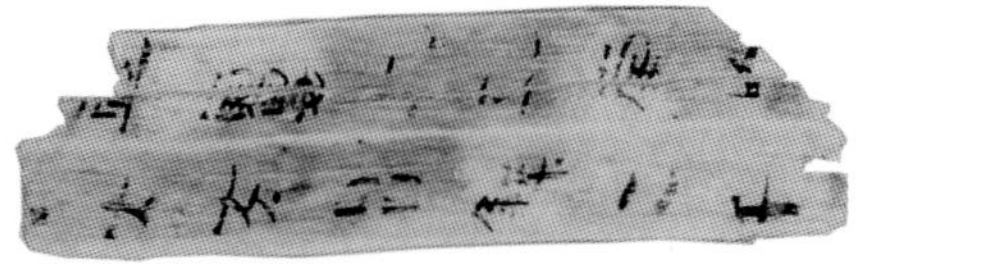

080
1878+
0980

081
1191

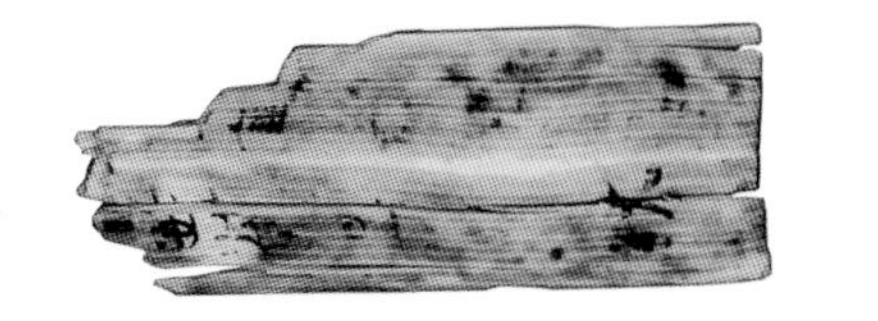

075b
0549b

076b
0596b

077b
0588b

078b
0984b

079b
1197+
1106+
1781b

080b
1878+
0980b

081b
1191b

082
1893

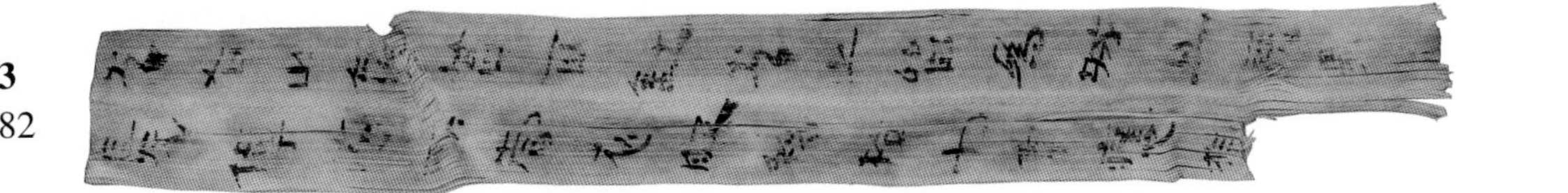

083
0482

084
0227

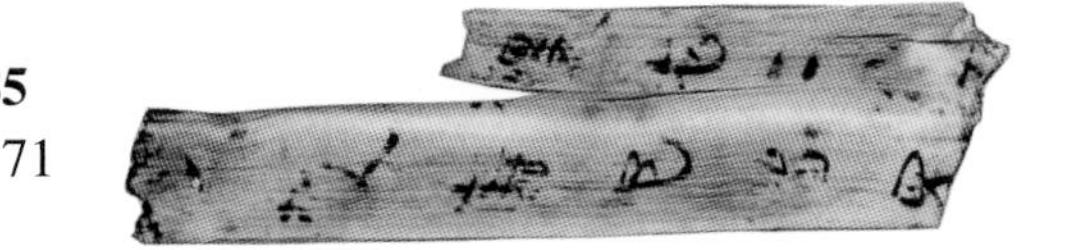

085
1171

086
0684

087
0738

088
0857

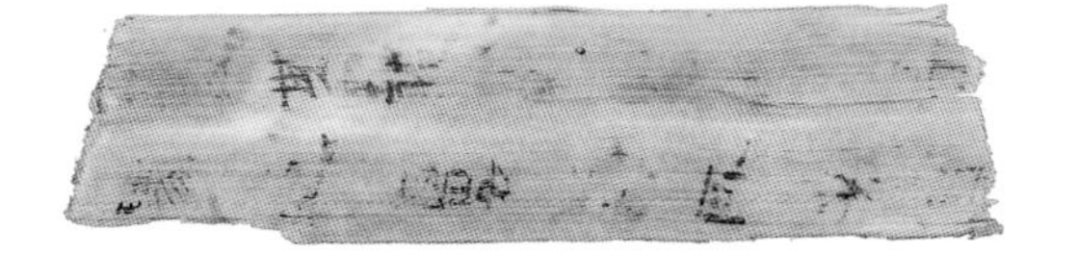

089
1036

082b 1893b

083b 0482b

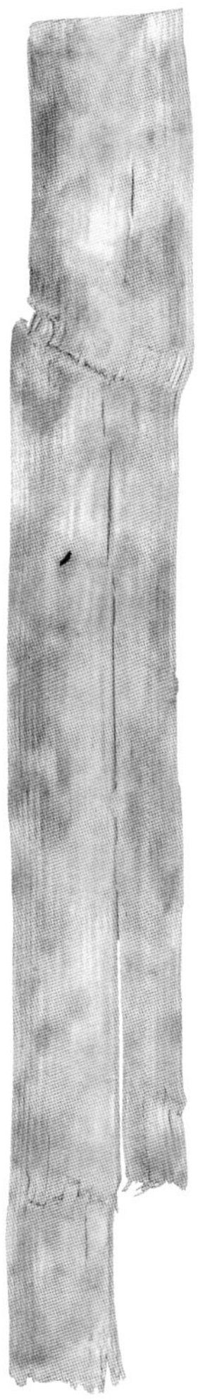

084b 0227b

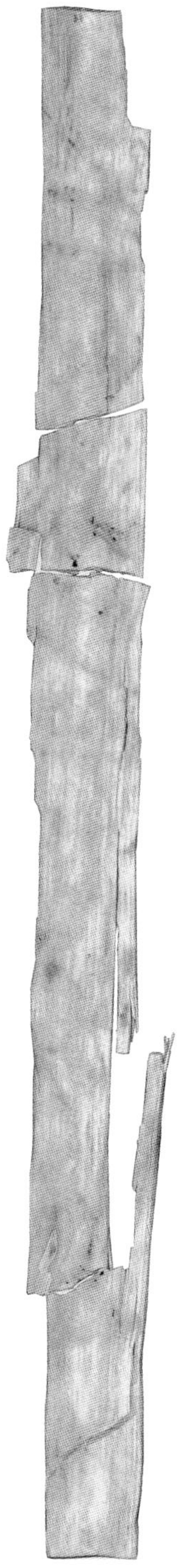

085b 1171b

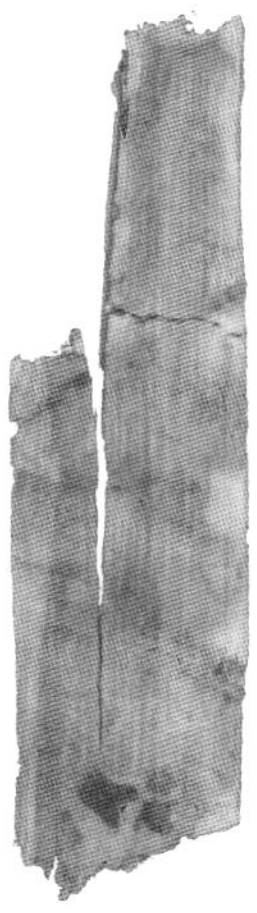

086b 0684b

087b 0738b

088b 0857b

089b 1036b

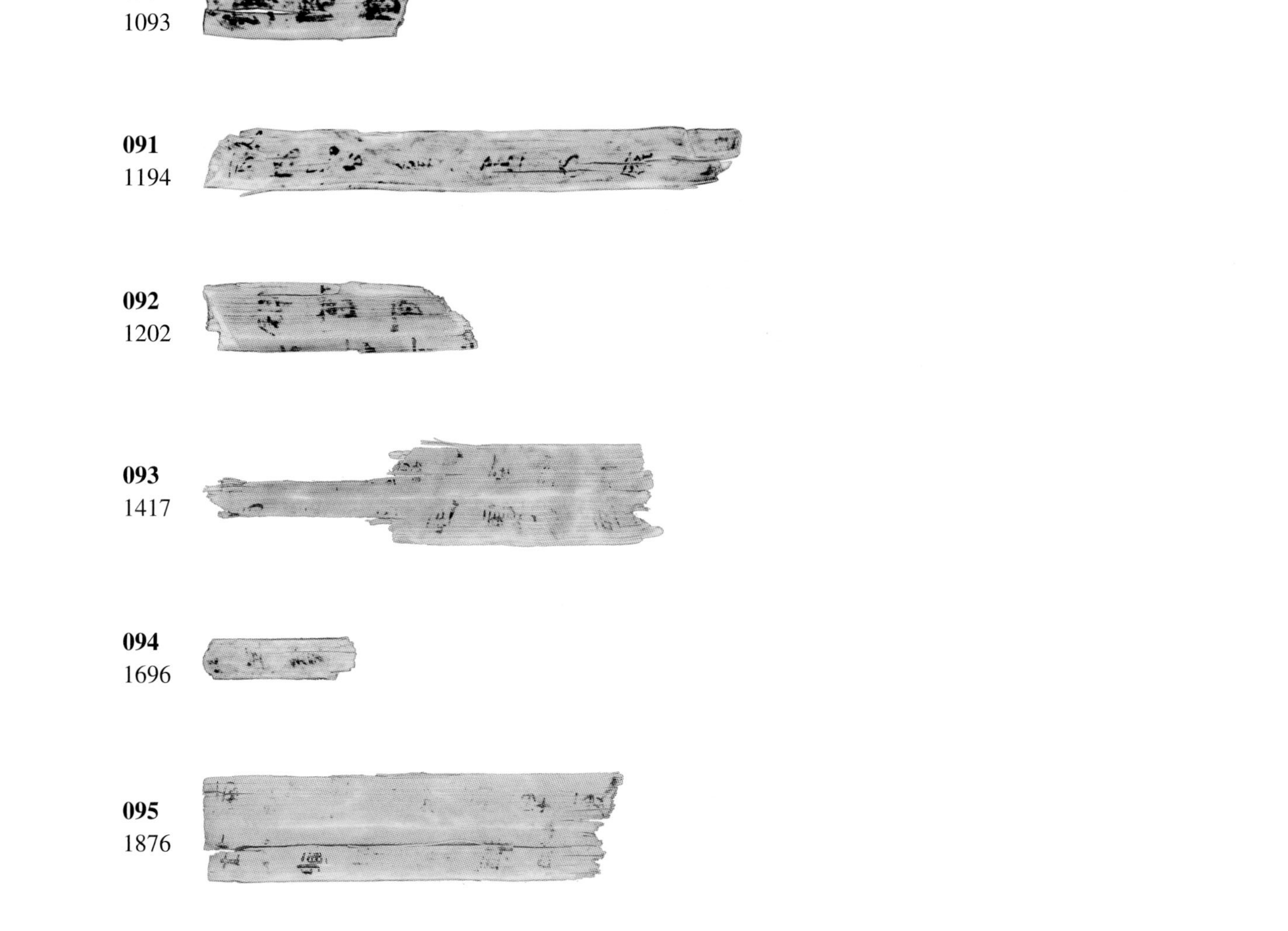

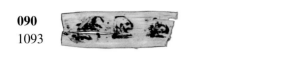

090 1093

091 1194

092 1202

093 1417

094 1696

095 1876

096 2126

097 1252

090b
1093b

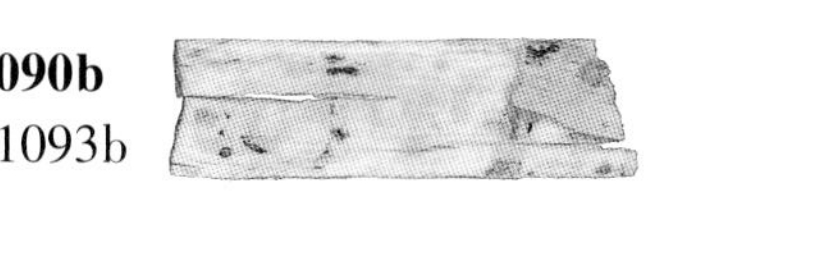

091b
1194b

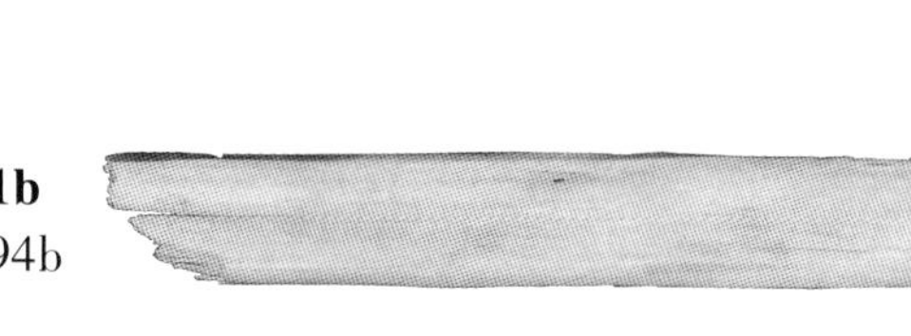

092b
1202b

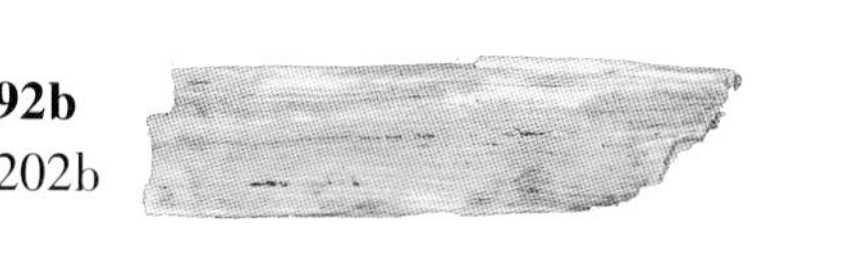

093b
1417b

094b
1696b

095b
1876b

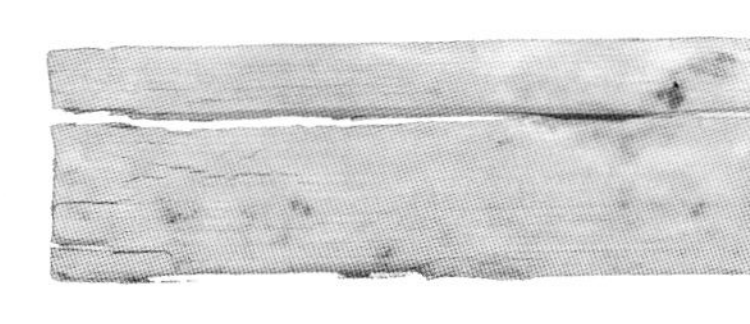

096b
2126b

097b
1252b

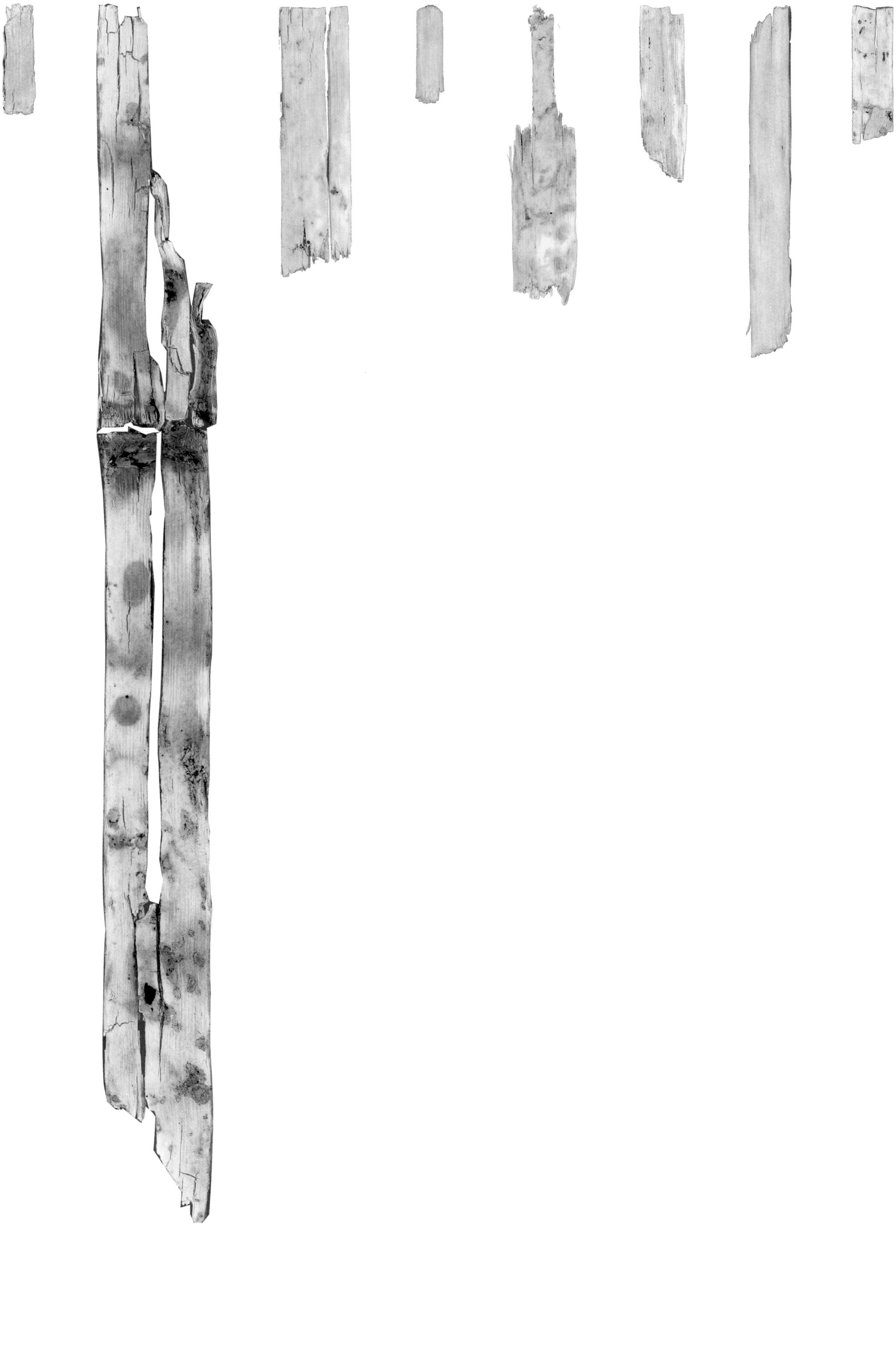

案例二 血婁、齊盜贓案 單簡圖版及釋文

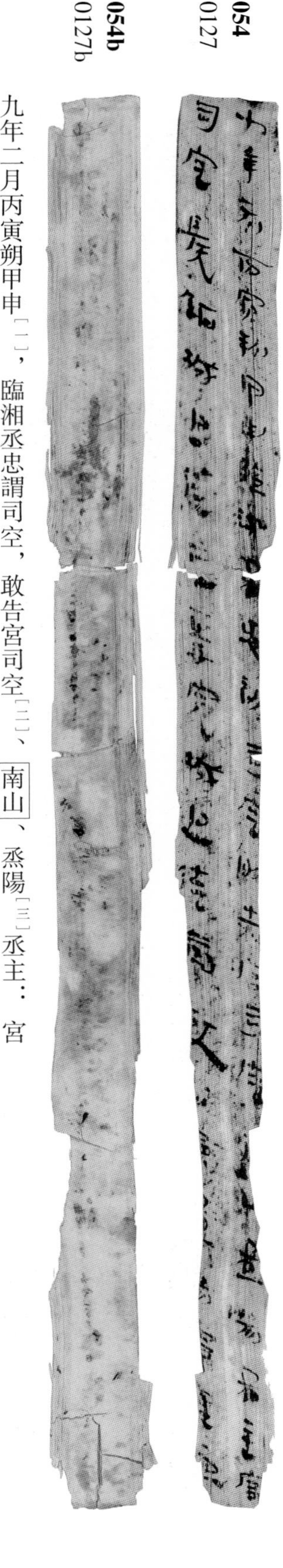

054 0127

054b 0127b

九年二月丙寅朔甲申[一]，臨湘丞忠謂司空，敢告宮司空[二]、南山、烝陽[三]丞主：宮

司空髡鉗城旦徒血婁、完城旦徒齊。齊，故公乘、烝陽羅里，血

055 0274

055b 0274b

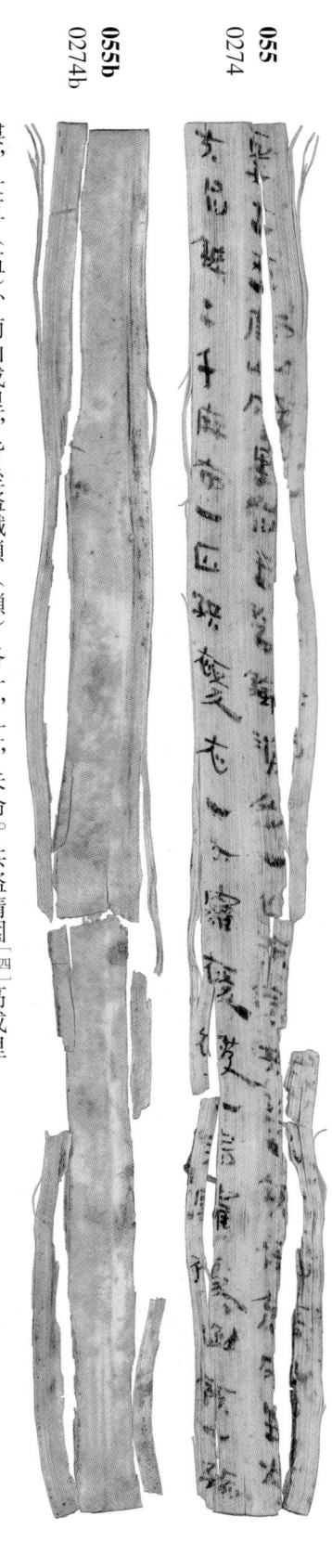

婁，士五（伍）、南山成里，皆坐盜鐵湏（鎖）各一，亡，未命。共盜靖園[四]高成里

大夫昌錢二千、麻布一匹、緒複衣[五]一、□羅複被一、青羅複函領一、緒

056 0153

056b 0153b

☐【麻單（禪）】[六]衣各二、麻皂複衣[七]二、小車檢（奩）[八]一合、絲皂複絝[九]一兩。黃里瘳慶[十]【栱船】[十一]

一樓，壽陵西都士五（伍）朝練絲複衣[十二]一、銅釪[十三]一，不知何人米二

057
0585

057b
0585b

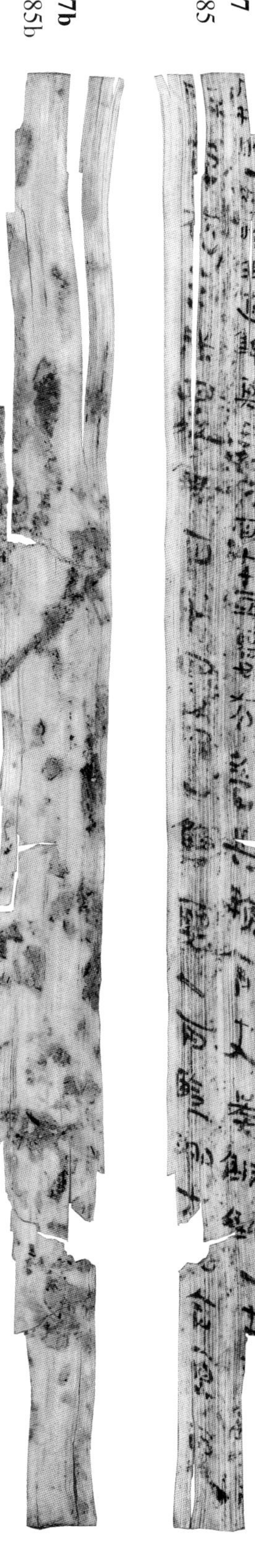

石、棋船一樓，臧（贓）并直（值）錢萬三千八百九十。血婁有（又）盜長賴令史吳銅鈃一，士
五（伍）號盧麻單（禪）衣[十四]三、米四斗、錢百八十四、節（櫛）[十五]一雙、嬰[十六]一兩，臨湘大女合皂卑（椑）[十七]

058
0119

058b
0119b

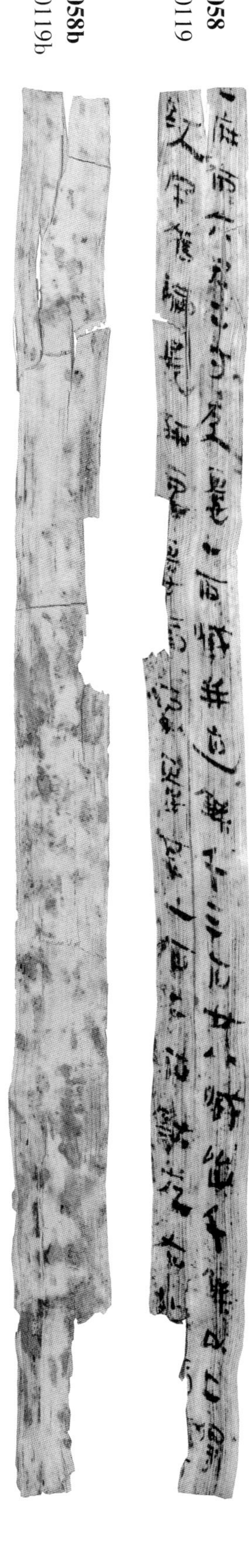

一、麻布六尺二寸、芆婁（屨）[十八]一兩，臧（贓）并直（值）錢千三百廿八。臧（贓）皆千錢以上，得，
毄（繫）牢，駕（加）論髡鉗血婁、齊乚，血婁笞一百二百鈦左右止，齊笞百

059
0226

059b
0226b

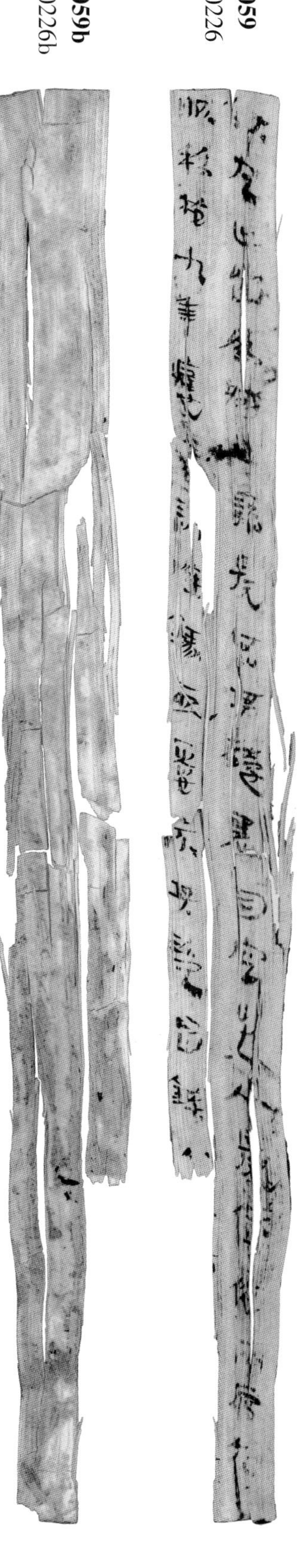

鈦左止，皆爲城旦籍髡笞[十九]。其聽書，司空受入髡傳依所當衣
服，移校九年應獄計，除錄血婁齊所共盜昌錢八【百卌一、緒麻】[二十]〼

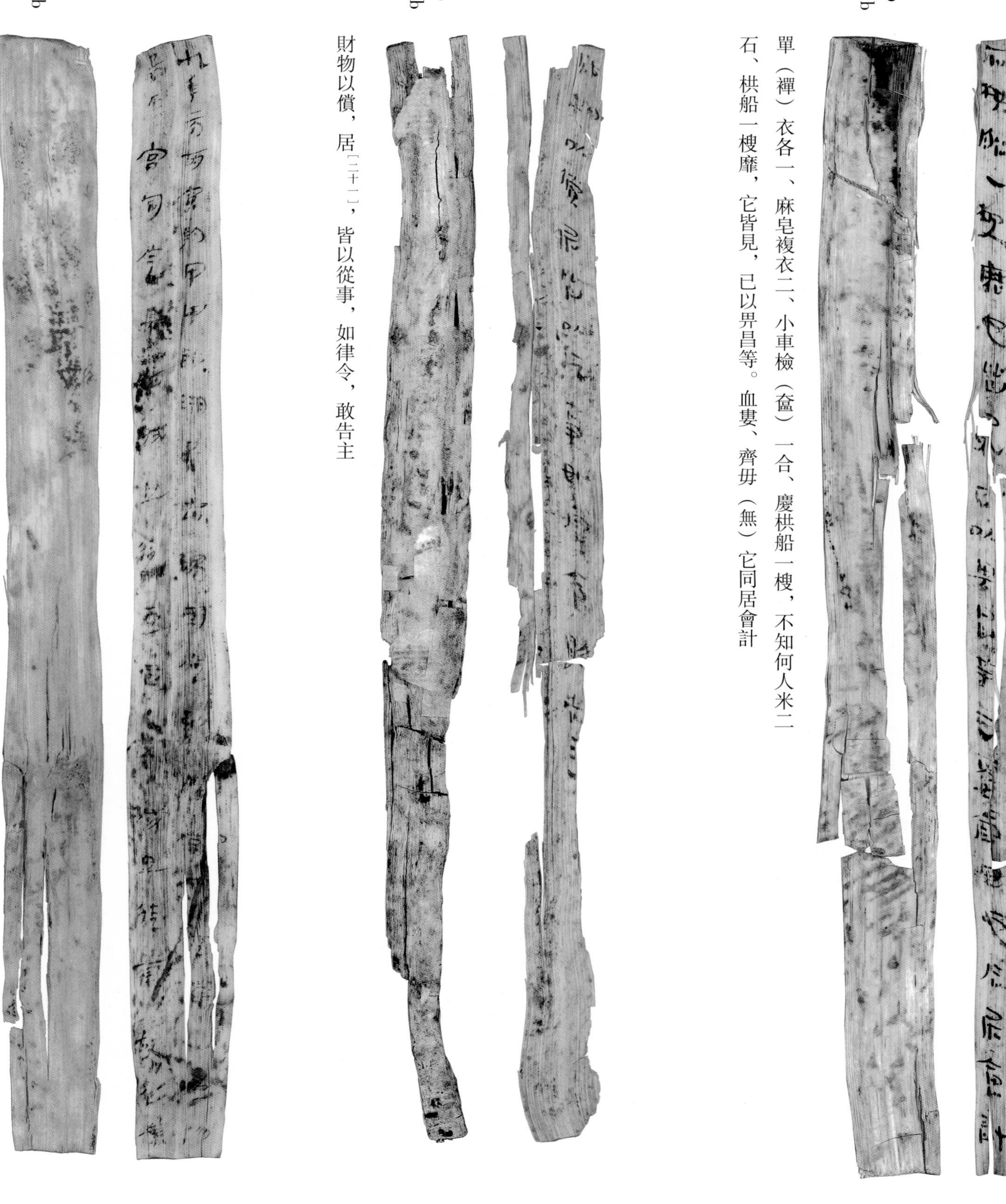

060 0593

060b 0593b

單（襌）衣各一、麻皂複衣二、小車檢（奩）一合、慶栱船一㮷，不知何人米二石、栱船一㮷靡，它皆見，已以畀昌等。血妻、齊毋（無）它同居會計

061 0300

061b 0300b

財物以償，居[二十一]，皆以從事，如律令，敢告主

062 0341

062b 0341b

九年二月丙寅朔甲申，臨湘丞忠謂司空，敢告宮司空、南山、烝陽丞主：宮司空髡鉗城旦徒血妻，完城旦徒齊，齊，故公乘

063 0342

063b 0342b

烝陽羅里，血婁士五（伍）南山成里，皆坐盜鐵湞（鎖）各一，亡，未命。共盜

靖園高成里大夫昌錢二千、麻布一匹、緒複衣一、□羅□一，青

064 0259

064b 0259b

羅複函領一、緒乚麻單（禪）衣各二、麻皂複衣三、小車檢（奩）一合、絲皂

複絝一兩，黃里瘳慶栱船一椳，壽陵西都士五（伍）朝練絲複

065 0339

065b 0339b

衣一、銅釪一，不知何人米二石、栱船一椳、臧（贓）并直（值）錢萬三千八百九十。血婁有（又）

盜長賴令史吳銅釪一，士五（伍）號盧麻單（禪）衣三、米四斗、錢百八十四

066 0402

066b 0402b

節（櫛）一雙、嬰一兩，臨湘大女合皂卑（椑）〔卑（椑）〕[二十二]一、麻布六尺二寸、芨婁（屨）一兩，

臧（贓）并直（值）錢千三百廿八，臧（贓）皆千錢以上，得，毄（繫）牢，駕（加）論髡鉗

067 0729

067b 0729b

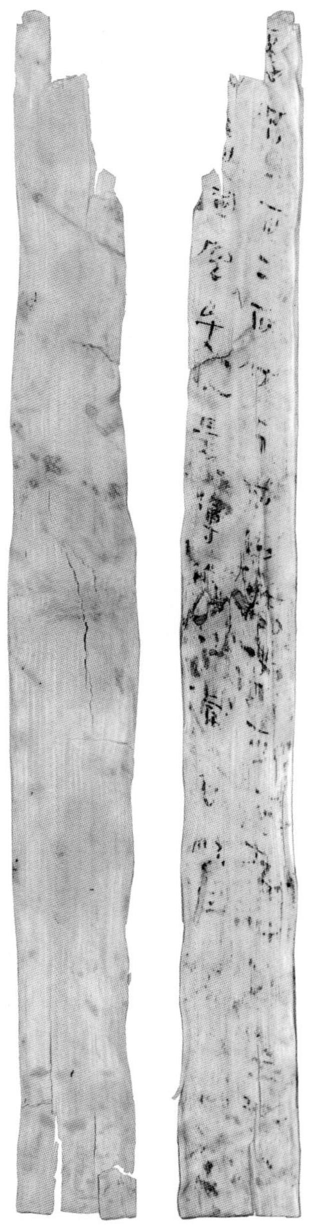

【血婁齊，血】[二十三]婁笞一百二百鈦左右止，齊笞百鈦左止，皆爲城旦

【籍髡笞，其聽書】[二十四]司空受入髡傳依所當衣服，【移校九年應】

068 0888

068b 0888b

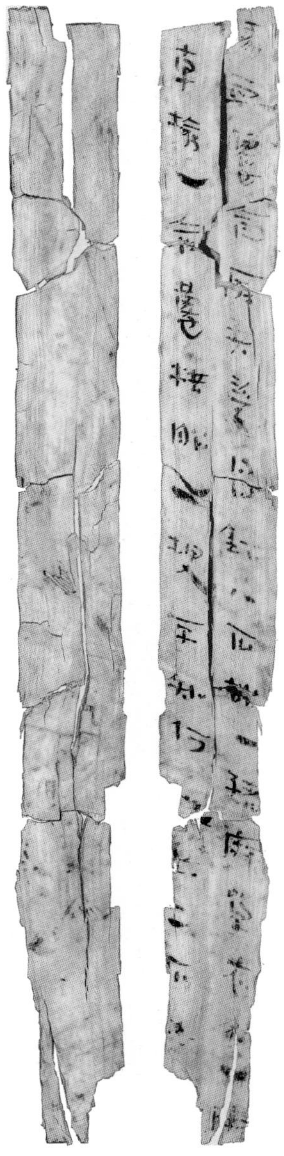

☑【獄計，除】錄血婁齊所共盜昌錢八百卌一、緒麻單（襌）衣各一、麻【皂複】【衣二、小】

車檢（奩）一合、慶拱船一椄、不知何人米二石、□☑

069 0881+0877

069b 0881b+0877b

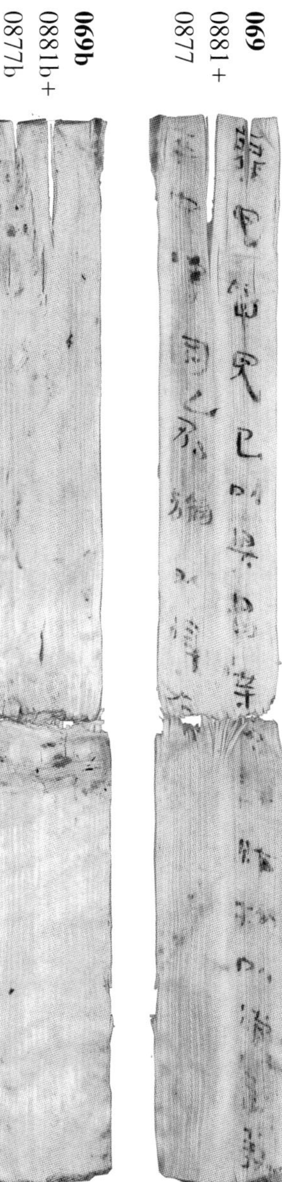

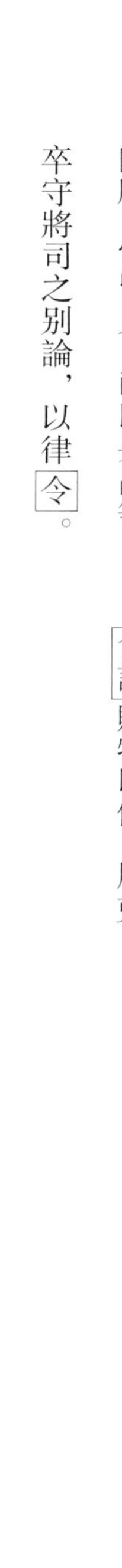

☐靡，它皆見，已以畀昌等。……會計財物以償，居吏卒守將司之別論，以律令。

070 0547

070b 0547b

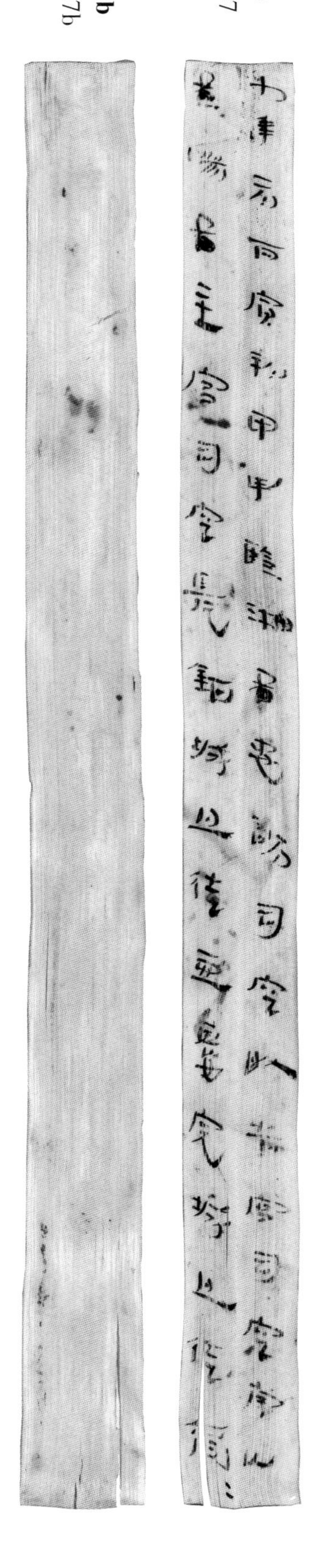

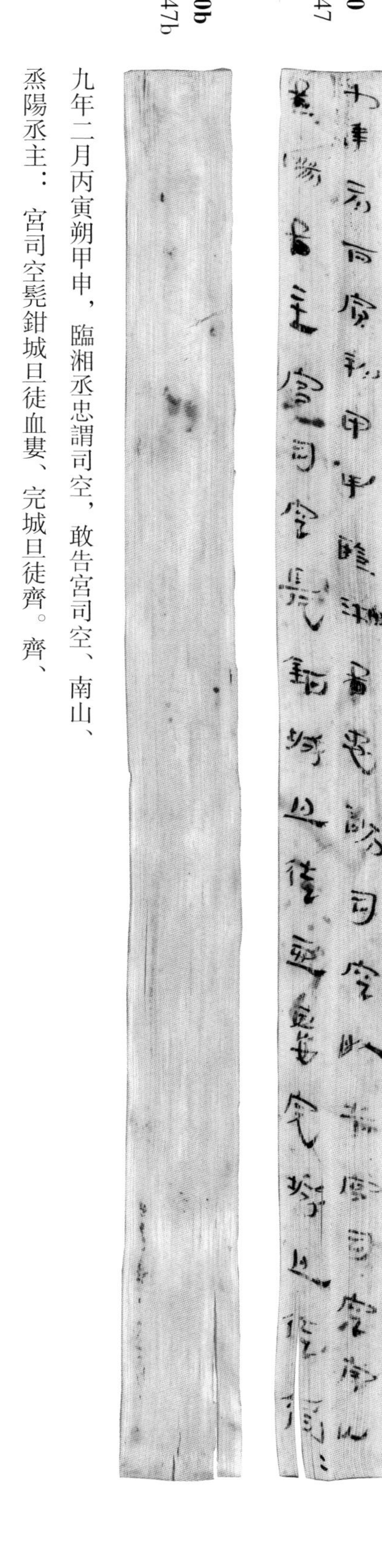

九年二月丙寅朔甲申，臨湘丞忠謂司空，敢告宮司空、南山、烝陽丞主：宮司空髡鉗城旦徒血婁、完城旦徒齊。齊、

071 0595

071b 0595b

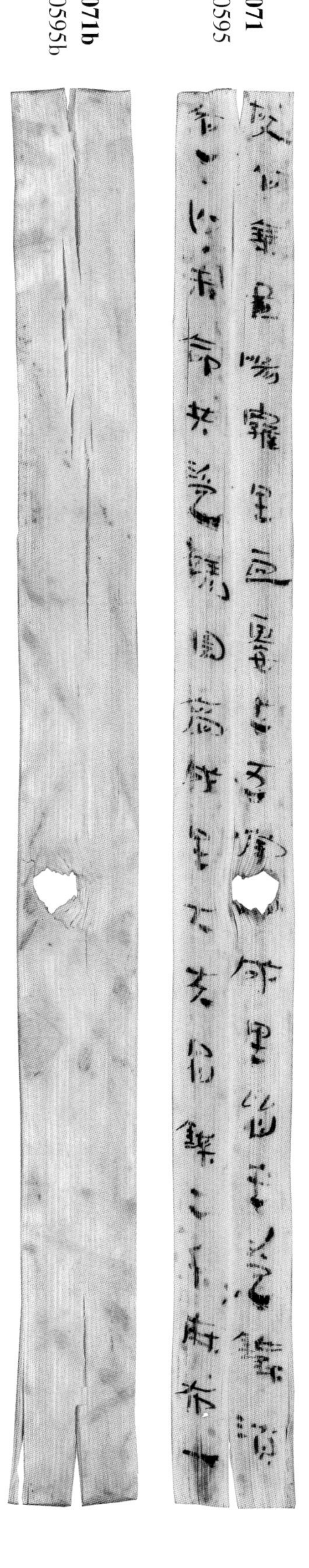

故公乘、烝陽羅里，血婁、士五（伍）南山成里，皆坐盜鐵潰（鎖）各一，亡，未命。共盜靖園高成里大夫昌錢二千、麻布一

072
0587

072b
0587b

匹、緒複衣一、□羅複被一、青羅複函領一、緒乚麻單（禪）衣各
二、麻皂複衣二、小車檢（奩）一合、絲皂複絝一兩，黃里瘳

073
0197

073b
0197b

慶拱船一樓，壽陵西都士五（伍）朝練絲複衣一、銅釪一，不
知何人米二石、栱船一樓，臧（贓）并直（值）錢萬三千八百九十，血婁有（又）盜長賴令

074
0535

074b
0535b

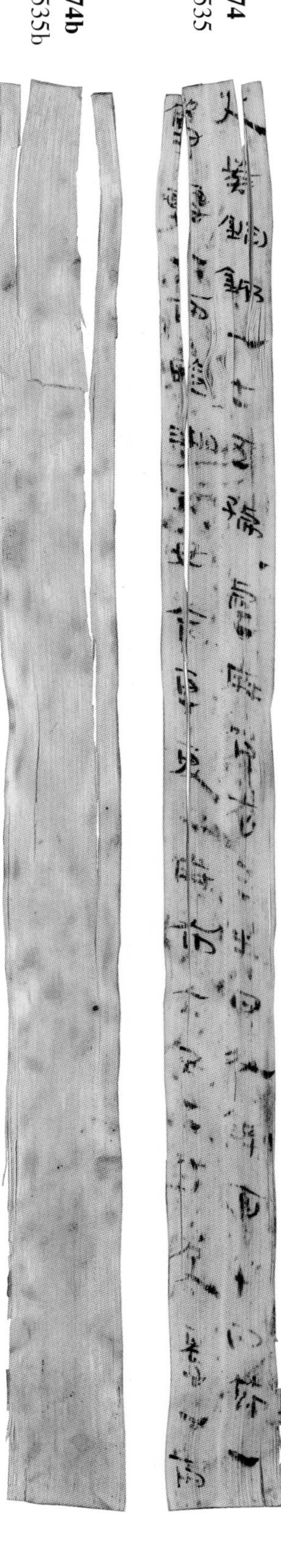

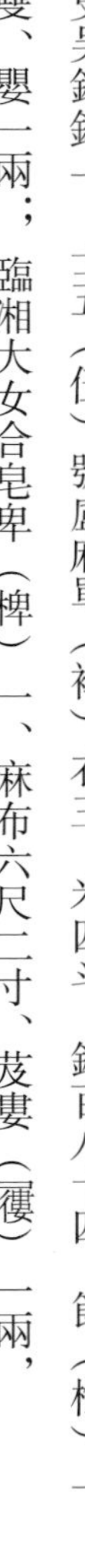

史吳銅釪一、士五（伍）號盧麻單（禪）衣三、米四斗、錢百八十四、節（櫛）一
雙、嬰一兩；臨湘大女合皂卑（椑）一、麻布六尺二寸、芨婁（屨）一兩，

075
0549

075b
0549b

臧（贓）并直（值）錢千三百廿八，臧（贓）留千錢以上，得，毄（繫）牢，駕（加）論髡鉗
血婁、齊，齊、血婁笞一百二百鈦左右止，齊笞百鈦左止皆

076
0596

076b
0596b

爲城旦籍髡笞，其聽書，司空受入髡傳依所當衣
服，移校九年應獄計，除錄血婁、齊所共盜昌錢八百

077
0588

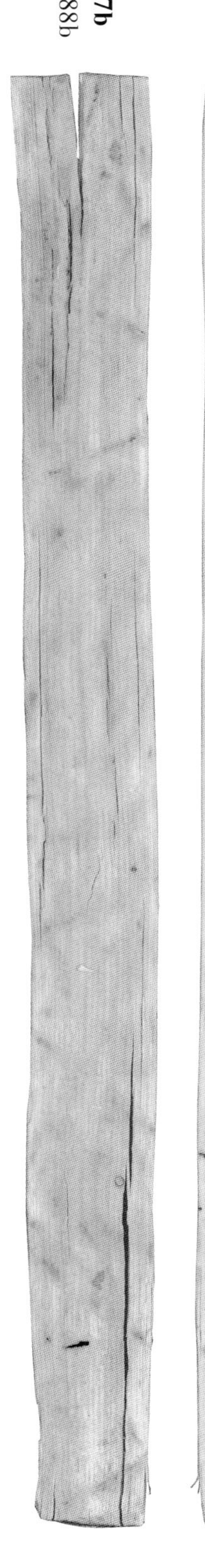

077b
0588b

卌一、緒ノ麻單（禪）衣各一、麻皂複衣二、小車檢（奩）一合、慶棋船一
樓、不知何人米二石、棋船一樓靡，它皆見，已以畀昌等。

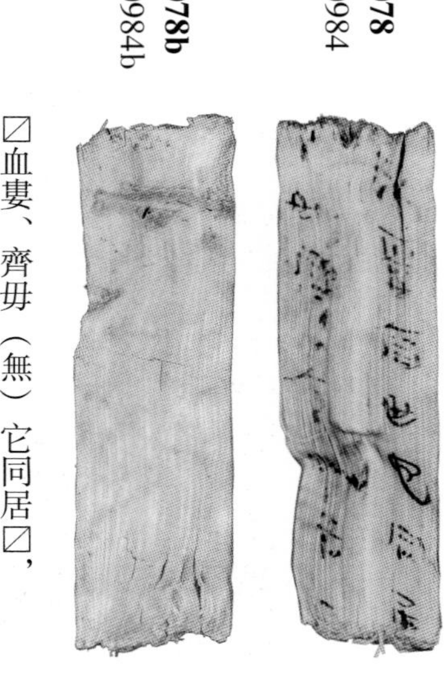
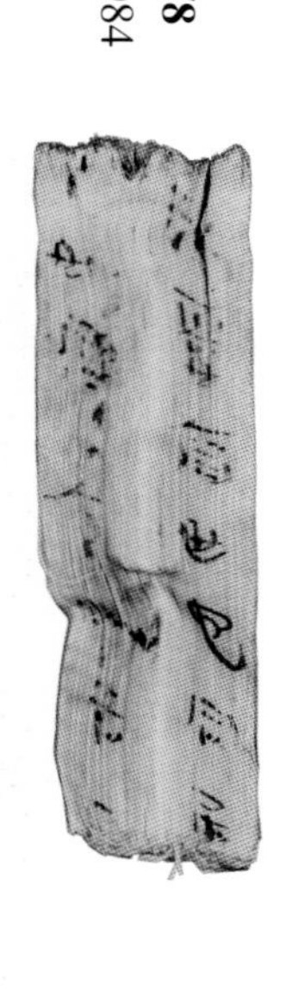

078 0984
078b 0984b

☒血婁、齊毋（無）它同居☒，
☒□如律令，敢告主☒

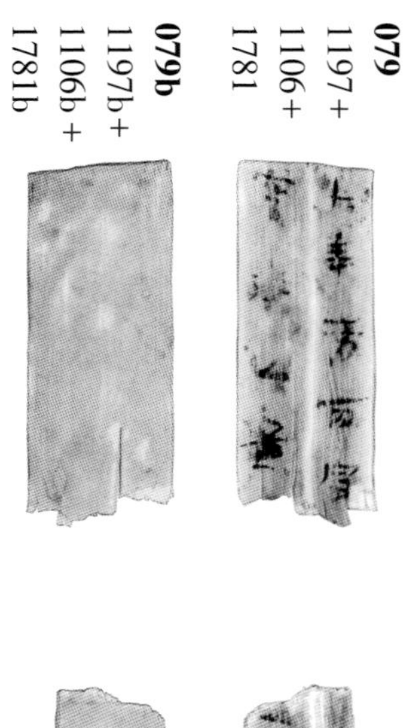
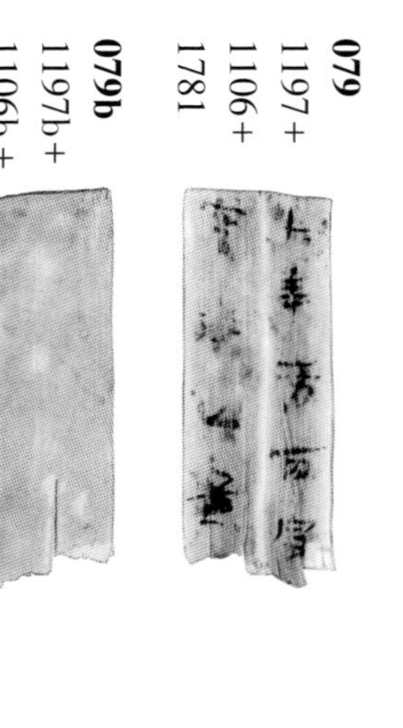
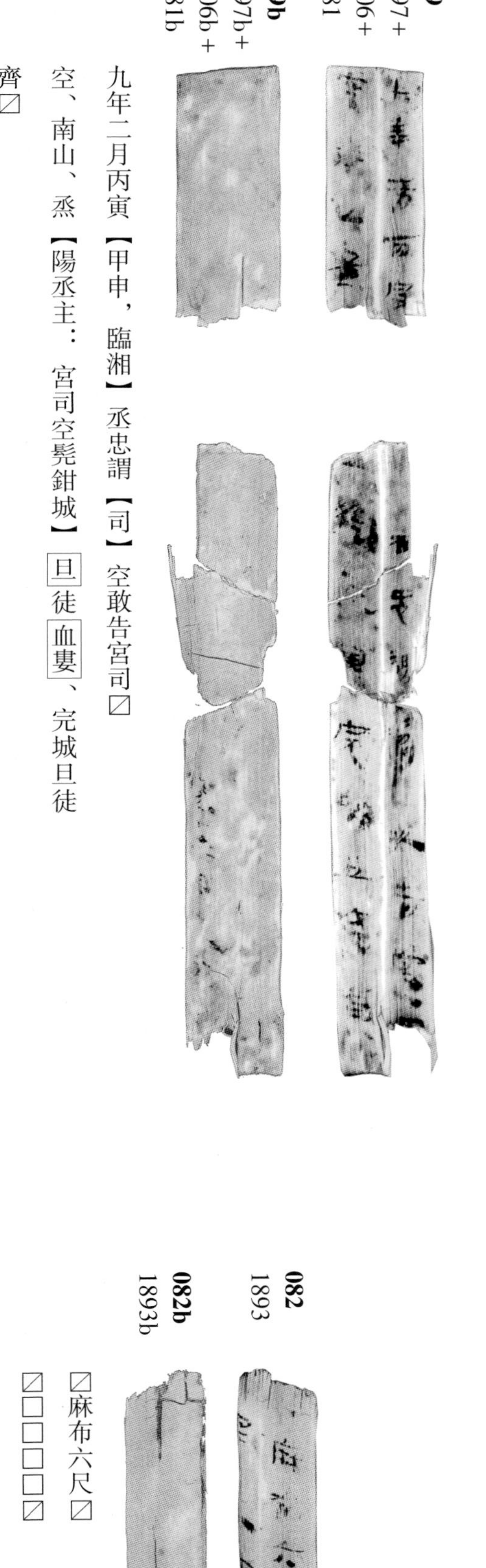
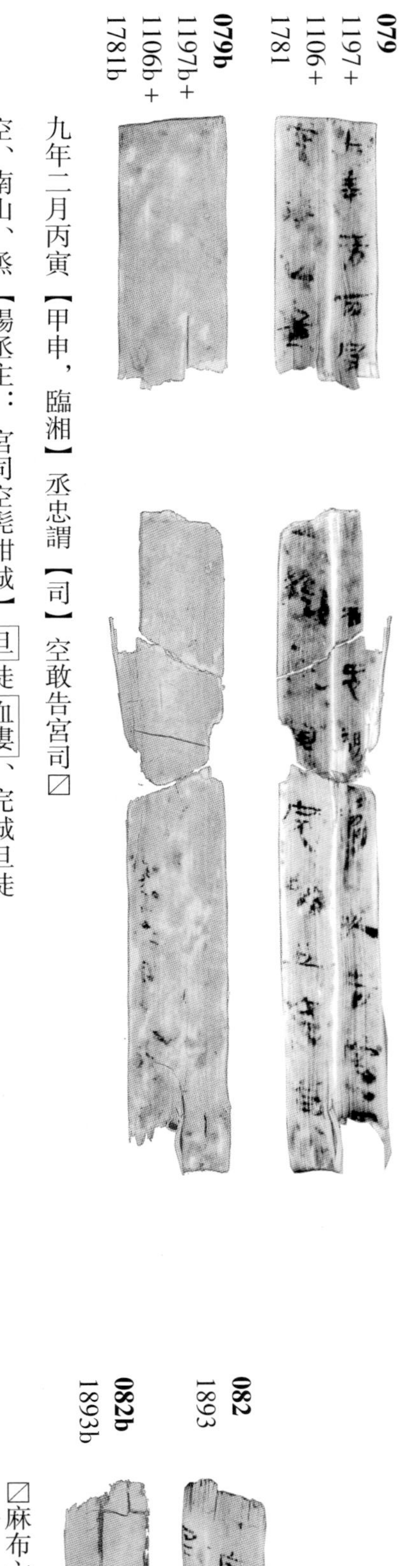

079 1197+1106+1781
079b 1197b+1106b+1781b

九年二月丙寅【甲申，臨湘】丞忠謂【司】空敢告宮司☒
空、南山、烝【陽丞主：宮司空髡鉗城】旦徒血婁、完城旦徒
齊☒

080 1878+0980
080b 1878b+0980b

故公乘烝陽【羅里】血婁士五（伍）南山☒
共盜靖園高【成】□大夫昌錢二千☒

081 1191
081b 1191b

☒□□□……
☒血婁笞百二百鈦

082 1893
082b 1893b

☒麻布六尺☒
☒□□□□☒

083 0482
083b 0482b

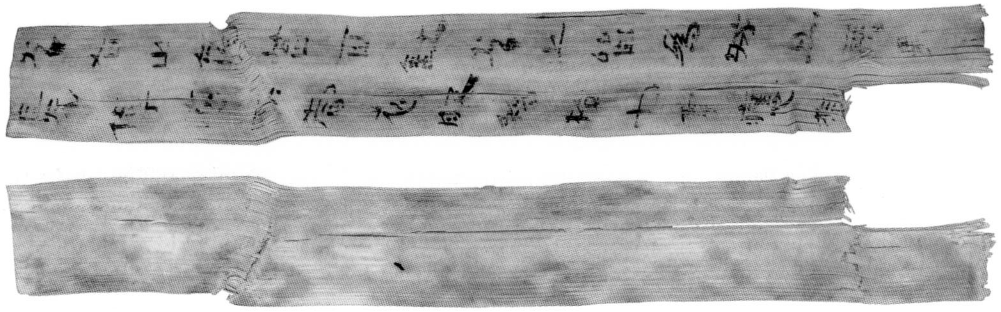

左右止，齊笞百鈦左止，皆爲城旦籍髡笞☒
髡傅衣所當衣服，移校九年應獄☒（計，除錄血婁齊所共盜昌錢八冊一、緒ノ麻）

084 0227

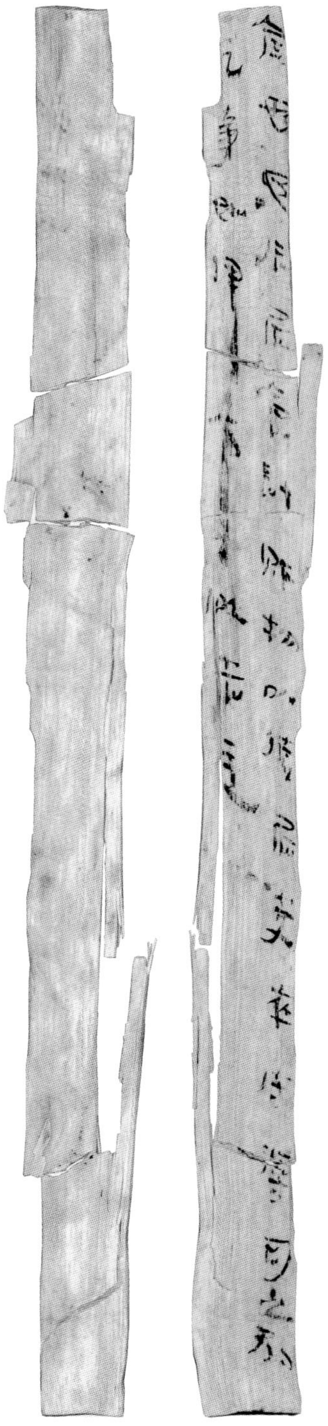

084b 0227b

齊毋（無）它同居會計財物以償，居，吏卒守將司之別，

[從]事，如律令，敢告主。

085 1171

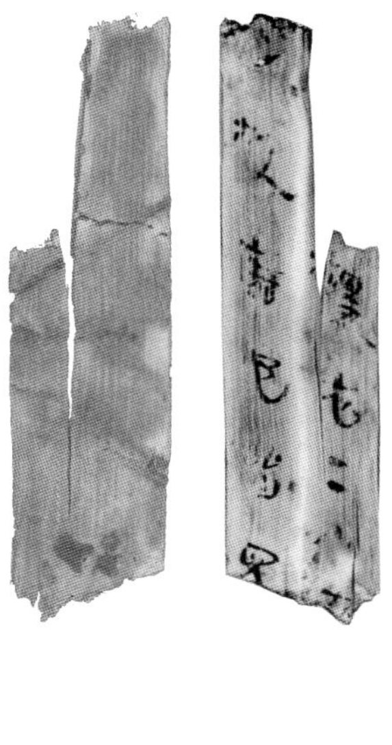

085b 1171b

☐複衣二、小車

☐一樓，靡它皆見

086 0684

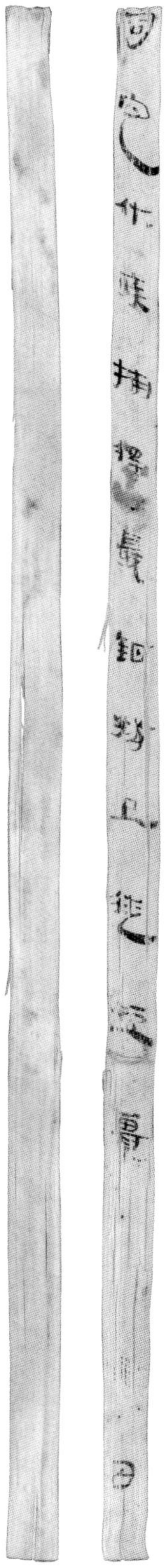

086b 0684b

司空佐疾捕得・髡鉗城旦徒血婁（婁）□罪囚

087 0738

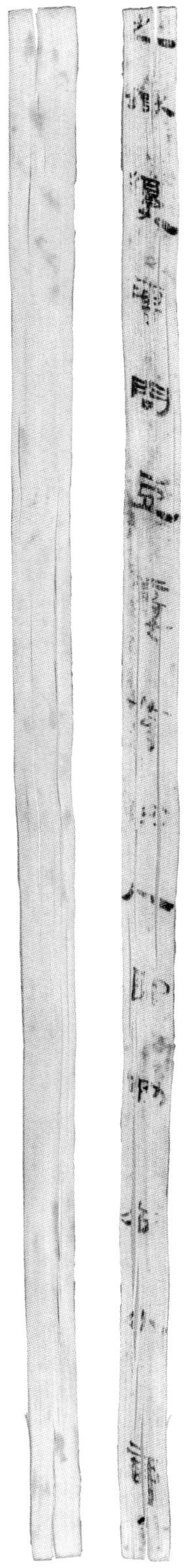

087b 0738b

之獄復簿問血婁等四人即劾去分部・

088 0857

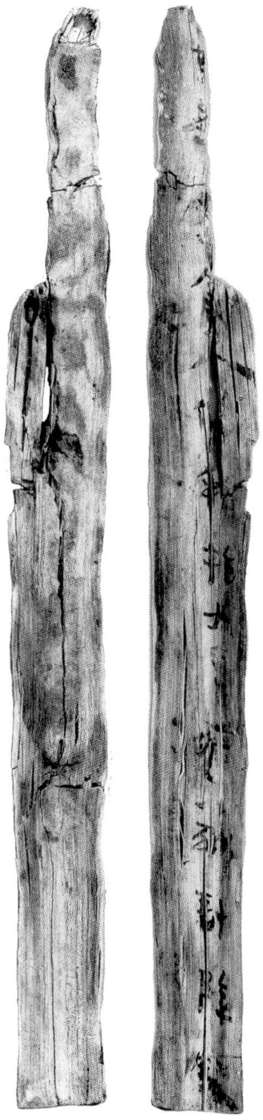

088b 0857b

☐□□倉入服，移校九年應獄計，除錄

☐……

089 1036

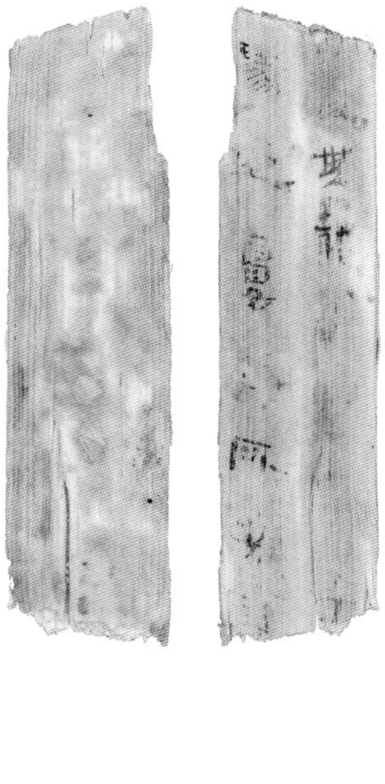

089b 1036b

☐將致其聽書……☐

☐錄血婁□所共盜☐

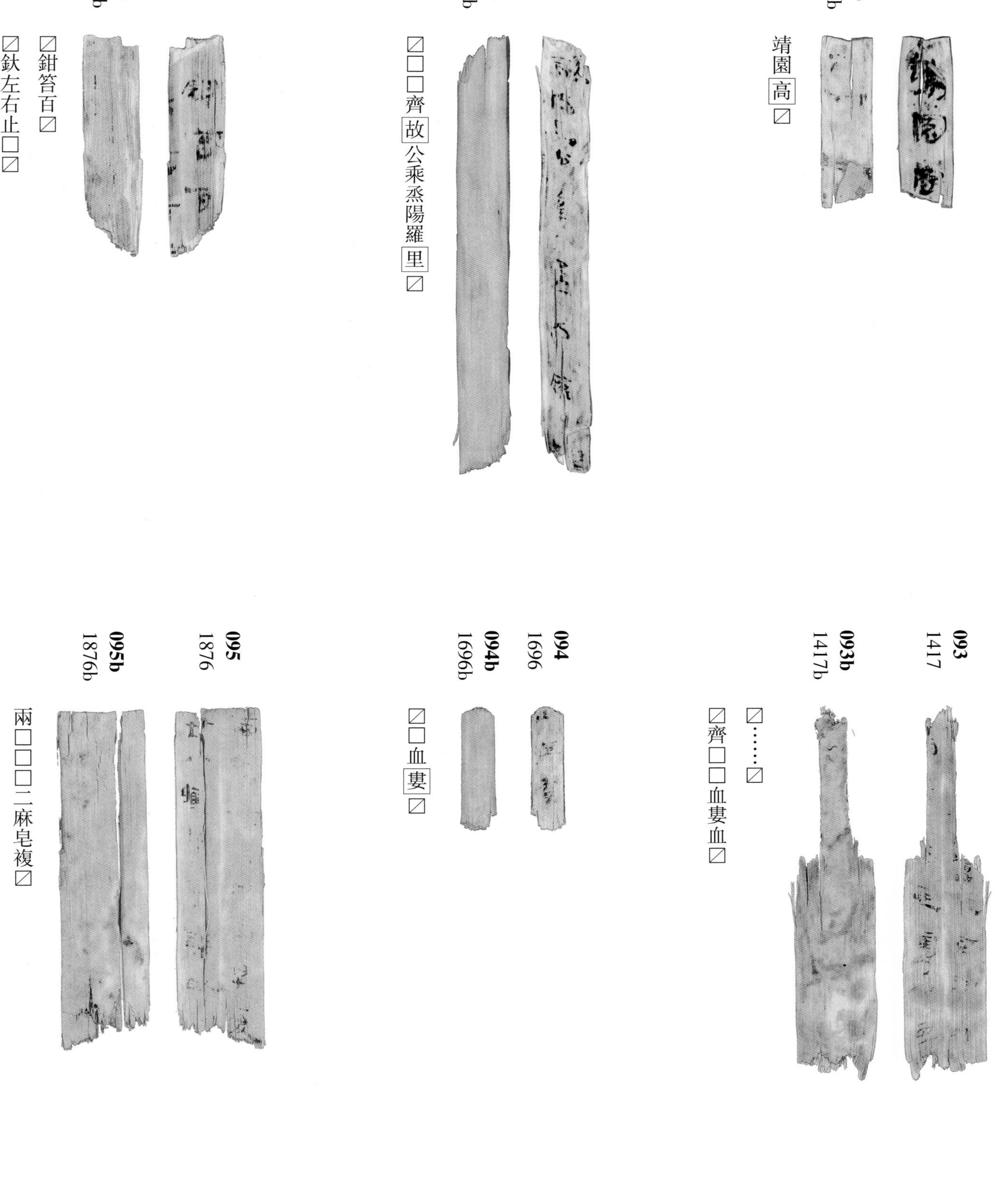

090 1093
090b 1093b
靖園[高]⧄

091 1194
091b 1194b
⧄□□齊[故]公乘烝陽羅[里]⧄

092 1202
092b 1202b
⧄鉗笞百⧄
⧄鈦左右止□⧄

093 1417
093b 1417b
⧄……⧄
⧄齊□□血婁血⧄

094 1696
094b 1696b
⧄□血[婁]⧄

095 1876
095b 1876b
兩□□□二麻皂複⧄
廿八，臧（贓）皆千錢以[上]⧄

096
2126

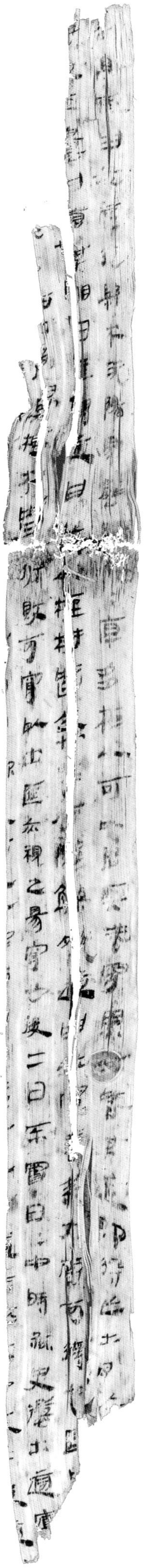

096b
2126b

☐公俱迺曰：我營徒縣下沅陽界☐☐☐厚多柧人可以居與武穿界不智（知）其過即得亡出關亡☐

☐☐☐血婁曰：諾，其明日☐謂適曰：我以桎梓皆急求，有擅解脱。適曰：我置☐求☐當可得也☐曰☐

☐☐☐西北辟界椫木皆☐敗可穿以出，☐亦視之易穿也，後二日不審日日中時獄史慶出適置☐

☐……獄史……適……後適☐

097
1252

097b
1252b

☐桂亡我視☐

☐…………☐

注釋：

[一] 九年二月丙寅朔甲申，九年指漢武帝元狩三年（前120），長沙康王九年。

[二] 宫司空，這里指長沙國的宫司空。

[三] 『南山』『烝陽』是長沙國的屬縣。

[四] 靖園，非長沙定王兒子洮陽侯劉狩燕的墓園。據《漢書・王子侯表》載，洮陽靖侯狩燕，長沙定王子，（元朔五年，前124）六月壬子封，七年，元狩六年（前117）薨，亡後。又，長沙楊家山之杜家坡出土了『靖園長印』，爲看守靖侯墓的長官。長沙定王兒子洮陽侯劉狩燕的墓園爲靖園。不過，這個案件文書的時間爲元狩三年時，此時劉狩燕並没有去世，且『靖』應是謚號，所以，簡文中的『靖園』應不是劉狩燕的墓園。

[五] 緒複衣，用苧麻布做成的綿衣。複，《説文》：『重衣也。一曰褚衣。』《釋名・釋衣服》：『有裏曰複，無裏曰禪。』《急就篇》：『襜褕袷複褶袴褌，顔师古注：『衣裳施裏曰袷，褚之以綿曰複。』緒：本義指絲。或以爲紵。《説文・糸部》：『緒，絲耑也。』《説文・糸部》：『紵，麻屬。細者爲絟，粗者爲紵。』

[六] 簡0153右上殘缺釋文爲『麻單』。

[七] 麻皂複衣，黑色的麻質綿衣。皂：與『阜』通，即黑色。《玉篇》：『皂，色黑也。』麻即大麻，又名枲（雄株）、苴（雌株），桑科，大麻屬。清段玉裁《説文解字注・麻部》：『麻，枲也。麻與枲互訓，皆兼苴麻、牡麻言之。』

[八] 檢：即奩，梳妝奩盒。《説文》：『鏡斂。《離監》切音廉，本作奩。』作注爲：『匣也。』

[九] 絲皂複袴，指黑色絲質的褲子。漢代的袴有兩種：一種是不合襠的。《説文・系部》：『袴，脛衣也。』這種袴的褲管並不縫合，其單位名『兩』。另一種爲兩襠縫合的合襠袴。這裏的袴也以『兩』爲單位名，應爲不合襠的袴。

[十] 瘳慶：人名。

[十一] 簡0153左上殘缺部分爲『栱船』。

[十二] 練絲複衣，經練過的絲做成的綿衣。練：把生絲、麻或布帛煮熟脱膠，使之柔軟潔白。《説文》：『練，湅繒也』，段注：『湅繒汏諸水中，如汏米然。《考工記》所謂湅帛也。已湅之帛曰練。』《釋名・釋采帛》：『練，爛也，煮使委爛也。』《急就篇》注：『練者，煮縑而熟之也。』

[十三] 『釪』是矛的異體字。

[十四] 單衣，即禪衣，指單層衣。《説文》：『禪，衣不重。』

[十五] 節，或指符節，或通『櫛』。《説文》：『櫛，梳篦之總名也。』

[十六] 嬰，婦女頸飾。《説文》：『嬰，頸飾也。從女、賏，賏，其連也。』桂馥義證：『古人連貝爲嬰。』

[十七] 皂卑，一種黑色較淺而小的盤類器皿名稱。『卑』同『椑』，《説文・木部》：『椑，圜榼也』，段注：『《漢書》曰：「美酒一椑」。椑，橢圜也。』

[十八] 芨婁，芨：《説文》：『芨，堇艸也。從艸，及聲。讀若急。』婁即屨，屨：古同屨，《説文・履部》：『履也，從履省，婁聲，一曰鞮也。』而履，《説文》：『足所依也。』可能指堇草做的鞋。

[十九] 籍笞，即『加笞』，張建國認爲『籍』比『加』更好地體現了笞不是獨立的刑罰，而是一種依附刑（張建國：《帝制時代的中國法》，法律出版社1999年，第193–194頁）。

[二十] 簡0226左下殘缺釋文爲『百卌一、緒麻』。

[二十一] 居，居作。

[二十二] 『卑』衍文。

[二十三] 簡0729右上殘缺及圖版看不清楚的釋文爲『血妻齊，血』。

[二十四] 簡0729左上殘缺及圖版看不清楚的釋文爲『籍髡笞其聽書』。

案例三　可思首匿案　正背面編聯圖版

104
0213

103
2125

102
2116

101
2127

100
2117

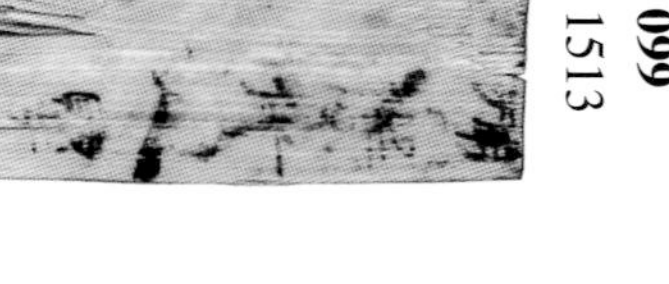

099
1513

098
0647

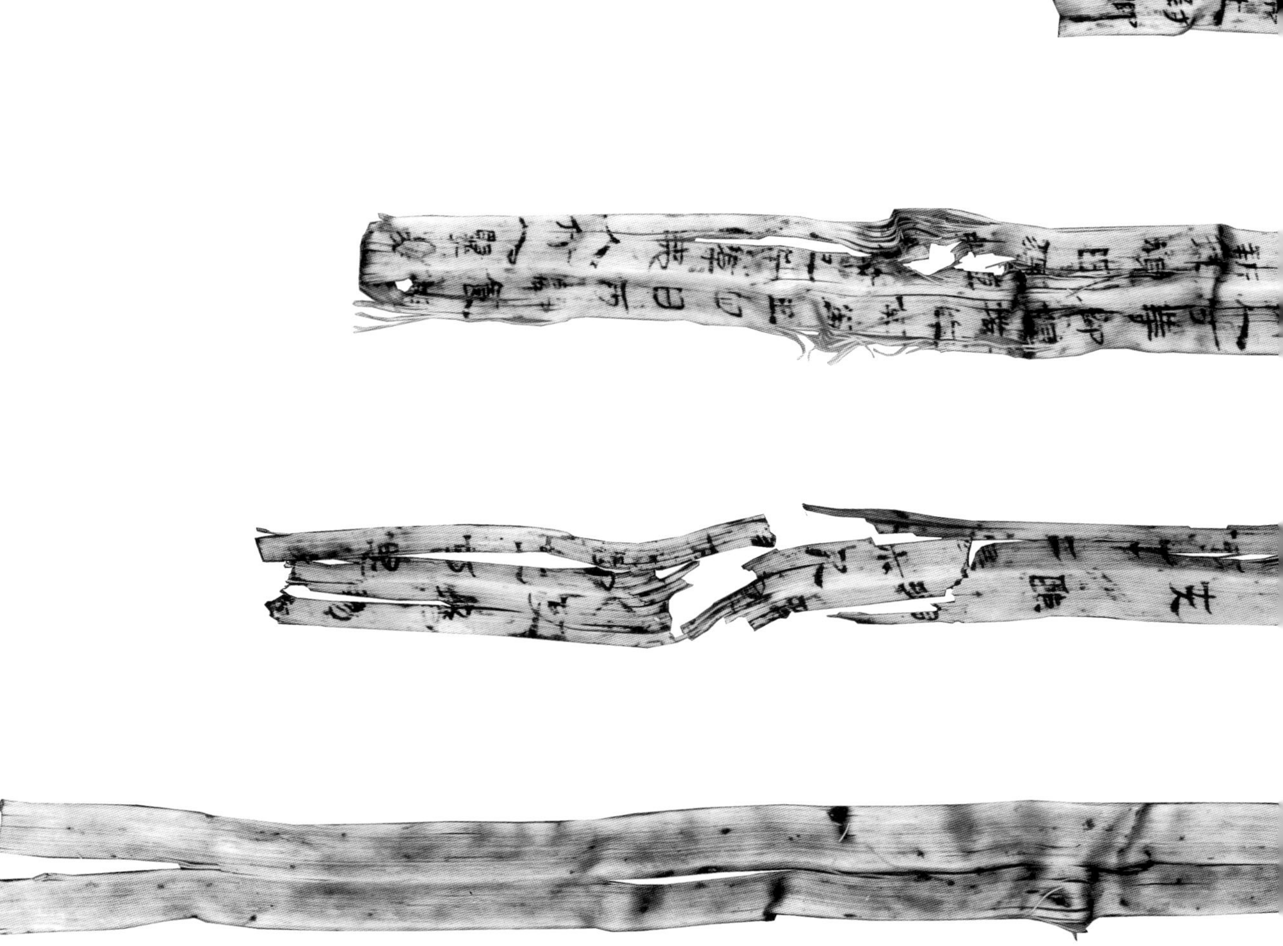

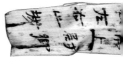

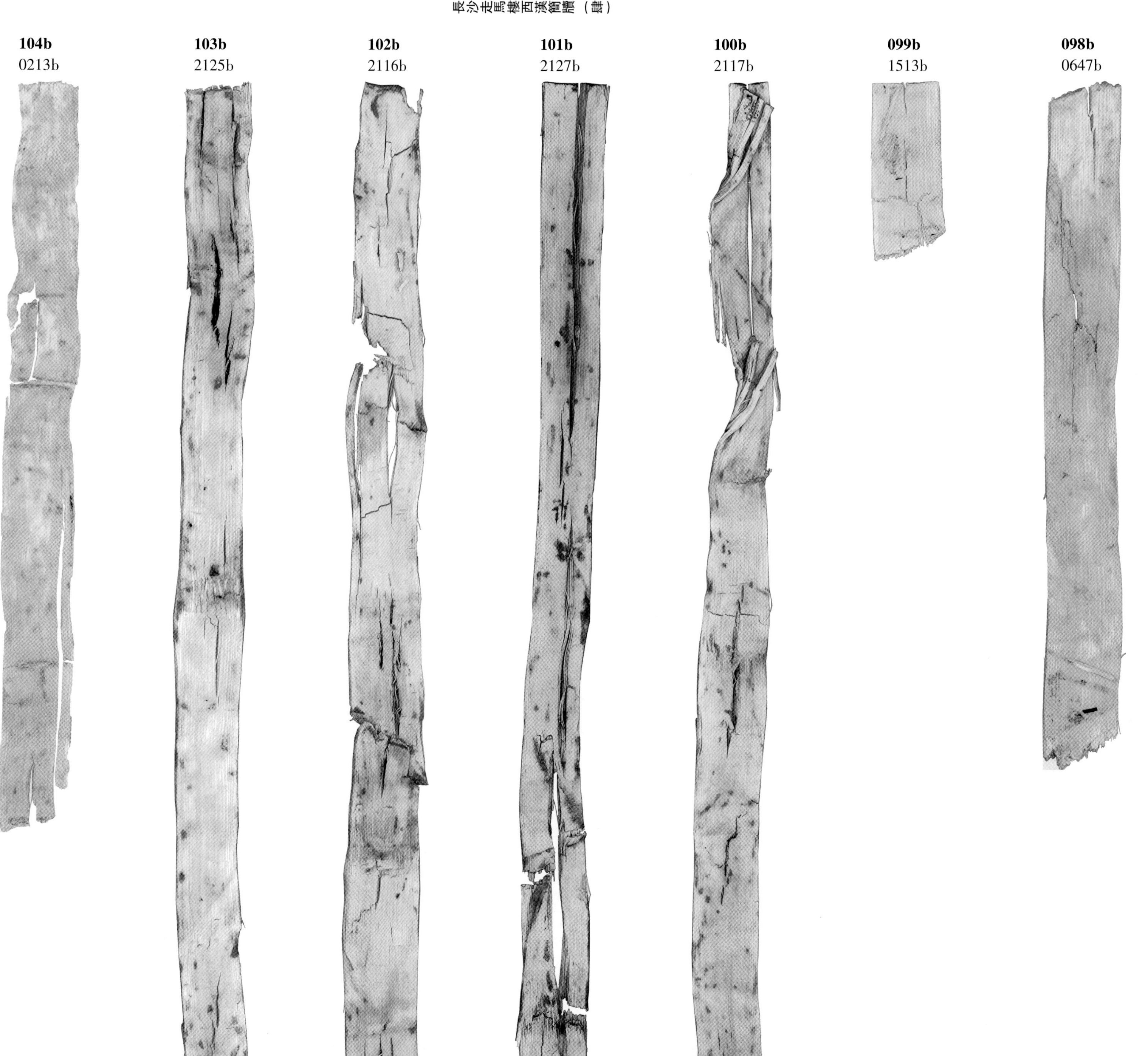

098b
0647b

099b
1513b

100b
2117b

101b
2127b

102b
2116b

103b
2125b

104b
0213b

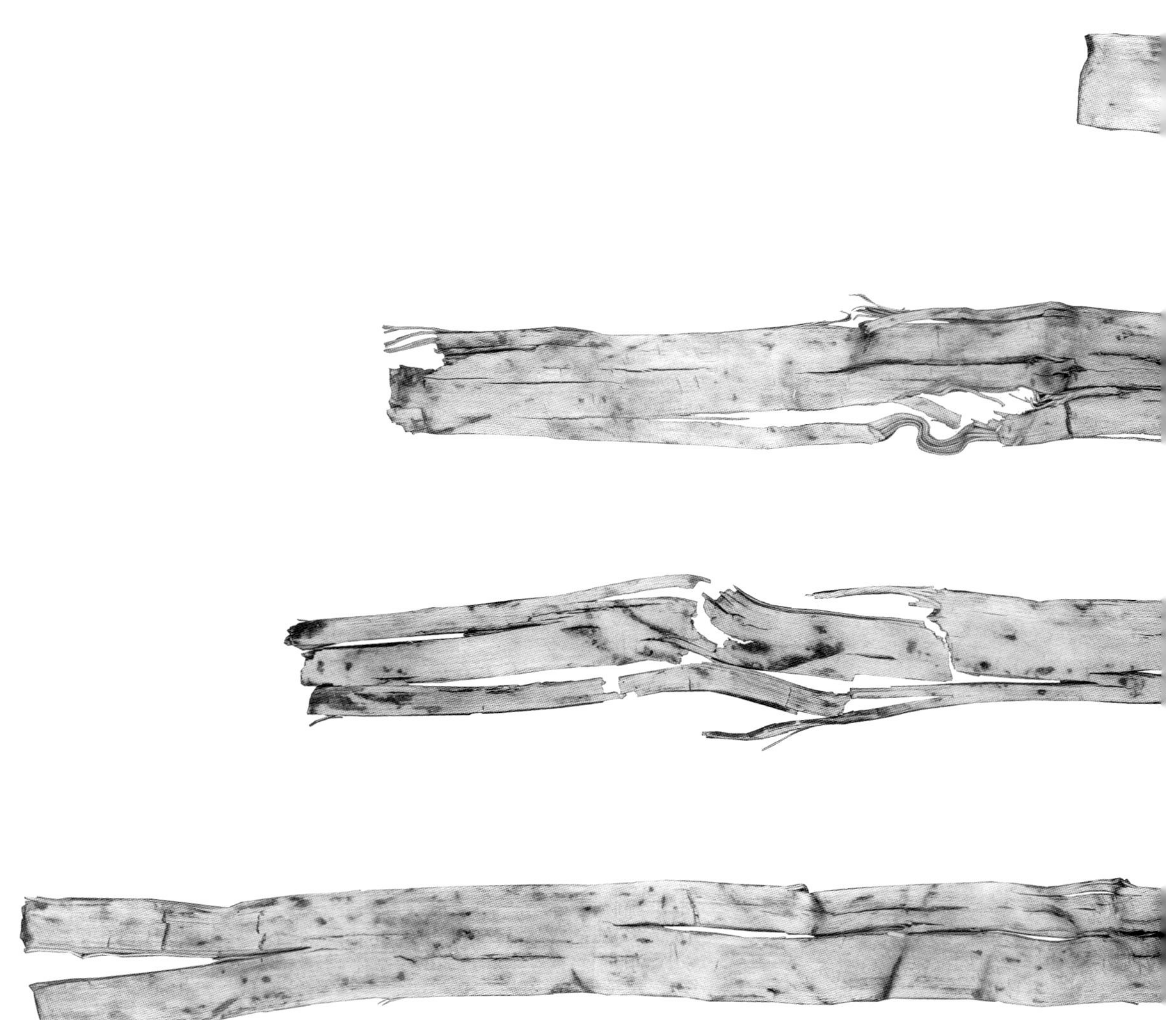

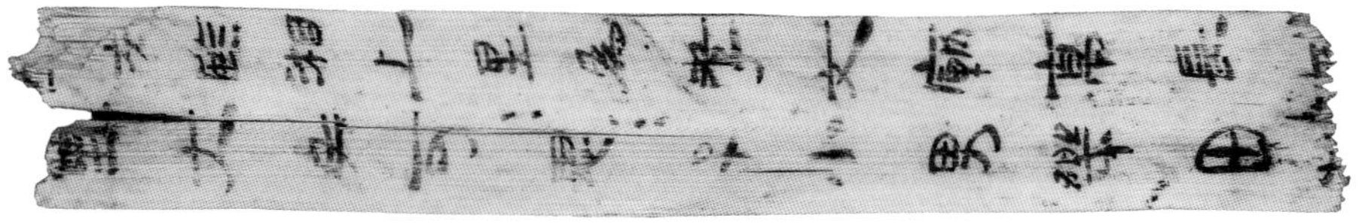

105
0370

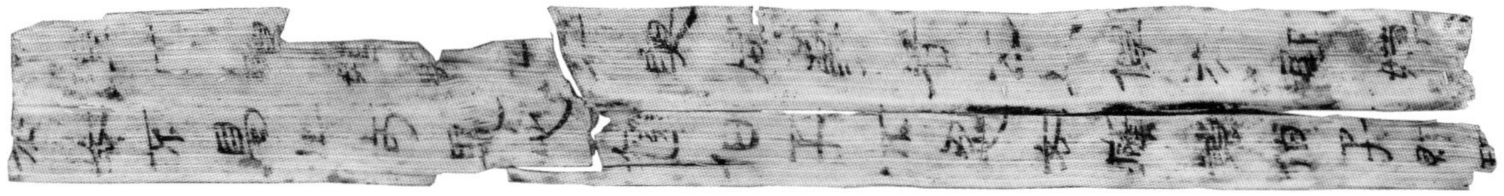

106
0484

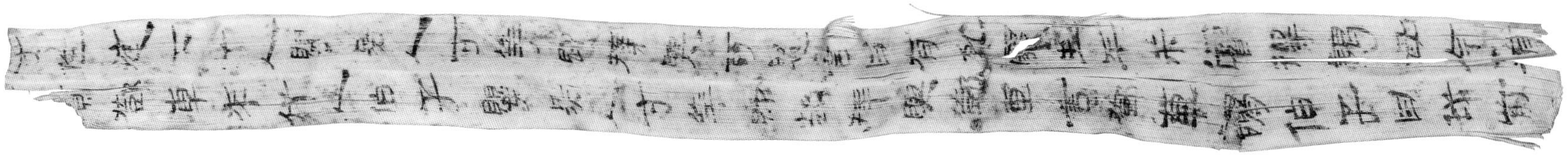

107
0581

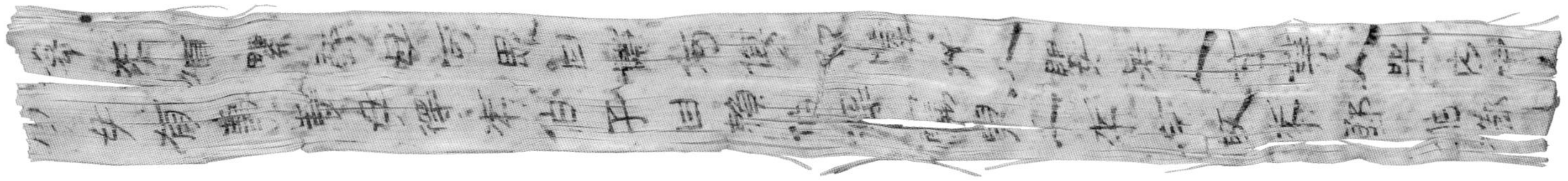

108
0651

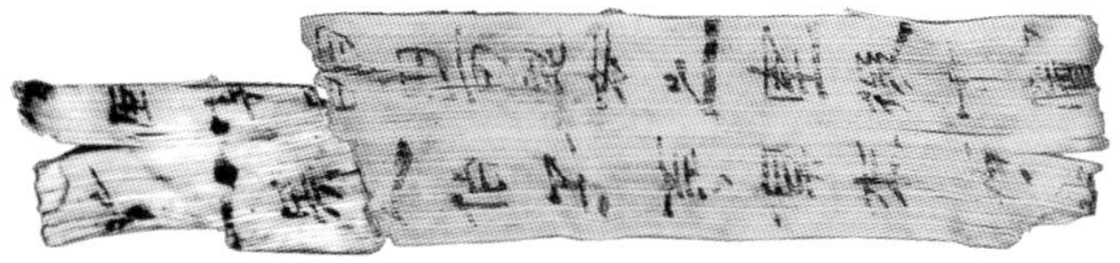

109
1096+
0907

110
1001

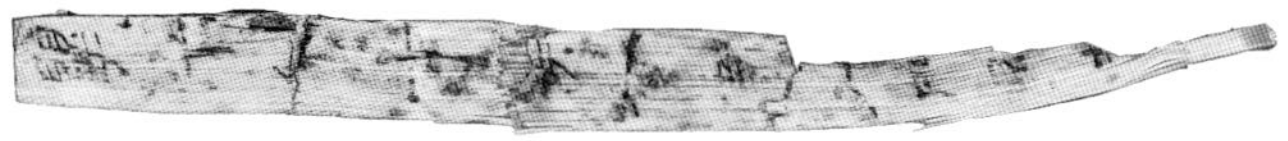

111
1001-1

112
0475

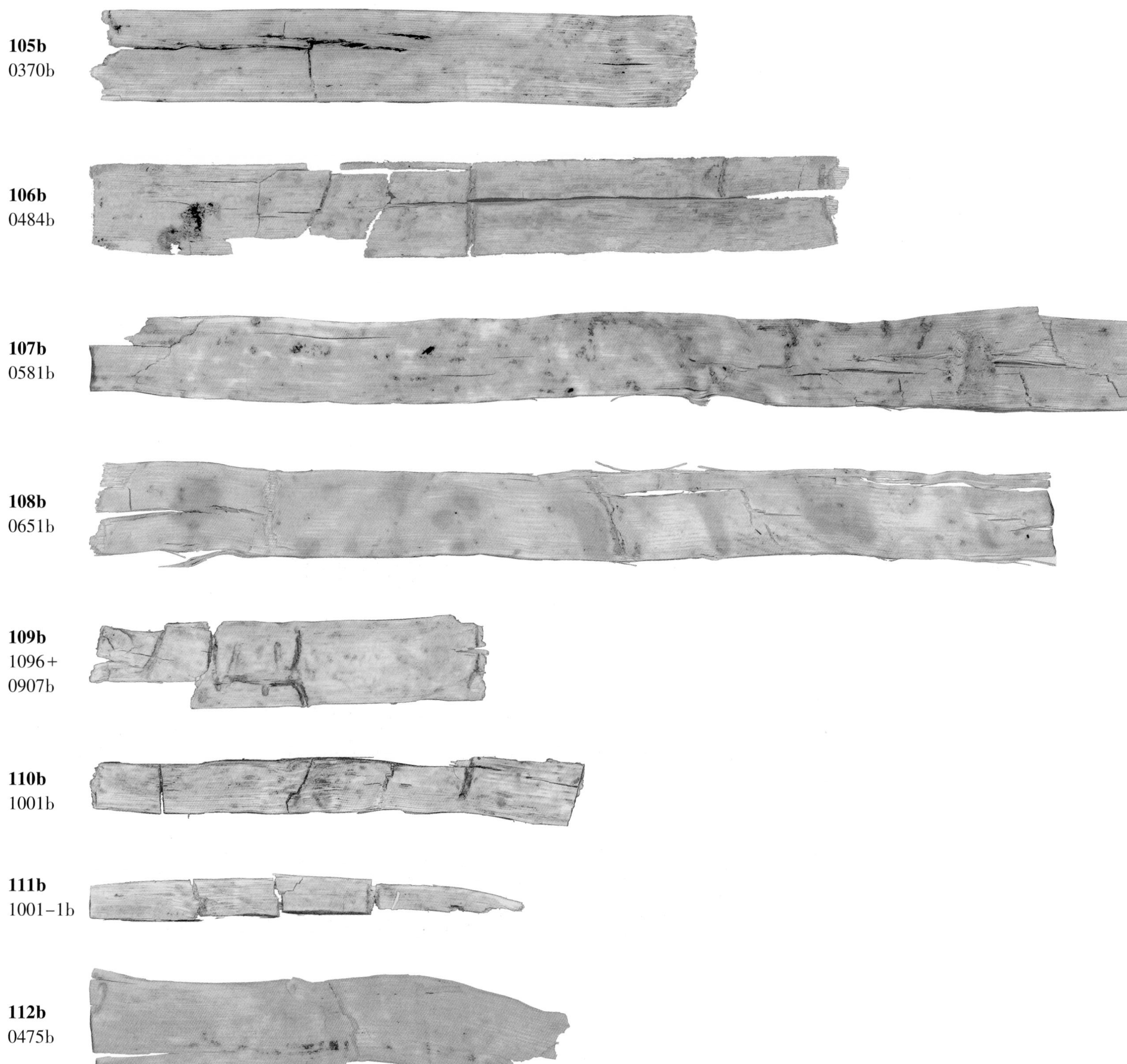

105b 0370b

106b 0484b

107b 0581b

108b 0651b

109b 1096+0907b

110b 1001b

111b 1001-1b

112b 0475b

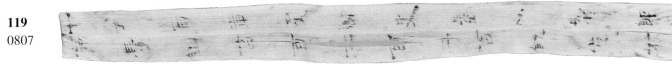

113
0887

114
0267

115
1599

116
0435+
0874

117
1051

118
1236

119
0807

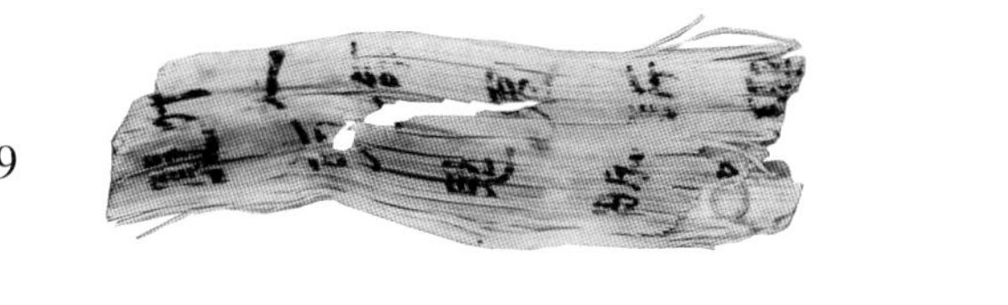

120
2059

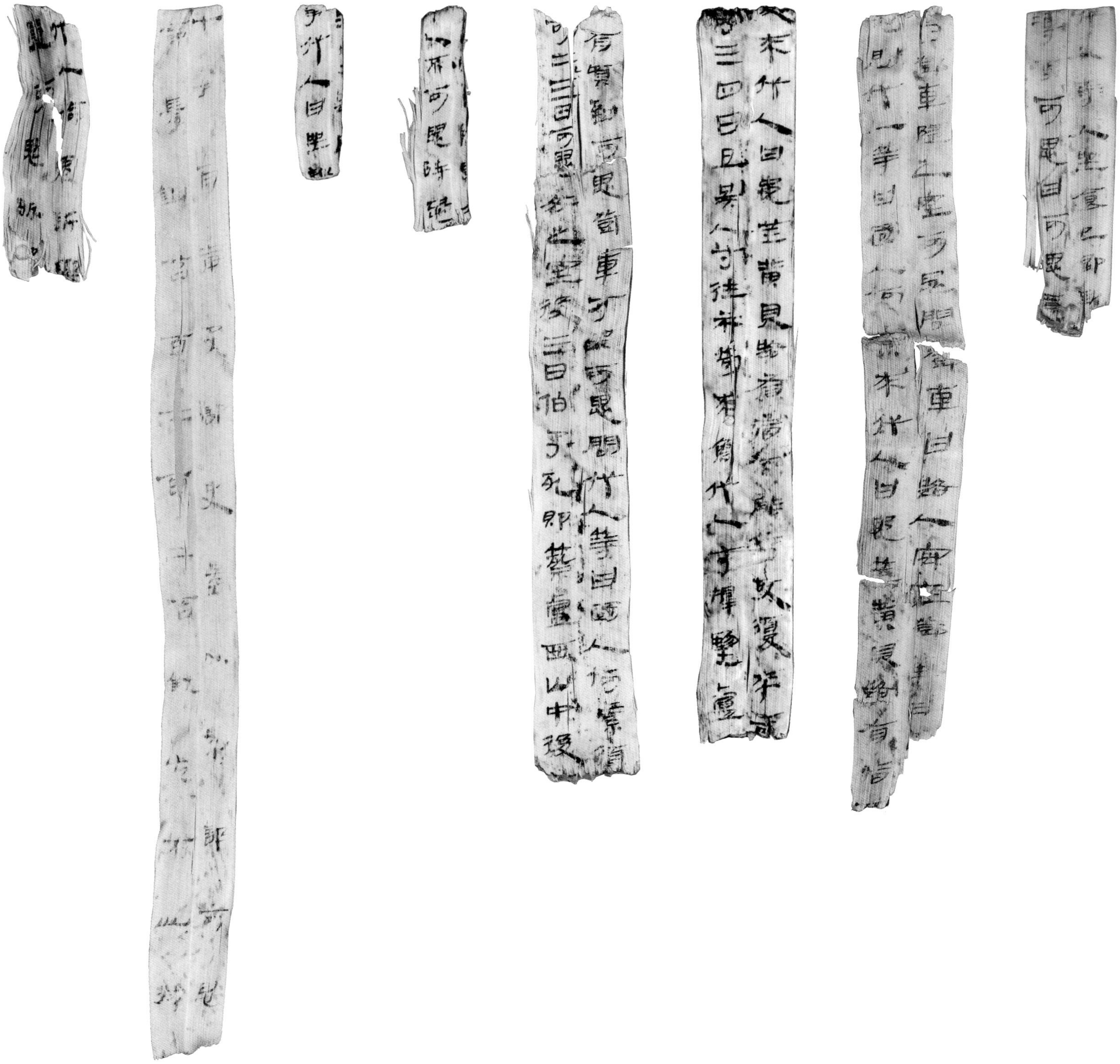

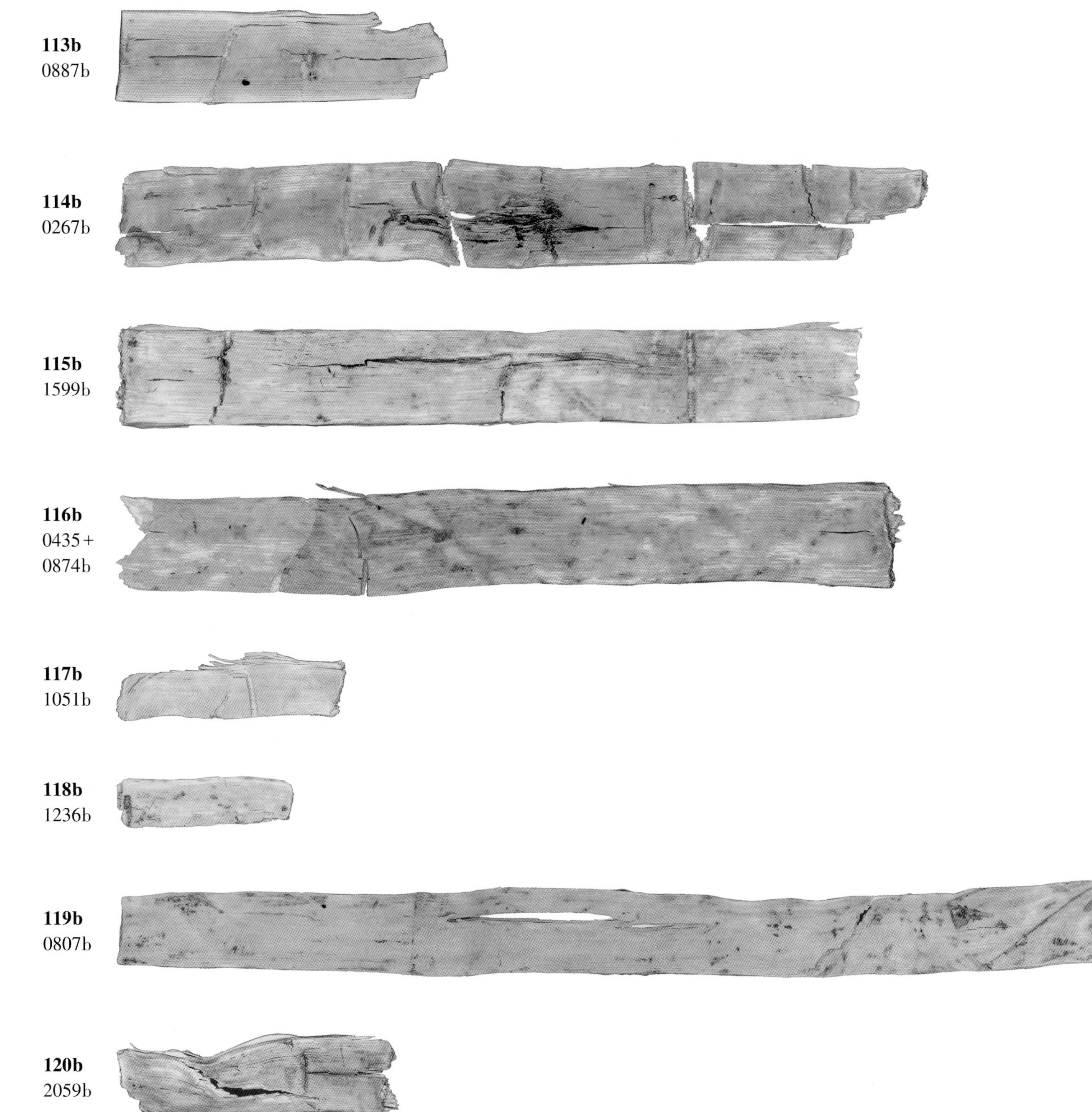

113b 0887b

114b 0267b

115b 1599b

116b 0435＋0874b

117b 1051b

118b 1236b

119b 0807b

120b 2059b

121 2115

122 0704

123 0968

124 0988

125 0689

126 1149

127 1285

128 1453

129 1457

121b
2115b

122b
0704b

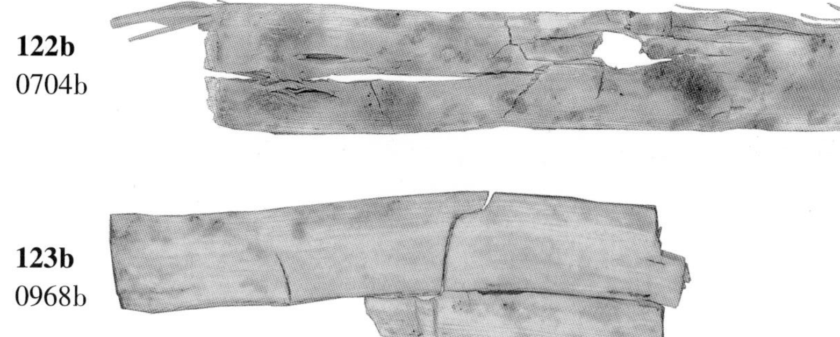

123b
0968b

124b
0988b

125b
0689b

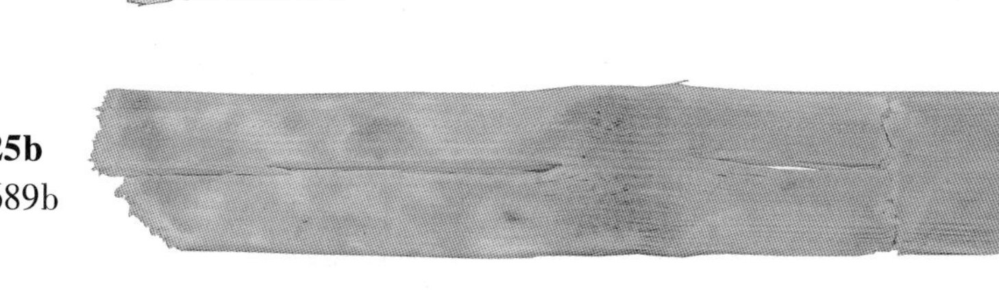

126b
1149b

127b
1285b

128b
1453b

129b
1457b

案例三　可思首匿案　單簡圖版及釋文

098
0647

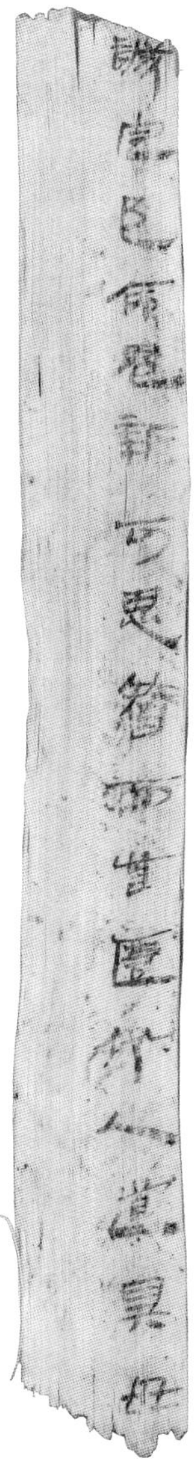

098b
0647b

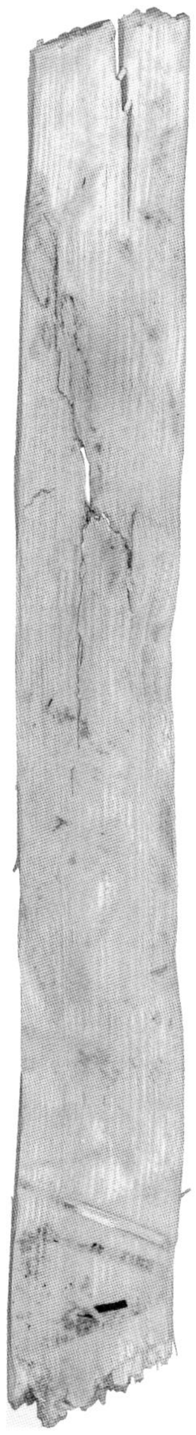

☒誠定邑命鬼新（薪），可思[一]智而首匿代人道具毋☒

099
1513

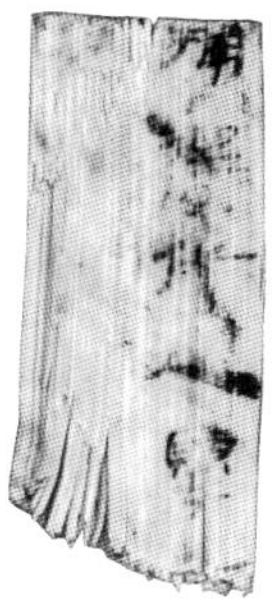

099b
1513b

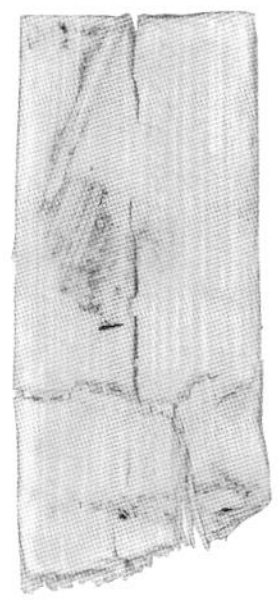

捕得（"得" is boxed on the page）代人、嬰[二]☒

☆ **100**
2117

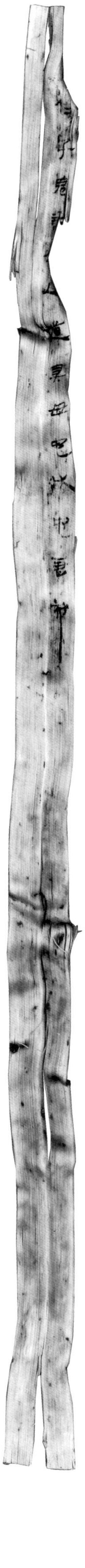

100b
2117b

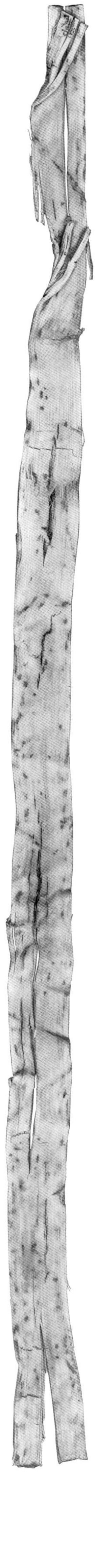

嬰、寸、伯子[三]、鬼新（薪）代人道具毋（無）它狀，它若劾

☆ **101**
2127

101b
2127b

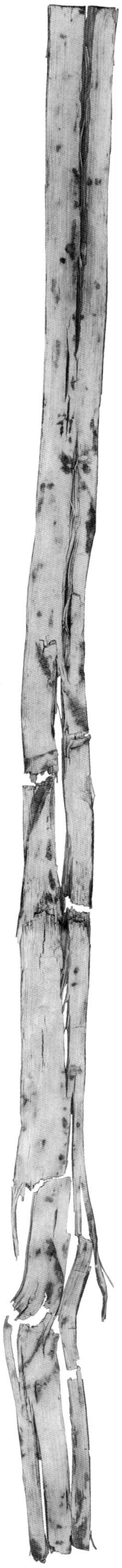

七年十一月癸未，獄史河人以辟報訊尊[四]辤（辭）曰：大夫臨湘邸里故爲漻陽[五]☒

可思有劾轂（繫）獄，獄徵識者，獄遣尊來識。可思爲人年可七十二，長六尺以上。可思□☒

☆ **102** 2116

102b 2116b

鄉即亡，相往邸之代人、嬰、吳人、寸[六]等皆曰：諸其八月生一日[七]夜可半時[八]，代人、伯子、嬰、吳人、寸等即俱去亡。其八月生四日可晏食時[九]，嬰、吳人、寸亡盧旁竹中。伯子即之鄧車[十]盧，可須臾環（還）邸。代人、嬰、吳人、寸等曰：伯新往視田，獨婢□□已告婢[十一]弗入，代人、嬰、吳

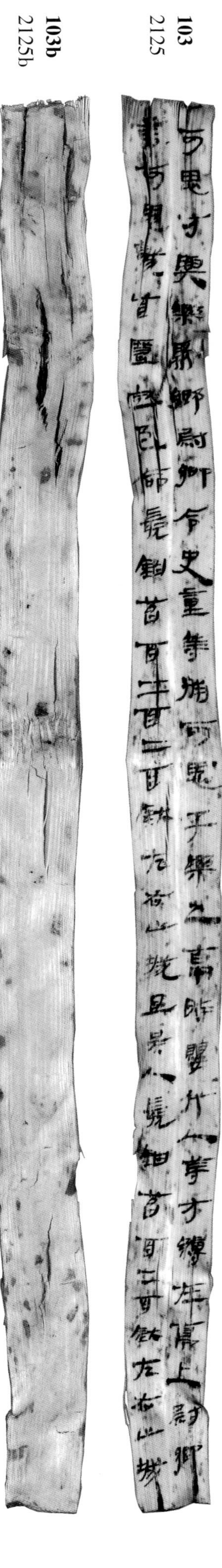

103 2125

103b 2125b

▨□可思方與樂[十二]聚鄉，尉卿、令史童等捕可思子樂。之亭時，嬰、代人等方縛在亭上，尉卿▨言可思誠首匿，定邑命髡鉗笞百二百二百釱左右止城旦，吳人髡鉗笞百二百釱左止城

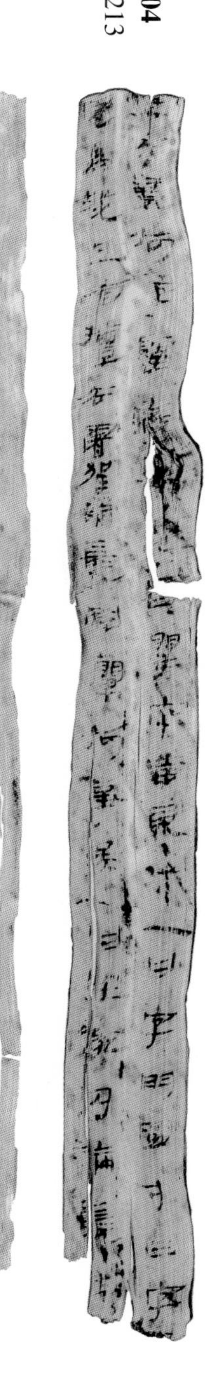

104 0213

104b 0213b

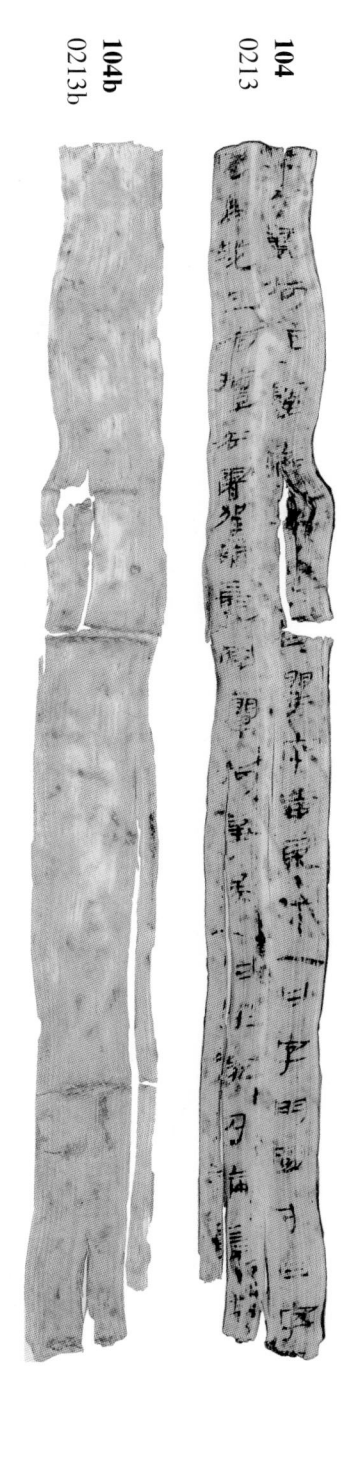

□大夫嬰何字嬰應字嬰曰嬰字留見。代人曰字門國。寸曰字▨[十三]完爲城旦，有擅去署，駕（加）論髡鉗。蘭何事？吳人曰：坐縱囚論髡鉗▨[十四]

105 0370

☐大夫臨湘上里，爲孝文廟亭長，☐☐

105b 0370b

☐里大女可可思，可思子小男樂，田☐☐

106 0484

☐☐嬋☐貌　☐☐與同事者五人俱來邸，嬋嬋☐

106b 0484b

☐夫去，不蜀（獨）止，可思心憐伯子不忍去，瘥諸[十五]、伯子即環☐

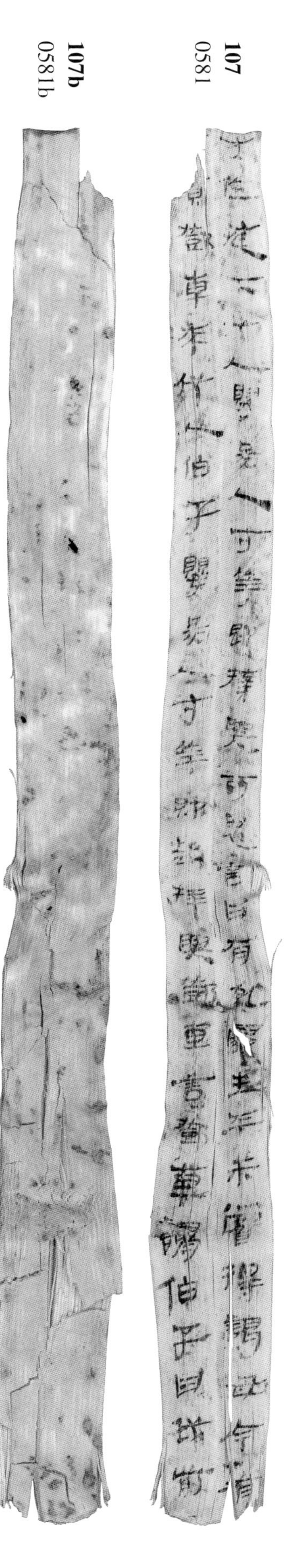

107 0581

☐責鄧車來，代人、嬰、吳人、寸等即起拜，與鄧車言。鄧車謂伯子曰：我前☐

107b 0581b

方位廷下，代人、嬰、吳人、寸等即拜，與可思言曰：有死罪，生平未嘗得謁母，今有☐

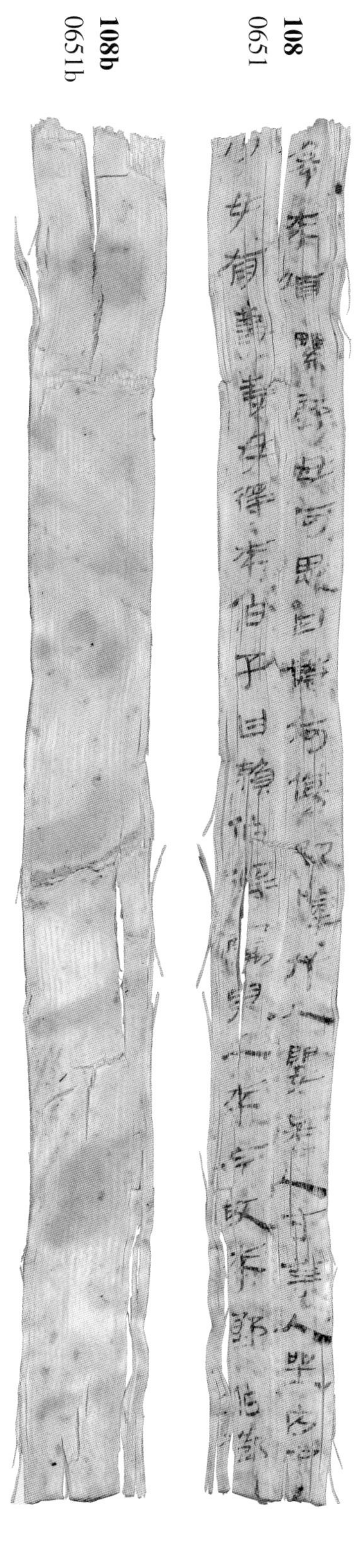

108 0651

☐聞女有事言女得來。伯子曰：賴伯得屬見人來，今故來邸。伯、鄧

108b 0651b

☐急來煩累，邸女可思曰：諸何傷。即唬（呼）代人、嬰、吳人、寸等，入坐內中

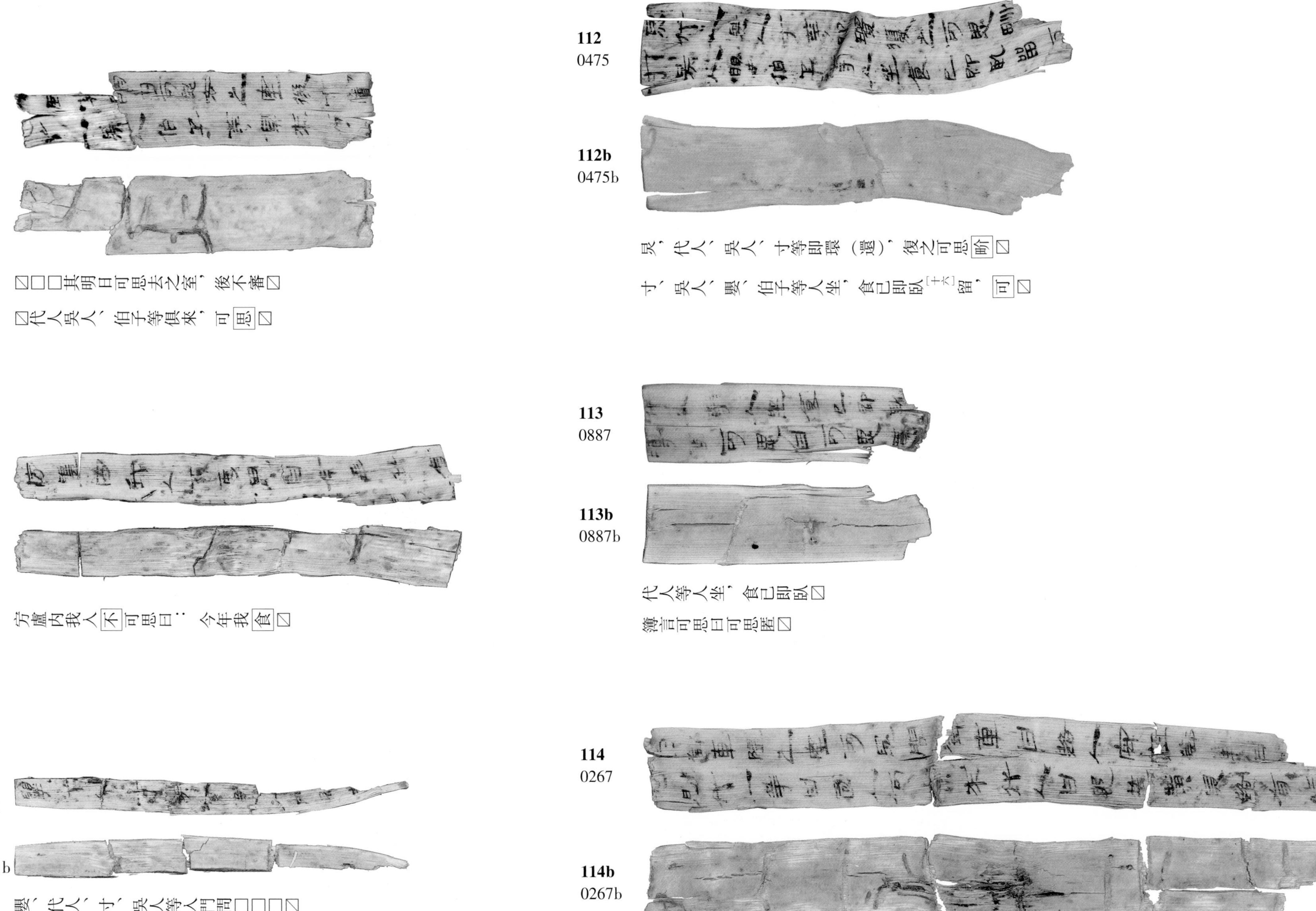

109
1096+
0907

109b
1906+
0907b

☐□□其明日可思去之室，後不審☐
☐代人吳人、伯子等俱來，可[思]☐

110
1001

110b
1001b

穸盧內我人[不]可思曰：今年我[食]☐

111
1001-1

111b
1001-1b

嬰、代人、寸、吳人等人門閭□□□☐

112
0475

112b
0475b

昃、代人、吳人、寸等即環（還），復之可思[盼]☐
寸、吳人、嬰、伯子等人坐，食已即臥[十六]留，[可]☐

113
0887

113b
0887b

代人等人坐，食已即臥☐
簿言可思曰可思匿☐

114
0267

114b
0267b

曰鄧車歸之室。可思問鄧車曰：路人安在？鄧車曰：□☐
[思]問代人等曰：國人何索來？代人曰：蛇、菸、黃見路有病不☐[十七]

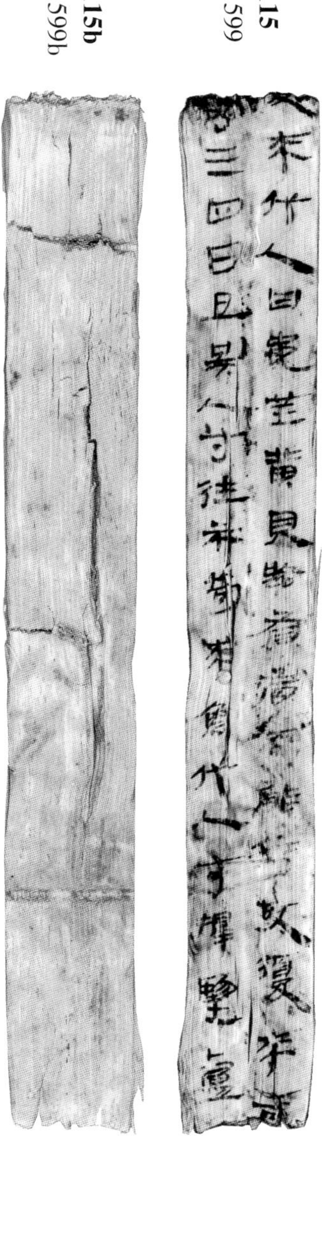

115 1599

115b 1599b

〼以來，代人曰蛇、茥、黃見路有病，不能如故復來，可〼

〼□三四日旦，吳人、寸往示笥求魚，代人、寸擇塱盧〼

116 0435+0874

116b 0435+0874b

〼有頃到，可思、鄧車方坐，可思問代人等曰：國人何索，須〼

〼[可]二乚、三日可思□去之室，後三日伯子死，即葬盧西山中。後〼

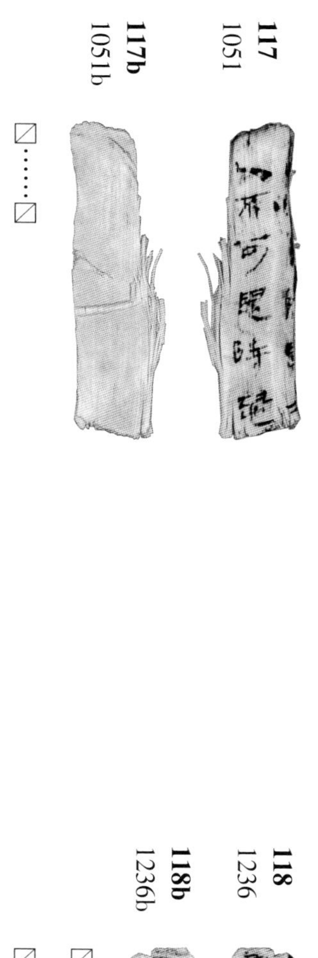

117 1051

117b 1051b

〼……〼

〼□不，可思時恐〼

118 1236

118b 1236b

〼□□□□

〼[等]代人曰坐劾

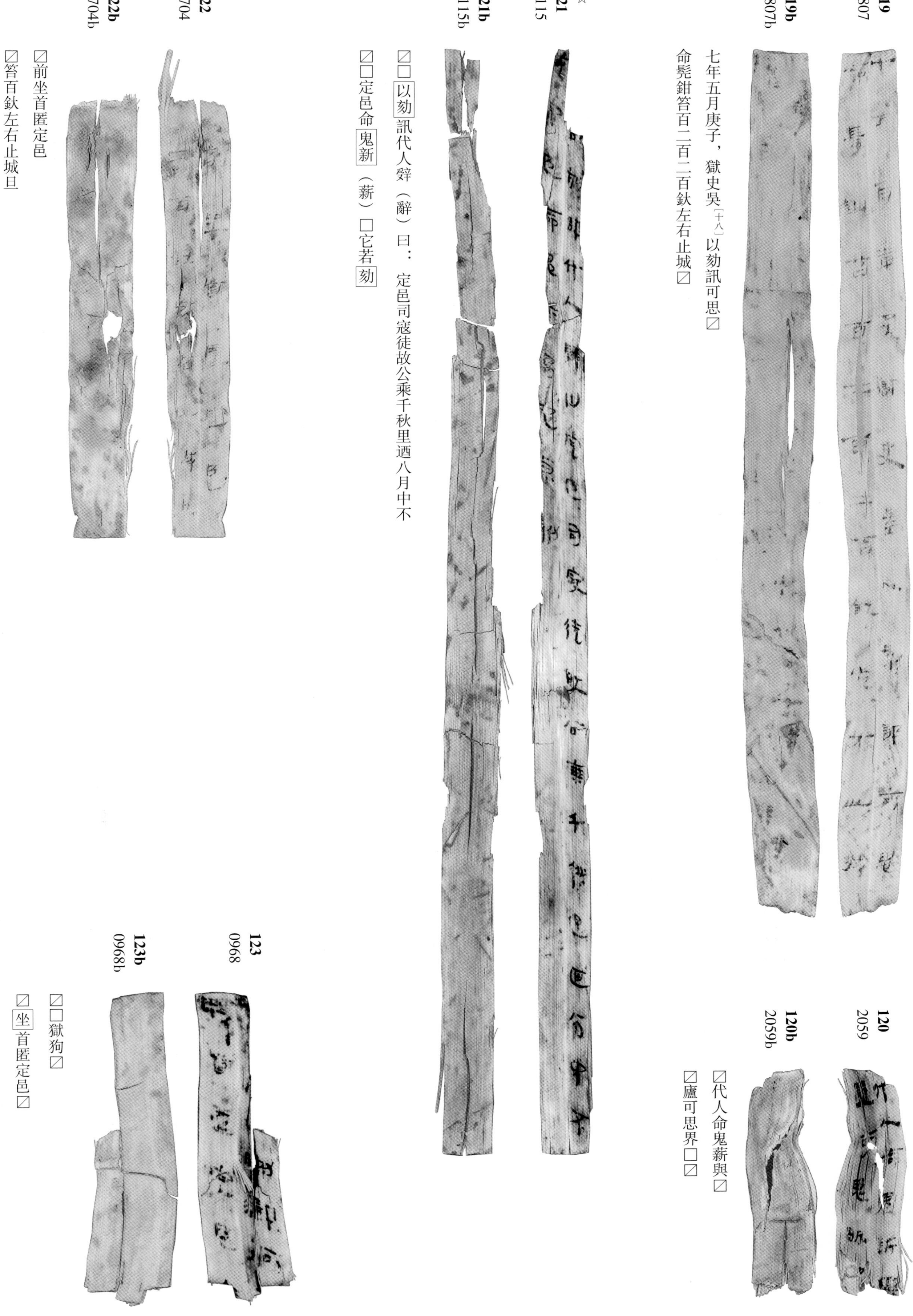

119 0807

119b 0807b

七年五月庚子，獄史吳[十八]以劾訊可思〼

命髡鉗笞百二百二百鈦左右止城〼

☆ **121** 2115

121b 2115b

〼□以劾訊代人辤（辭）曰：定邑司寇徒故公乘千秋里迺八月中不

〼□定邑命鬼新（薪）□它若劾

122 0704

122b 0704b

〼前坐首匿定邑

〼笞百鈦左右止城旦

120 2059

120b 2059b

〼代人命鬼薪與〼

〼盧可思界□〼

123 0968

123b 0968b

〼□獄狗〼

〼坐首匿定邑〼

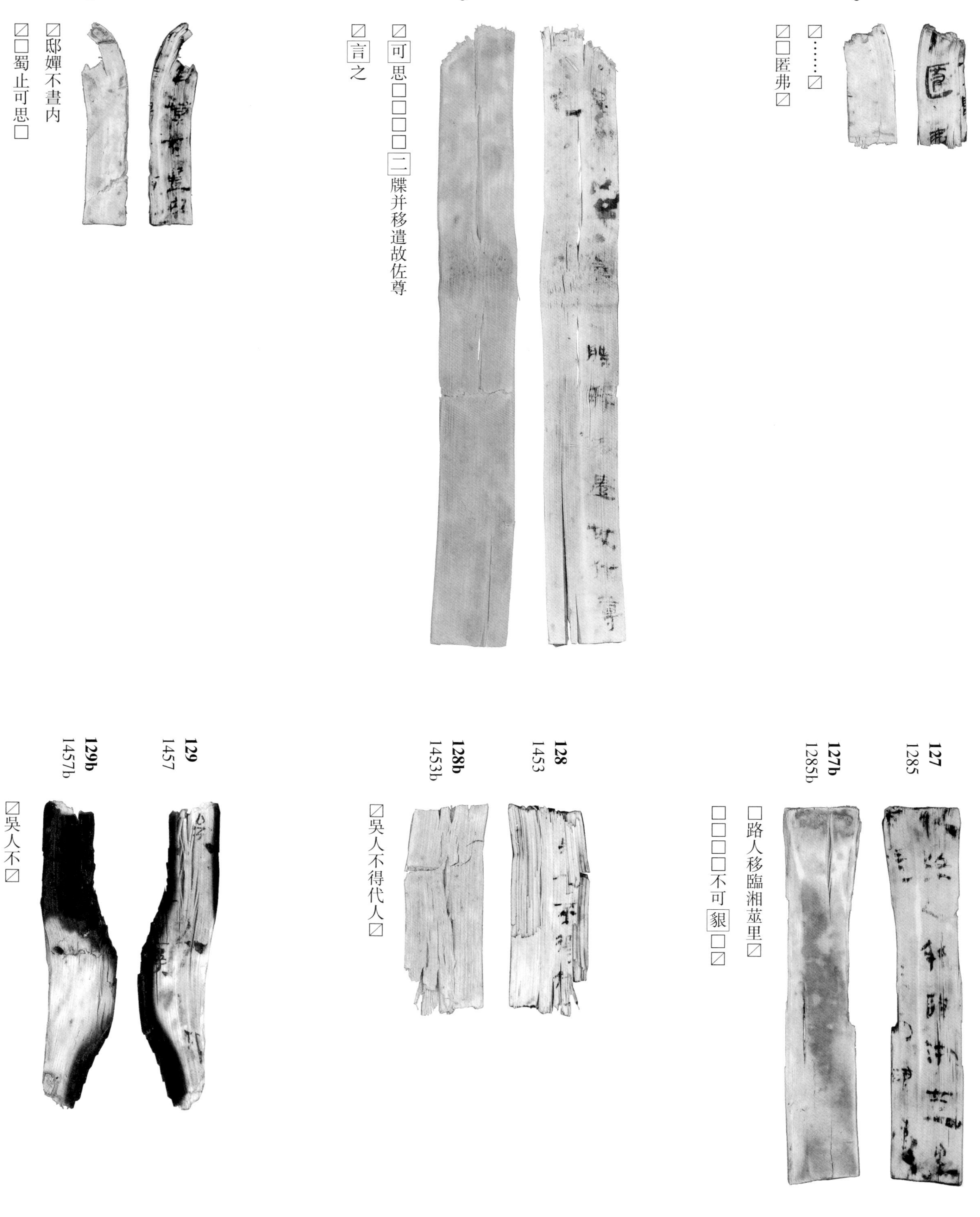

124 0988
124b 0988b
☑……☑
☑□匿弗☑

125 0689
125b 0689b
☑可思□□□□二牒并移遣故佐尊
☑言之

126 1149
126b 1149b
☑邸嬋不書内
☑□蜀止可思□

127 1285
127b 1285b
□路人移臨湘莁里☑
□□□不可貇□☑

128 1453
128b 1453b
☑吳人不得代人☑

129 1457
129b 1457b
☑吳人不☑
☑廣☑

注釋：

［一］可思：人名，本案的關鍵人物。

［二］按：代人、嬰皆爲人名。

［三］伯子：人名。

［四］按：河人、尊皆爲人名。

［五］滲陽：地名，地望不詳。

［六］寸：人名。

［七］八月生一日：即八月初一。

［八］夜可半時：時稱。

［九］可晏食時：時稱。

［十］鄧車：人名。

［十一］婢：人名。

［十二］樂：人名，可思之子。

［十三］按：嬰、代人、寸皆人名。

［十四］按：蘭、吳人皆人名。

［十五］癃諾：人名。

［十六］與0887文例同。

［十七］按：簡中鄧車、路人、國人、蛇、莁、黄皆爲人名。

［十八］吳：人名。

130
0556

131
0557

132
0545

133
0196

134
0575

130b
0556b

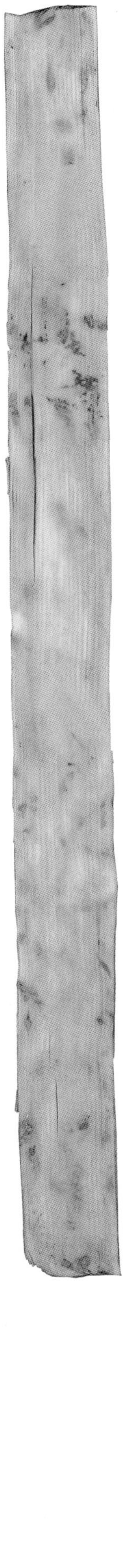

131b
0557b

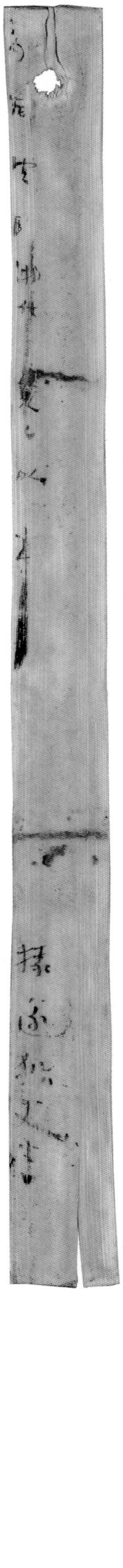

132b
0545b

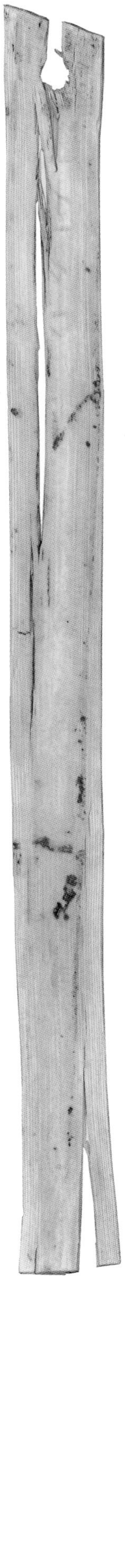

133b
0196b

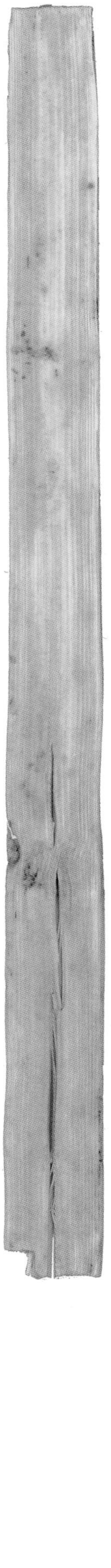

134b
0575b

案例四　定邑令史辛與佐齒監臨主守盜縣官錢案　單簡圖版及釋文

130
0556

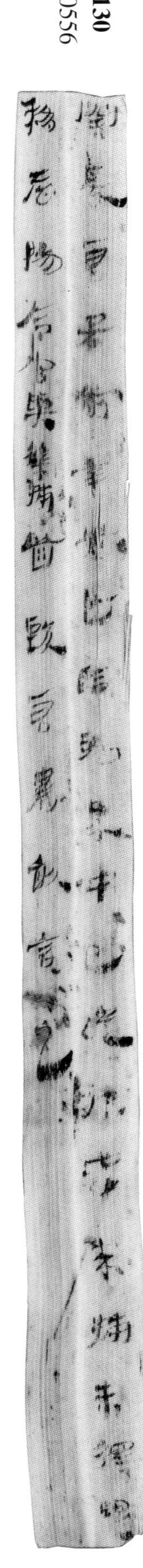

130b
0556b

關長若丞。前辛[一]、齒[二]亡臨溈界中，已遣佐、徒求捕未得，將移辰陽[三]，令官與雜捕齒致若書，敢言之

131
0557

131b
0557b

九年正月丙申朔辛酉[四]，鐵官長齊[五]守臨湘令、丞忠[六]敢告定邑主：定邑令史辛與行事長南山長行[七]、佐齒，皆坐劾監臨主守縣官錢盜之

（背面）□月戊寅臨湘佐□□以來掾遂[八]、獄史生[九]

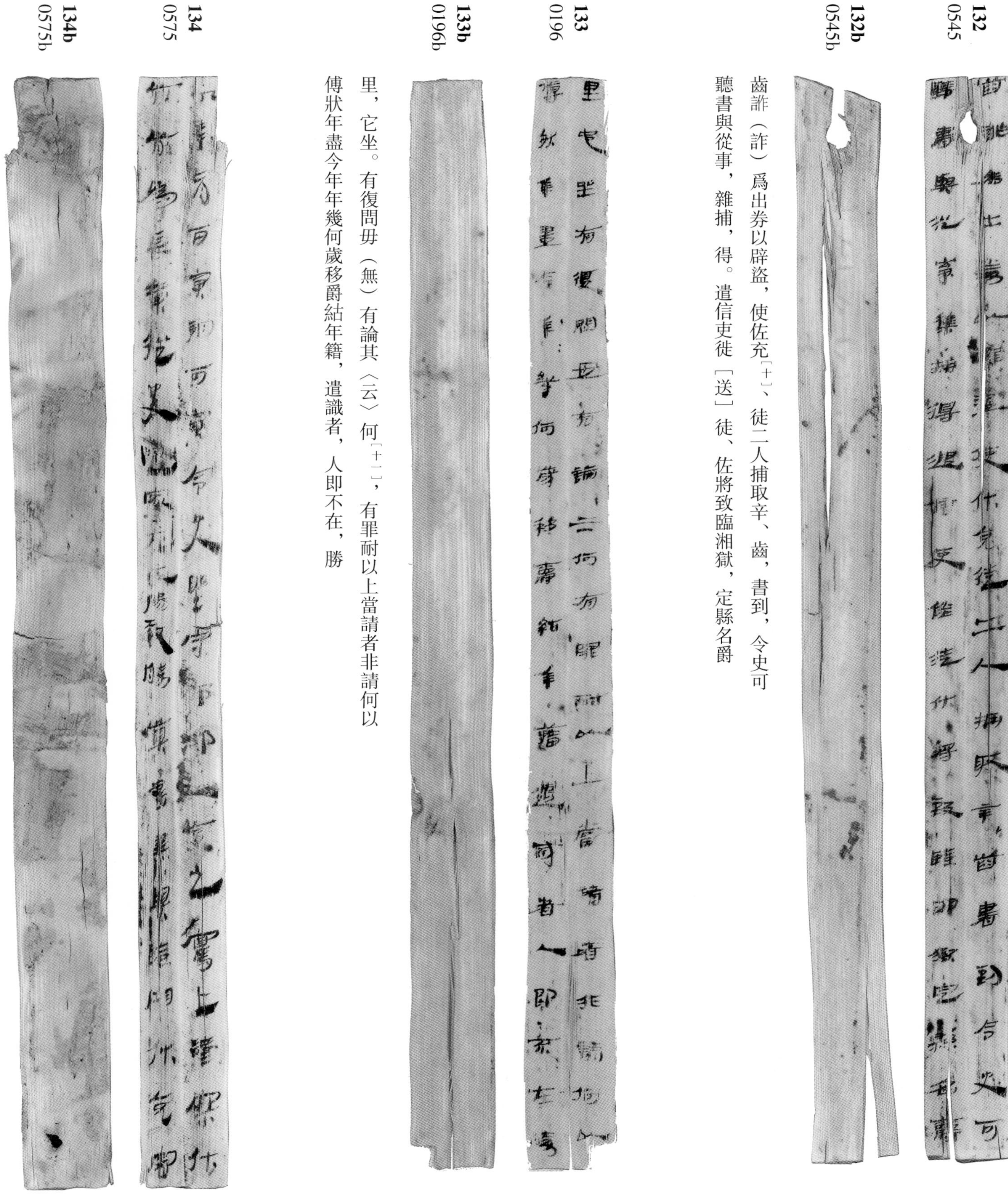

132 0545

132b 0545b

齒詐（詐）爲出券以辟盜，使佐充[十]、徒二人捕取辛、齒，書到，令史可
聽書與從事，雜捕，得。遣信吏徒［送］徒、佐將致臨湘獄，定縣名爵

133 0196

133b 0196b

里，它坐。有復問毋（無）有論其〈云〉何[十一]，有罪耐以上當請者非請何以
傅狀年盡今年年幾何歲移爵結年籍，遣識者，人即不在，勝

134 0575

134b 0575b

九年二月丙寅朔丙寅，令史野[十二]守都鄉，敢言之：寫上，謹案：佐
首前爲長庚從史，歸家在辰陽，敬勝真書，書與臨湘佐充署。

注釋：

［一］辛：人名。。

［二］齒：人名。

［三］辰陽：爲武陵郡屬縣。

［四］九年正月丙申朔辛酉：九年指漢武帝元狩三年（前120），長沙康王九年。正月丙申朔辛酉，即正月二十五日。

［五］齊：人名。

［六］忠：人名。。

［七］行：人名。

［八］遂：人名。

［九］生：人名。

［十］充：人名。

［十一］論云何：睡虎地秦簡《封診式》簡6：『敢告某縣主：男子某有鞫，辭曰：「士五（伍），居某里。」可定名事里，所坐論云可（何），可（何）罪赦。』

［十二］野：人名。

案例五　六年六月公乘適坐自占年故不以實　正背面編聯圖版

135
0528

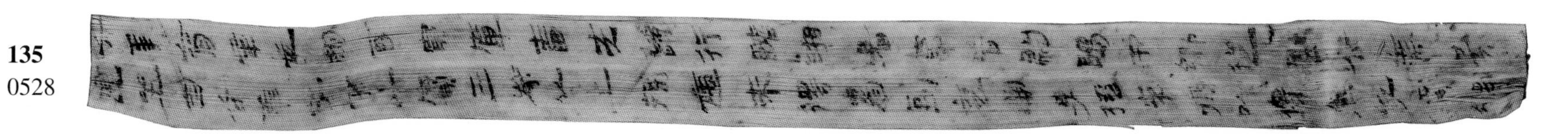

136
0260

137
0174

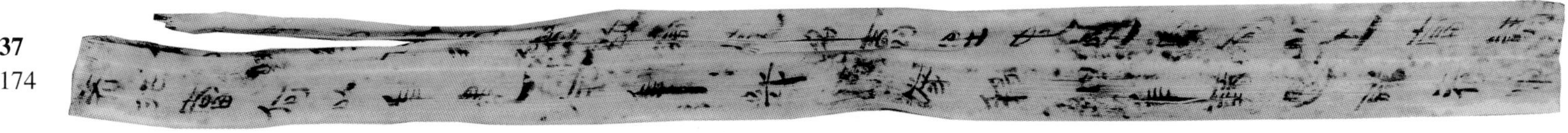

138
0275

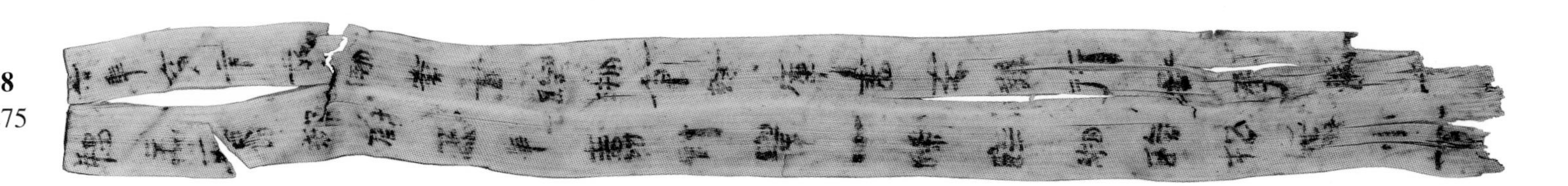

135b 0528b

136b 0260b

137b 0174b

138b 0275b

案例五　六年六月公乘適坐自占年故不以實　單簡圖版及釋文

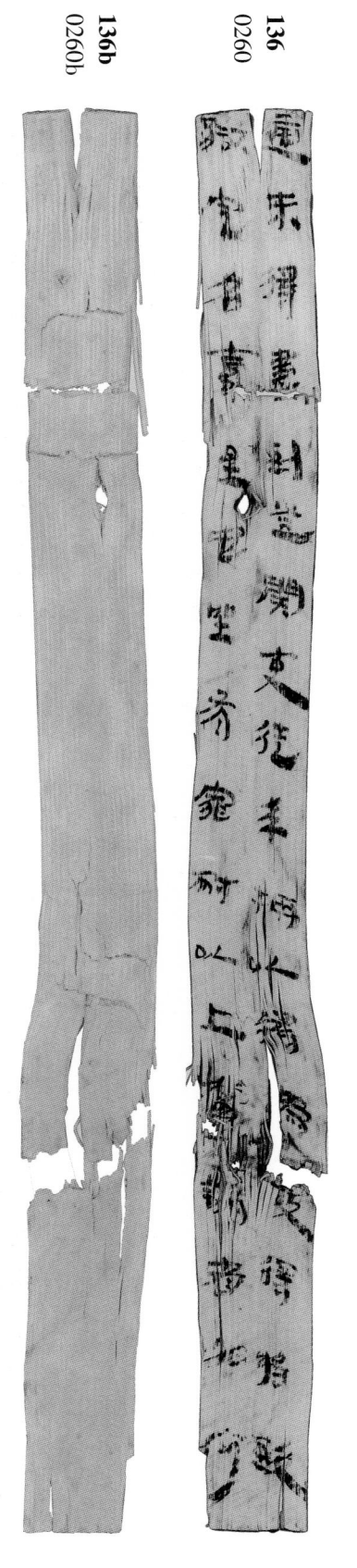

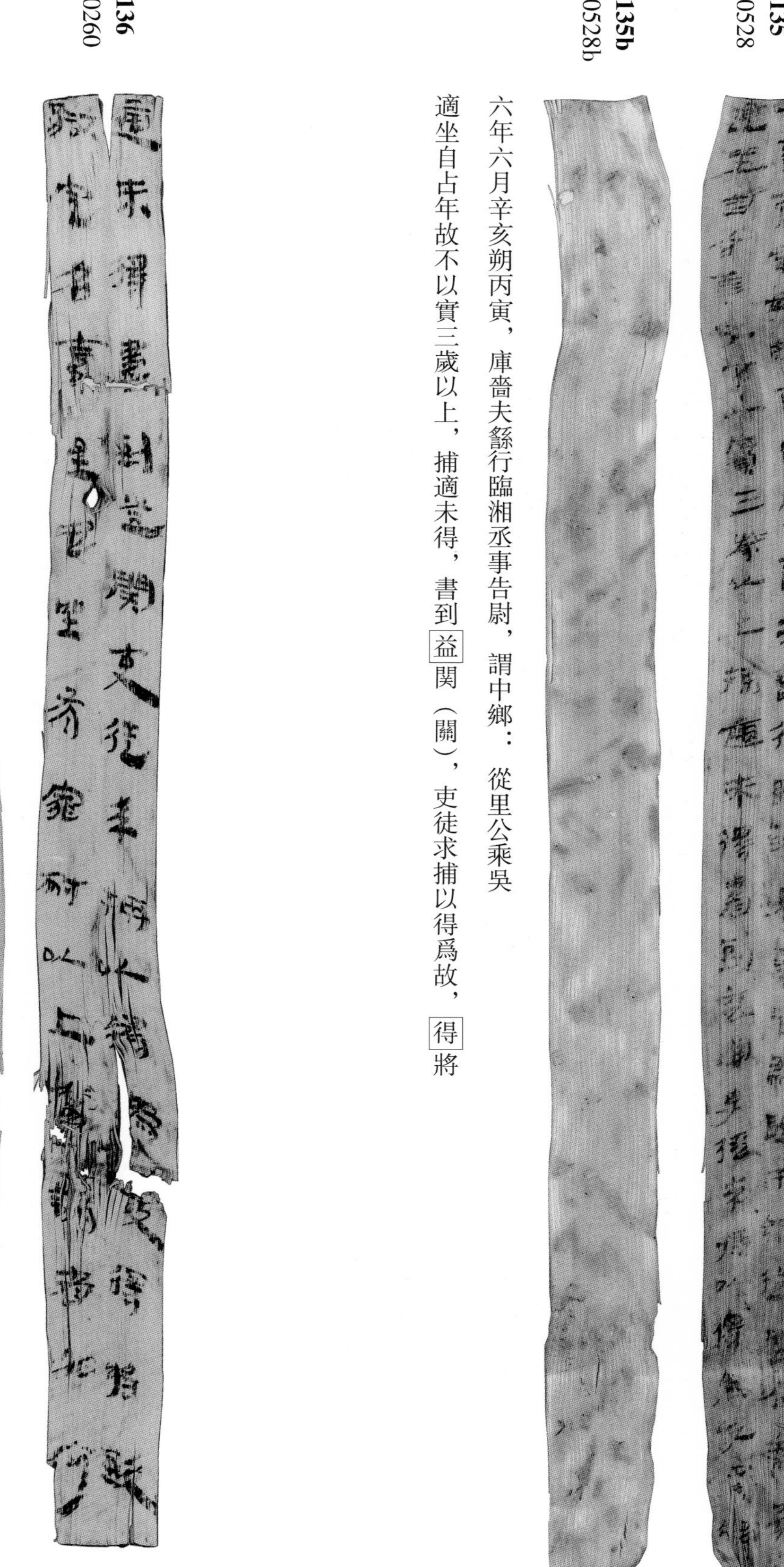

135 0528

135b 0528b

六年六月辛亥朔丙寅，庫嗇夫繇行臨湘丞事告尉，謂中鄉：從里公乘吳

適坐自占年故不以實三歲以上，捕適未得，書到[益]関（關），吏徒求捕以得爲故，[得]將

136 0260

136b 0260b

適未得盡（書）到益関（關）吏徒求捕以得爲故，得，將致

獄，定名爵里、它坐有罪耐以上[當]請者非何

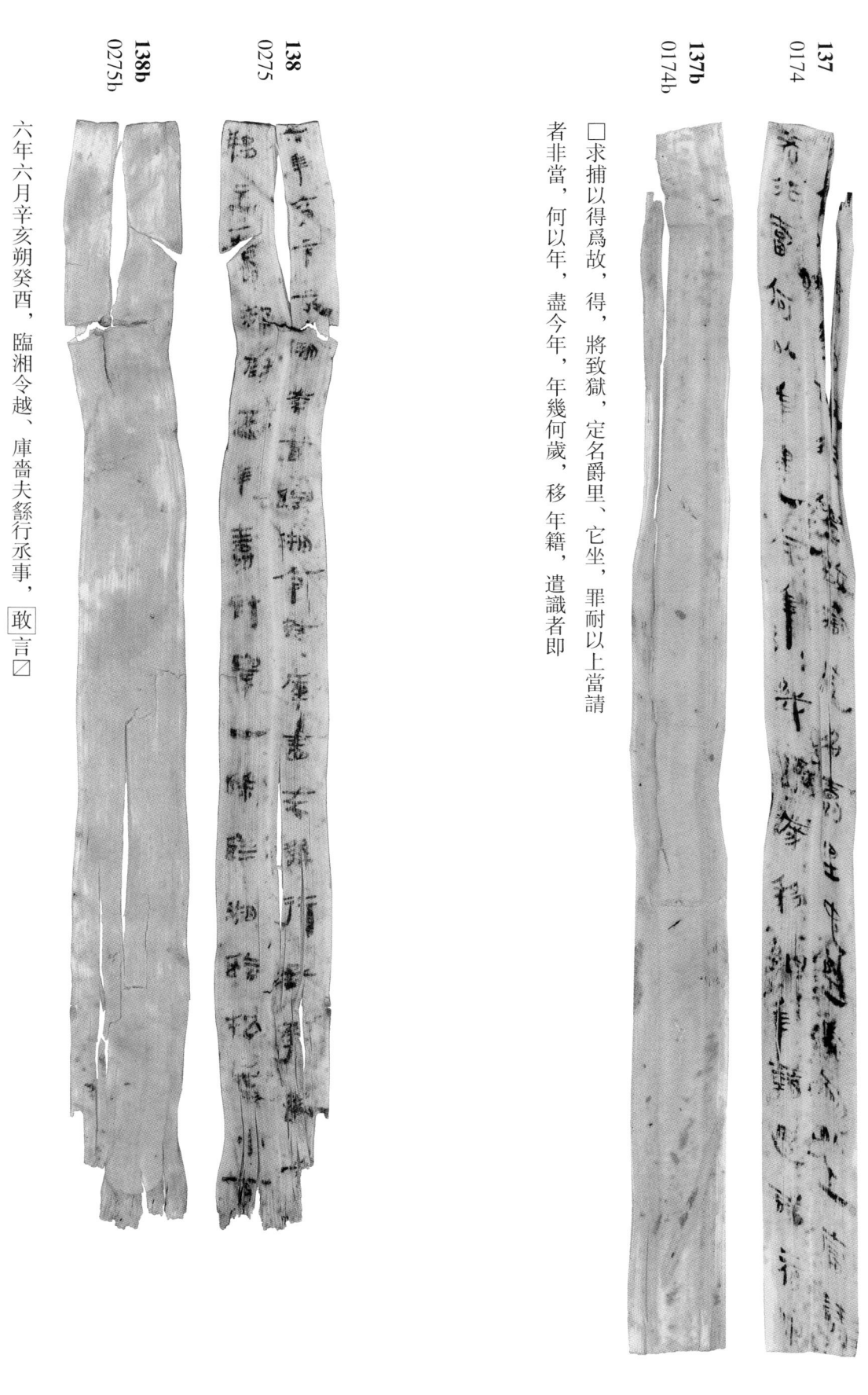

137
0174

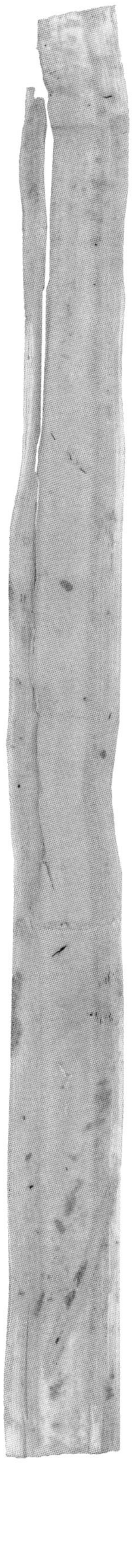

137b
0174b

□求捕以得爲故，得，將致獄，定名爵里、它坐，罪耐以上當請

者非當，何以年，盡今年，年幾何歲，移年籍，遣識者即

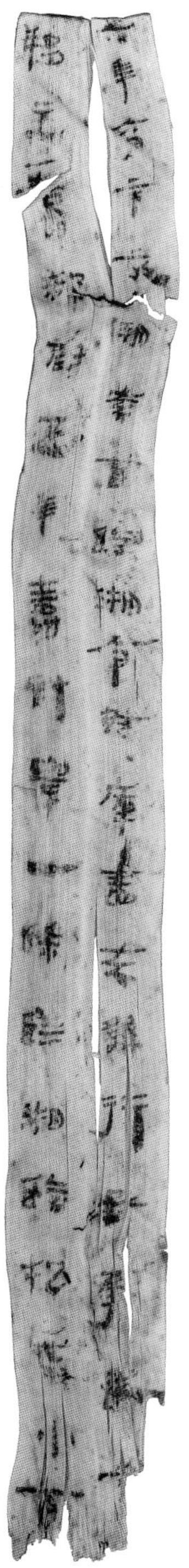

138
0275

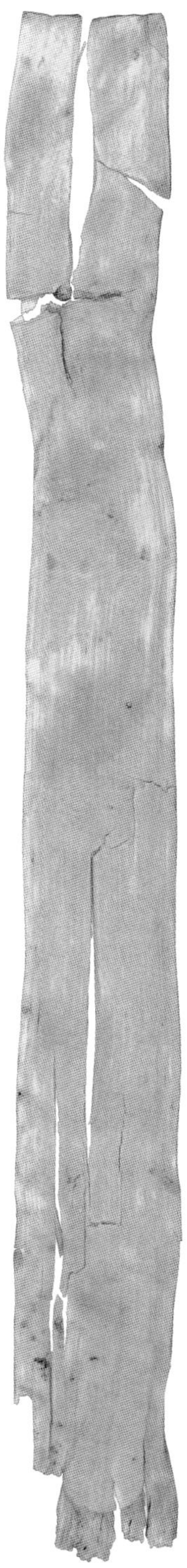

138b
0275b

六年六月辛亥朔癸酉，臨湘令越、庫嗇夫繇行丞事，敢言▨

移主爵都尉五年爵計舉一牒臨湘監扎□小□▨

案例六　臨湘胡里燕坐盜息里王別案　正背面編聯圖版

139
0115

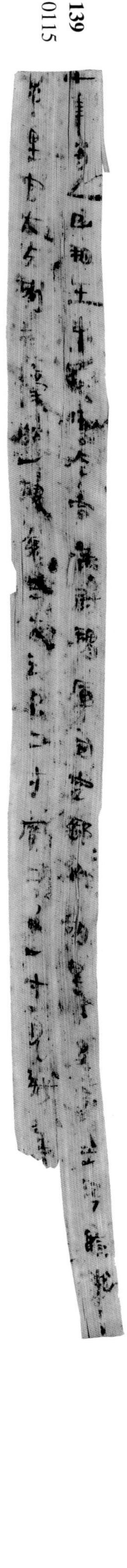

140
2123

141
0246

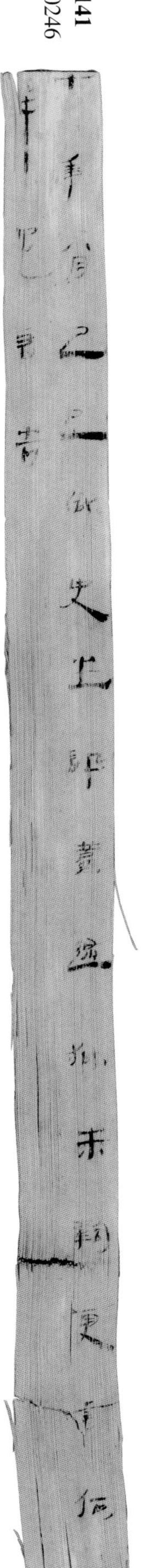

142
0364

143
1172

144
1472

139b
0115b

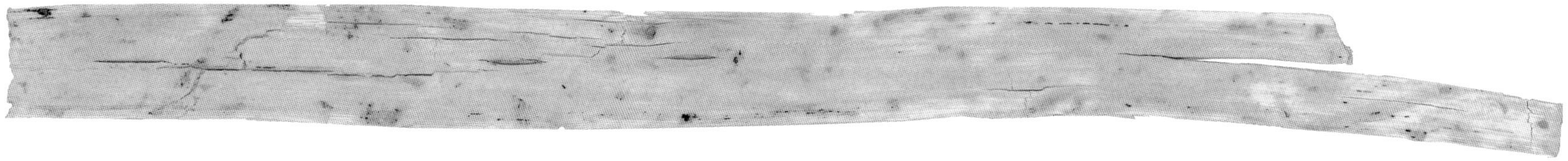

140b
2123b

141b
0246b

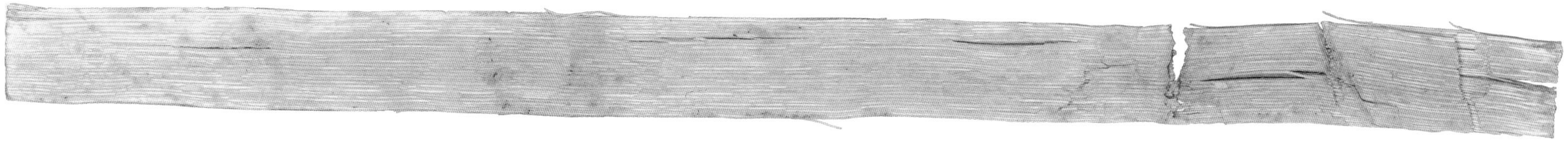

142b
0364b

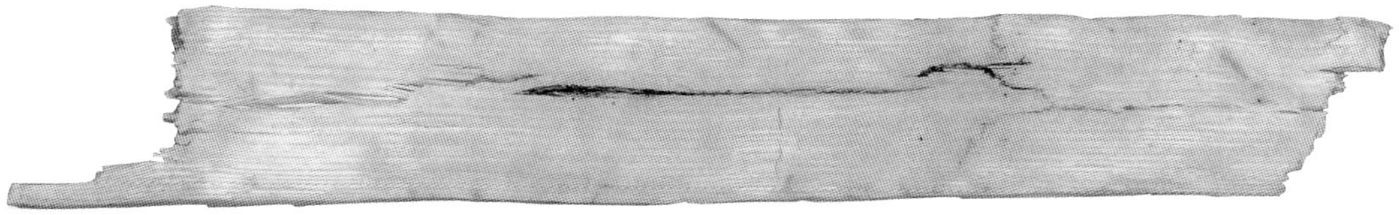

143b
1172b

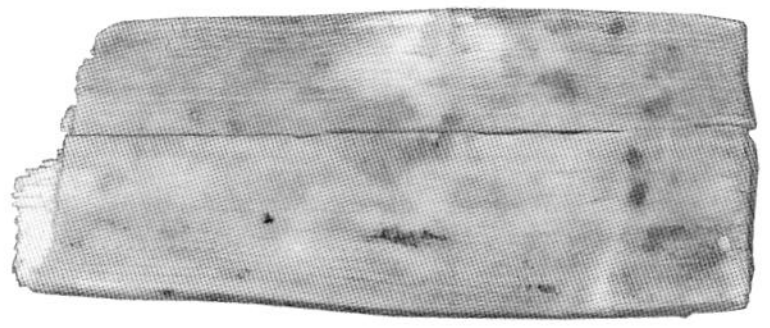

144b
1472b

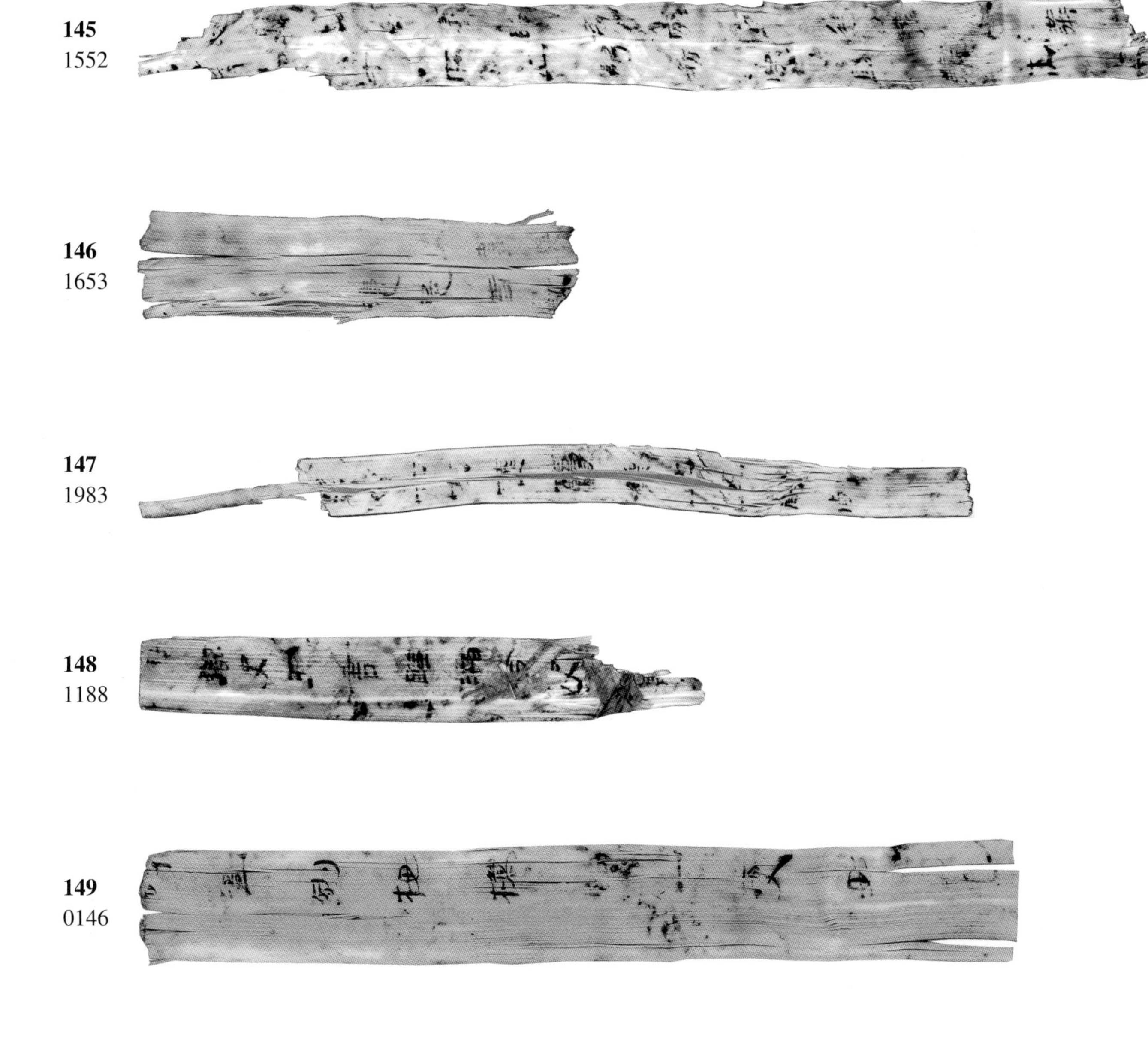

145 1552

146 1653

147 1983

148 1188

149 0146

150 0433

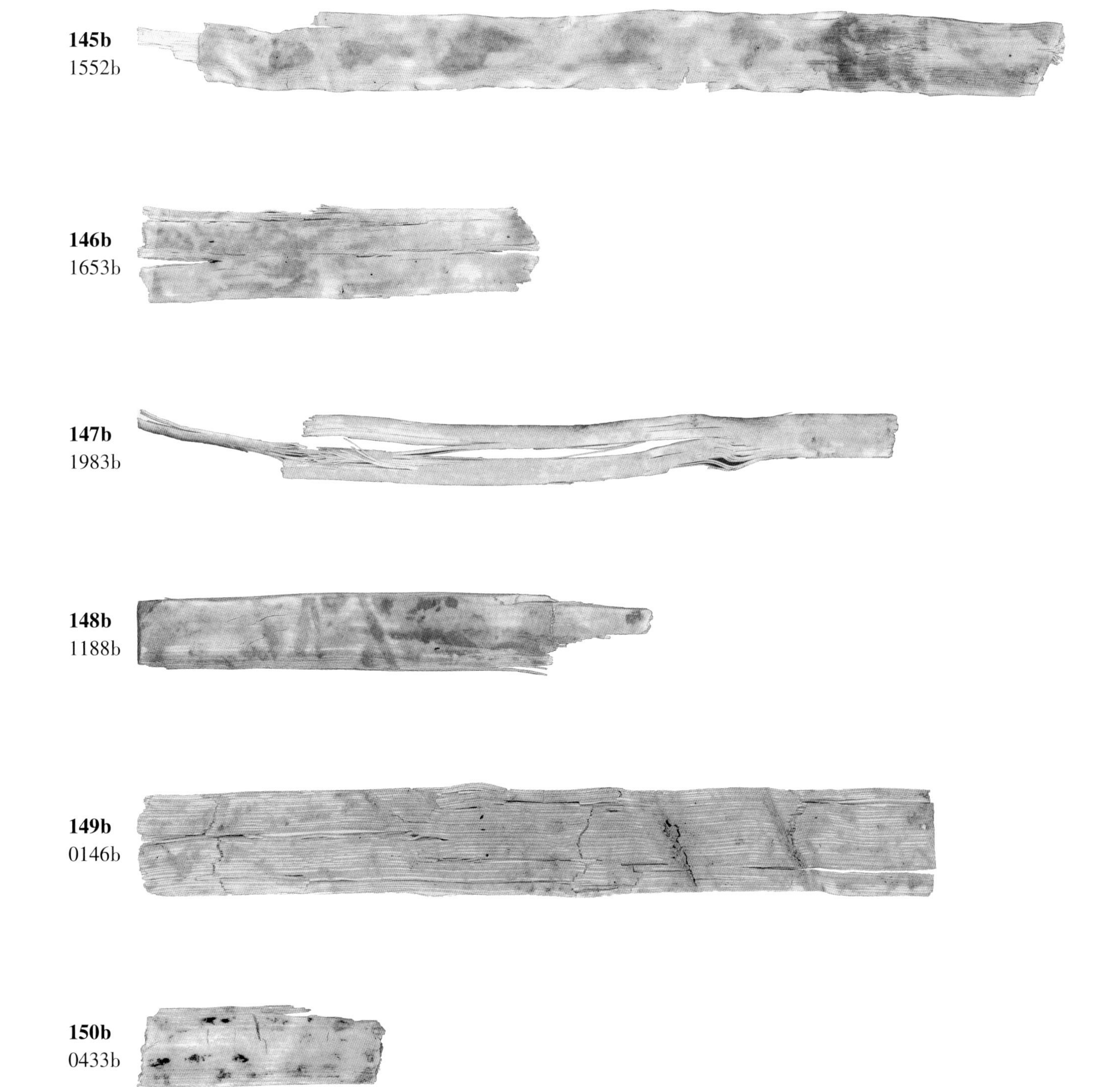

145b 1552b

146b 1653b

147b 1983b

148b 1188b

149b 0146b

150b 0433b

案例六　臨湘胡里燕坐盜息里王别案　單簡圖版及釋文

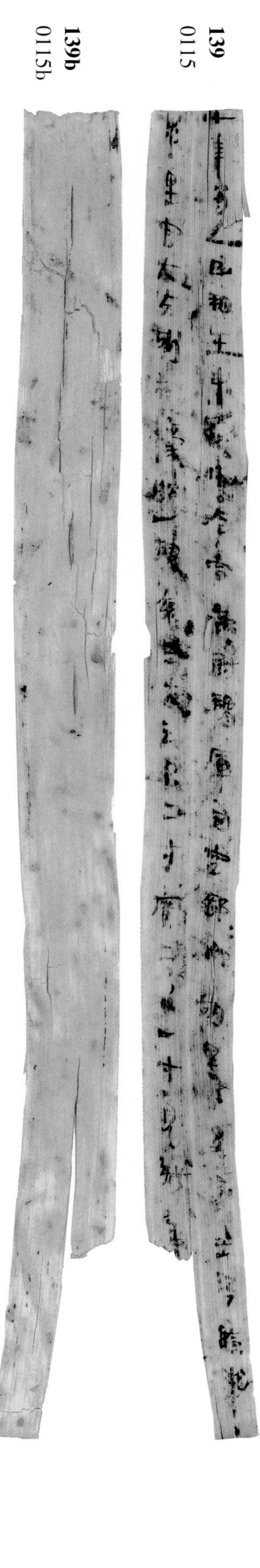

139
0115

七年八月乙巳朔壬申，臨湘令寅告尉，謂庫、司空、都鄉：都鄉胡里大男燕坐盜臨湘

139b
0115b

息里官大夫别梅稾船一樓衺三丈五尺二寸，廣二尺一寸·見臧（贓）辠⍁

140
2123

七年八月乙丑，獄史生訊燕道狀辤（辭）曰：大男臨湘胡里，田高陵野□⍁

140b
2123b

所乘，燕邪所智（知）息里男子王别家有公船，燕即往來賃，别⍁

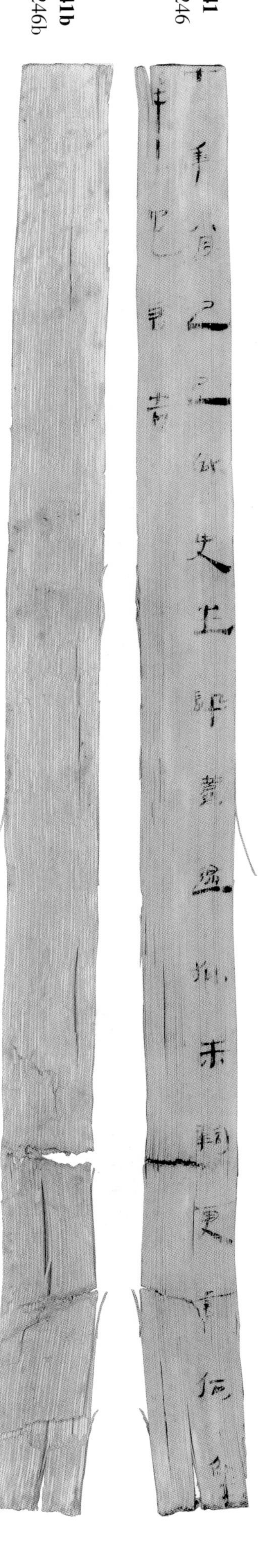

141
0246

七年八月己巳，獄史生訊燕遝獄未鞫更言何解⍁

141b
0246b

解它若告⍁

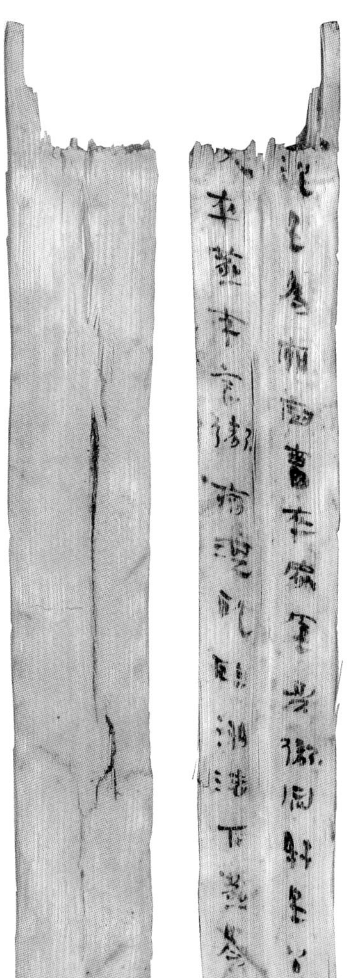

142 0364
142b 0364b

☐氾里，爲廟廚、曹卒家室興☐同縣里公士☐

☐史卒燕來言☐病温（瘟）死臨湘渚下，燕爲載☐☐

143 1172
143b 1172b

☐獄史行燕

☐☐之劾曰

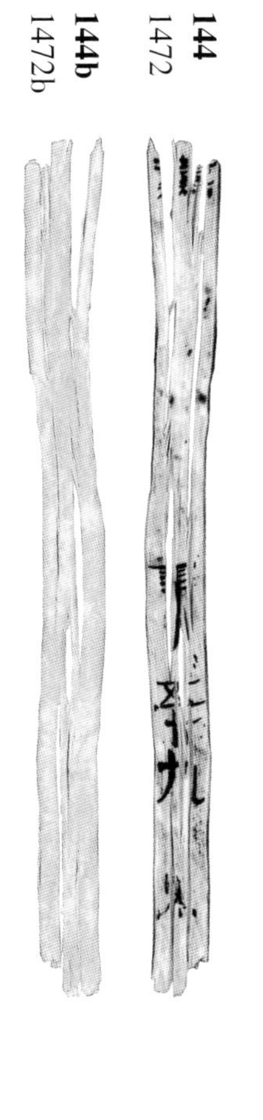

144 1472
144b 1472b

☐燕……　年五十九 爲☐

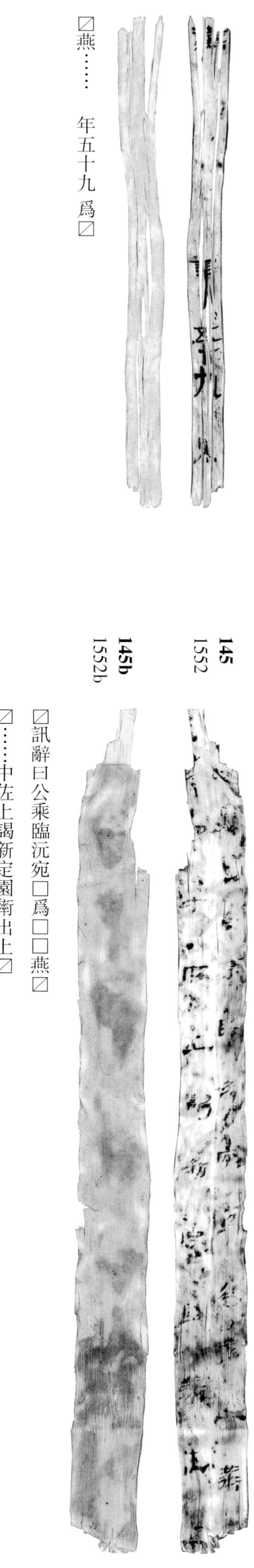

145 1552
145b 1552b

☐訊辭曰公乘臨沅宛☐爲☐☐燕☐

☐……中佐上謁新定園衛出上☐

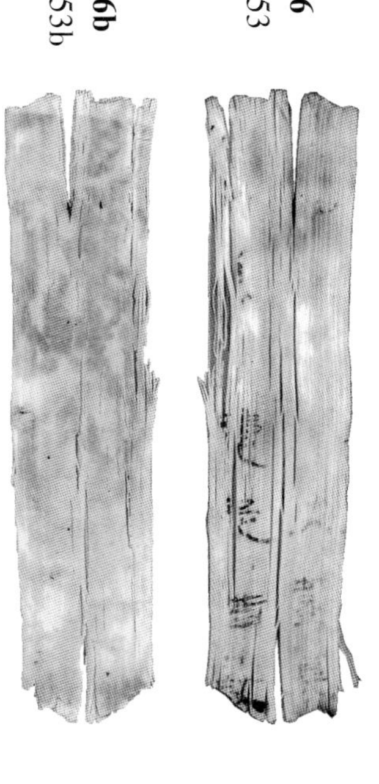

146 1653
146b 1653b

☐……史燕長☐

☐☐☐☐慶忌皆故☐

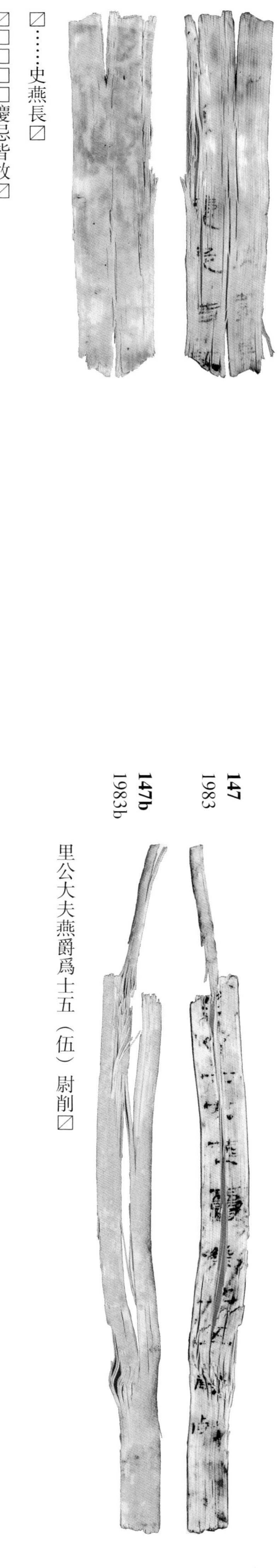

147 1983
147b 1983b

里公大夫燕爵爲士五（伍）尉削☐

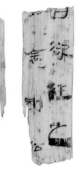

148
1188

148b
1188b

□獄史生言臨湘令史□□
……

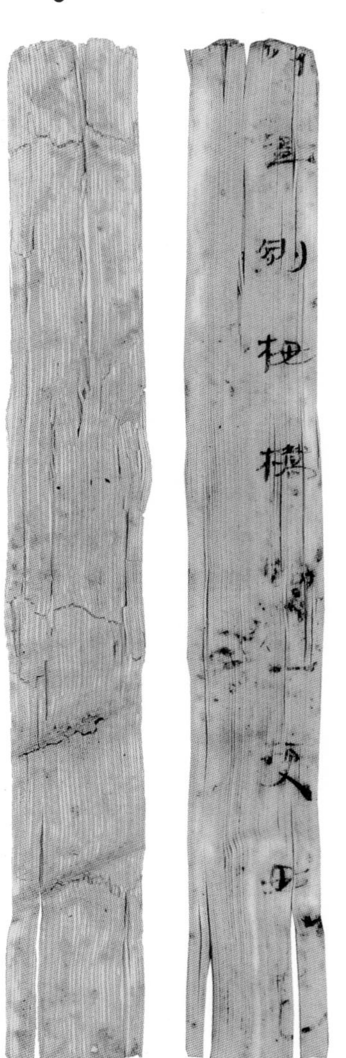

149
0146

149b
0146b

☐□盜別栂（梅）檣船一樓毋它

150
0433

150b
0433b

☐[日]欲往之☐
☐□念別[船]☐

末歸類簡圖版及釋文

151 1762 **151** 1762 **151b** 1762b

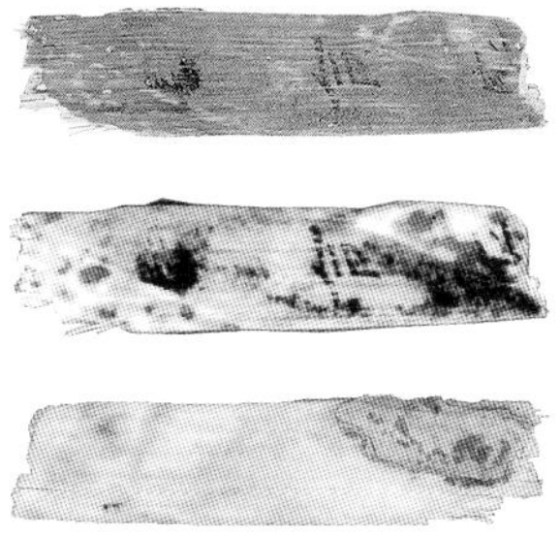

⧄丞令所⧄

152 1763 **152** 1763 **152b** 1763b

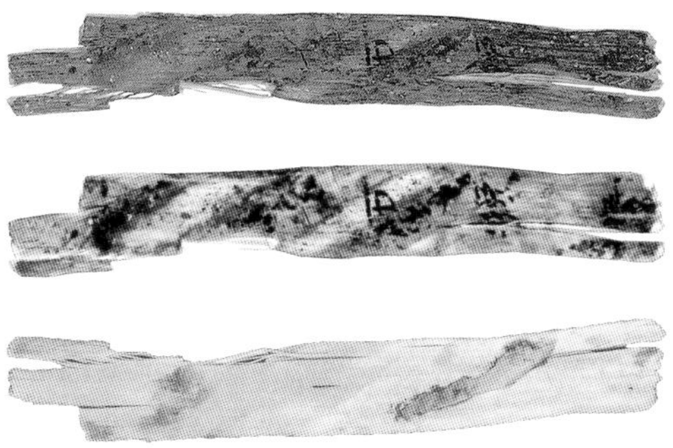

⧄□□西後□⧄

153 1764 **153** 1764 **153b** 1764b

⧄劾曰牒書□⧄

154 1765 **154** 1765 **154b** 1765b

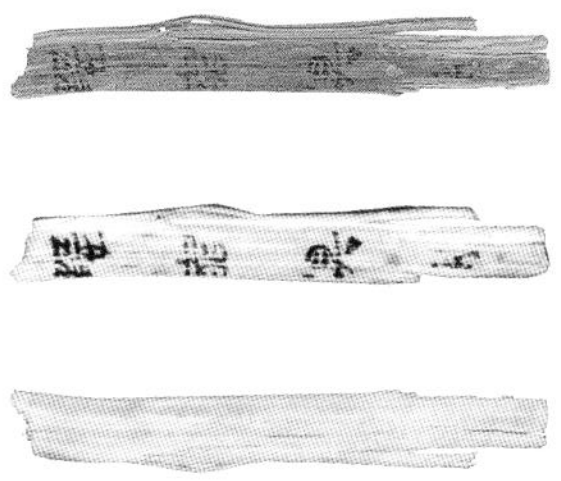

⧄數罪俱□⧄

155 1766 **155** 1766 **155b** 1766b

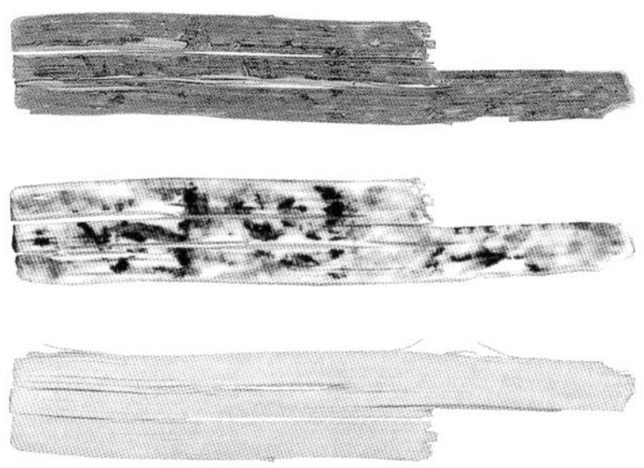

·受直（值）錢□⧄

156 1767 **156** 1767 **156b** 1767b

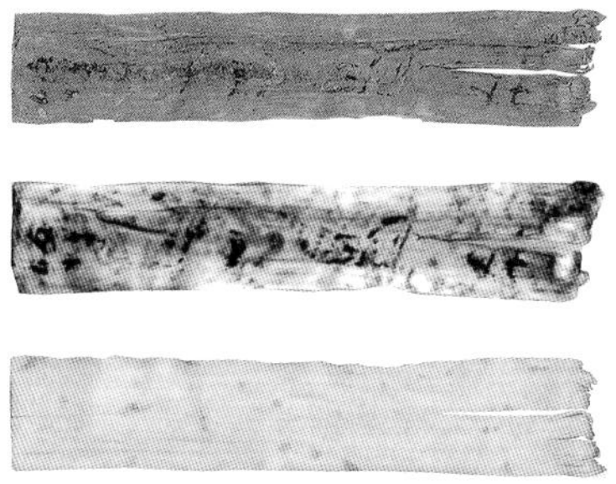

绛□蜀□⧄

157 1768 **157** 1768 **157b** 1768b

⧄問陽里⧄
□內□⧄

158 1769 **158** 1769 **158b** 1769b

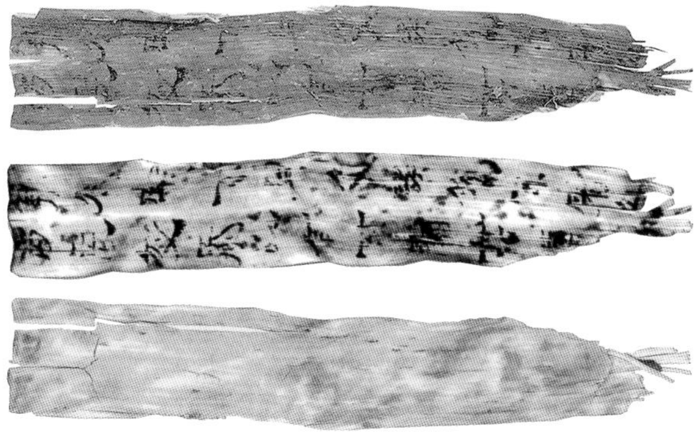

報爲案不具及誤脱不署斗⧄
丙辰赦前以令不论其□⧄

159 1770 **159** 1770 **159b** 1770b

二月甲辰朔辛亥□□□□□⧄
□□□□之史□□⧄

160 1771
160 1771
160b 1771b

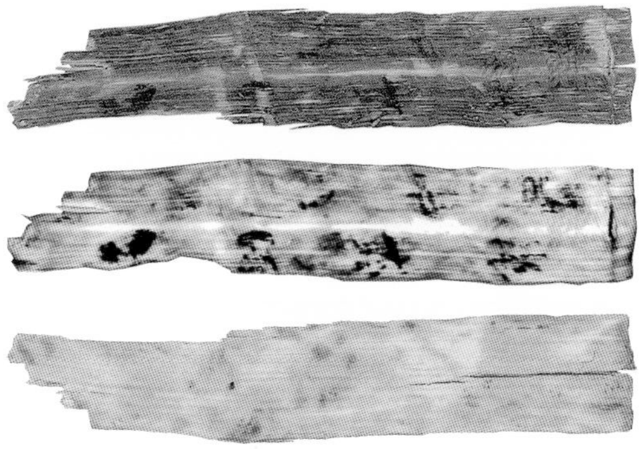

☐□□□中□
☐□夬（決）別坐劾☐

161 1772
161 1772
161b 1772b

☐□一以上予錢☐
☐以所盜賦臧（贓）☐
☐□□□☐

162 1773
162 1773
162b 1773b

☐□□□里上□☐

163 1774
163 1774
163b 1774b

中尉府調遣□
嗇夫賢佐

164 1775
164 1775
164b 1775b

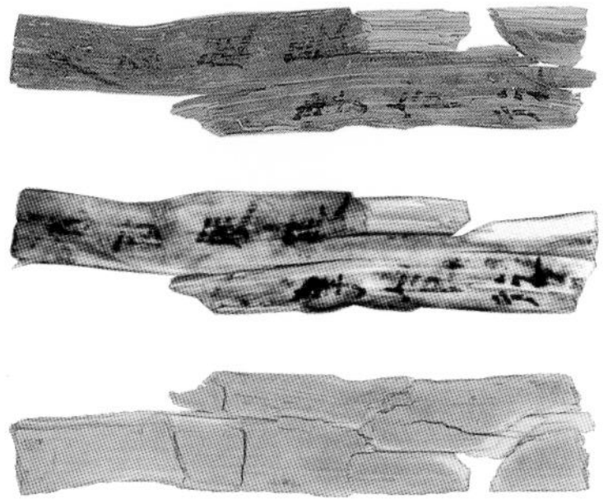

☐□月丙辰長沙□☐
☐以律令從☐

165 1777
165 1777
165b 1777b

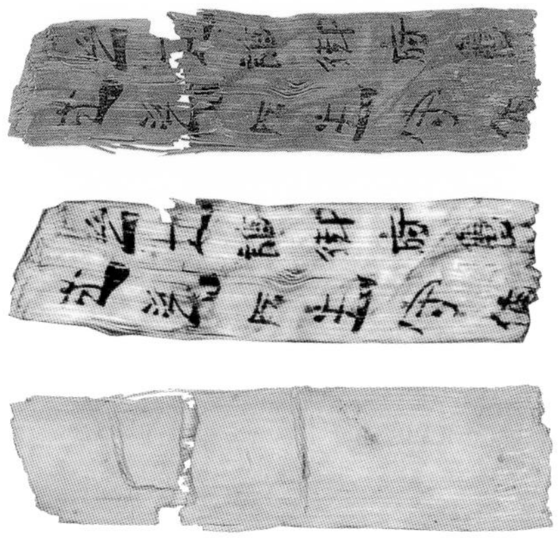

☐盜賊詣御府會☐
☐臨式〈武〉盜所主守傳☐

166 1778
166 1778
166b 1778b

☐午案事□☐
☐言之

167 1779
167 1779
167b 1779b

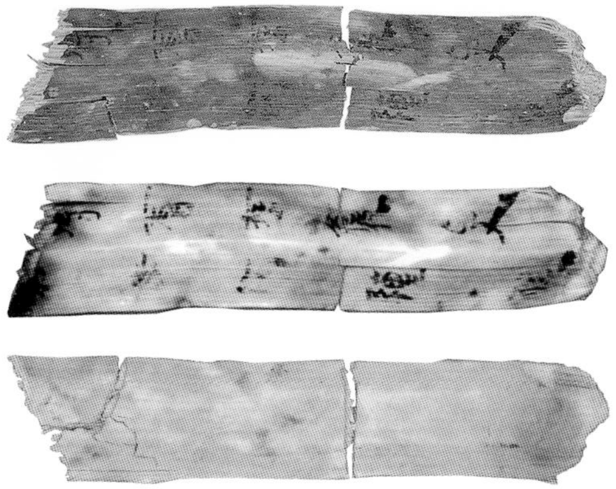

☐得爵□□受☐
☐□□纁乘☐

168 1780
168 1780
168b 1780b

☐臨湘令越□☐
☐毋留書□☐

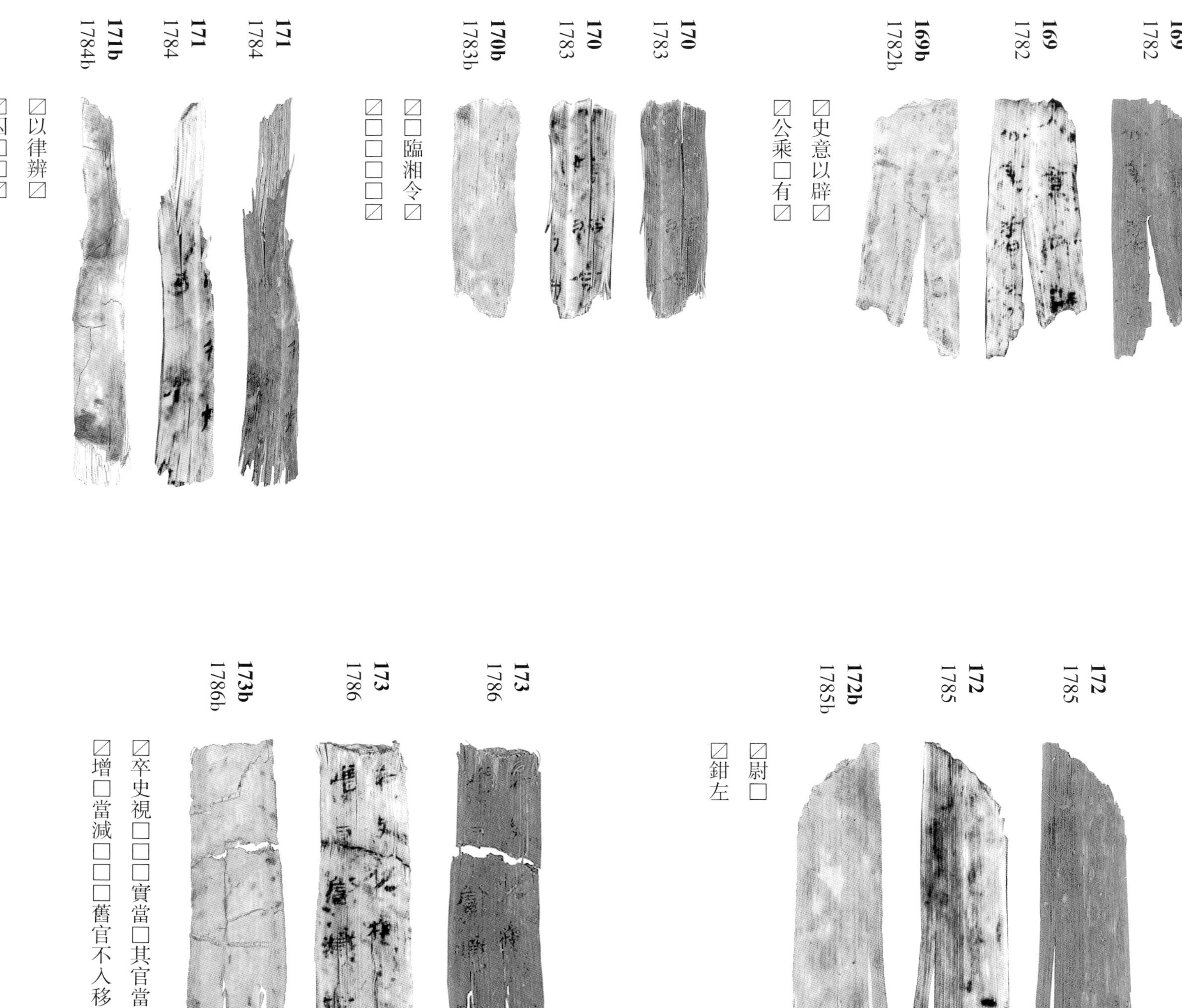

169 1782

169 1782

169b 1782b

☒史意以辟☒
☒公乘□有☒

170 1783

170 1783

170b 1783b

☒□臨湘令☒
☒□□□□☒

171 1784

171 1784

171b 1784b

☒以律辨☒
☒囚□□☒

172 1785

172 1785

172b 1785b

☒尉□
☒鉗左

173 1786

173 1786

173b 1786b

☒卒史視□□□實當□其官當□☒
☒增□當減□□□舊官不入移☒

174
1787

174
1787

174b
1787b

☐朔己巳□□臨湘令堅謁□□□□□□□

☐□□□□□□就□□□□□□

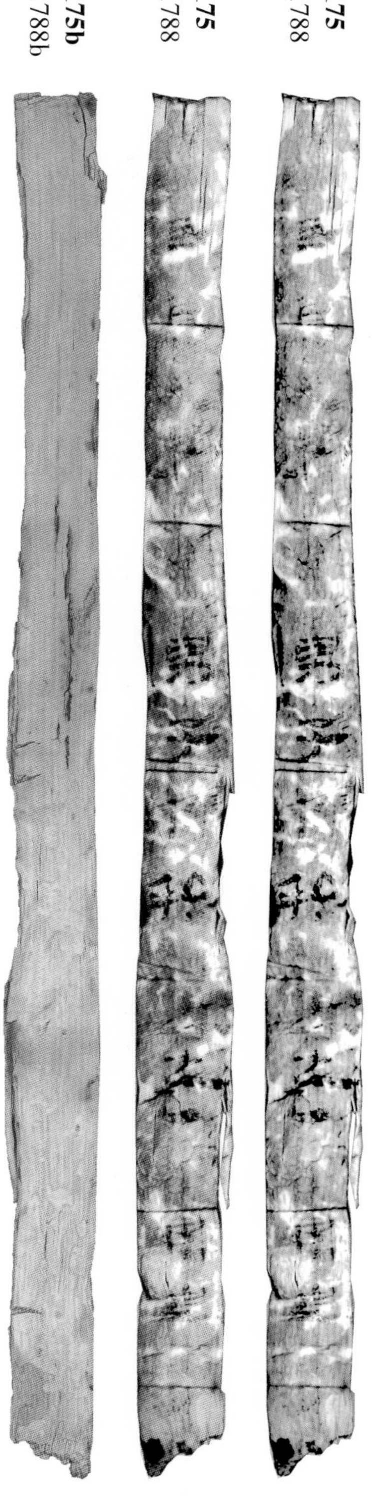

175
1788

175
1788

175b
1788b

至八月□□男子□□□□□□☐

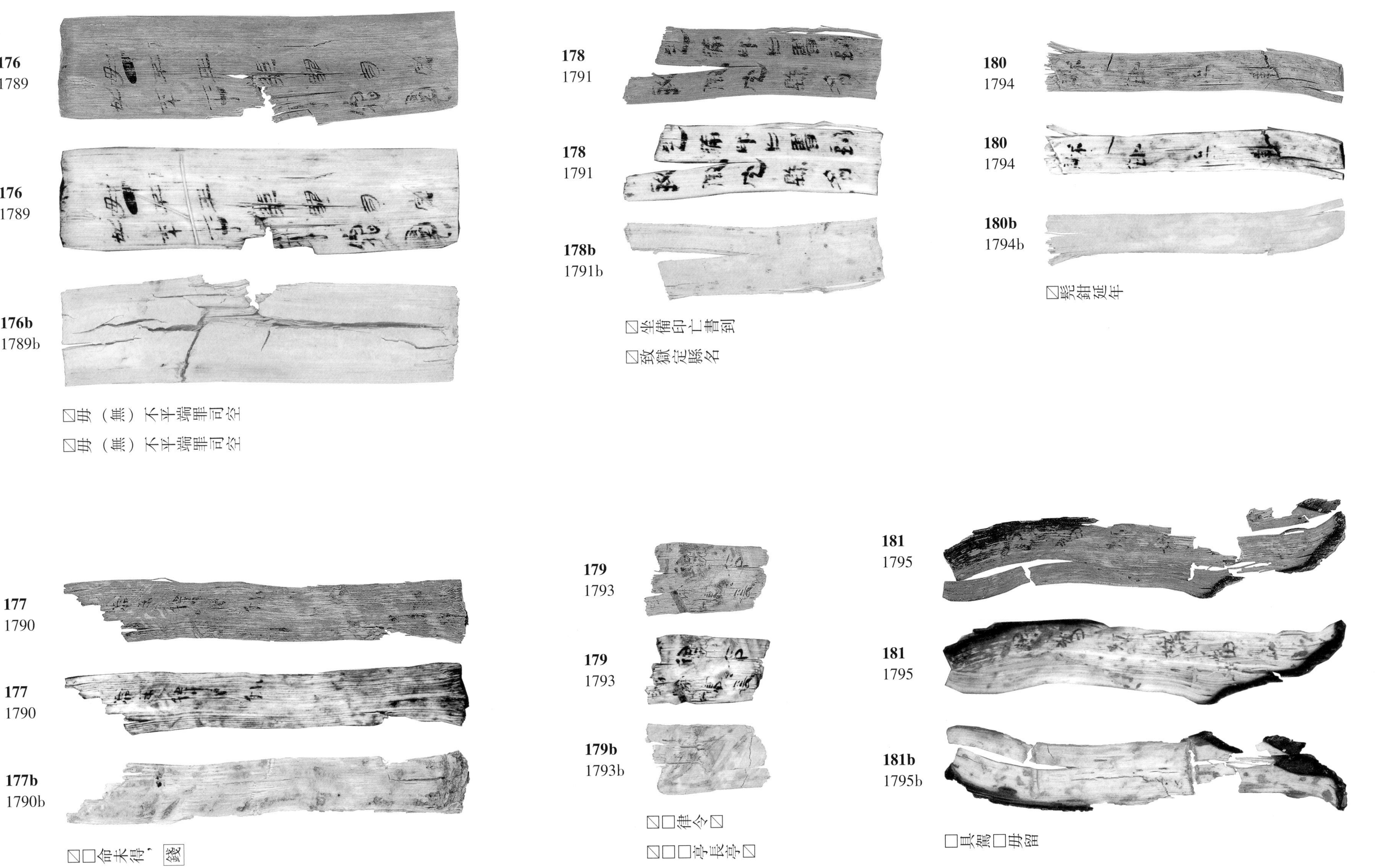

176 1789

176 1789

176b 1789b

⧄毋（無）不平端罪司空

⧄毋（無）不平端罪司空

178 1791

178 1791

178b 1791b

⧄坐備印亡書到

⧄致獄定縣名

180 1794

180 1794

180b 1794b

⧄髡鉗延年

177 1790

177 1790

177b 1790b

⧄□命未得，錢

179 1793

179 1793

179b 1793b

⧄□律令⧄

⧄□□亭長亭⧄

181 1795

181 1795

181b 1795b

□具駕□毋留

……

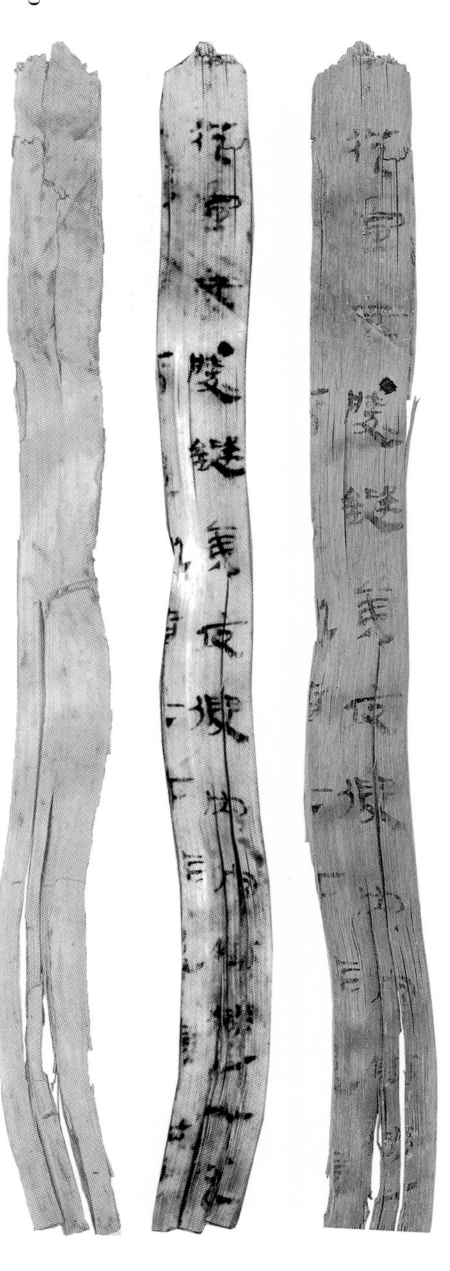

182 1797

182 1797

182b 1797b

☐從軍，武陵變（蠻）夷反假内官鐵□一人從

☐□□□□□□□□□□□□□□

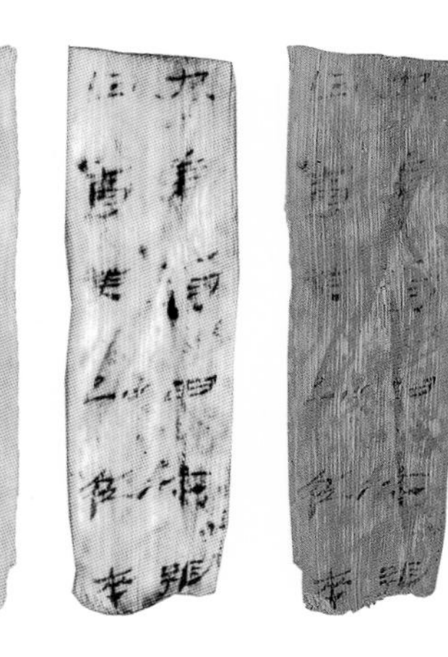

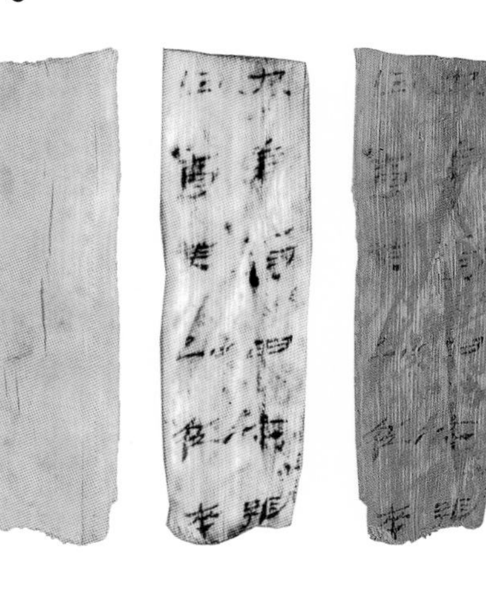

183 1798

183 1798

183b 1798b

九年七月甲午朔☐

曰六月癸巳夜卒☐

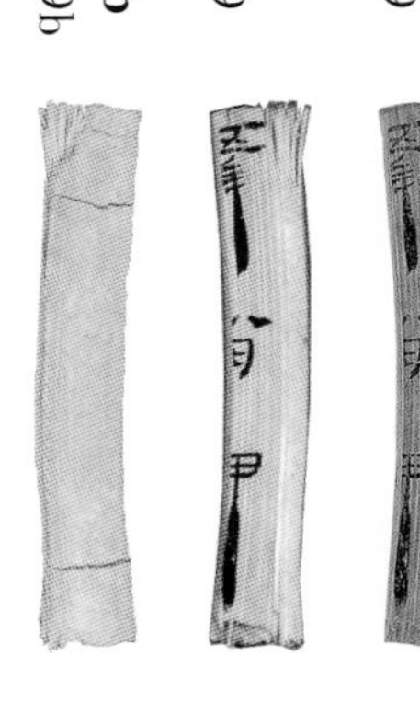

184 1799

184 1799

184b 1799b

五年八月甲☐

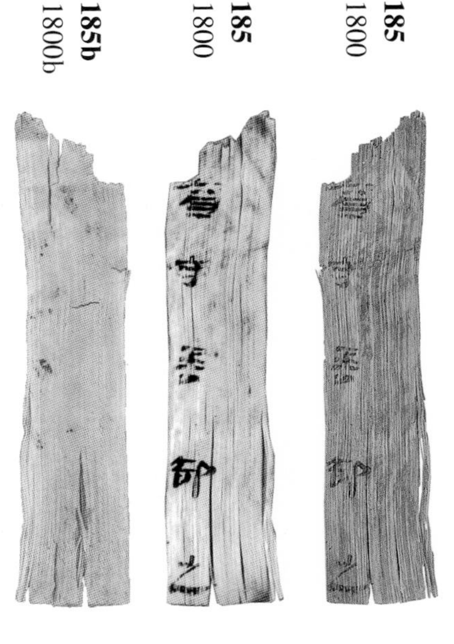

185 1800

185 1800

185b 1800b

☐齊守丞卻之

186
1802

186
1802

186b
1802b

□里□年卅長七尺二寸□年卅三長
七尺一寸……

187
1803

187
1803

187b
1803b

辰陽開長□丞□

188 1805

188 1805

188b 1805b

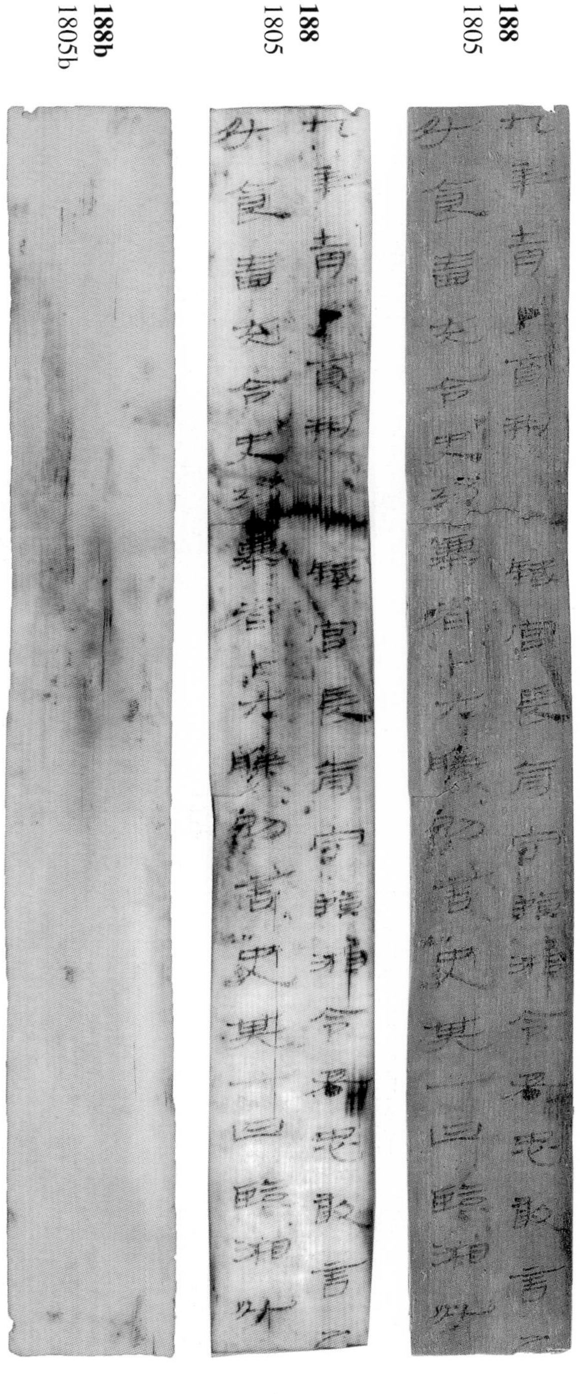

九年十一月丁酉朔□□鐵官長齊守臨湘令，丞忠敢言之
斗食嗇夫令史功舉者十六牒別言夬（決）其一曰臨湘斗

189 1806

189 1806

189b 1806b

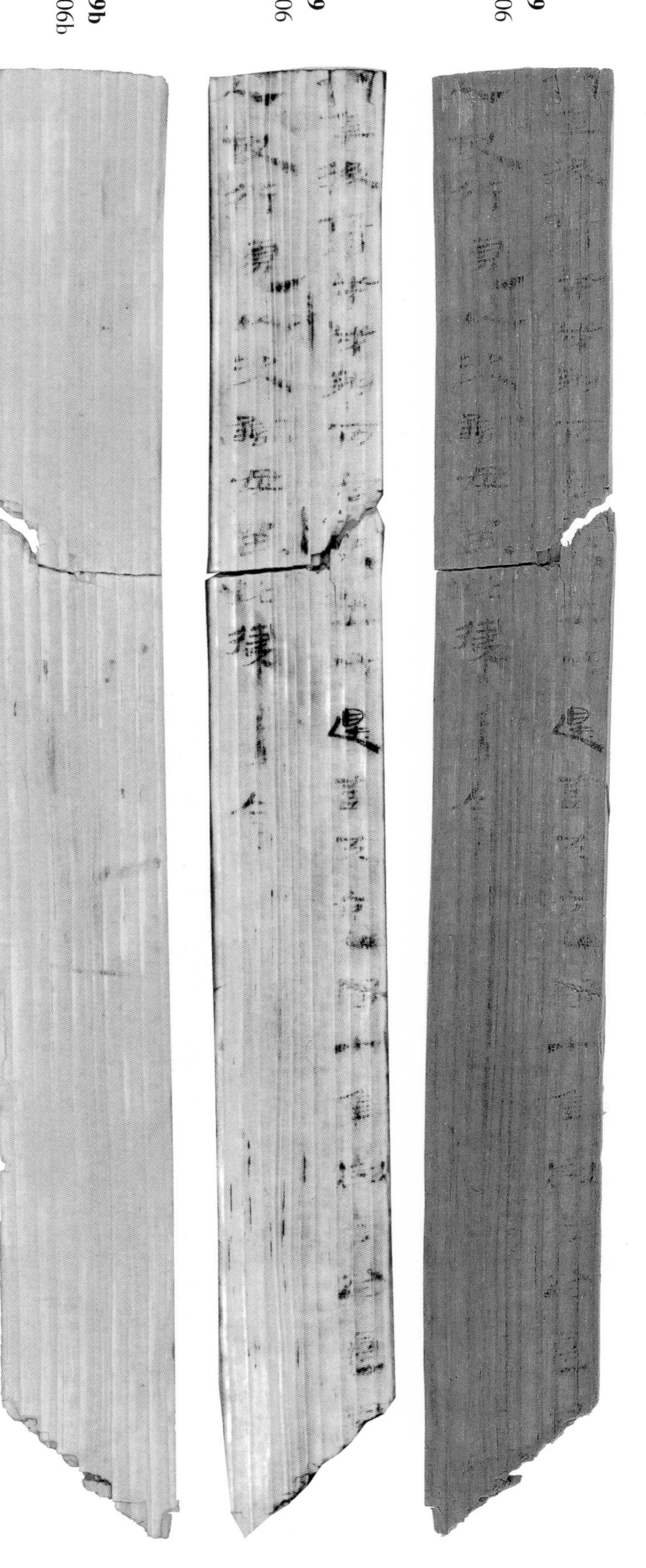

八年後九月戊戌朔丙辰，□坐以還嗇夫充國七年自占功墨□☐
人故行須以夬（決）獄毋留，如律令。

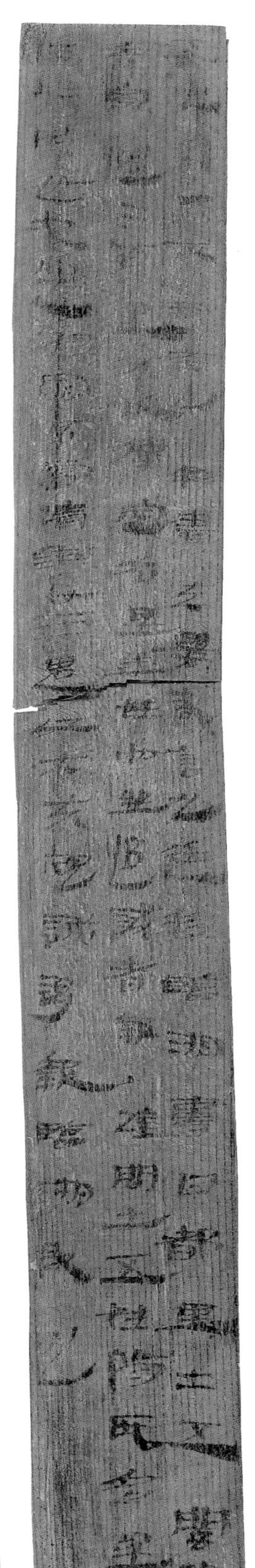

190 1807

190 1807

190b 1807b

八年後九月戊戌朔丙辰，鐵官長齊守臨湘令，丞忠敢言之：府

移劾曰牒書七年，斗食嗇夫、令史功舉臨湘十六牒，以律令從

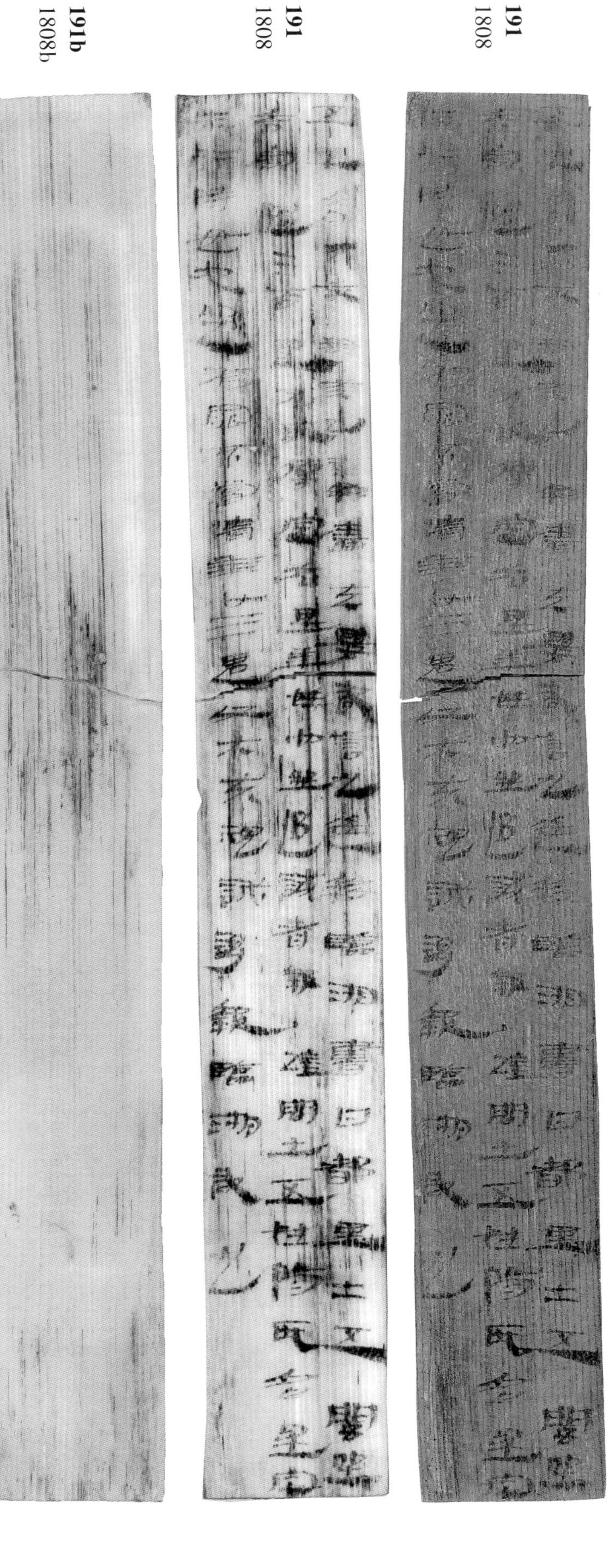

191 1808

191 1808

191b 1808b

五年六月乙亥朔癸巳，東鄉嗇夫嬰敢言之：廷移臨湘書曰都里士五（伍）閒坐

去家過三百里，不取傳，定名里年姓、它坐，追〈遣〉識者報，謹問士五（伍）姓陽氏，名里定，

未亡時毋（無）它坐，有罪不當請，年廿三，遣父大夫視識，謁報臨湘，敢之

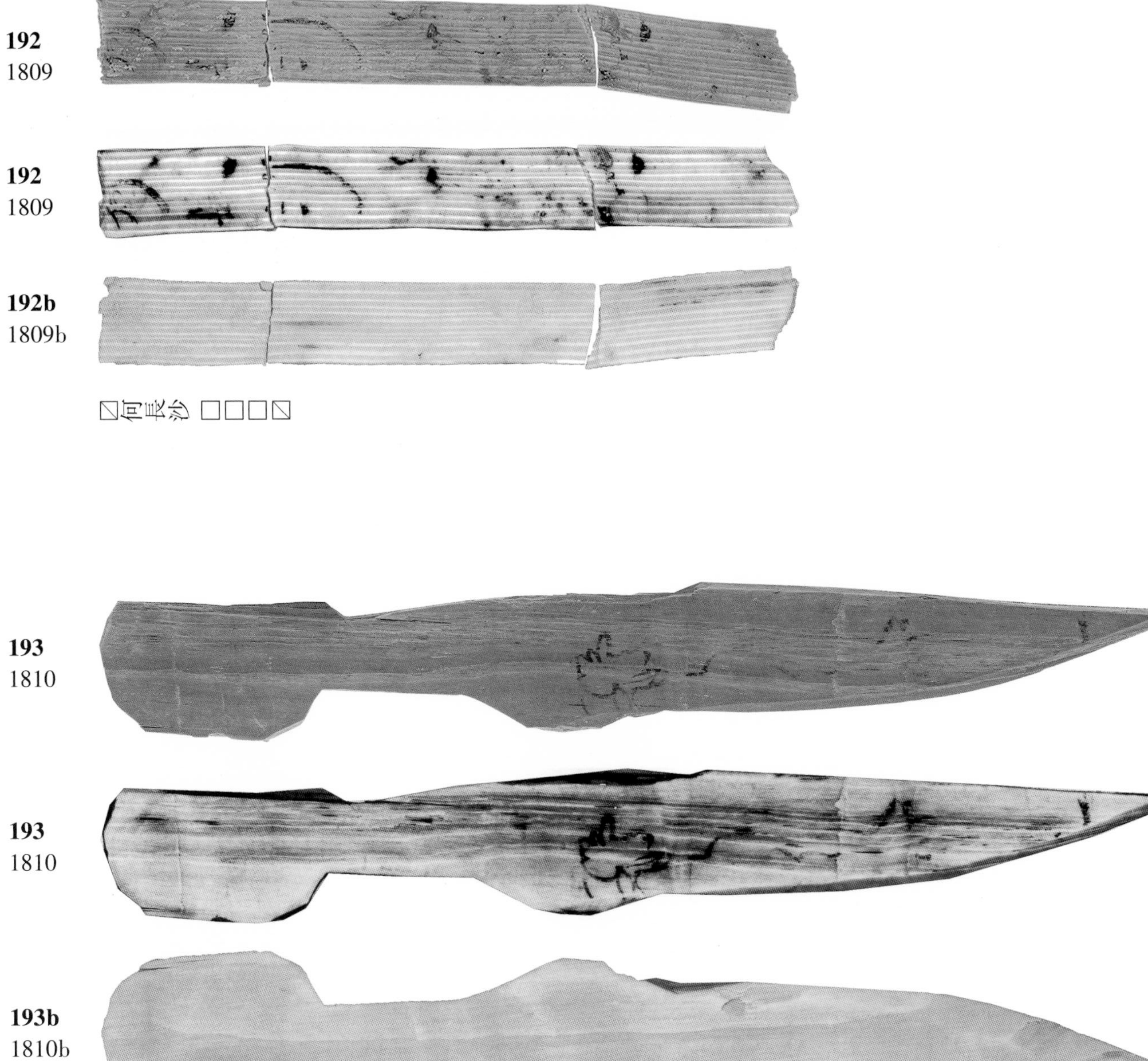

192
1809

192
1809

192b
1809b

☐何長沙 □□□☐

193
1810

193
1810

193b
1810b

（人形圖畫）

194 1811

194 1811

194b 1811b

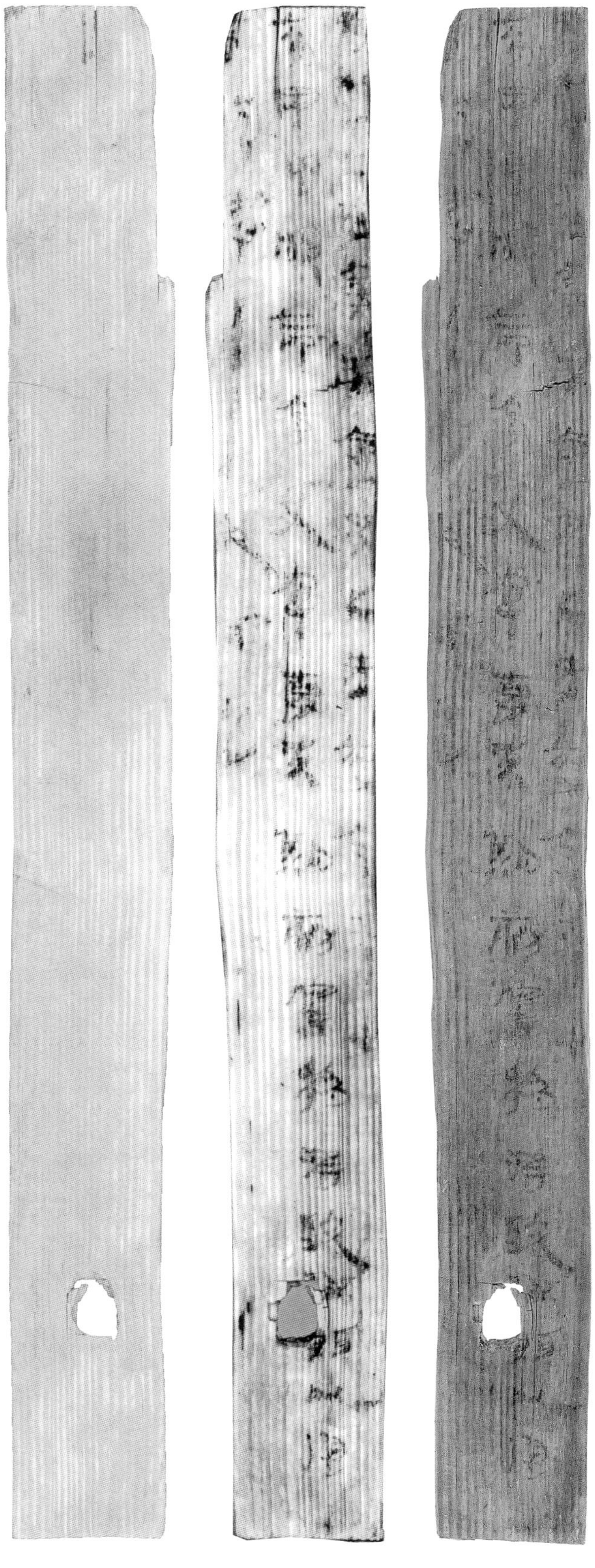

□□□□□命□之先□及□□

六月甲戌服命，令史□□失期劾寫移書致獄詣，以律

令從事，敢言之。

195 1812

195 1812

195b 1812b

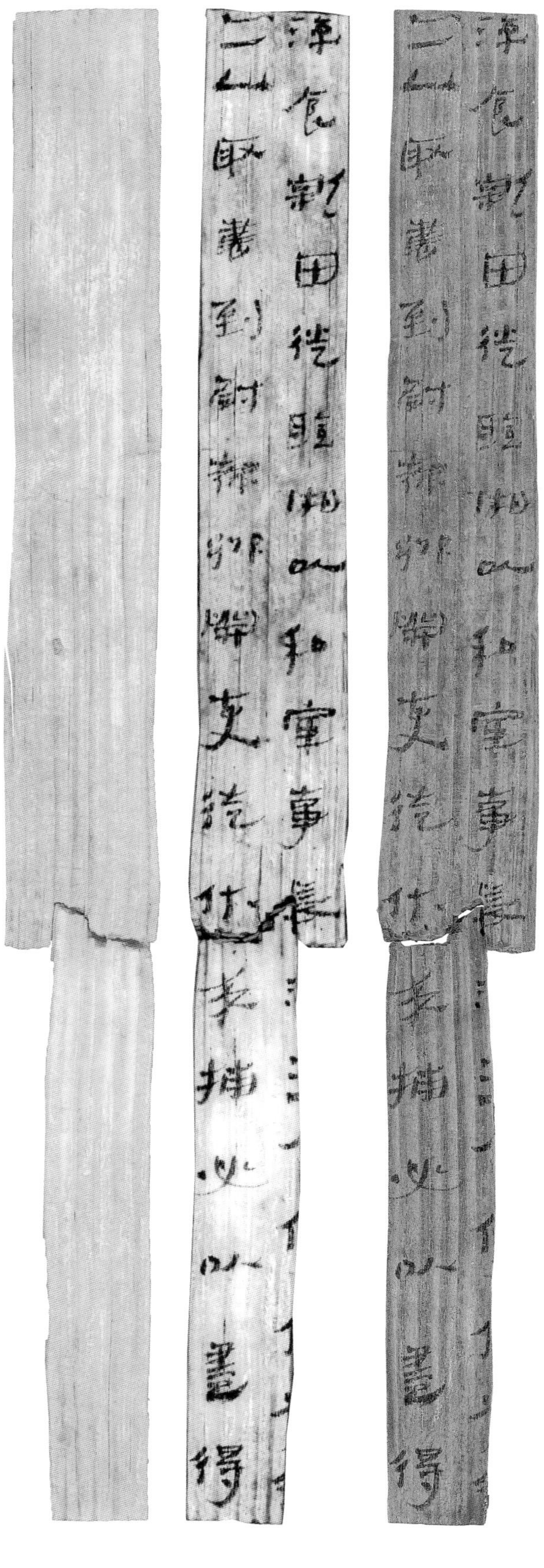

浮食新田徙臨湘以私宦事長[沙]□□□□□□

二人取書到尉都鄉開吏徙佐來捕必以盡得

196
1813

196
1813

196b
1813b

⍁□□廟廚嗇⍁
⍁之府書曰⍁
⍁會二月□⍁

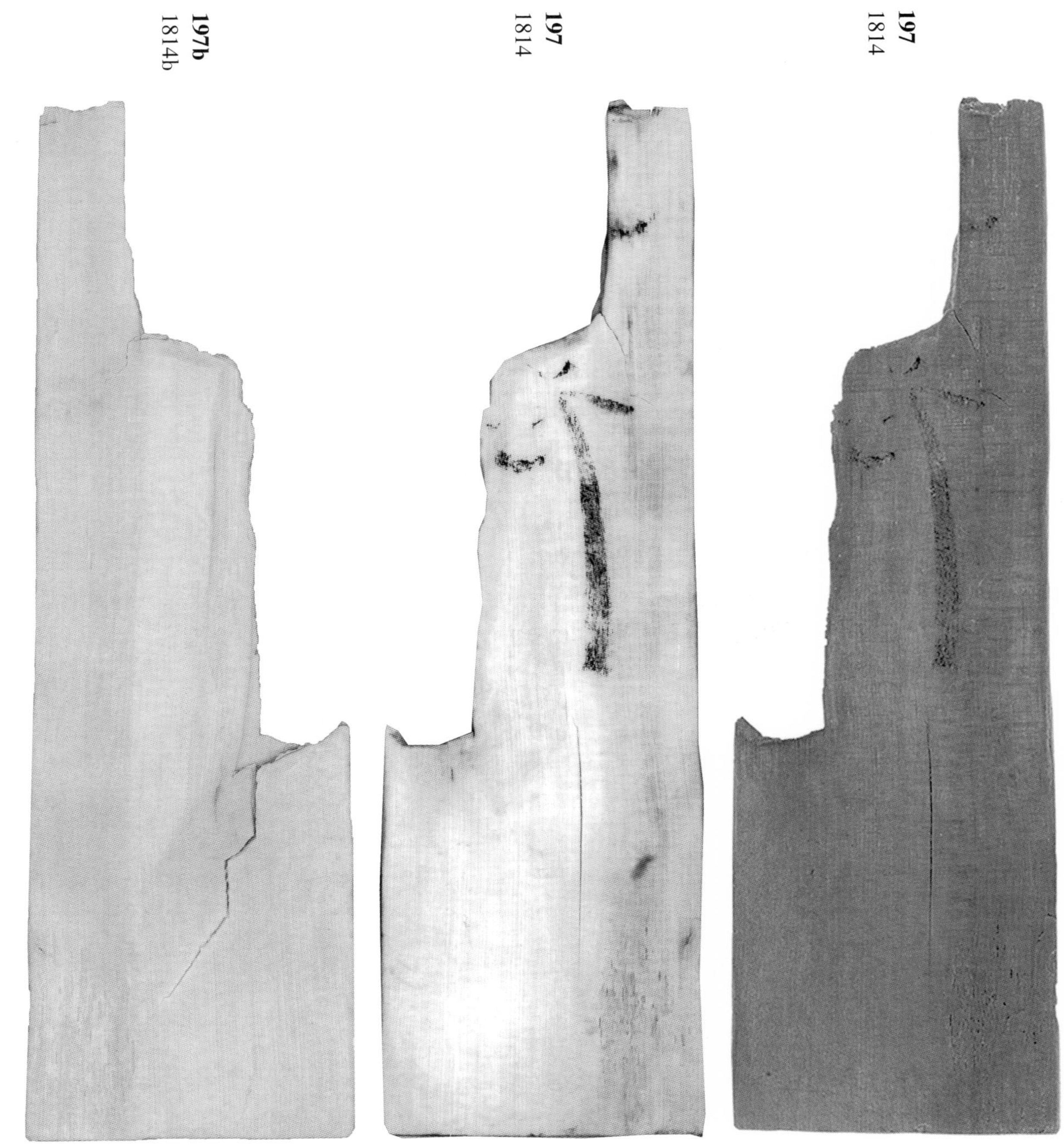

197
1814

197
1814

197b
1814b

⍁□武

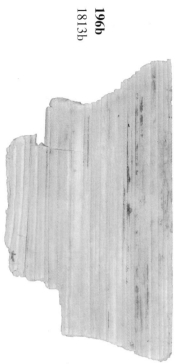

198
1815

198
1815

198b
1815b

斯言☒

199
1816

199
1816

199b
1816b

□陽□☒

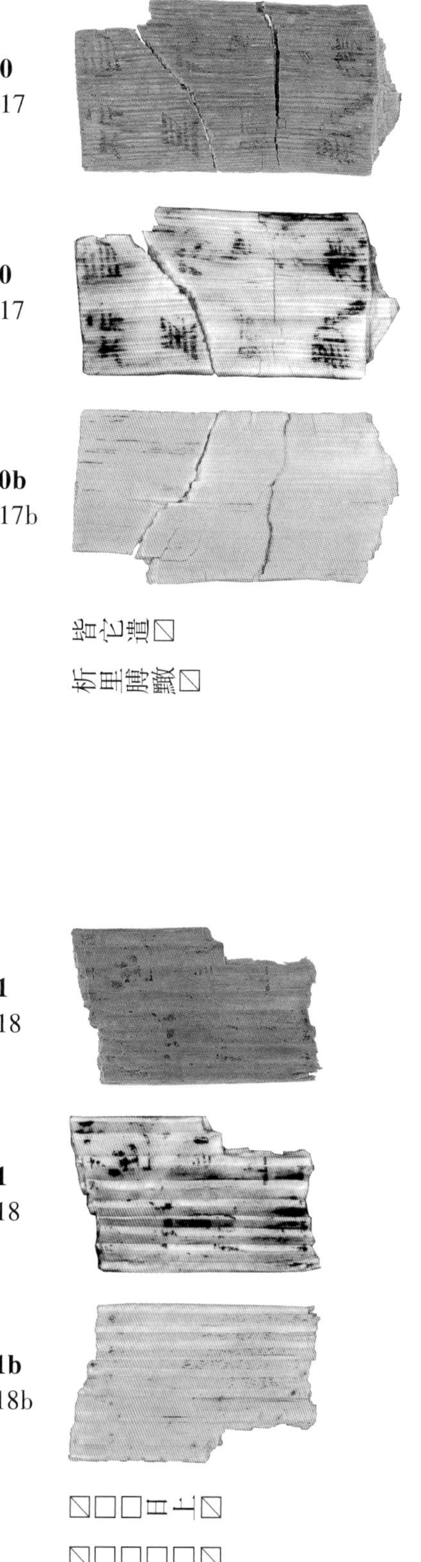

200
1817

200
1817

200b
1817b

皆它遣☒
析里賻斆☒

201
1818

201
1818

201b
1818b

☒□□日上☒
☒□□□□☒

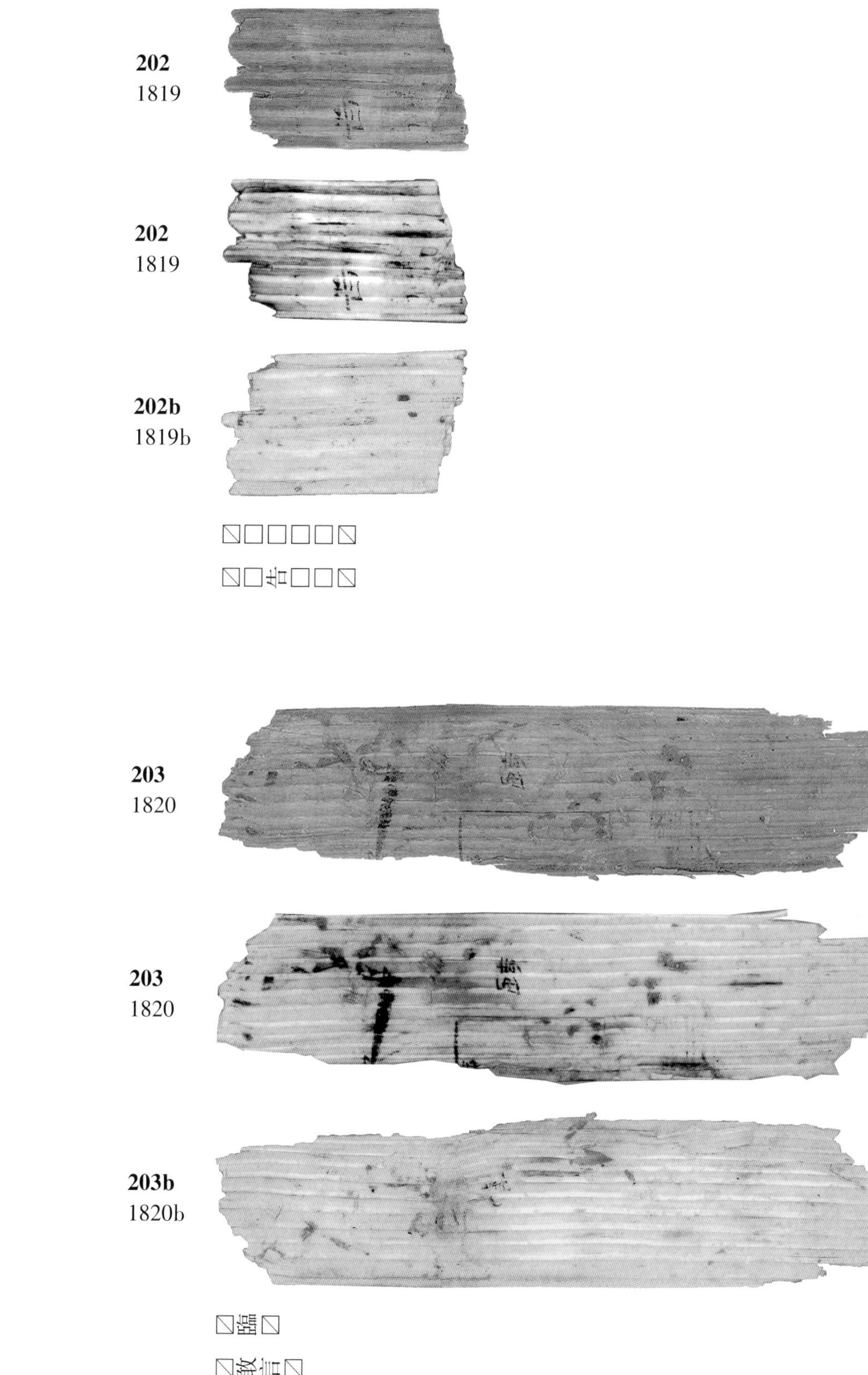

202
1819

202
1819

202b
1819b

☒□□□□☒
☒□告□□☒

203
1820

203
1820

203b
1820b

☒臨☒
☒敢言☒

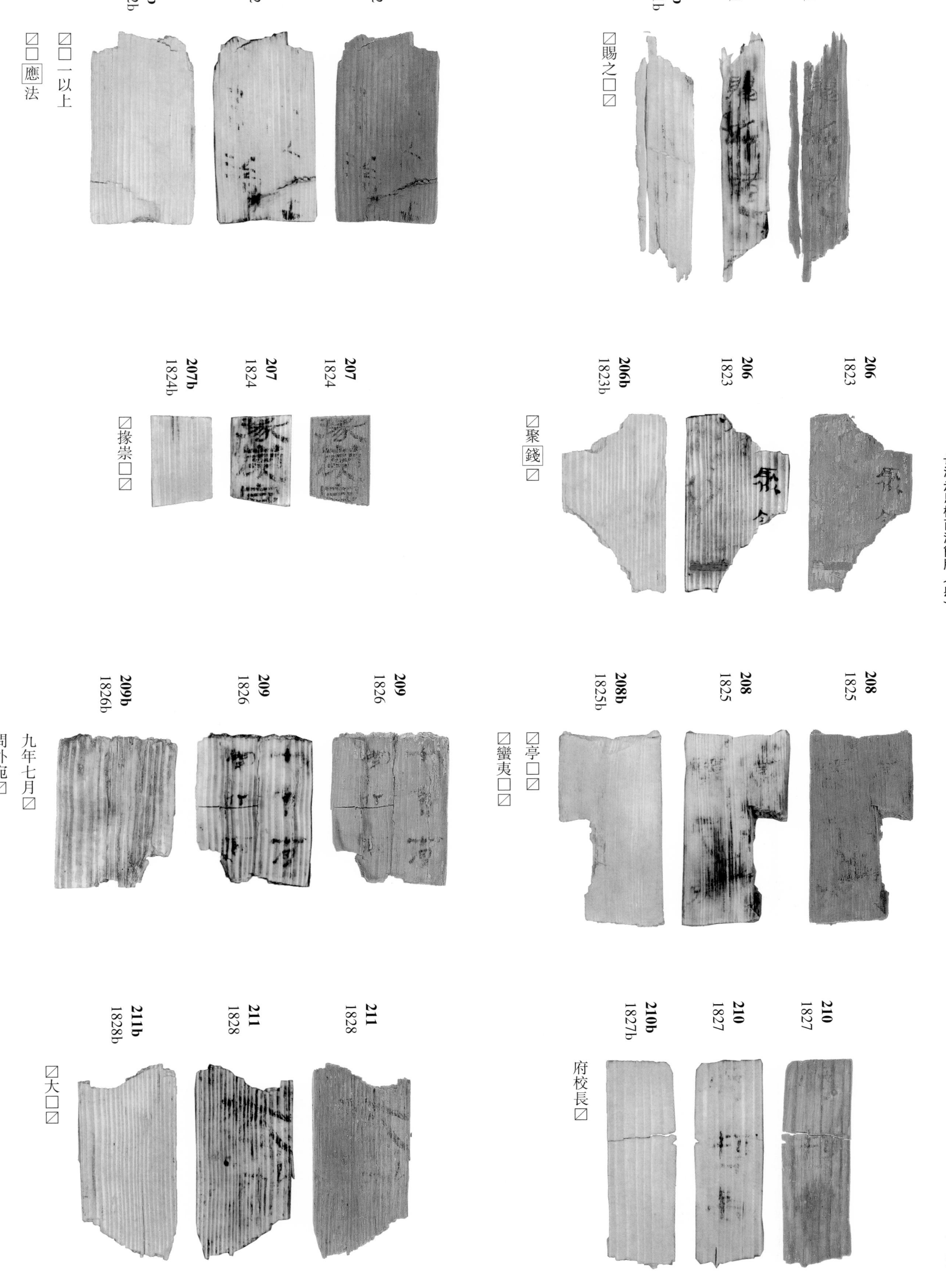

204 1821
204 1821
204b 1821b
▨賜之□▨

205 1822
205 1822
205b 1822b
▨□一以上
▨□應法

206 1823
206 1823
206b 1823b
▨聚錢▨

207 1824
207 1824
207b 1824b
▨掾崇□▨

208 1825
208 1825
208b 1825b
▨亭□▨
▨蠻夷□▨

209 1826
209 1826
209b 1826b
九年七月▨
問外宛▨

210 1827
210 1827
210b 1827b
府校長▨

211 1828
211 1828
211b 1828b
▨大□▨

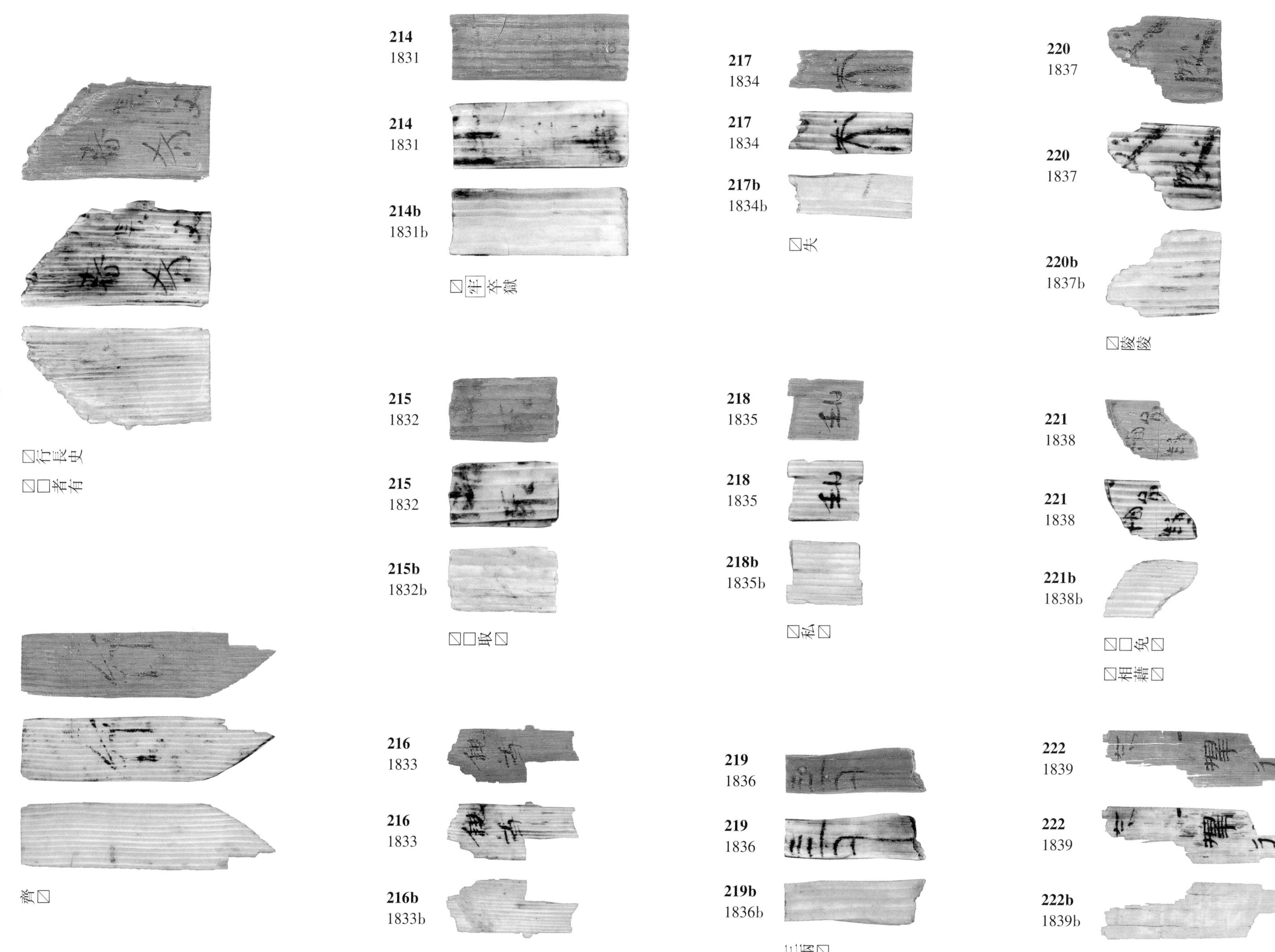

212
1829

212
1829

212b
1829b

☑行長史
☑□者有

213
1830

213
1830

213b
1830b

齊☑

214
1831

214
1831

214b
1831b

☑[牢]卒獄

215
1832

215
1832

215b
1832b

☑□取☑

216
1833

216
1833

216b
1833b

☑錢萬☑

217
1834

217
1834

217b
1834b

☑失

218
1835

218
1835

218b
1835b

☑私☑

219
1836

219
1836

219b
1836b

三兩☑

220
1837

220
1837

220b
1837b

☑陵陵

221
1838

221
1838

221b
1838b

☑□免☑
☑相藉☑

222
1839

222
1839

222b
1839b

☑夫□擇行☑

223 1841

223 1841

223b 1841b

☒□□□□

☒別書敢言之

224 1842

224 1842

224b 1842b

☒□卒史□

☒□□到轂（繫）

225 1843

225 1843

225b 1843b

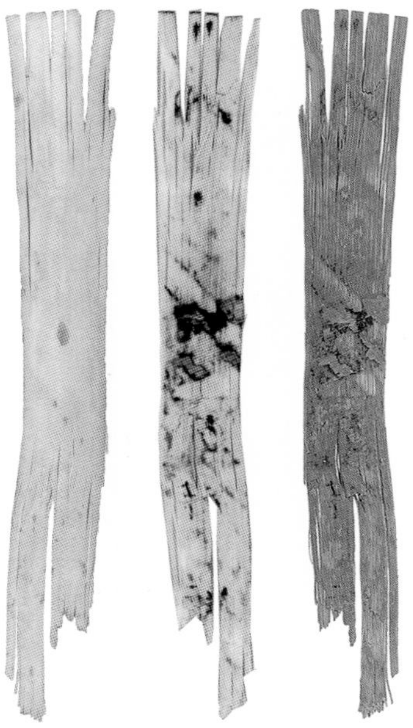

□□□□☒

226 1844

226 1844

226b 1844b

☒以……百以賈胏

227 1845

227 1845

227b 1845b

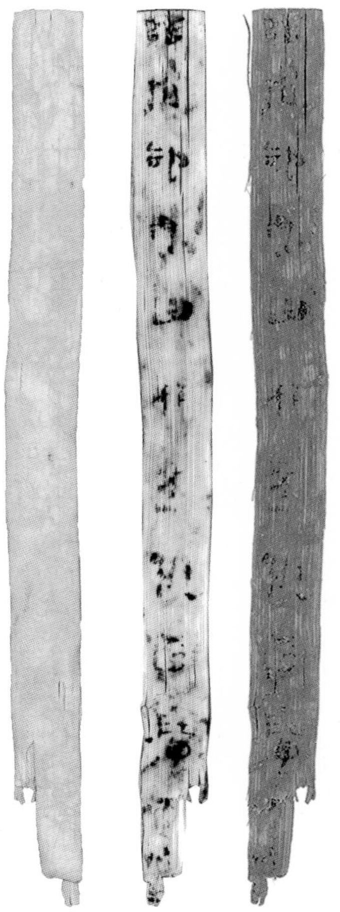

詣官卻書曰□□報□□□□□☒

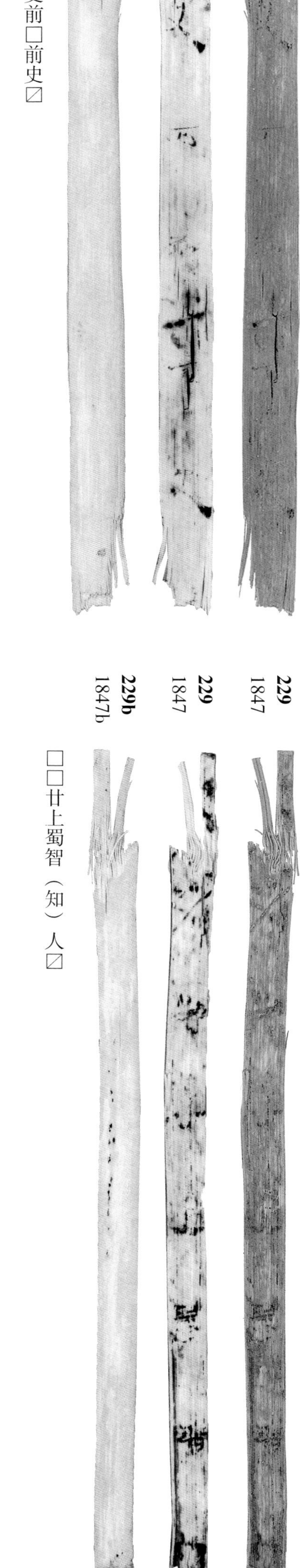

228 1846 **228** 1846 **228b** 1846b

史前□前史☑

229 1847 **229** 1847 **229b** 1847b

□□廿上蜀智（知）人☑

230 1848 **230** 1848 **230b** 1848b

□□擅□□屬□□□

231 1849 **231** 1849 **231b** 1849b

☑□

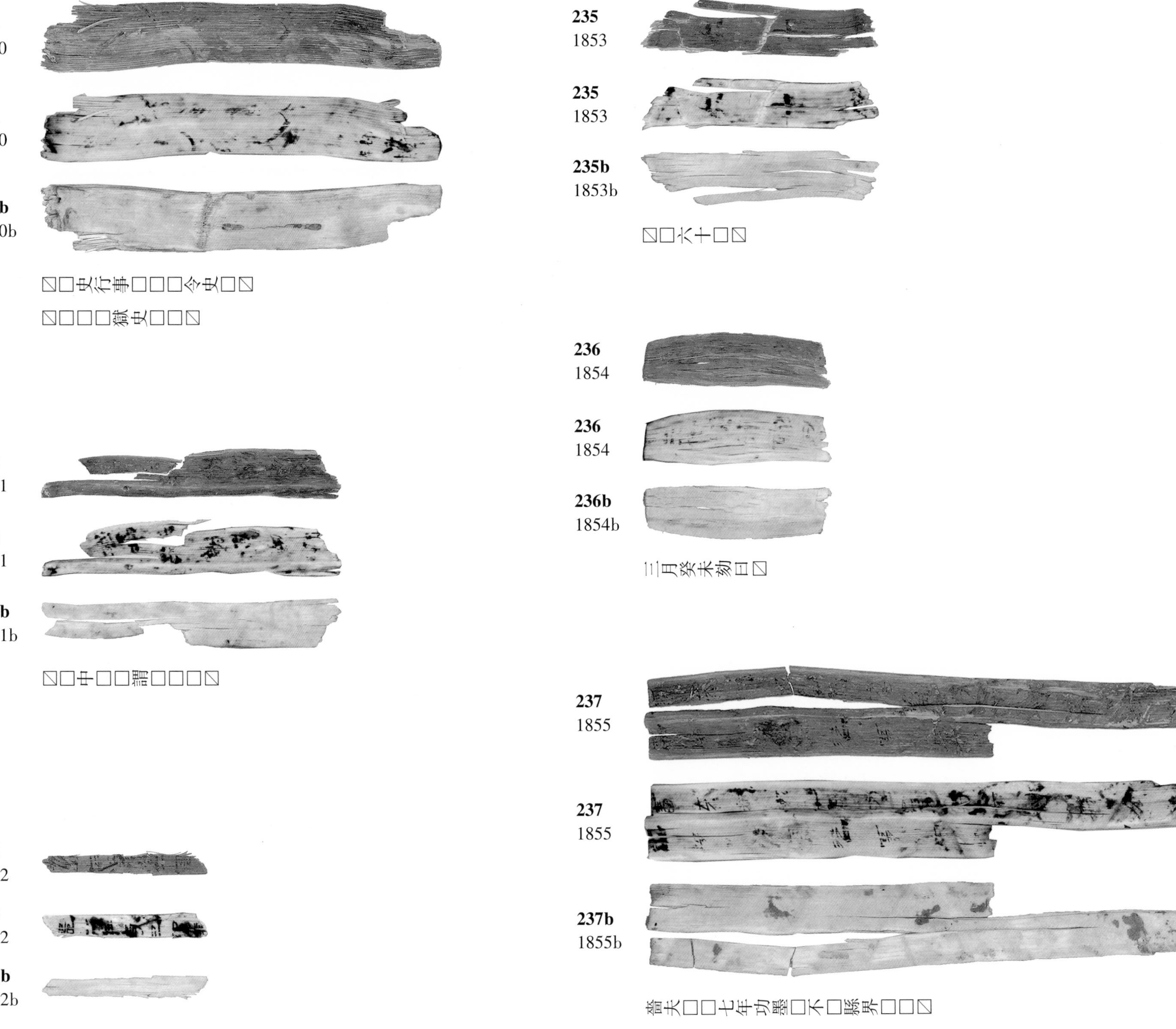

232 1850

232 1850

232b 1850b

☑□史行事□□□令史□☑

☑□□□獄史□□☑

233 1851

233 1851

233b 1851b

☑□中□□謂□□□☑

234 1852

234 1852

234b 1852b

☑盜二□七月己卯□☑

235 1853

235 1853

235b 1853b

☑□六十□☑

236 1854

236 1854

236b 1854b

三月癸未朔日☑

237 1855

237 1855

237b 1855b

嗇夫□□七年功墨□不□縣界□□☑

記誤，以律令從事，問□☑

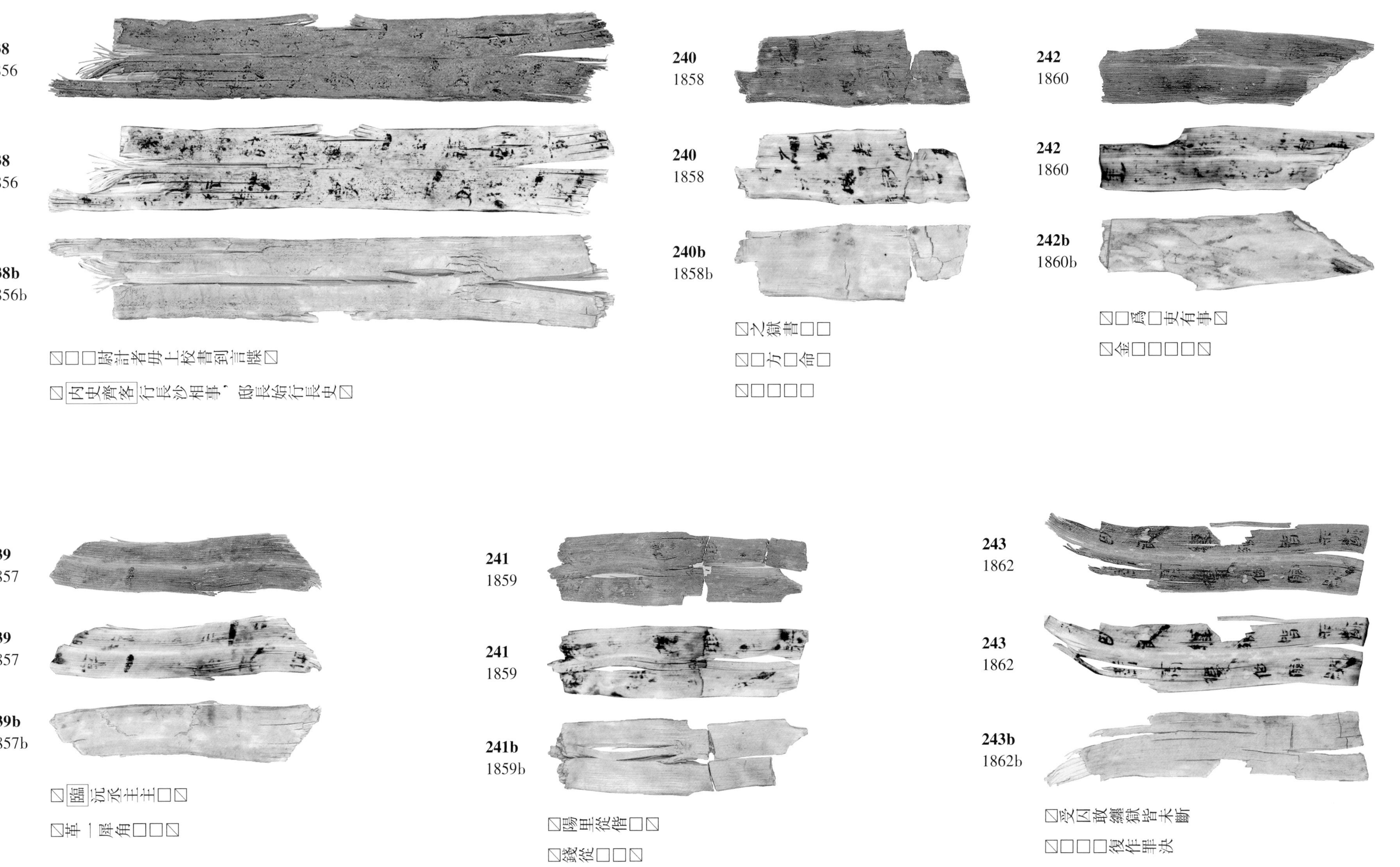

238 1856
238 1856
238b 1856b

☐□□尉計者毋上校書到言牒☐
☐内史齊客行長沙相事，邸長始行長史☐

240 1858
240 1858
240b 1858b

☐之獄書□□
☐□方□命□
☐□□□□

242 1860
242 1860
242b 1860b

☐□爲□吏有事☐
☐金□□□□☐

239 1857
239 1857
239b 1857b

☐臨沅丞主主□☐
☐革一犀角□□☐

241 1859
241 1859
241b 1859b

☐陽里從偕□☐
☐錢從□□☐

243 1862
243 1862
243b 1862b

☐受囚敢繫獄皆未斷
☐□□□復作罪決

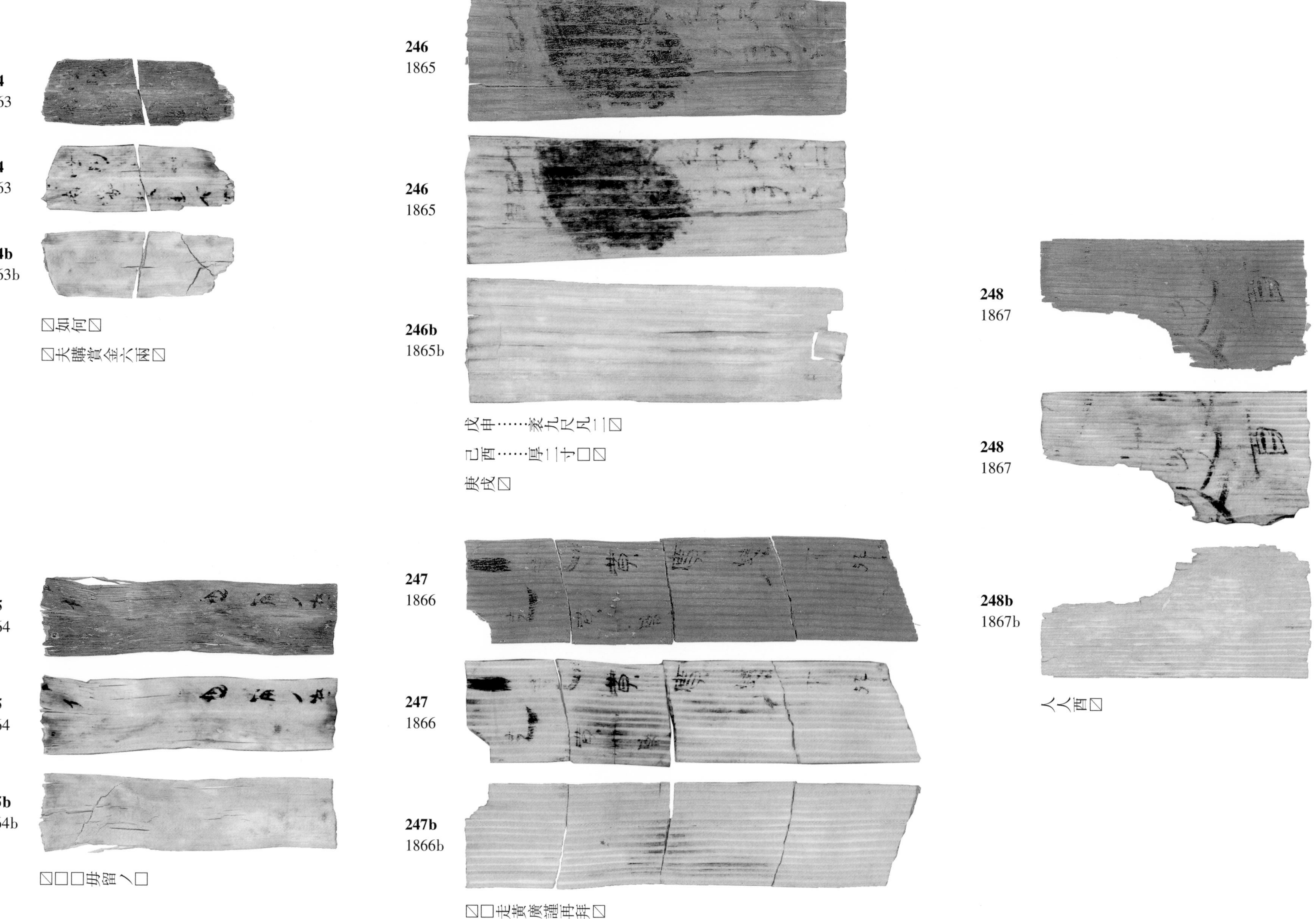

244
1863

244
1863

244b
1863b

☐如何☐
☐夫購賞金六兩☐

245
1864

245
1864

245b
1864b

☐□□毋留ノ□

246
1865

246
1865

246b
1865b

戊申……袤九尺凡二☐
己酉……厚二寸□☐
庚戌☐

247
1866

247
1866

247b
1866b

☐□走黃廣謹再拜☐
☐走黃廣☐

248
1867

248
1867

248b
1867b

人人西☐

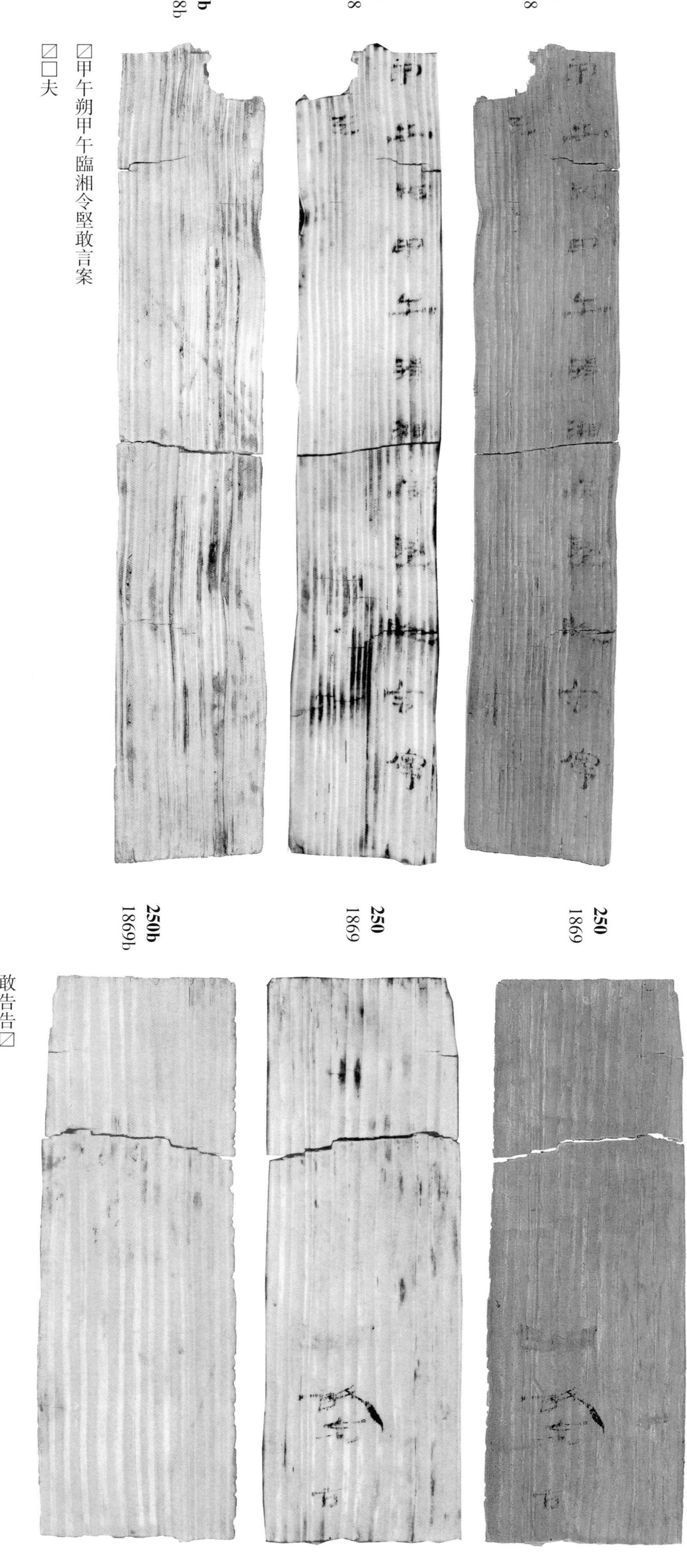

249 1868

249 1868

249b 1868b

〼甲午朔甲午臨湘令堅敢言案

〼□夫

250 1869

250 1869

250b 1869b

敢告告〼

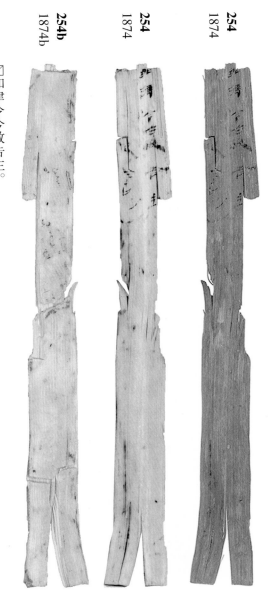

251 1870

251 1870

251b 1870b

☐令☐☐使若來爲☐

☐也即去約歸☐☐

252 1871

252 1871

252b 1871b

☐[獄]史意以辟報☐

☐時[董]☐充國☐☐

253 1873

253 1873

253b 1873b

☐當爲吏☐☐越案☐☐☐☐☐

☐辟報如律令敢告主☐

254 1874

254 1874

254b 1874b

☐如律令今敢告主。

☐敢言之。

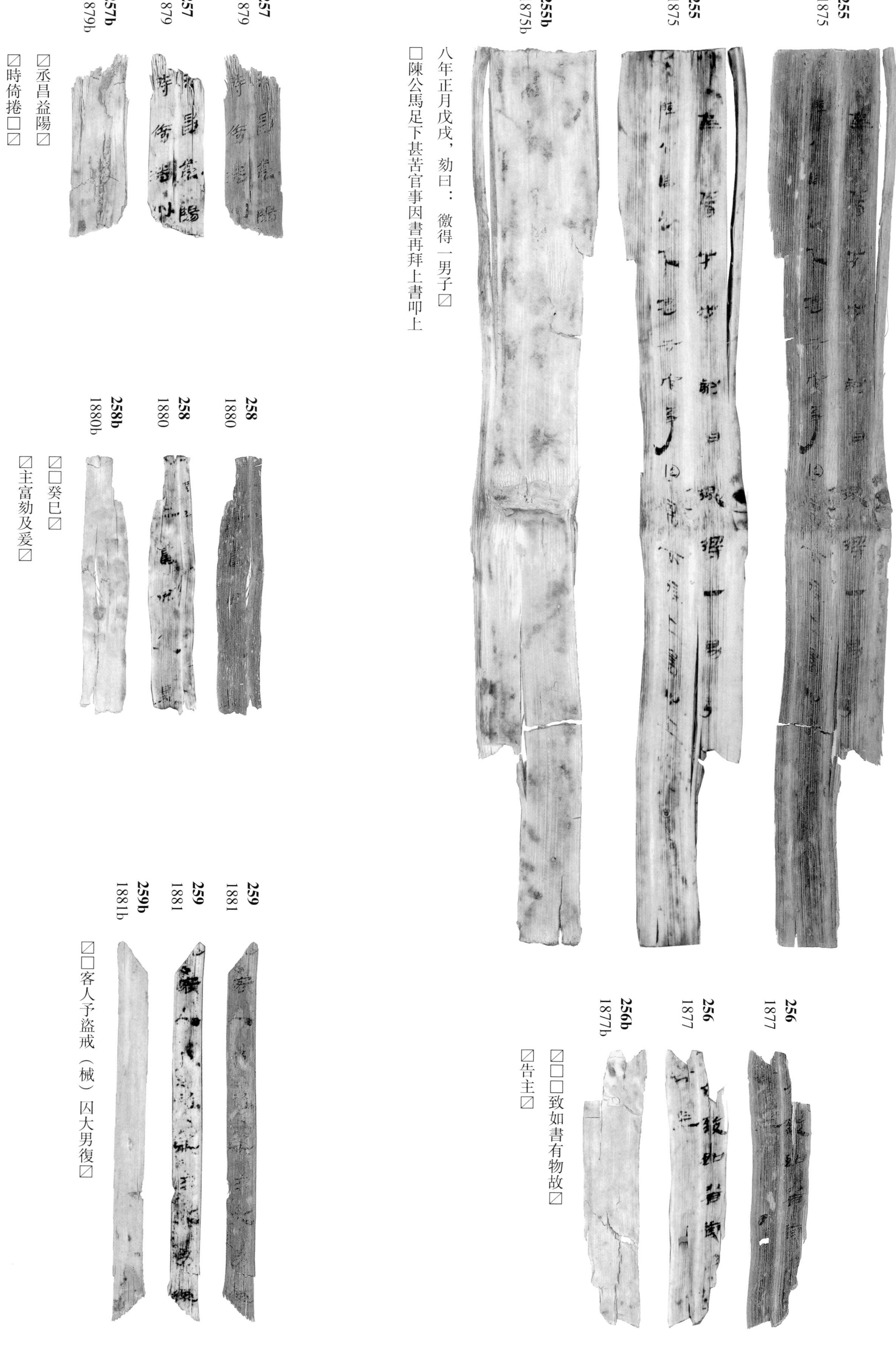

255 1875
255 1875
255b 1875b

八年正月戊戌，劾曰：徼得一男子☑
□陳公馬足下甚苦官事因書再拜上書叩上

256 1877
256 1877
256b 1877b

☑□□致如書有物故☑
☑告主☑

257 1879
257 1879
257b 1879b

☑丞昌益陽☑
☑時倚捲□☑

258 1880
258 1880
258b 1880b

☑□癸巳☑
☑主富劾及爰☑

259 1881
259 1881
259b 1881b

☑□客人予盜戒（械）囚大男復☑

260 1882

260 1882

260b 1882b

詐（詐）曰西……☑

261 1883

261 1883

261 1883b

☑受受受受受

262 1884

262 1884

262b 1884b

☑案長沙外長沙内史□☑

☑不以爲事從報官☑

263 1885

263 1885

263b 1885b

☑言以爰書□□關佐在☑

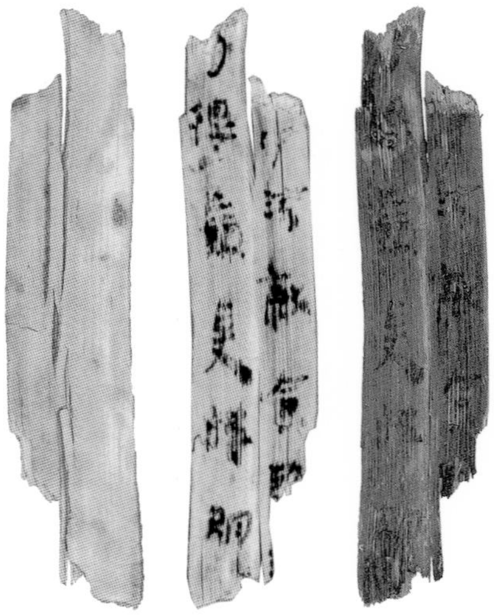

264 1888

264 1888

264b 1888b

☑守□獻食致☑

☑[乃]得□受□□☑

265 1890

265 1890

265b 1890b

☑□□二千石□

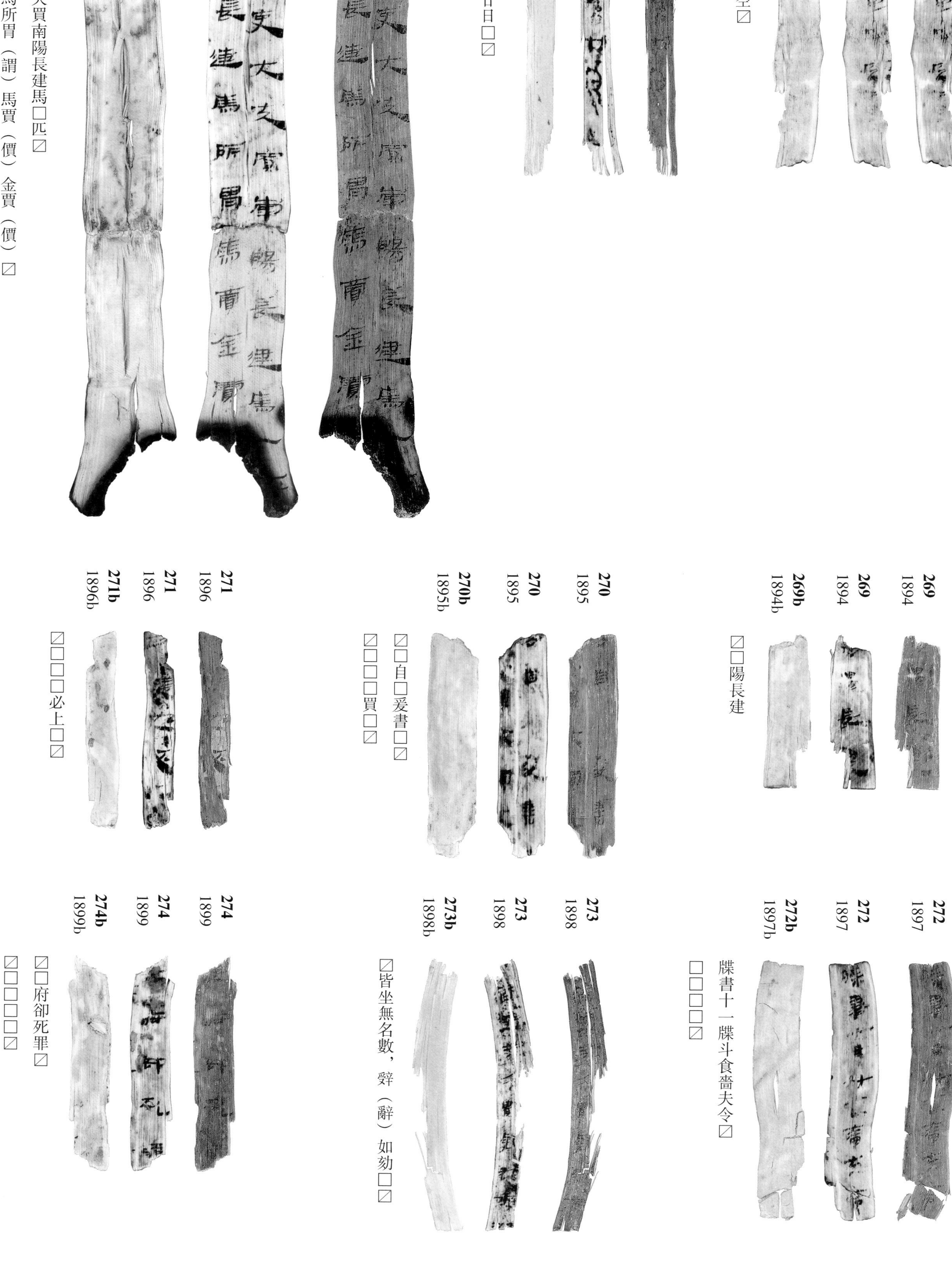

266 1891

266 1891

266b 1891b

☐□□臣□空☐

267 1892

267 1892

267b 1892b

☐癸巳，積廿日□☐

268 1556+0885

268 1556+0885

268b 1556+0885b

☐□爲吏大夫買南陽長建馬□匹☐

☐南陽長建馬所胃（謂）馬賈（價）金賈（價）☐

269 1894

269 1894

269b 1894b

☐□陽長建

270 1895

270 1895

270b 1895b

☐□自□爰書□☐

☐□□□買□☐

271 1896

271 1896

271b 1896b

☐□□□必上□☐

272 1897

272 1897

272b 1897b

牒書十一牒斗食嗇夫令☐

□□□□☐

273 1898

273 1898

273b 1898b

☐皆坐無名數，辤（辭）如劾□☐

274 1899

274 1899

274b 1899b

☐□府卻死罪☐

☐□□□□☐

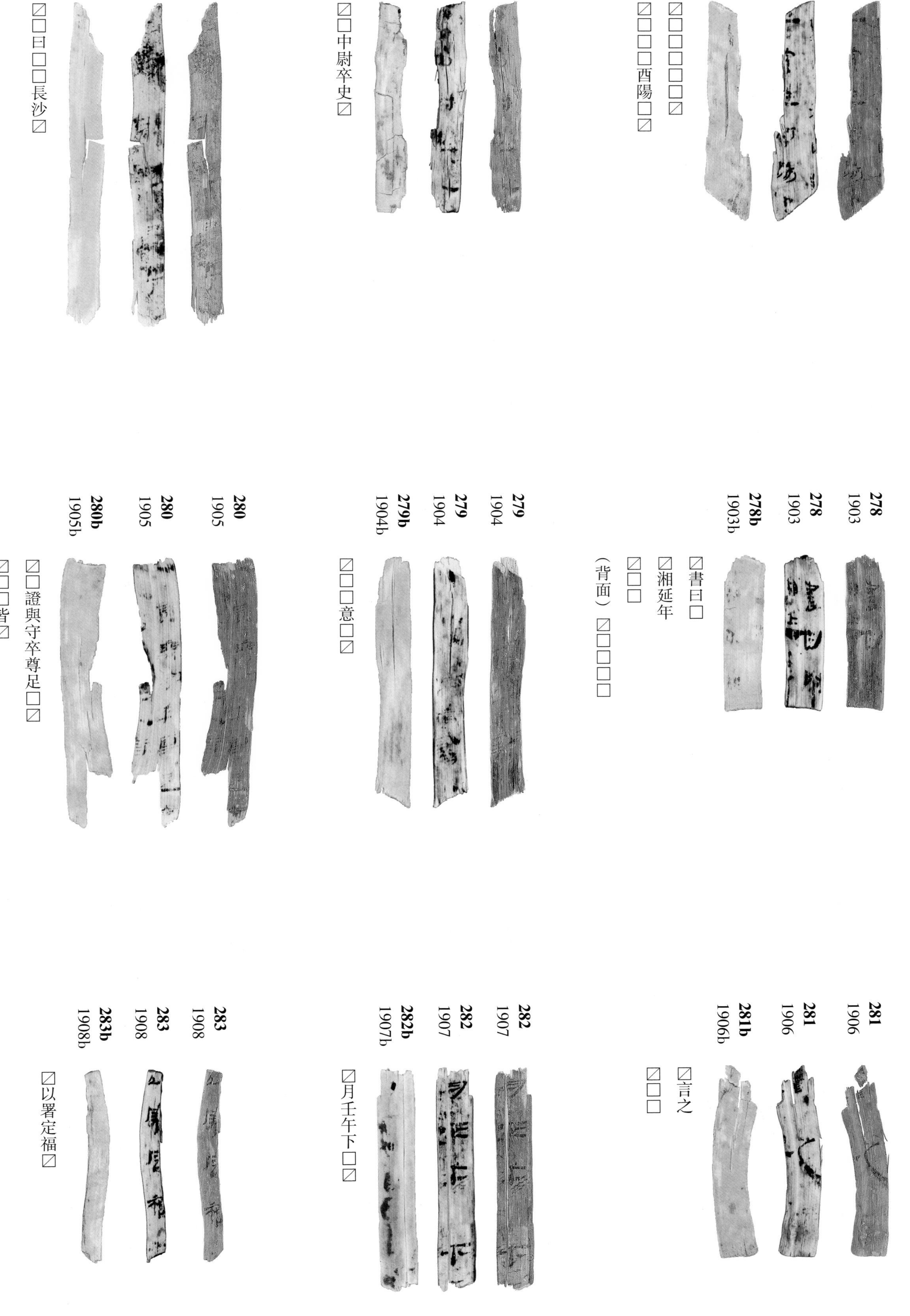

275 1900
275 1900
275b 1900b
⧄□□□□□⧄
⧄□□□西陽□⧄

276 1901
276 1901
276b 1901b
⧄□中尉卒史⧄

277 1902
277 1902
277b 1902b
⧄□曰□□長沙⧄

278 1903
278 1903
278b 1903b
⧄書曰□
⧄湘延年
⧄□□
（背面）⧄□□□□

279 1904
279 1904
279b 1904b
⧄□□意□⧄

280 1905
280 1905
280b 1905b
⧄□證與守卒尊足□⧄
⧄□□皆⧄

281 1906
281 1906
281b 1906b
⧄言之
⧄□□

282 1907
282 1907
282b 1907b
⧄月壬午下□⧄

283 1908
283 1908
283b 1908b
⧄以署定福⧄

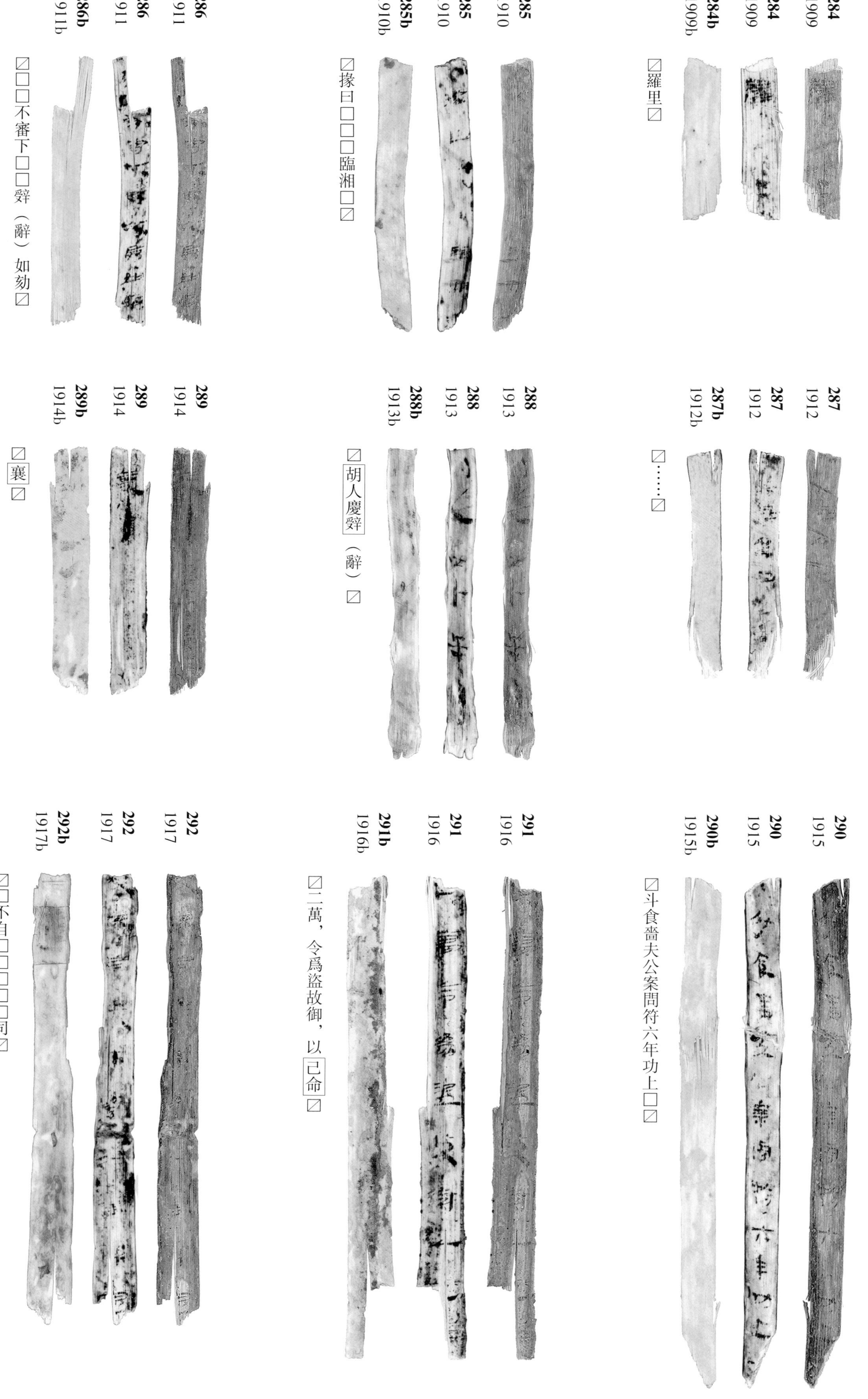

284 1909
284 1909
284b 1909b
☐羅里☐

285 1910
285 1910
285b 1910b
☐掾曰☐☐☐臨湘☐☐

286 1911
286 1911
286b 1911b
☐☐☐不審下☐☐辤（辭）如劾☐

287 1912
287 1912
287b 1912b
☐……☐

288 1913
288 1913
288b 1913b
☐胡人慶辤（辭）☐

289 1914
289 1914
289b 1914b
☐襄☐

290 1915
290 1915
290b 1915b
☐斗食嗇夫公案問符六年功上☐☐

291 1916
291 1916
291b 1916b
☐二萬，令爲盗故御，以己命☐

292 1917
292 1917
292b 1917b
☐☐不自☐☐☐☐☐☐司☐

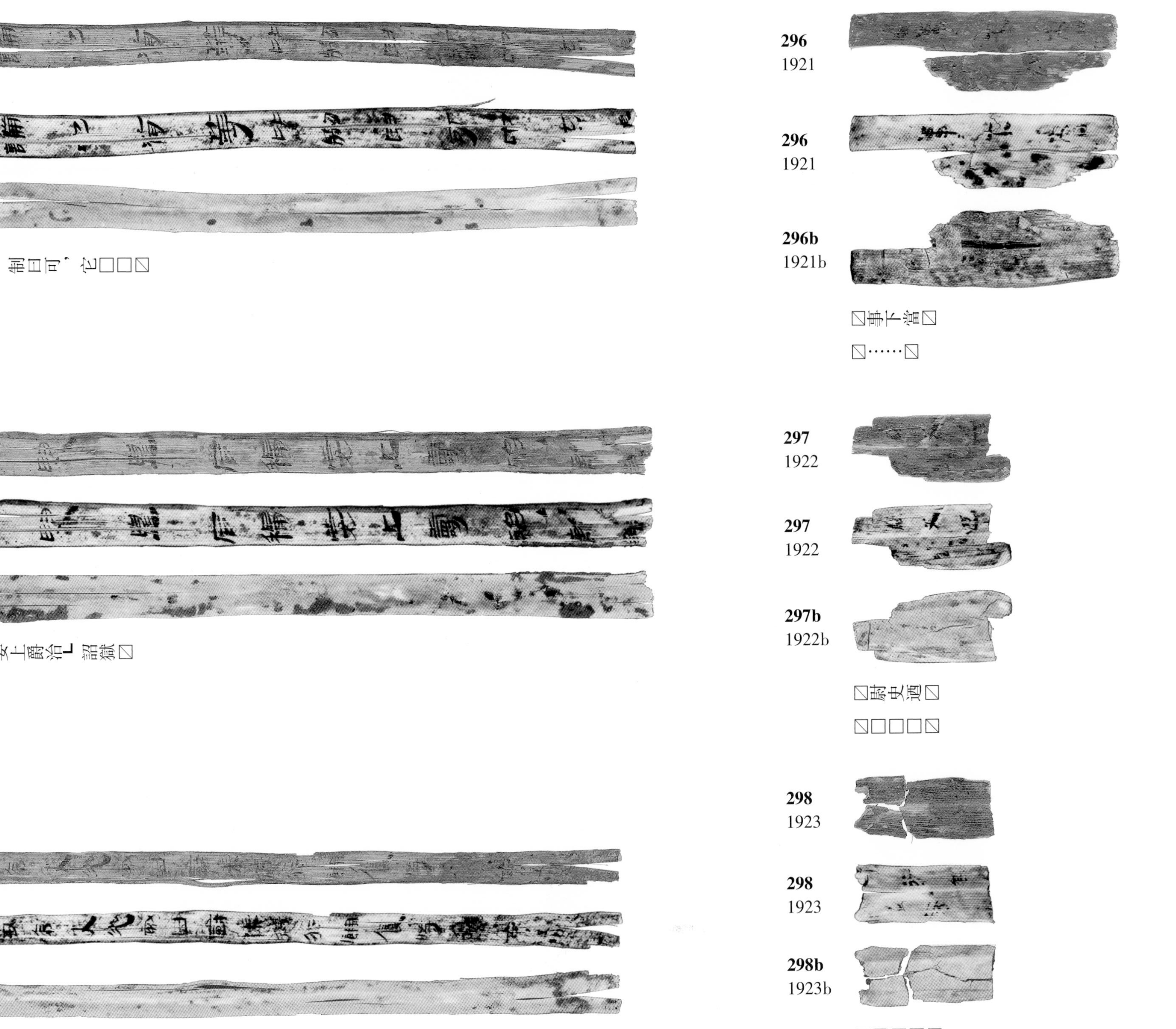

293 1918

293 1918

293b 1918b

〼請論它有等比，制曰可，它□□〼

294 1919

294 1919

294b 1919b

〼始爲典皇后稱妾上爵治乚詔獄〼

295 1920

295 1920

295b 1920b

六年四月癸丑，令史光劾曰：廚佐行非餔食時□□□

296 1921

296 1921

296b 1921b

〼事下當〼

〼……〼

297 1922

297 1922

297b 1922b

〼尉史過〼

〼□□□〼

298 1923

298 1923

298b 1923b

〼□□□〼

〼□□□〼

299
1924

299
1924

299b
1924b

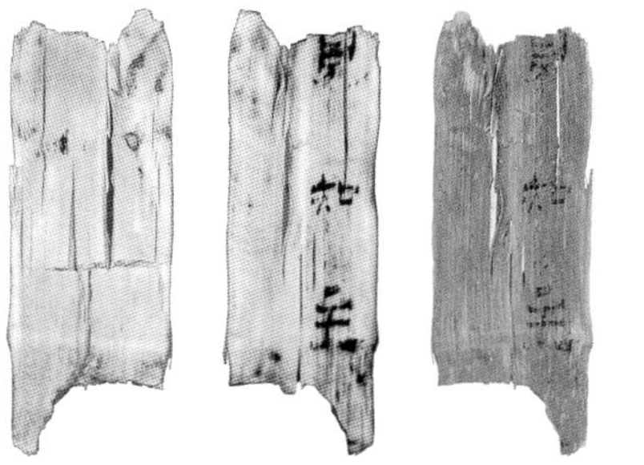

☑見知主□☑

300
1925

300
1925

300b
1925b

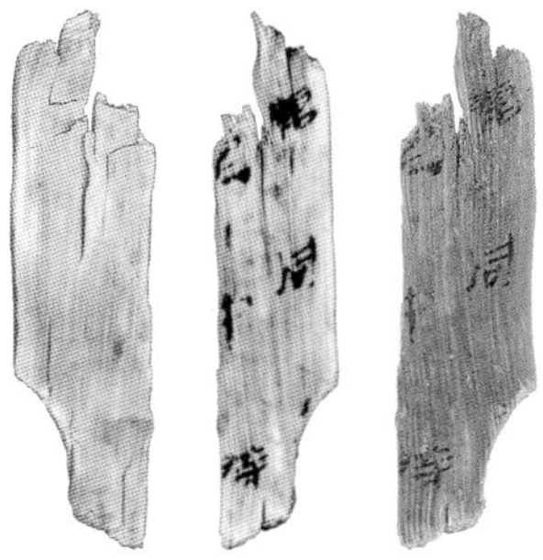

☑流同□☑

☑□中時☑

301
1926

301
1926

301b
1926b

☑约一兩□☑

☑□□□應☑

302
1927

302
1927

302b
1927b

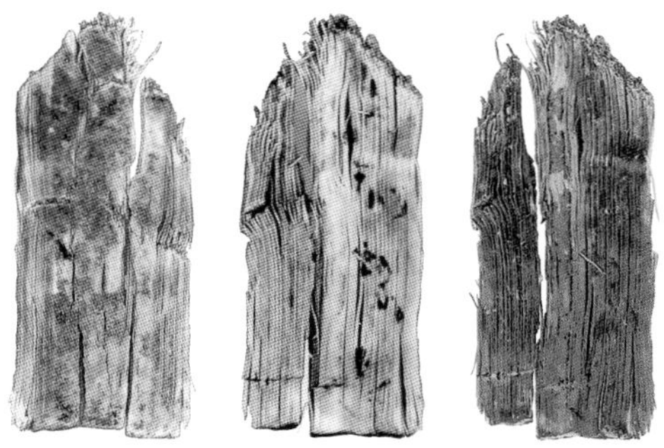

☑□刻□□

303
1928

303
1928

303b
1928b

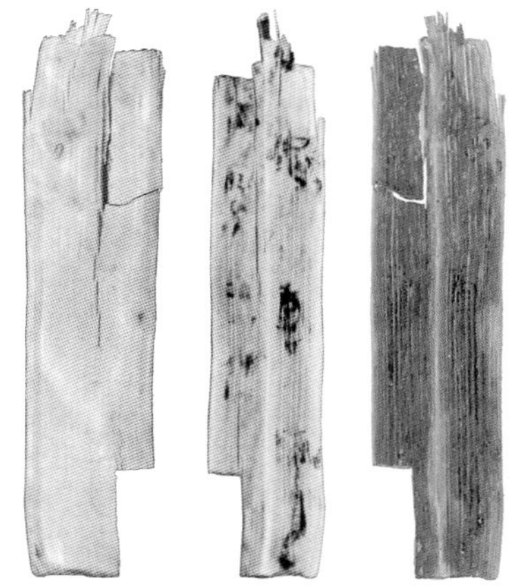

☑忠重□

☑□□□佐

304
1929

304
1929

304b
1929b

☑舉吏各能□其□

305
1930

305
1930

305b
1930b

☑……☑

☑……☑

306
1932

306
1932

306b
1932b

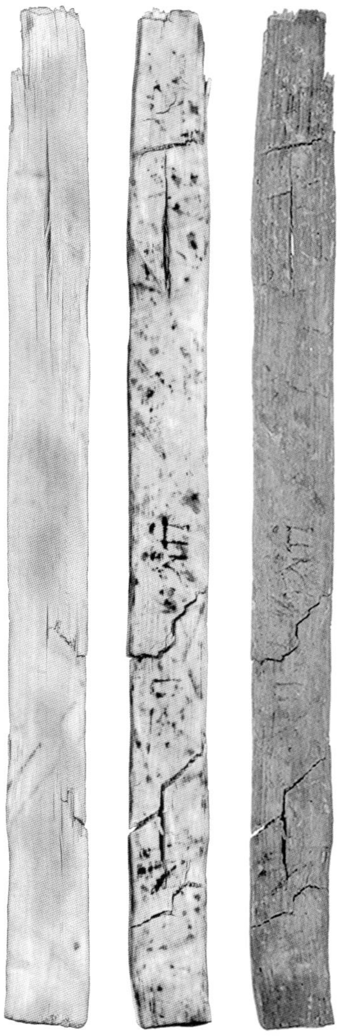

……券……

307
1933

307
1933

307b
1933b

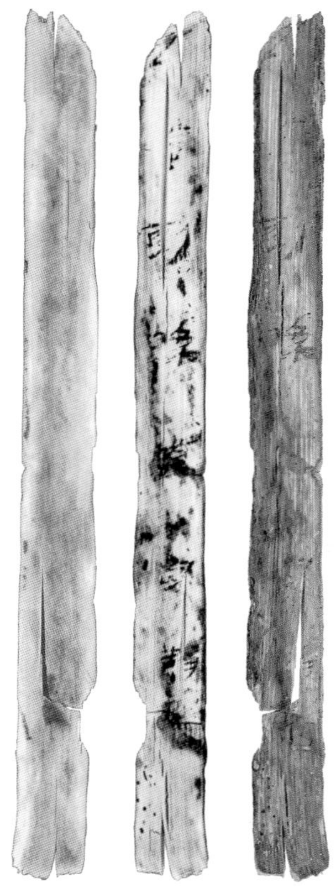

☑到縣□□□

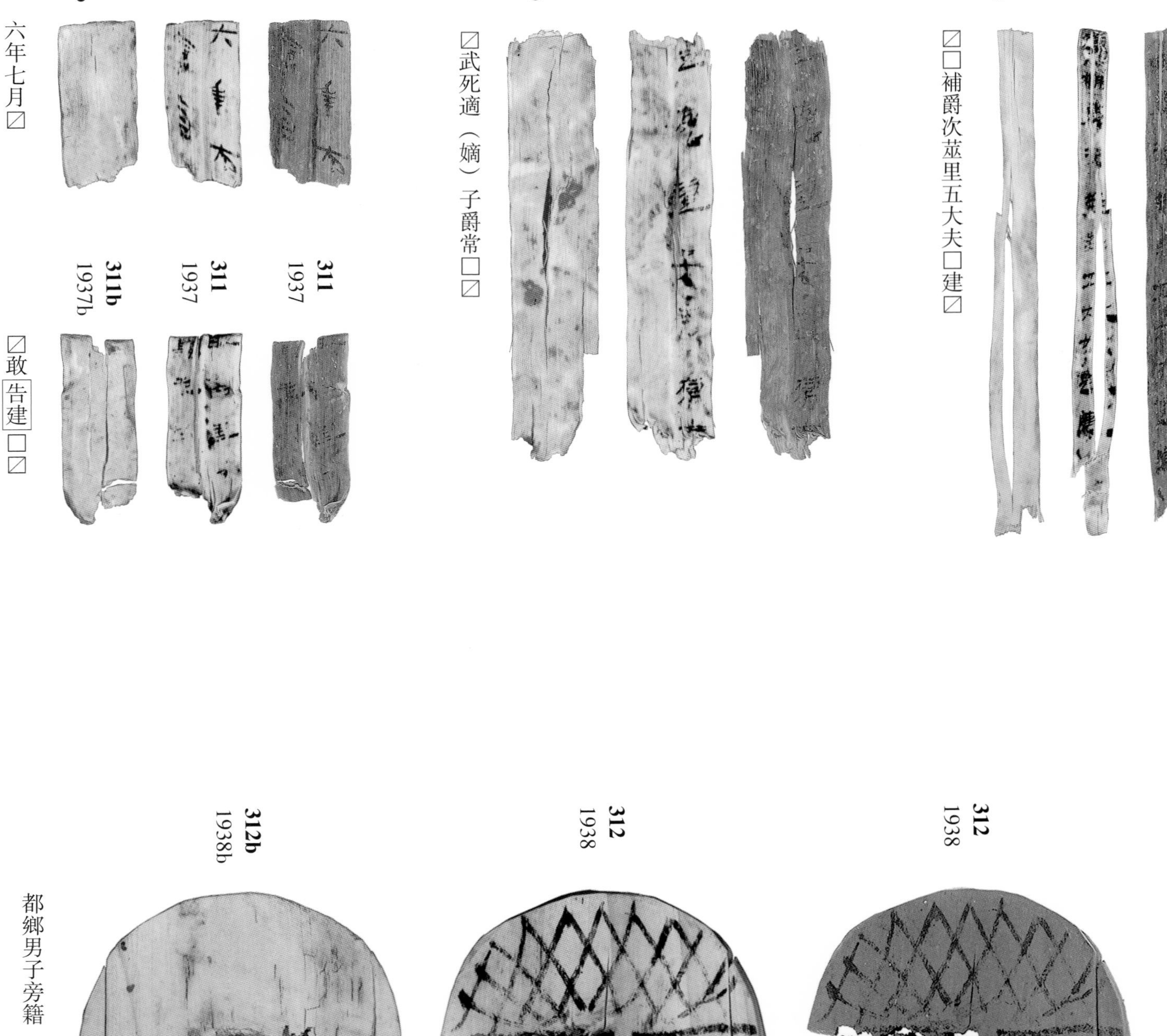

308 1934

308 1934

308b 1934b

☒□補爵次莁里五大夫□建☒

309 1935

309 1935

309b 1935b

☒武死適（嫡）子爵常□☒

310 1936

310 1936

310b 1936b

六年七月☒
倉官☒

311 1937

311 1937

311b 1937b

☒敢告建□☒
☒縣□□☒

312 1938

312 1938

312b 1938b

都鄉男子旁籍

313 1939

313 1939

313b 1939b

☒亡走□☒

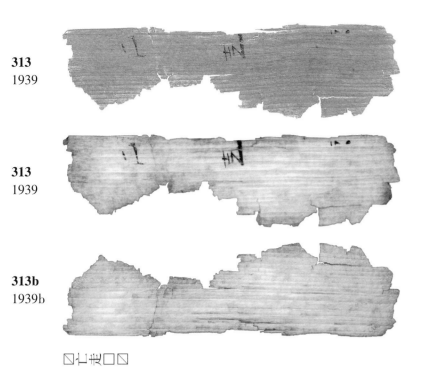

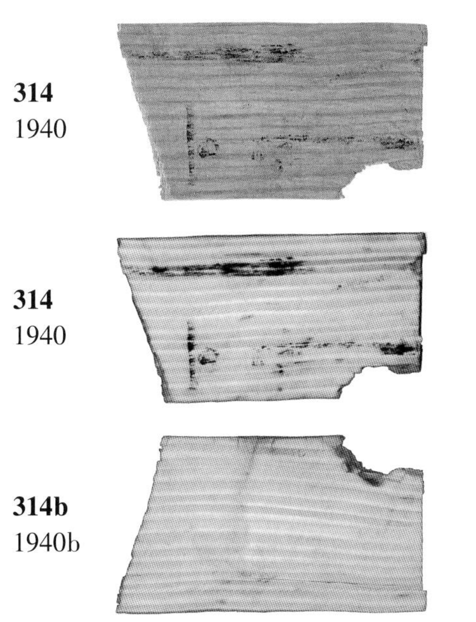

314 1940

314 1940

314b 1940b

☒□☒

☒再拜☒

315 1941

315 1941

315b 1941b

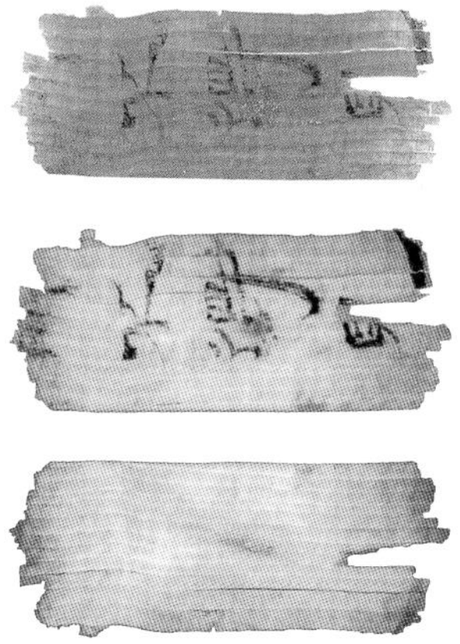

☒所不得見☒

316 1942

316 1942

316b 1942b

☒長沙王□☒

317 1943

317 1943

317b 1943b

☒事☒

318 1944

318 1944

318b 1944b

☒今□☒

☒空□□☒

☒□□☒

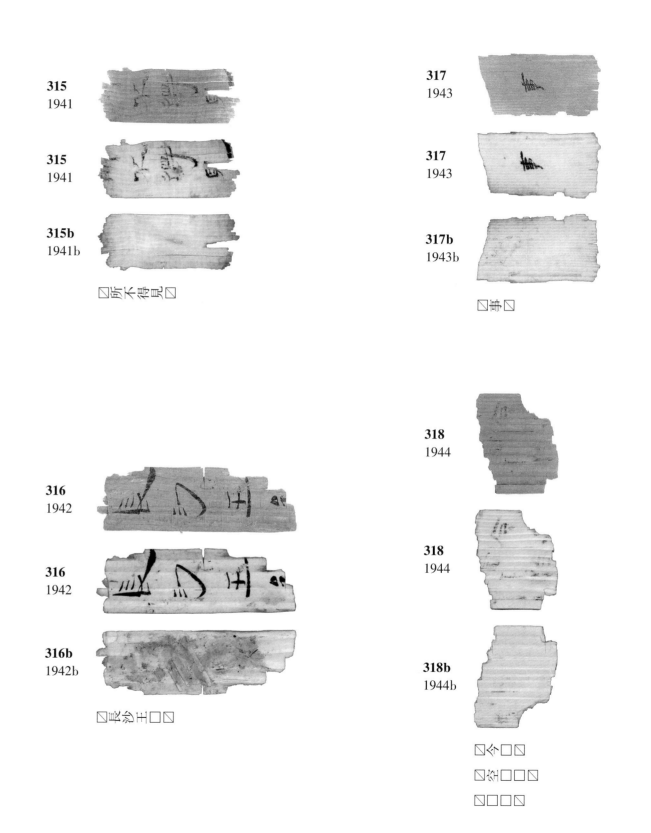

319
1945

319
1945

319b
1945b

☐寰謹再拜☐

320
1946

320
1946

320b
1946b

☐小史相□☐
☐小史般☐

321
1947

321
1947

321b
1947b

☐言☐

323
1949

323
1949

323b
1949b

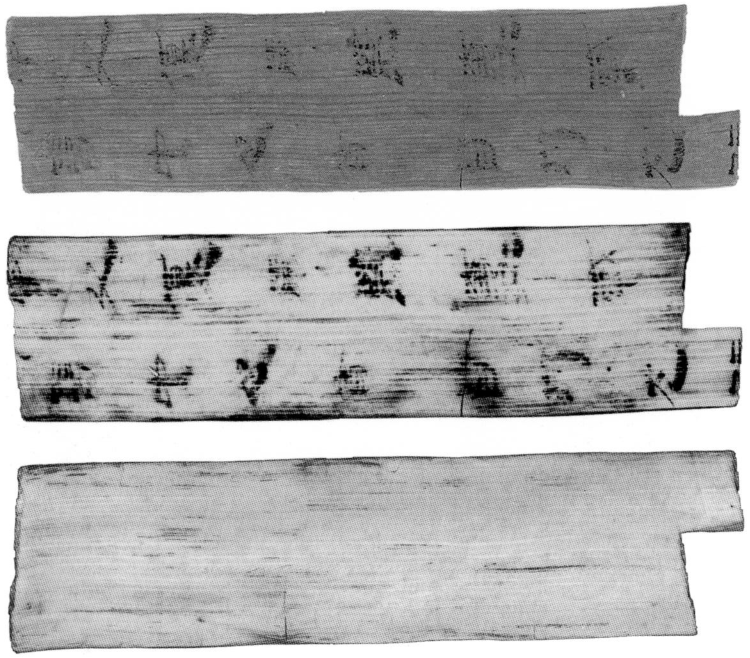

☐中父優能監妻惑☐
☐□中父齊皆封左□☐

322
1948

322
1948

322b
1948b

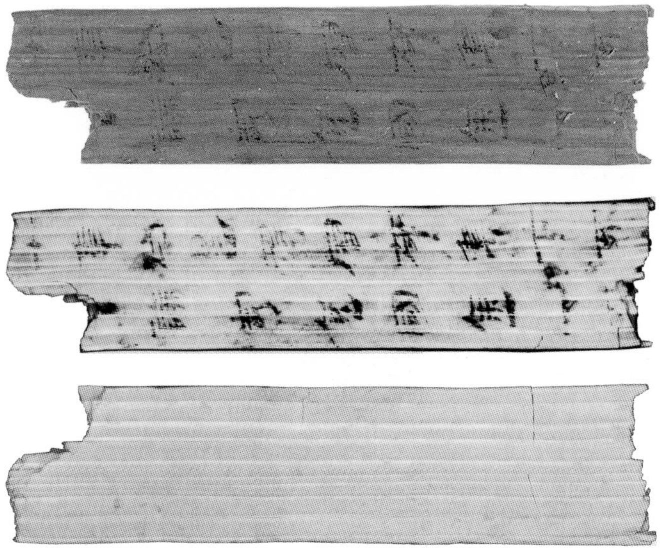

☐七年功墨將署歲年下不□☐
☐□論罰充國金一兩☐

324
1950

324
1950

324b
1950b

・論報

325 1951

325 1951

325b 1951b

☒□□□幸□□□□□名□

326 1952

326 1952

326b 1952b

☒季建謹再拜請

☒□□□□

327 1953

327 1953

327b 1953b

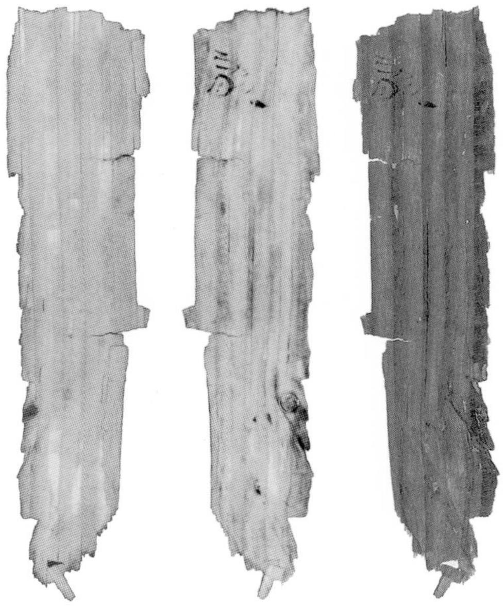

〼龍〼

329 1955

329 1955

329b 1955b

〼謹再〼

331 1957

331 1957

331b 1957b

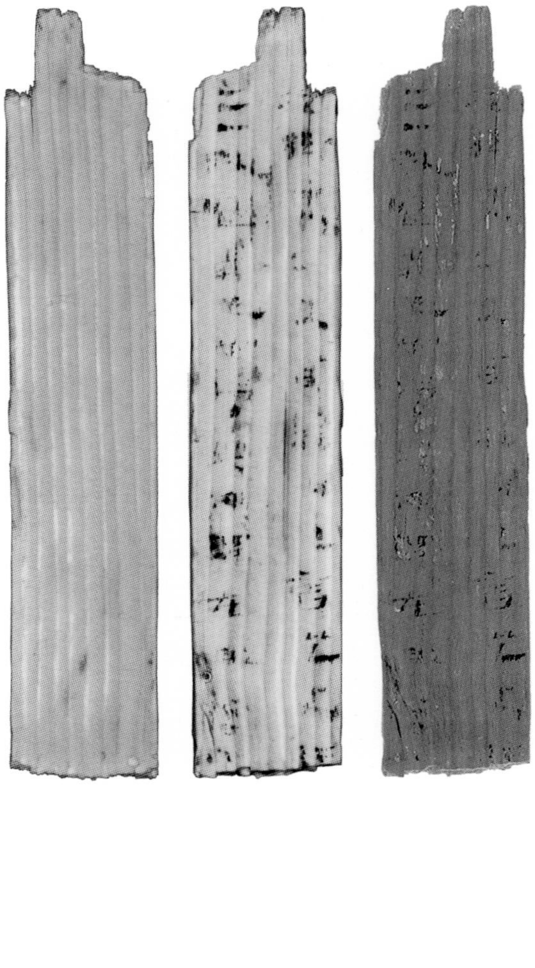

〼□御史少史□□□言從上行〼

〼三□□□□當與□得在□□□〼

328 1954

328 1954

328b 1954b

（墨團）

330 1956

330 1956

330b 1956b

〼者它〼

332 1958

332 1958

332b 1958b

〼□行

333 1959

333 1959

333b 1959b

〼相府主

〼德

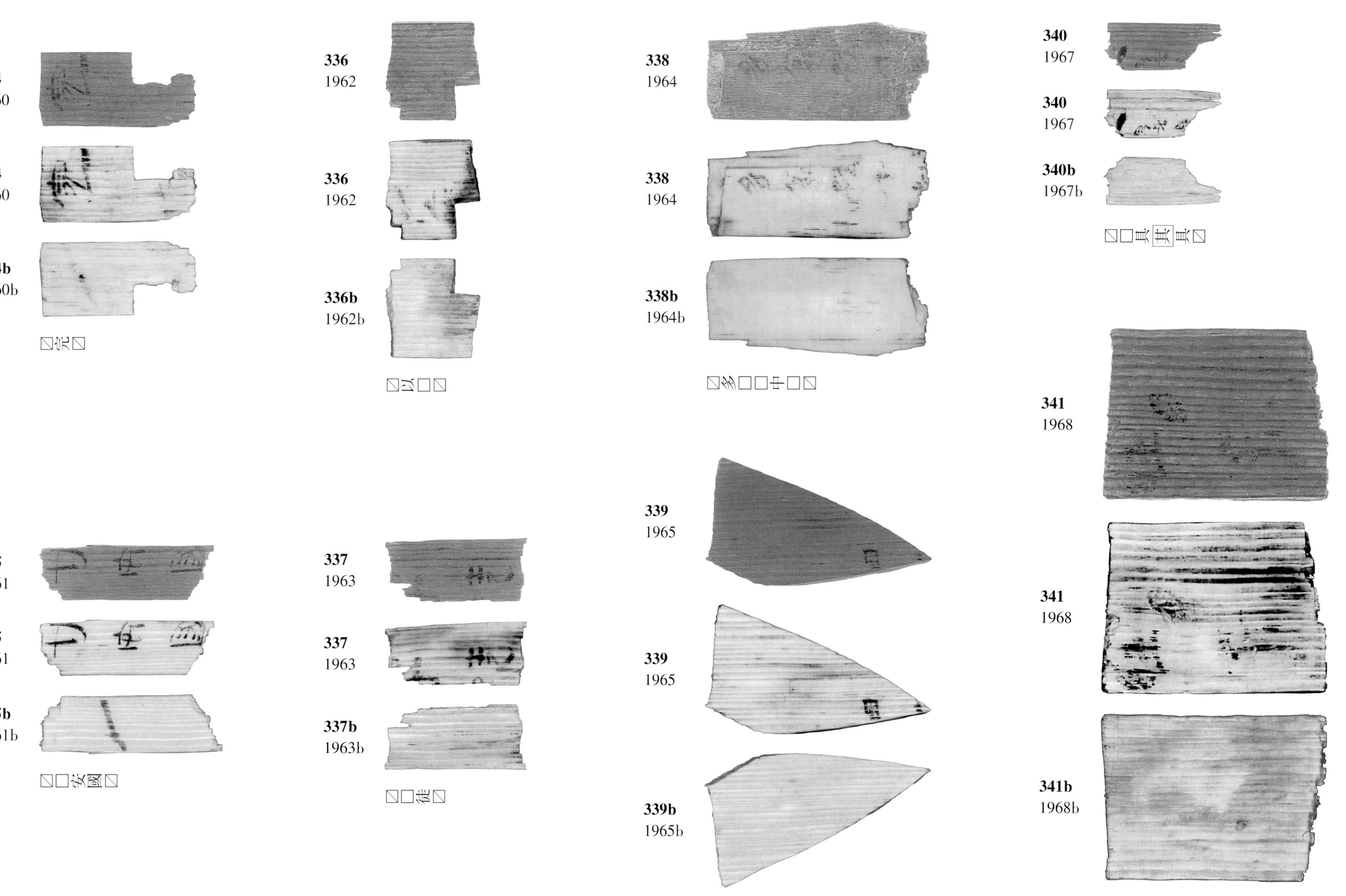

334 1960
334 1960
334b 1960b
☒完☒

335 1961
335 1961
335b 1961b
☒□安國☒

336 1962
336 1962
336b 1962b
☒以□☒

337 1963
337 1963
337b 1963b
☒□徒☒

338 1964
338 1964
338b 1964b
☒多□□中□☒

339 1965
339 1965
339b 1965b
☒□□凶☒

340 1967
340 1967
340b 1967b
☒□具其具☒

341 1968
341 1968
341b 1968b
☒往□☒

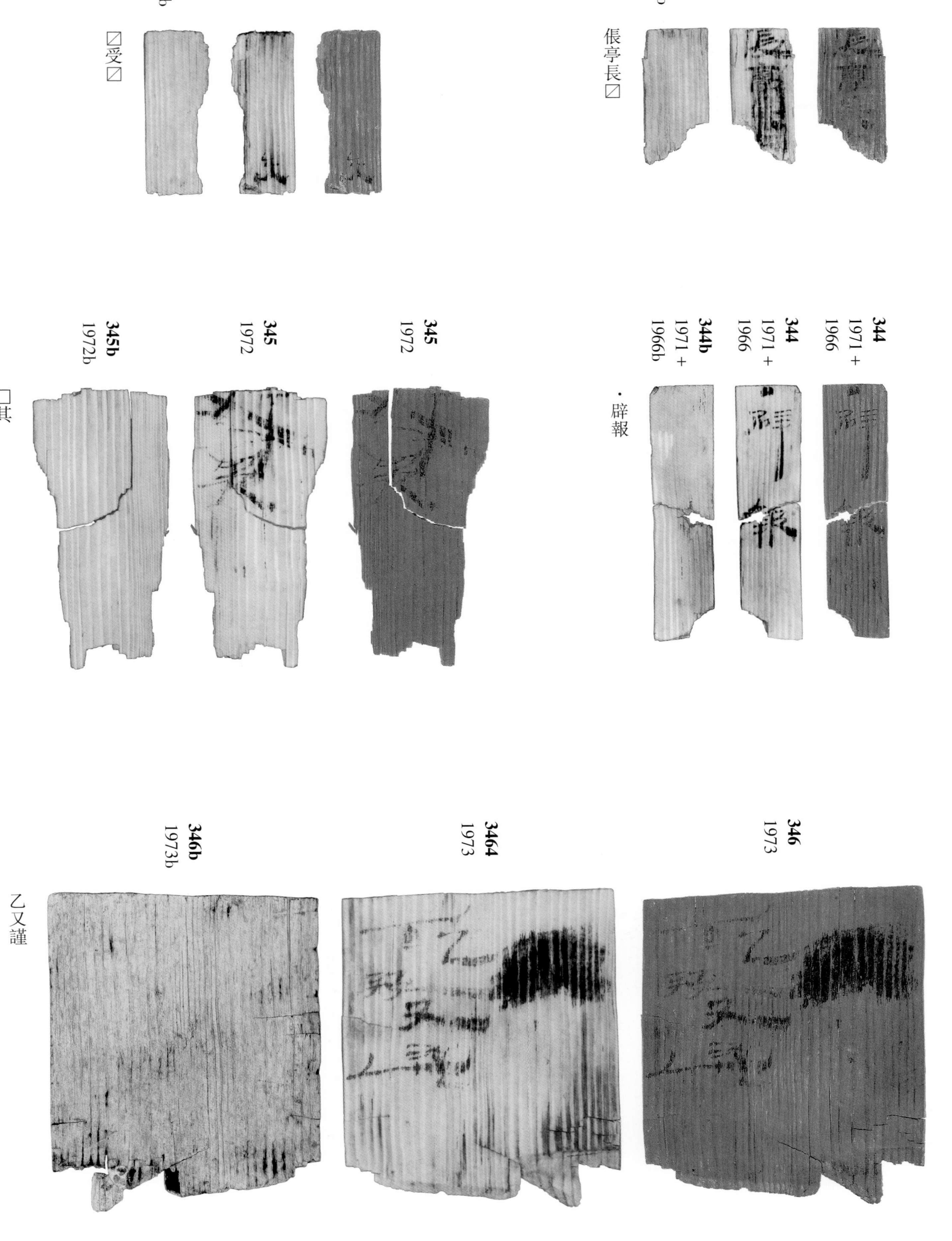

342 1969

342 1969

342b 1969b

倀亭長〼

343 1970

343 1970

343b 1970b

〼受〼

344 1971＋1966

344 1971＋1966

344b 1971＋1966b

·辟報

345 1972

345 1972

345b 1972b

□其

346 1973

3464 1973

346b 1973b

乙又謹
再拜乙

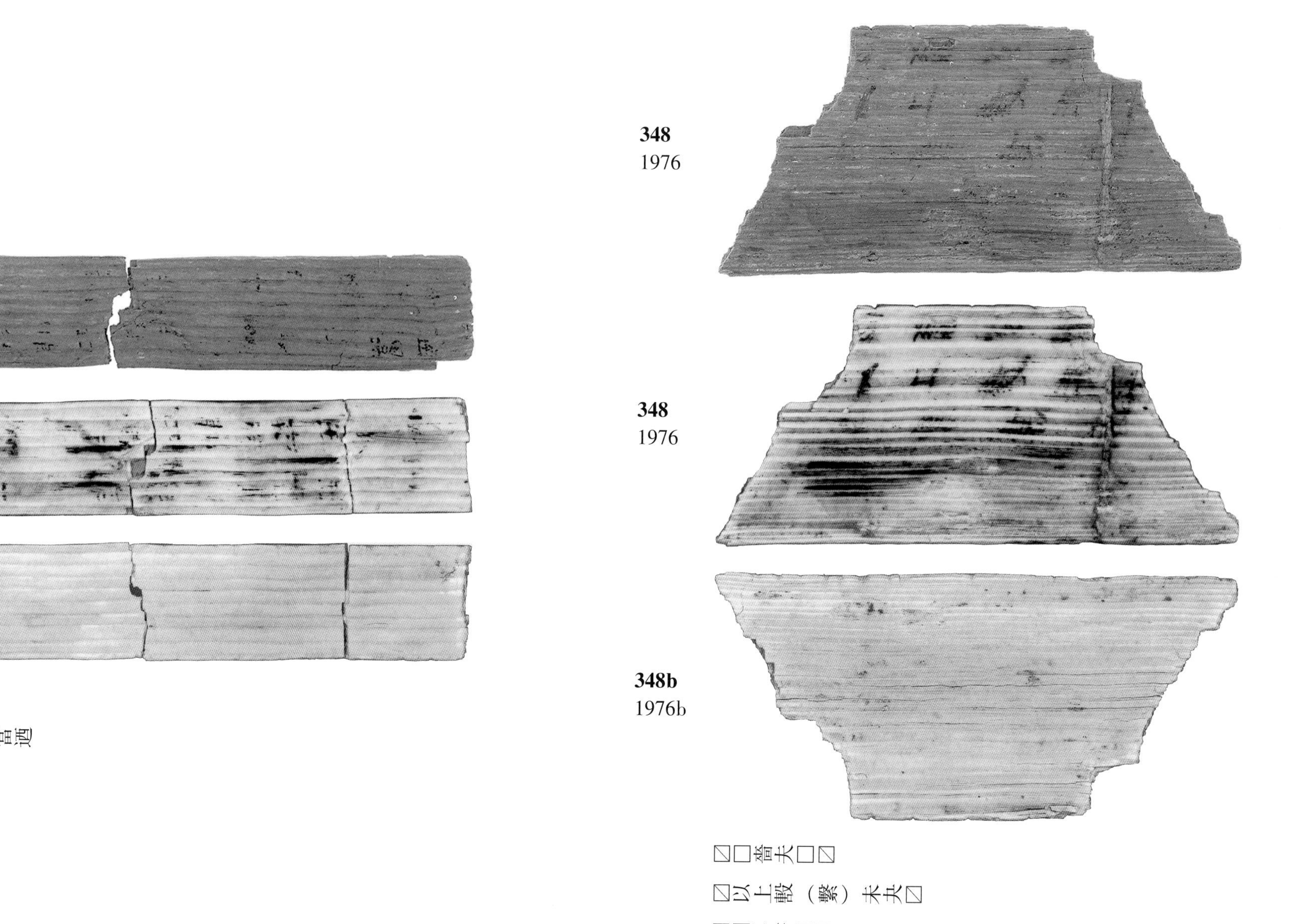

347
1974

347
1974

347b
1974b

☐……

☐……壬☐☐☐四……當遇

348
1976

348
1976

348b
1976b

☐☐嗇夫☐☐

☐以上毄（繫）未決☐

☐☐屬書☐☐

……

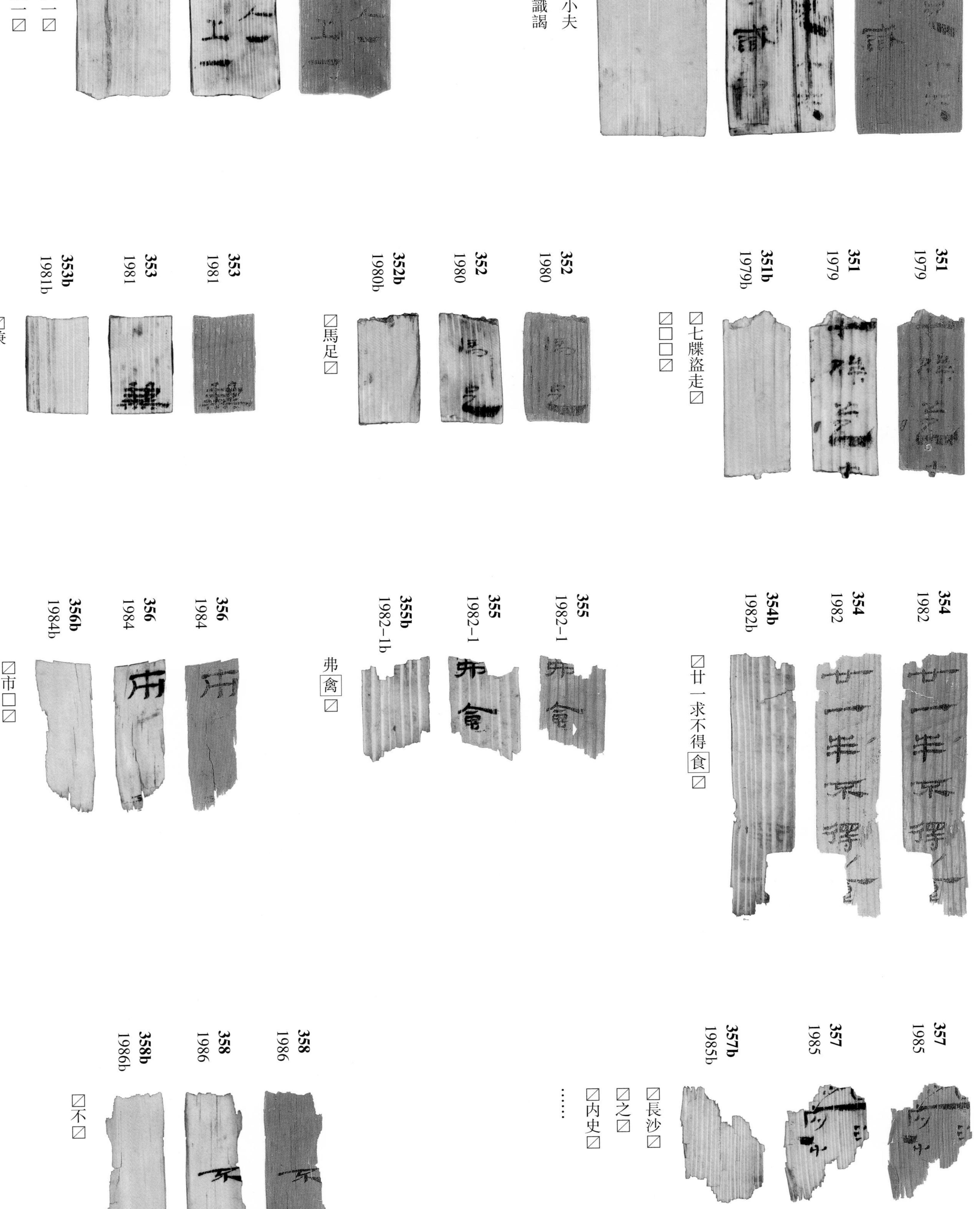

349 1977
349 1977
349b 1977b
☐兄小夫
☐辟識謁

350 1978
350 1978
350b 1978b
☐人一☐
☐之一☐

351 1979
351 1979
351b 1979b
☐七牒盜走☐
☐☐☐☐

352 1980
352 1980
352b 1980b
☐馬足☐

353 1981
353 1981
353b 1981b
☐兼

354 1982
354 1982
354b 1982b
☐廿一求不得食☐

355 1982-1
355 1982-1
355b 1982-1b
弗禽☐

356 1984
356 1984
356b 1984b
☐市☐☐

357 1985
357 1985
357b 1985b
☐長沙☐
☐之☐
☐內史☐
……

358 1986
358 1986
358b 1986b
☐不☐

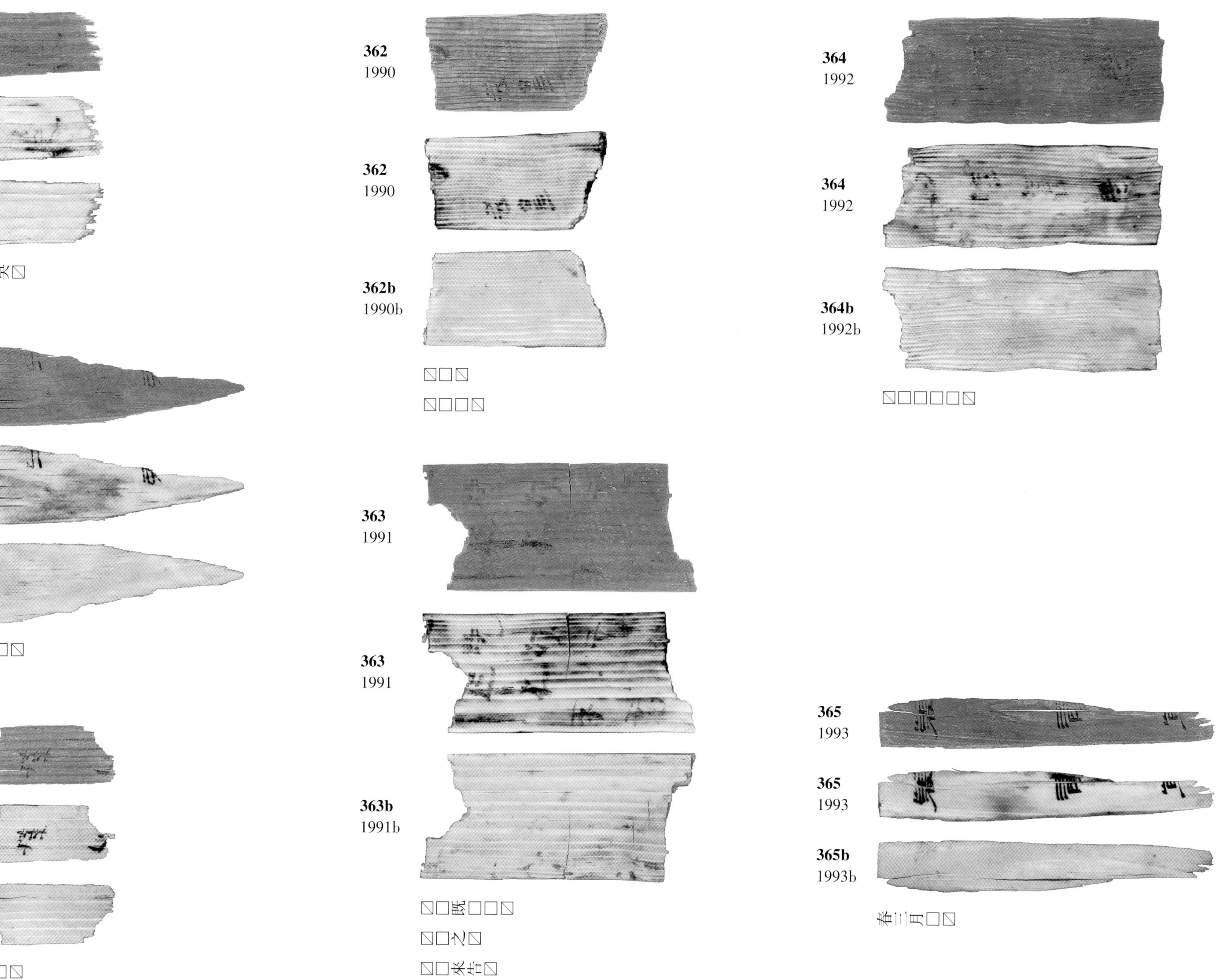

359 1987
359 1987
359b 1987b

☑吳吳☑

360 1988
360 1988
360b 1988b

☑□□☑

361 1989
361 1989
361b 1989b

☑拜□☑

362 1990
362 1990
362b 1990b

☑□☑
☑□□☑

363 1991
363 1991
363b 1991b

☑□既□□☑
☑□之☑
☑□來告☑

364 1992
364 1992
364b 1992b

☑□□□□☑

365 1993
365 1993
365b 1993b

春三月□☑

366
1994

366
1994

366b
1994b

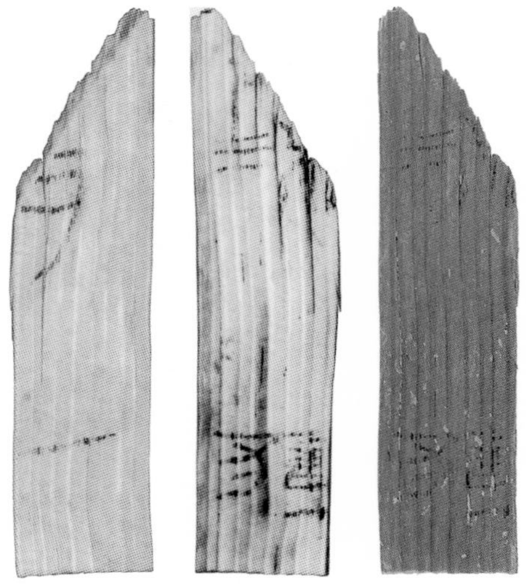

☒沐獲
（背面）☒□□

367
1995

367
1995

367b
1995b

☒□□☒

368
1996

368
1996

368b
1996b

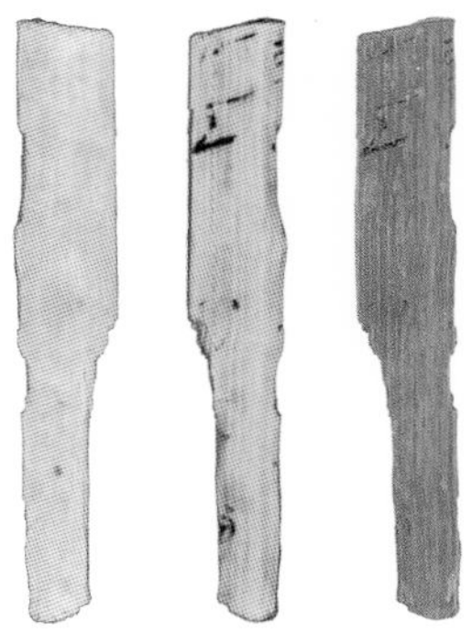

☒□□□□□☒
☒十五（伍）□□□☒

369
1997

369
1997

369b
1997b

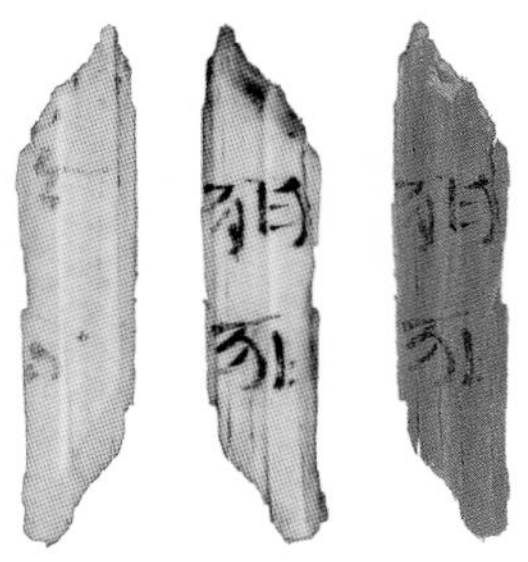

☒□□☒
（背面）☒□□☒

370
1998

370
1998

370b
1998b

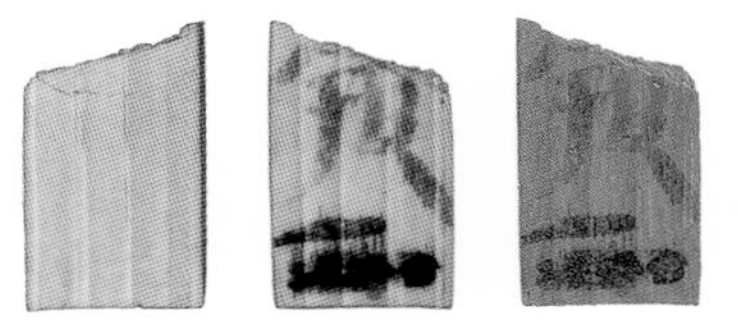

☒報□

371
1999

371
1999

371b
1999b

☒鉗城

372
2000

372
2000

372b
2000b

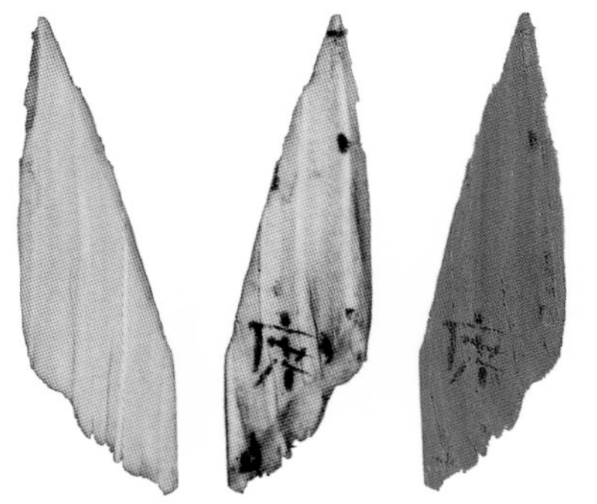

☒熊☒

373
2001

373
2001

373b
2001b

☒□十六☒

374
2002

374
2002

374b
2002b

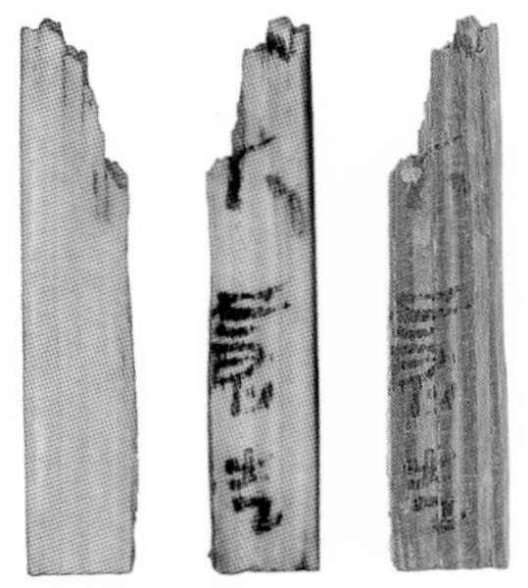

☒□大（太）倉徒☒

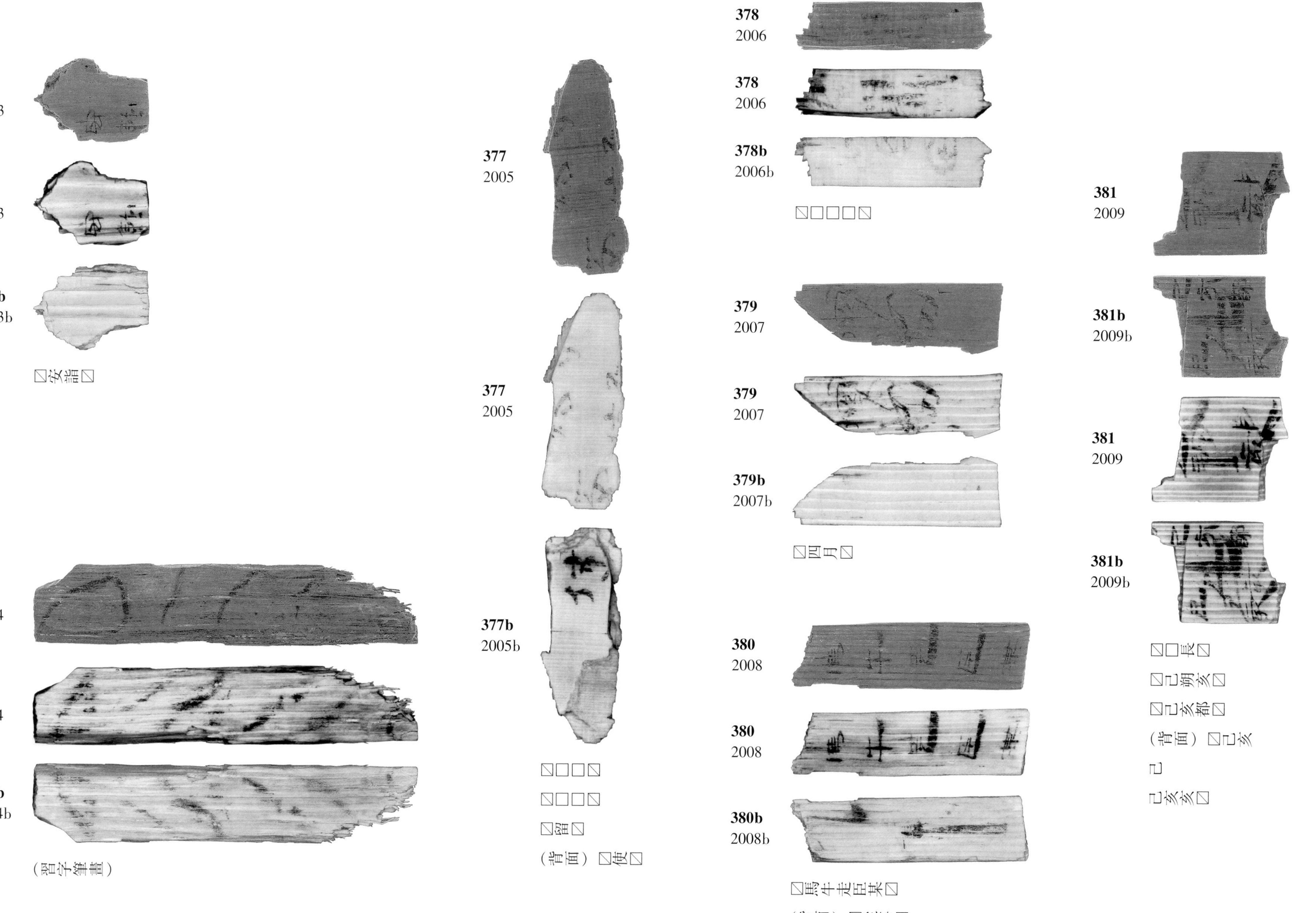

375 2003

375 2003

375b 2003b

☐安諸☐

376 2004

376 2004

376b 2004b

（習字筆畫）

377 2005

377 2005

377b 2005b

☐☐☐☐

☐☐☐☐

☐留☐

（背面）☐使☐

378 2006

378 2006

378b 2006b

☐☐☐☐☐

379 2007

379 2007

379b 2007b

☐四月☐

380 2008

380 2008

380b 2008b

☐馬牛走臣某☐

（背面）☐從事☐

381 2009

381b 2009b

381 2009

381b 2009b

☐☐長☐

☐己朔亥☐

☐己亥都☐

（背面）☐己亥

己

己亥亥☐

382 2010

382b 2010b

382 2010

382b 2010b

今欲〼

鞫〼

（背面）雔〼

383 2011

383 2011

383b 2011b

〼□作所毄（繫）

□□〼

384 2012+2013

384b 2012+2013b

384 2012+2013

384b 2012+2013b

〼馬牛〼

〼馬牛〼

（背面）〼

府大〼

385 2014

385b 2014b

385 2014

385b 2014b

〼謹再〼

〼當至前〼

〼□賜然〼

（背面）〼其〼

〼使若以〼

386 2015

386 2015

386b 2015b

三年七月己亥朔〼

三年七月元〼

三年〼

（背面）年六月己巳

己長亥

387 2020

387 2020

387b 2020b

（習字筆畫）

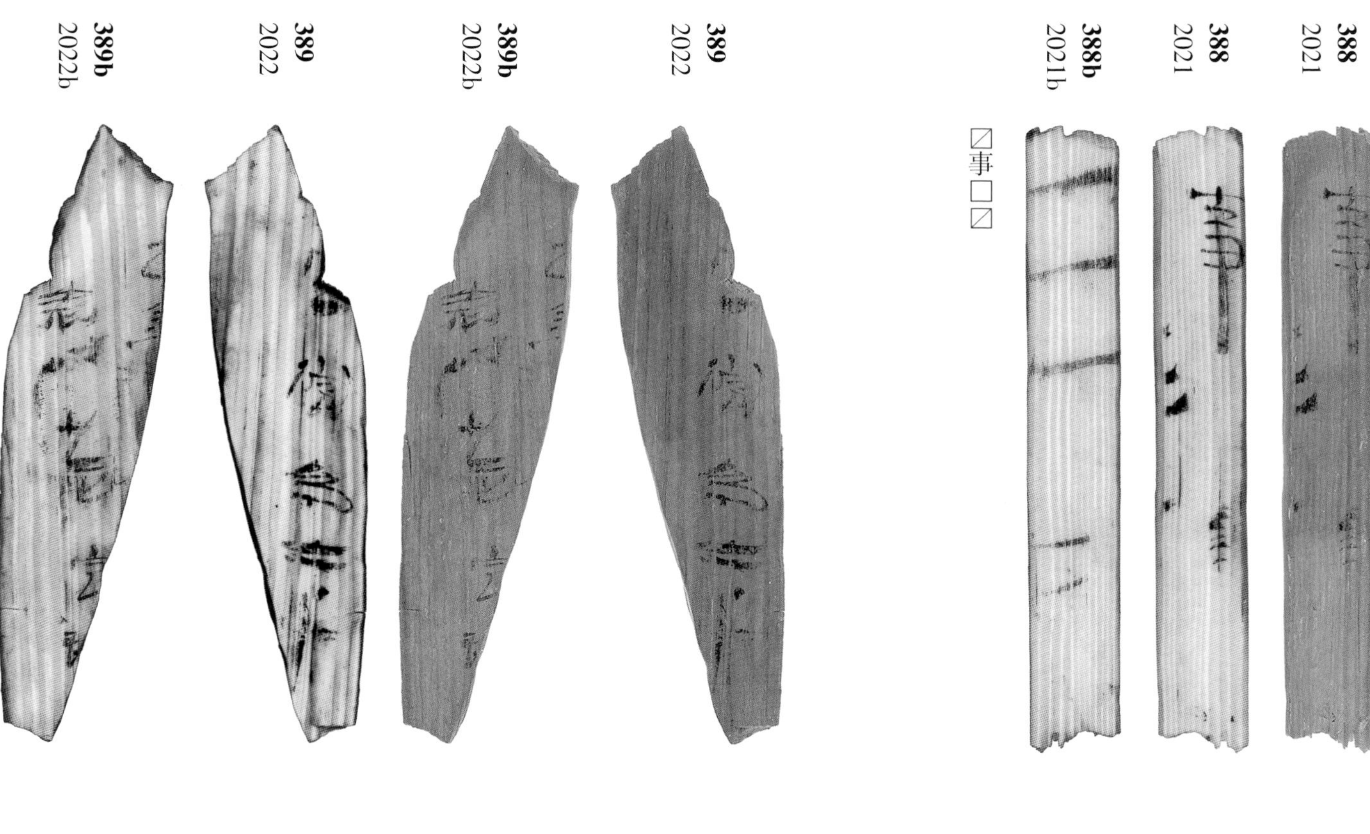

388 2021

388 2021

388b 2021b

☐事☐☐

389 2022

389b 2022b

389 2022

389b 2022b

☐☐當爲二千☐

（背面）☐表乙年定☐

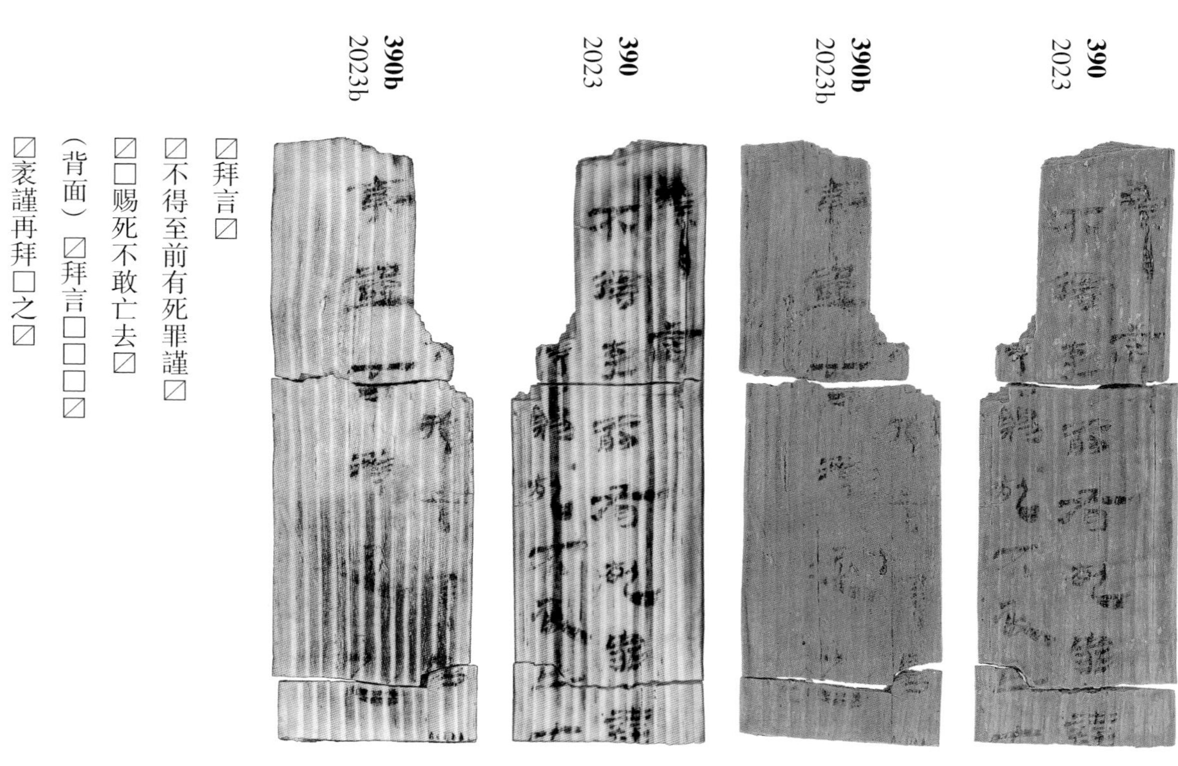

390 2023

390b 2023b

390 2023

390b 2023b

☐拜言☐

☐不得至前有死罪謹☐

☐☐賜死不敢亡去☐

（背面）☐拜言☐☐☐☐

☐哀謹再拜☐之☐

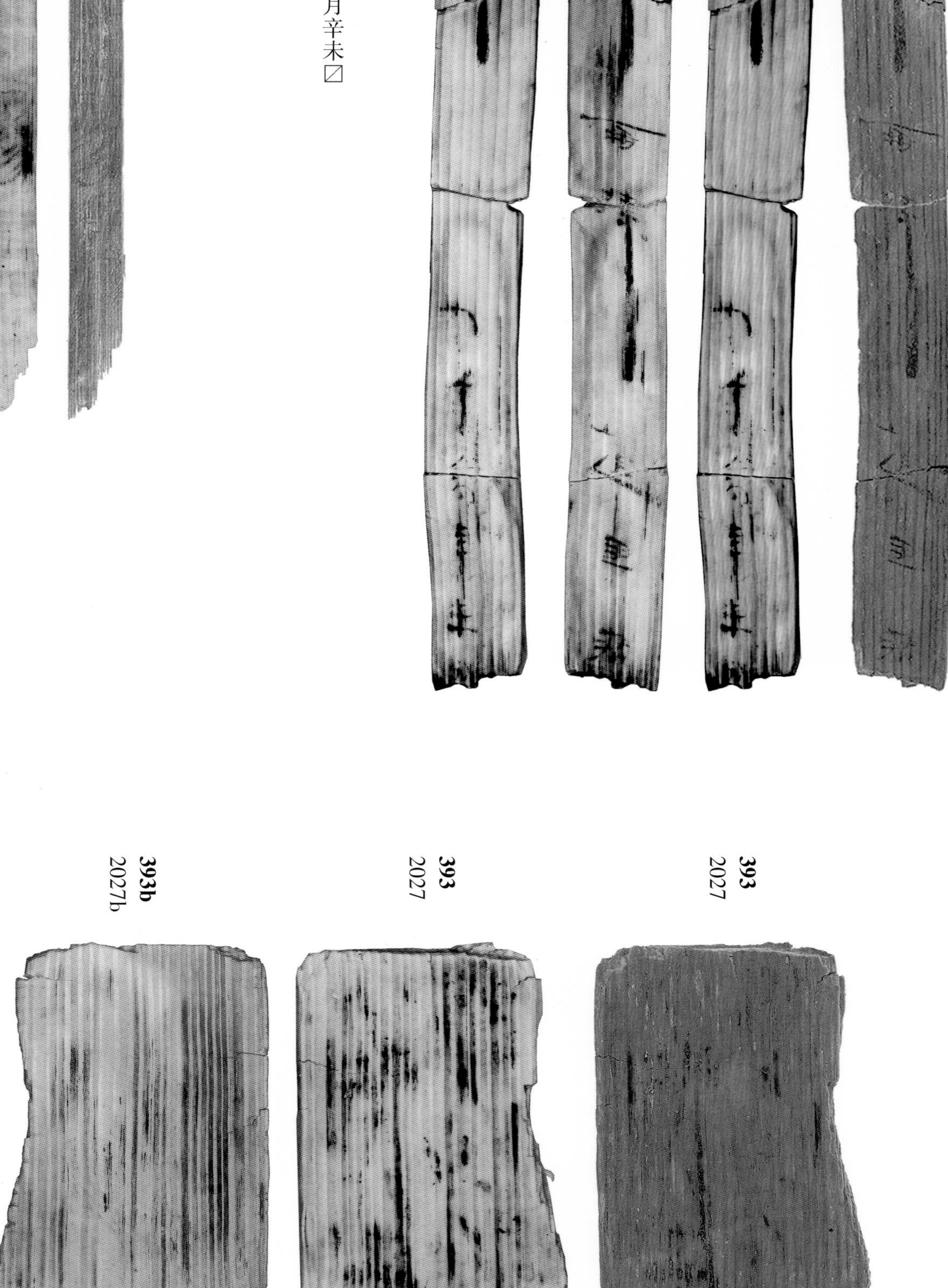

391 2024+2026

391b 2024+2026b

391 2024+2026

391b 2024+2026b

☐謹伏地再拜進書君☐

（背面）☐六月甲九年六月辛未☐

392 2025

392 2025

392b 2025b

（習字筆畫）

393 2027

393 2027

393b 2027b

☐□□☐

☐□□☐

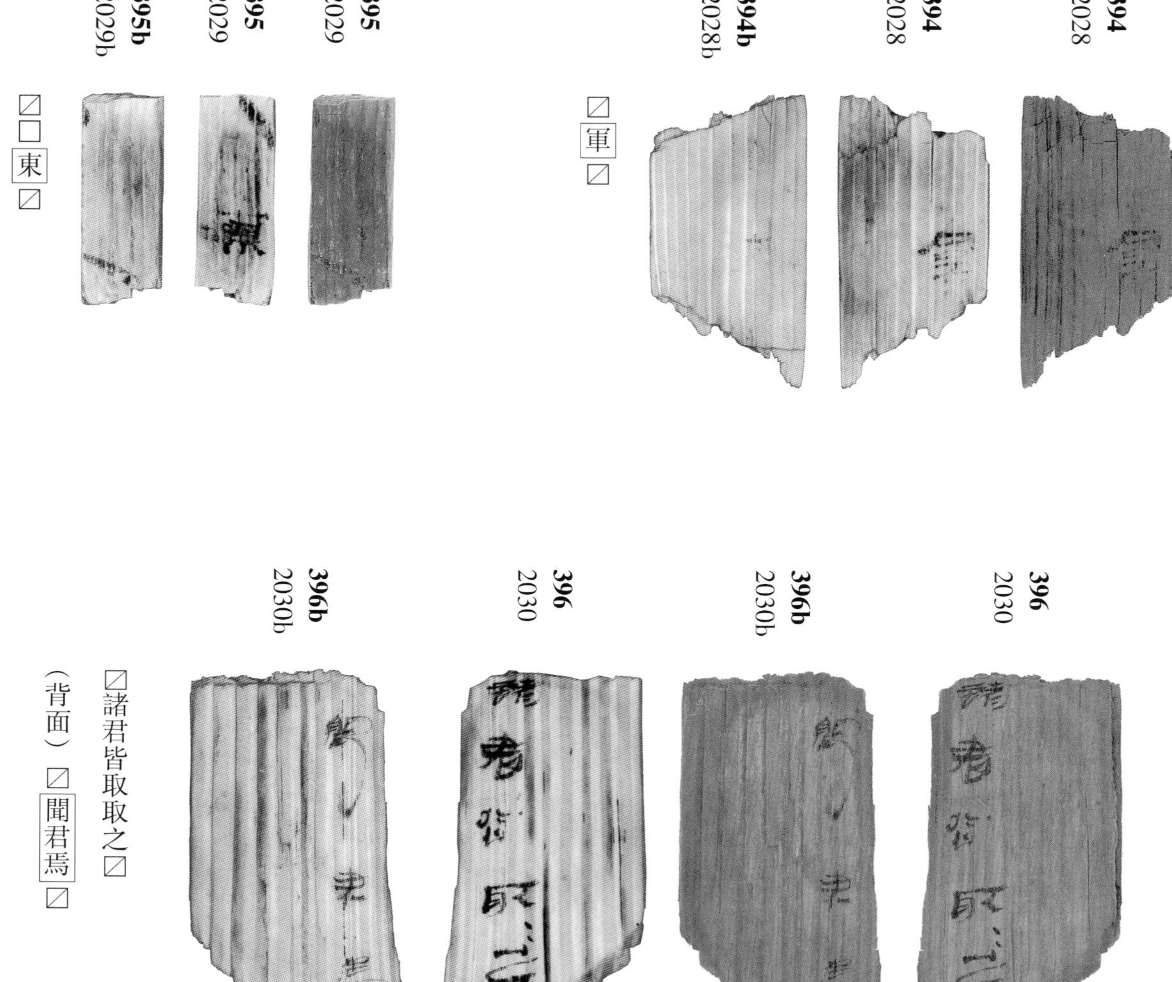

394
2028

394
2028

394b
2028b

⍁軍⍁

395
2029

395
2029

395b
2029b

⍁□東⍁

396
2030

396b
2030b

396
2030

396b
2030b

⍁諸君皆取取之⍁

（背面）⍁聞君焉⍁

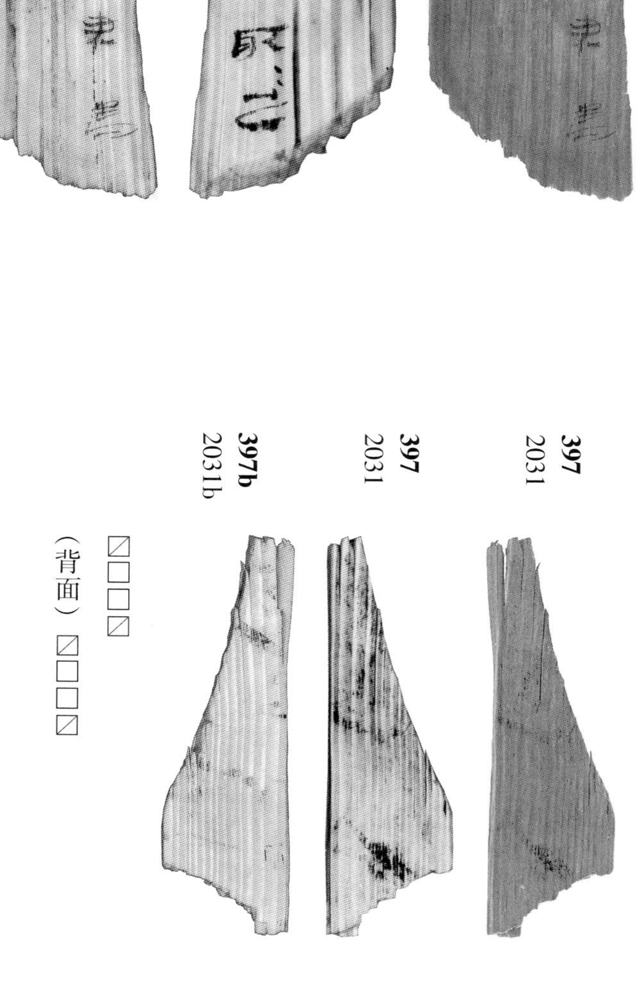

397
2031

397
2031

397b
2031b

⍁□□⍁

（背面）⍁□□⍁

398
2032

398b
2032b

398
2032

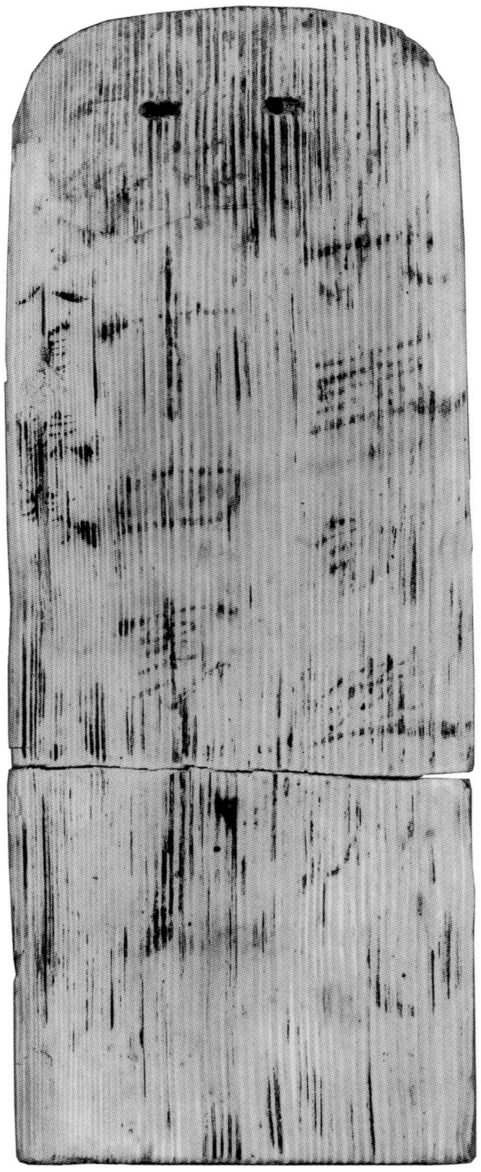

398b
2032b

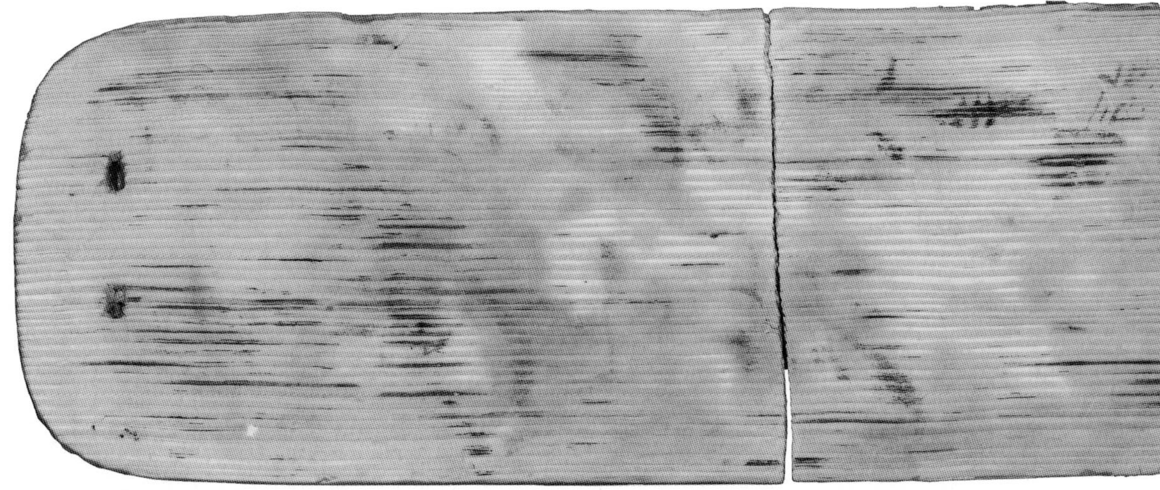

九年訊□□
十四事
八年餘獄
（背面）八年餘

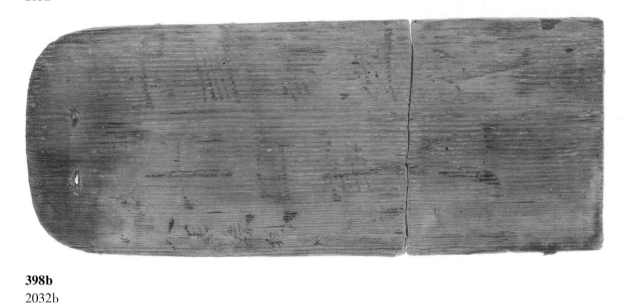

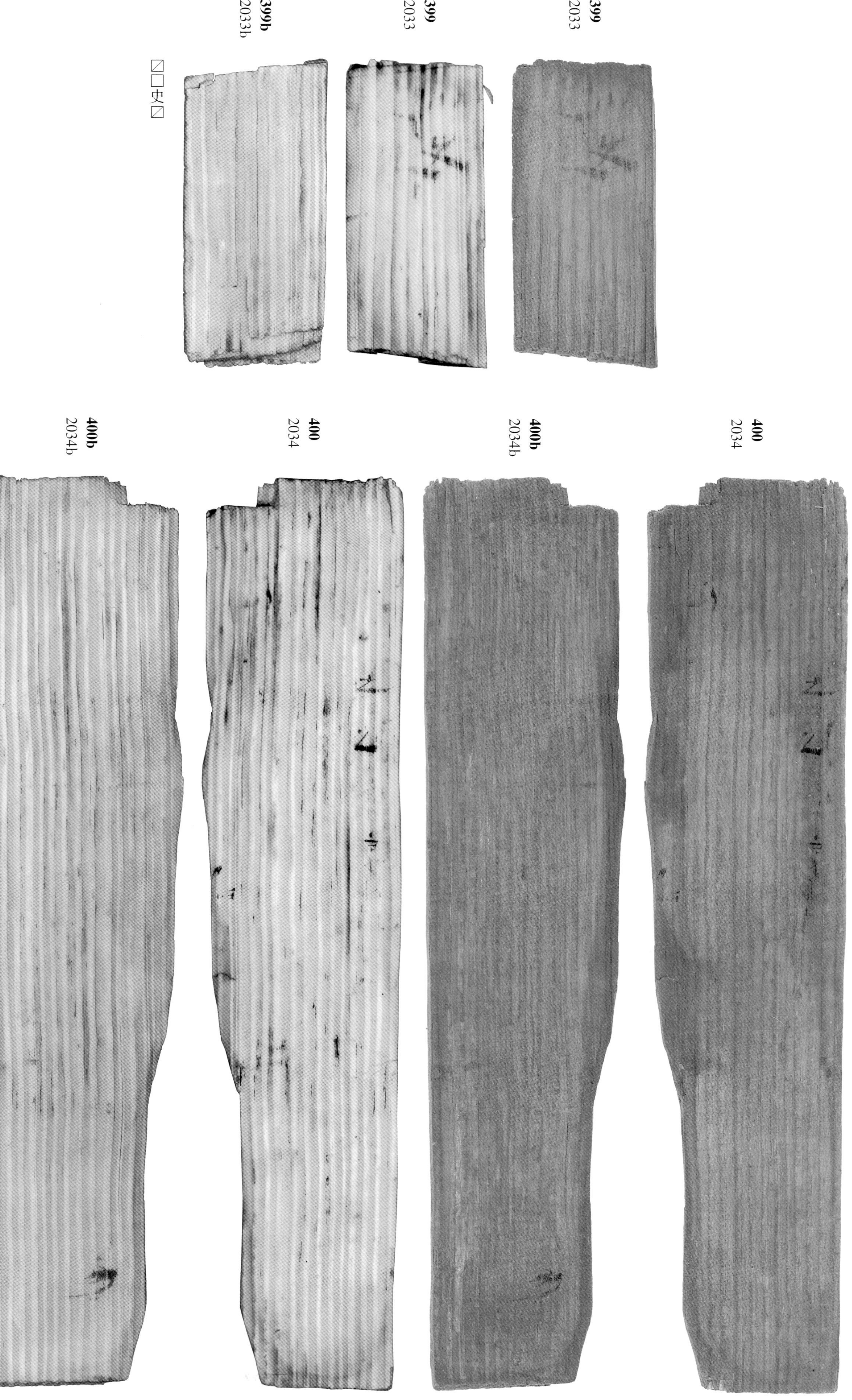

399 2033

399 2033

399b 2033b

□□史□

400 2034

400b 2034b

400 2034

400b 2034b

□之之□□

（背面）□□□

401
2035

401b
2035b

401
2035

401b
2035b

車尿叉如馬駟於馬於車

（背面）敢乃宮司空道宮司空

402 2037　**402b** 2037b　**402** 2037　**402b** 2037b

九年三月六月六月朔甲子☑
九年三月六月六月朔甲子☑
（背面）……

403 2038　**403b** 2038b　**403** 2038　**403b** 2038b

☑斗斗斗斗斗☑
（背面）☑□五十常□☑
☑書三百□常□☑
☑日書三百五十常□☑

404
2039

404b
2039b

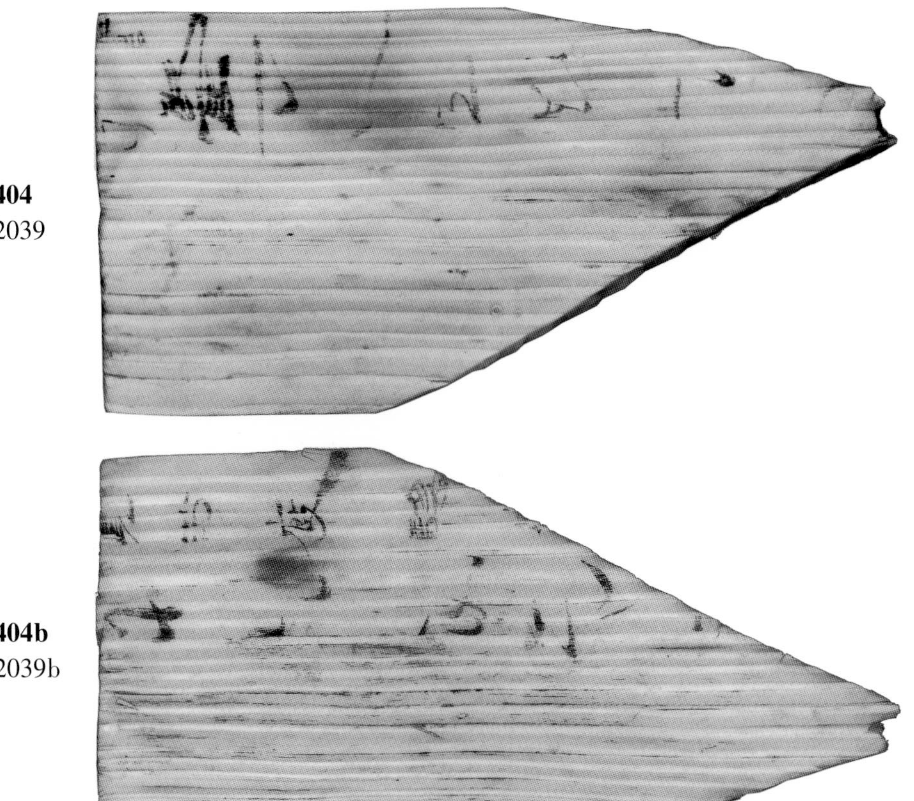

404
2039

404b
2039b

☐敢言之……☐

（背面）☐長沙廄騶……☐

405 2040

405b 2040b

405 2040

405b 2040b

☐弟取既☐成奇

☐丞再拜使☐門

（背面）☐☐枚足以上☐

☐☐☐亡☐

406
2044+
2041

406b
2044+
2041b

406
2044+
2041

406b
2044+
2041b

僕據再拜請☐
孝公足下，據勞已，治之，皆已傳☐
公今據、獄史定、獄史名☐
史☐據欲已行史空☐
（背面）冬☐定獄史名曰以歸☐
孝公足下☐

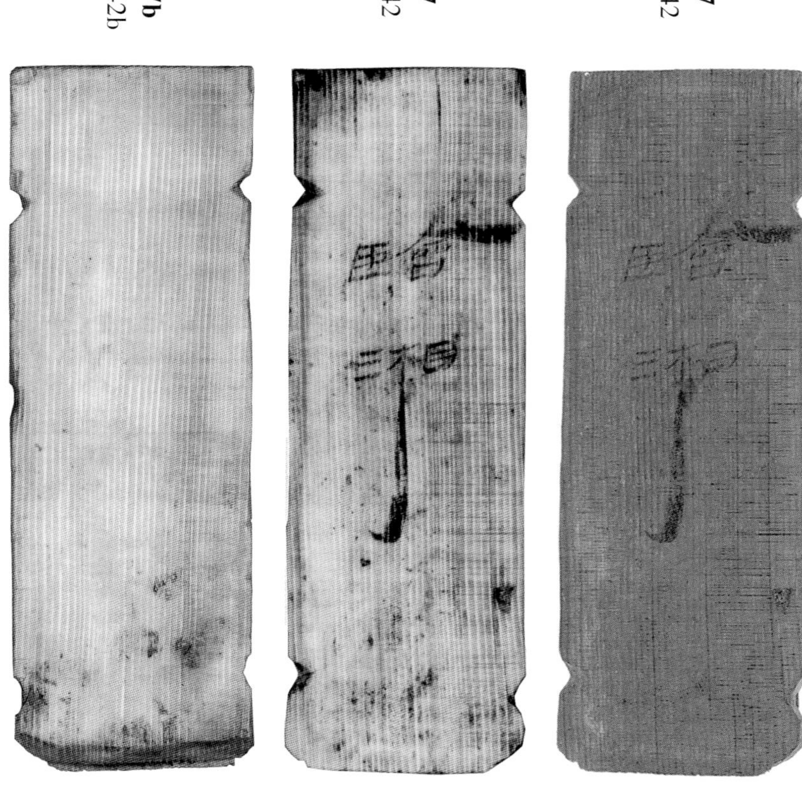

407 2042

407 2042

407b 2042b

臨湘

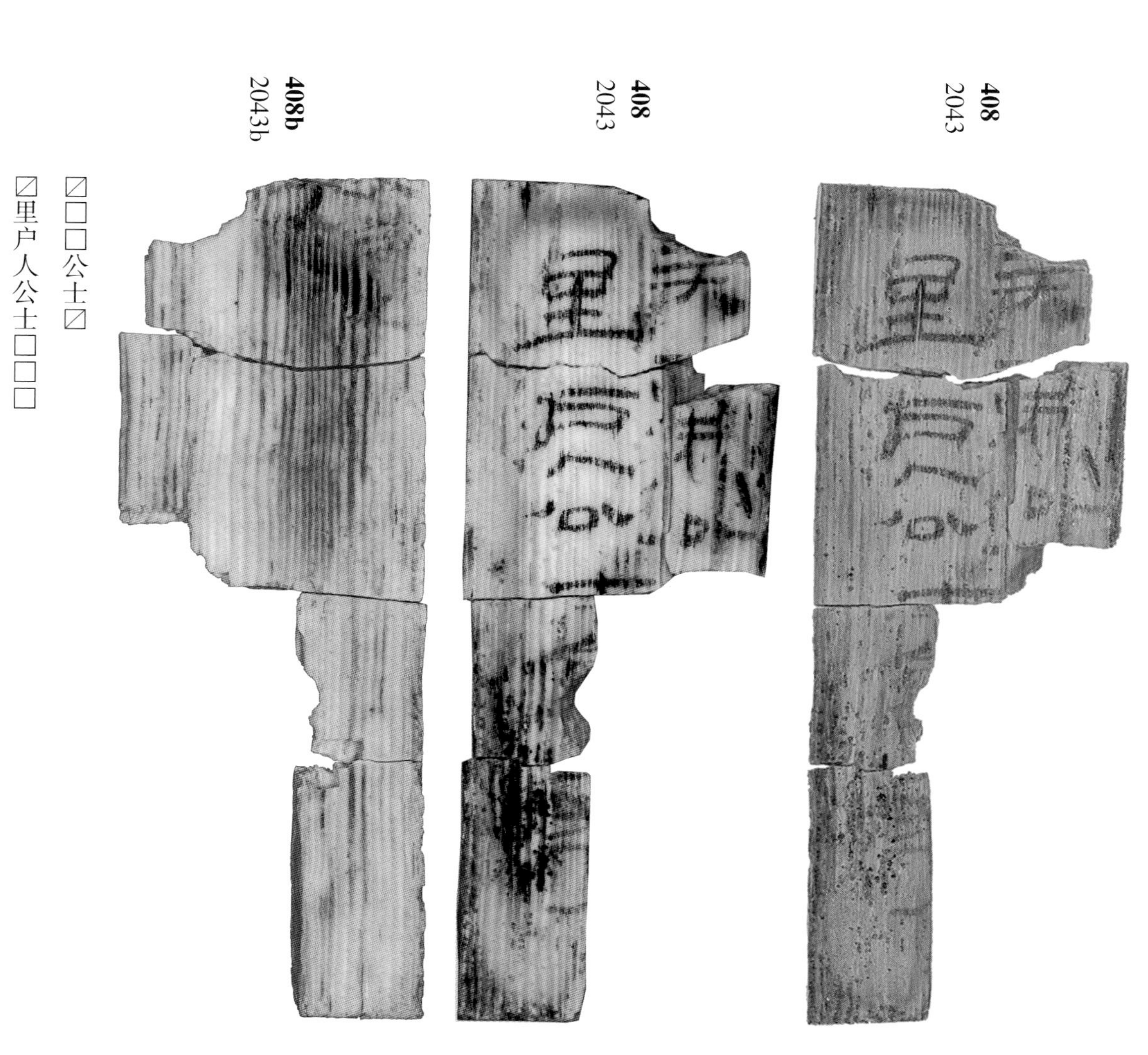

408 2043

408 2043

408b 2043b

☒□□公士☒
☒里户人公士□□□

409
2045

409
2045

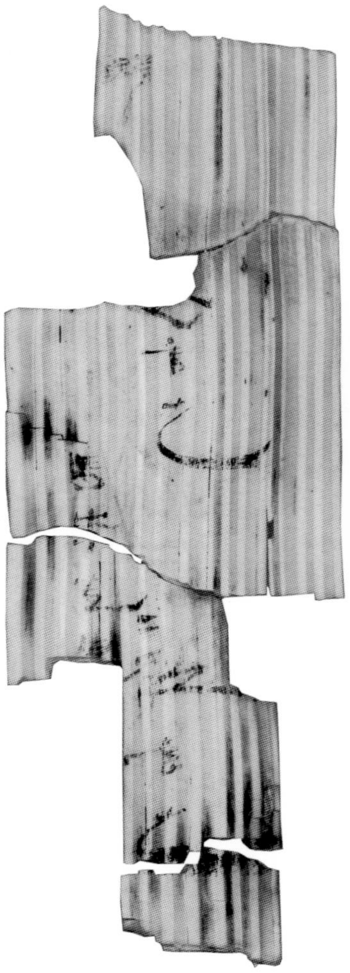

409b
2045b

☑言之馬牛走敢言之☑

（背面）……

410
2046

410b
2046b

410
2046

410b
2046b

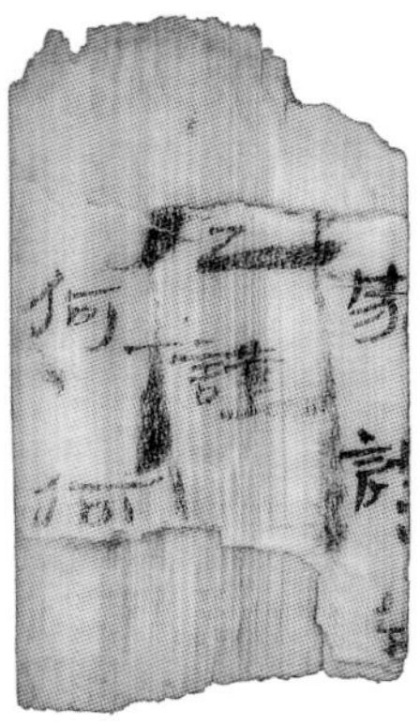

☑謹再拜☑

下願☑

贏願贏願賜☑

（背面）家謹□☑

乙謹☑

何何☑

411
2047

411
2047

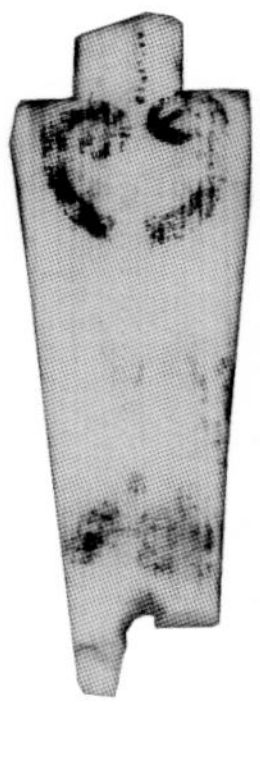

411b
2047b

（圖畫）

412
2048

412
2048

412b
2048b

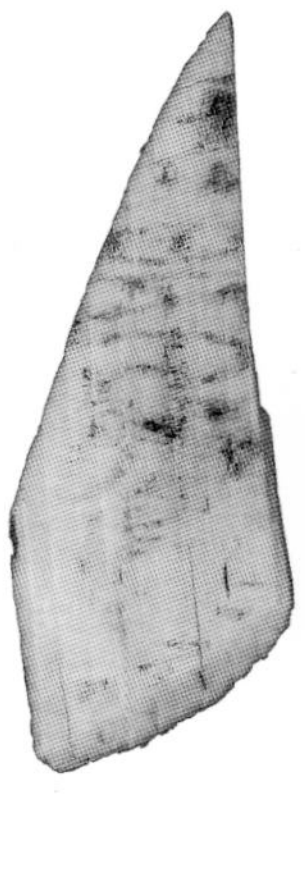

☑日子右☑

（背面）☑□□☑

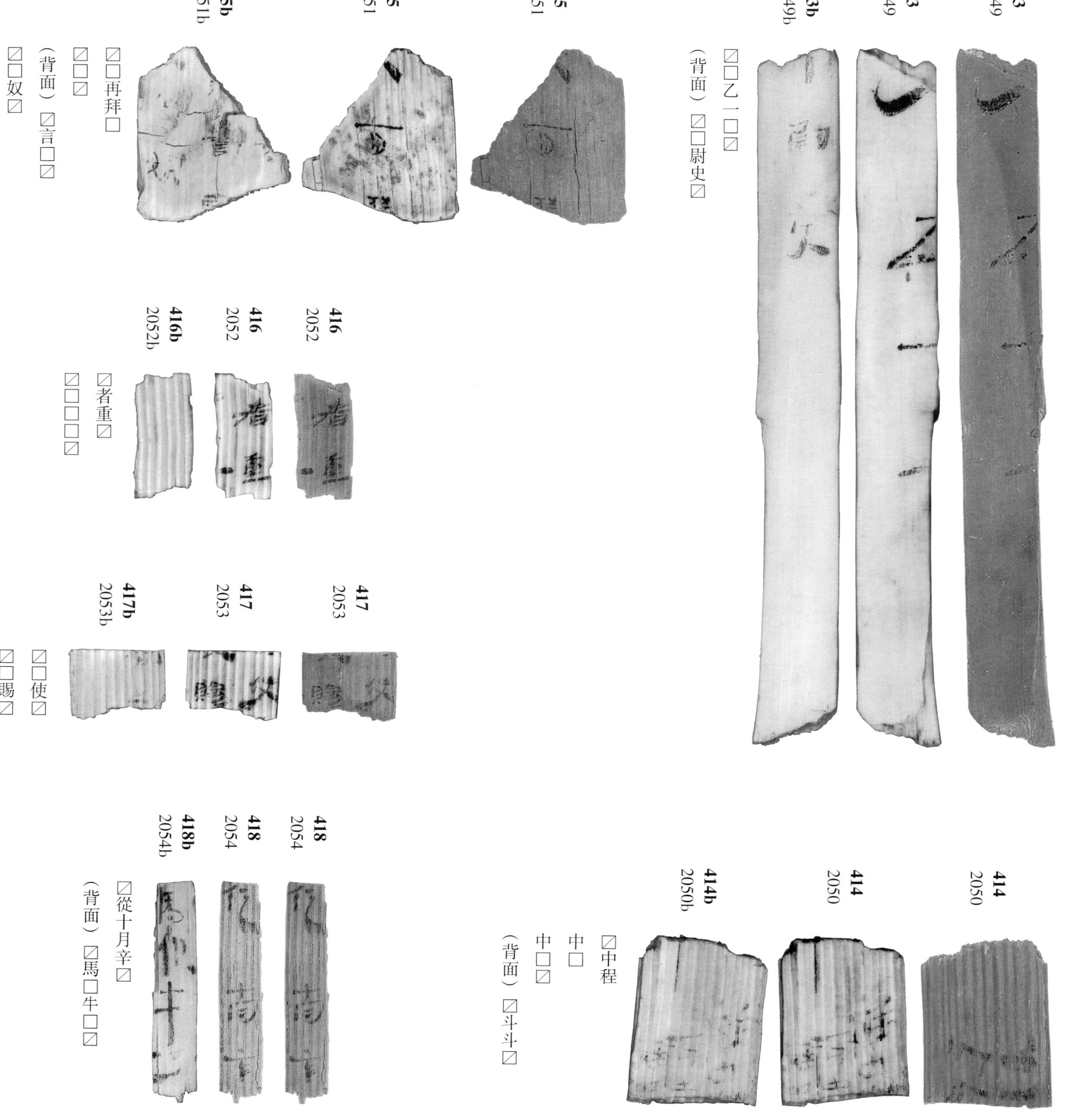

413 2049 **413** 2049 **413b** 2049b

▨□乙丨□▨

（背面）▨□尉史▨

414 2050 **414** 2050 **414b** 2050b

▨中程

中□

中□▨

（背面）▨斗斗▨

415 2051 **415** 2051 **415b** 2051b

▨□再拜□

▨□▨

（背面）▨言□▨

▨□奴▨

416 2052 **416** 2052 **416b** 2052b

▨者重▨

▨□□□▨

417 2053 **417** 2053 **417b** 2053b

▨□使▨

▨□賜▨

418 2054 **418** 2054 **418b** 2054b

▨從十月辛▨

（背面）▨馬□牛□▨

419
2055

419b
2055b

419
2055

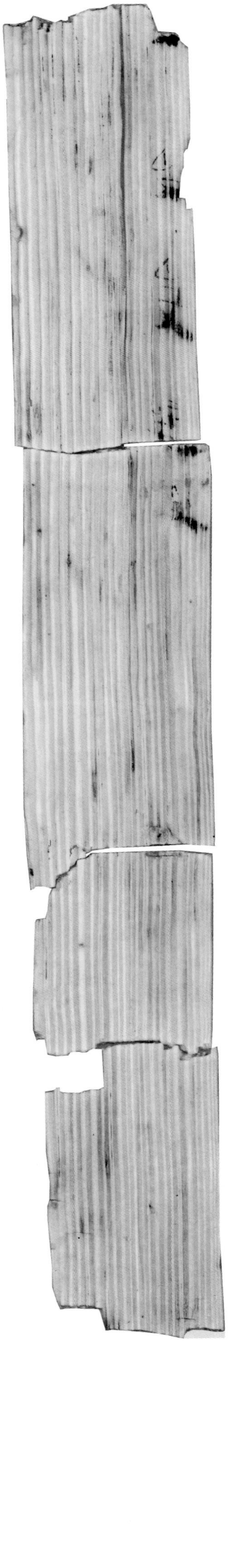

419b
2055b

☐受受受□☐

（背面）☐攵受丈夷更□□☐

耐耐耐

420 2057

420 2057

420b 2057b

☒九年六月甲子☒

☒令史官大夫

421 2058

421 2058

421b 2058b

☒□□所還使☒

☒犯有治獄史☒

☒□□□☒

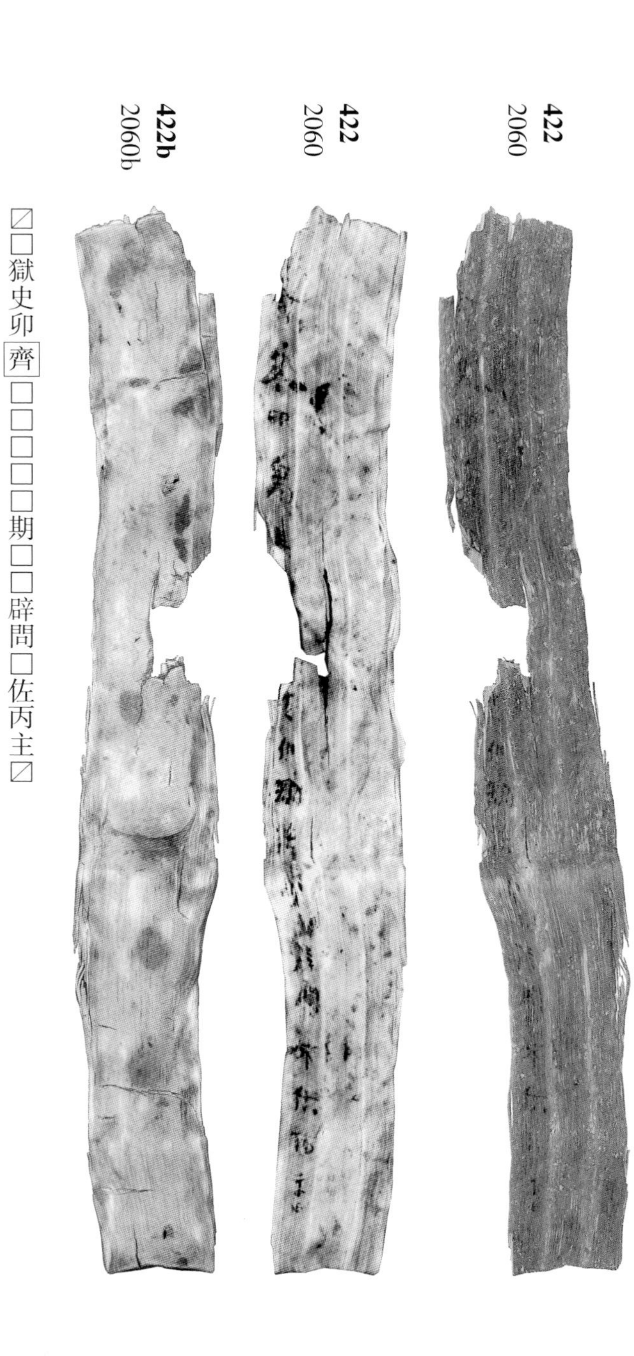

422 2060

422 2060

422b 2060b

☒□獄史卯[齊]□□□□□期□□辟問□佐丙主☒

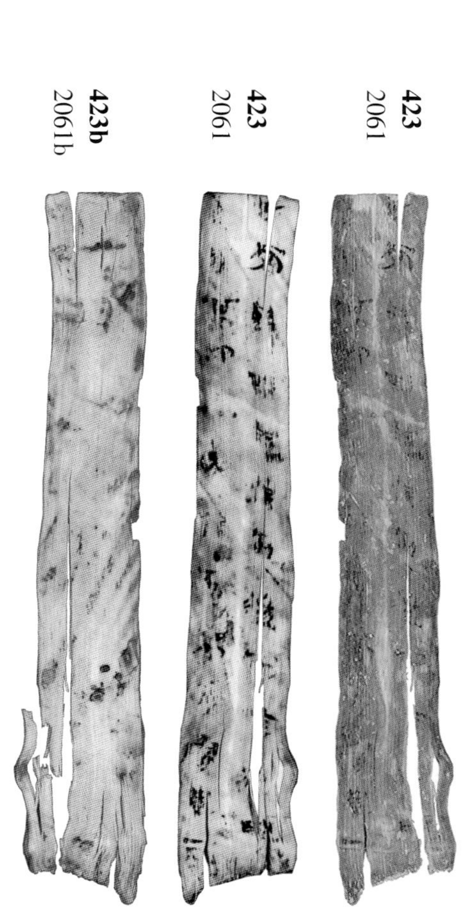

423 2061

423 2061

423b 2061b

☒毋牢□□□信死獄中信死奴☒

☒□□亭中□□信死□□審□□☒

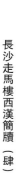

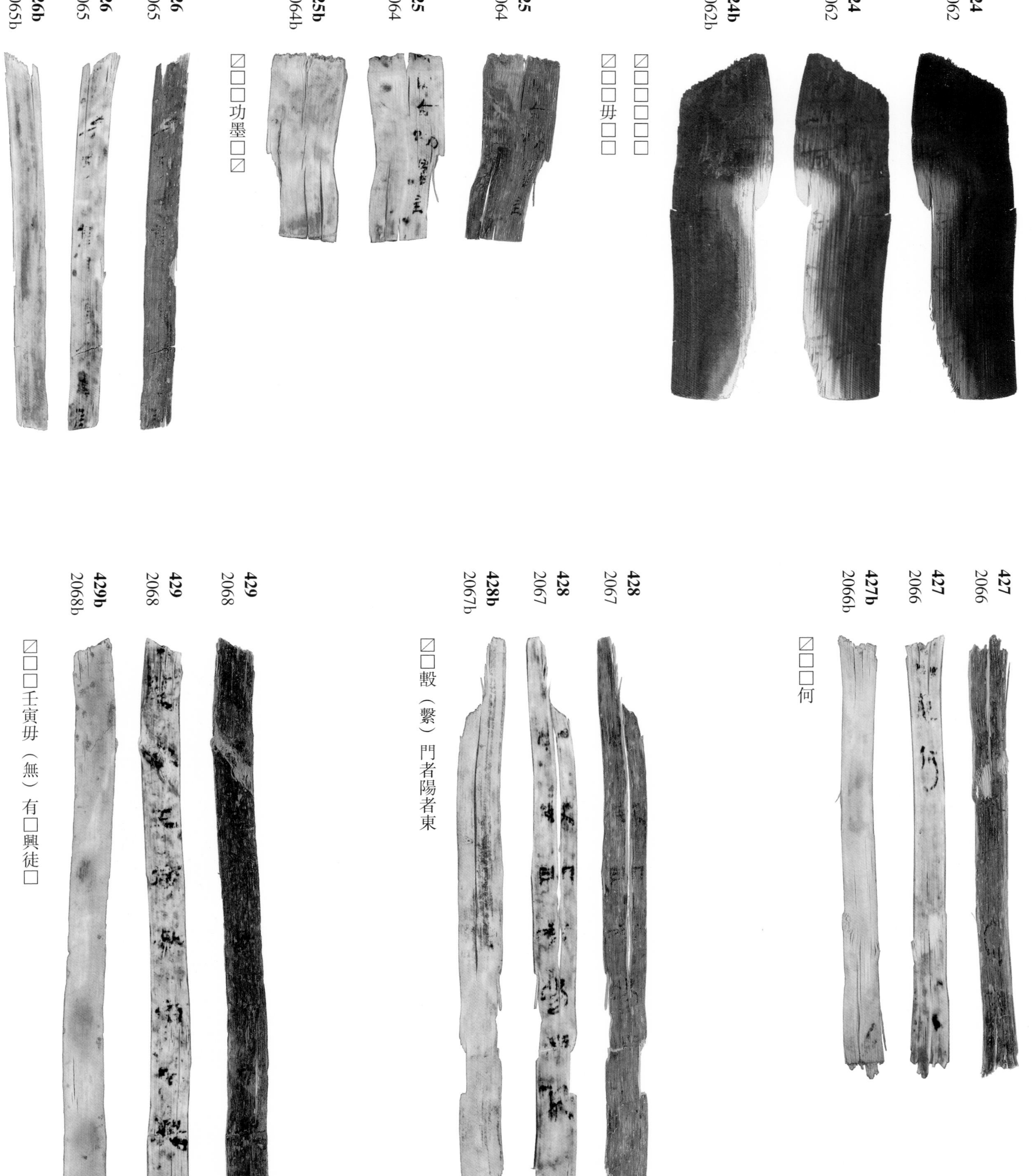

424 2062

424 2062

424b 2062b

☒□□□□

☒□毋□□

425 2064

425 2064

425b 2064b

☒□□功墨□☒

426 2065

426 2065

426b 2065b

☒□□□□□□□□☒

427 2066

427 2066

427b 2066b

☒□□何

428 2067

428 2067

428b 2067b

☒□轂（繫）門者陽者東

429 2068

429 2068

429b 2068b

☒□□壬寅毋（無）有□興徒□

430 2069

430 2069

430b 2069b

當補吏次安成五大夫孝□□

431 2070

431 2070

431b 2070b

當補吏次莊里五大夫□□□□□□□□□□□☒

432 2071

432 2071

432b 2071b

當用補吏次安成五大夫□□□爲中鄉佐□☒

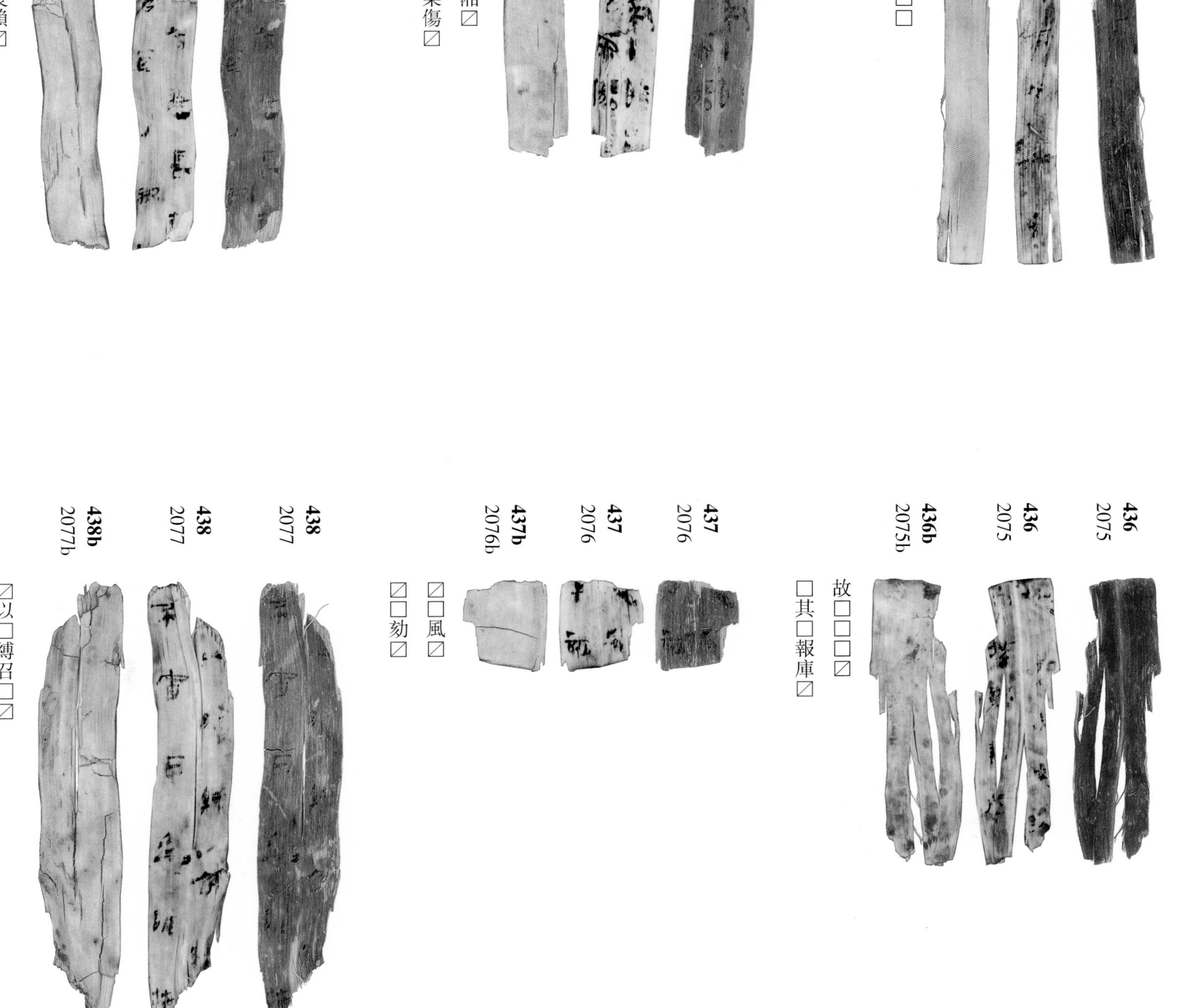

433 2072

433 2072

433b 2072b

☒□□□□□

434 2073

434 2073

434b 2073b

☒廷移臨湘☒

☒□大女榮傷☒

435 2074

435 2074

435b 2074b

☒湘令堅長賴☒

☒鐵官長ノ獄史☒

436 2075

436 2075

436b 2075b

故□□□☒

□其□報庫☒

437 2076

437 2076

437b 2076b

☒□風☒

☒□劾☒

438 2077

438 2077

438b 2077b

☒以□縛召□☒

☒不審日廷訊楮☒

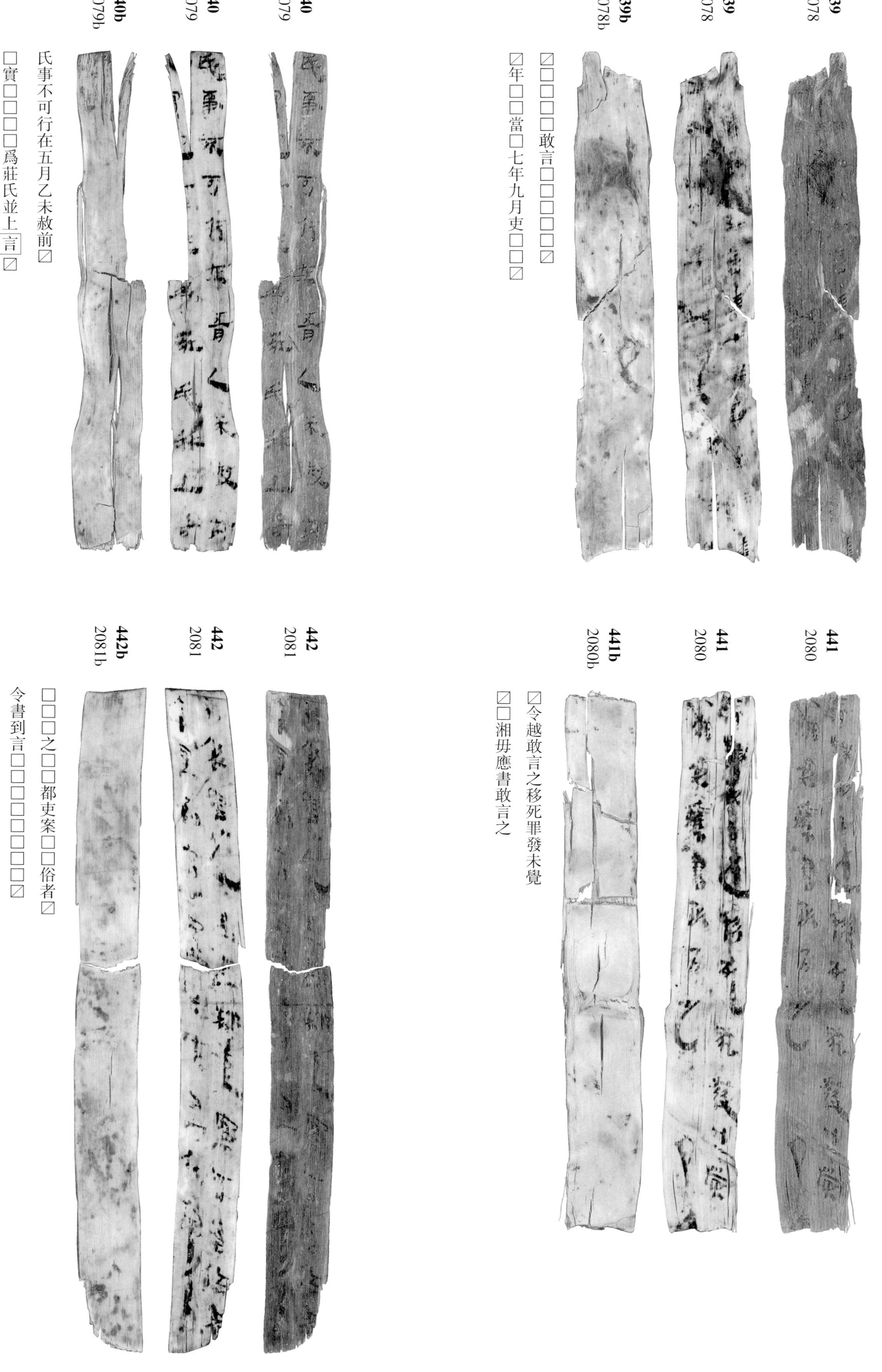

439 2078

439 2078

439b 2078b

☒□□□□敢言□□□□□☒

☒年□□當□七年九月吏□□☒

440 2079

440 2079

440b 2079b

氏事不可行在五月乙未赦前☒

□實□□□□爲莊氏並上言☒

441 2080

441 2080

441b 2080b

☒令越敢言之移死罪發未覺

☒□湘毋應書敢言之

442 2081

442 2081

442b 2081b

□□□之□□都吏案□□俗者☒

令書到言□□□□□□□□□☒

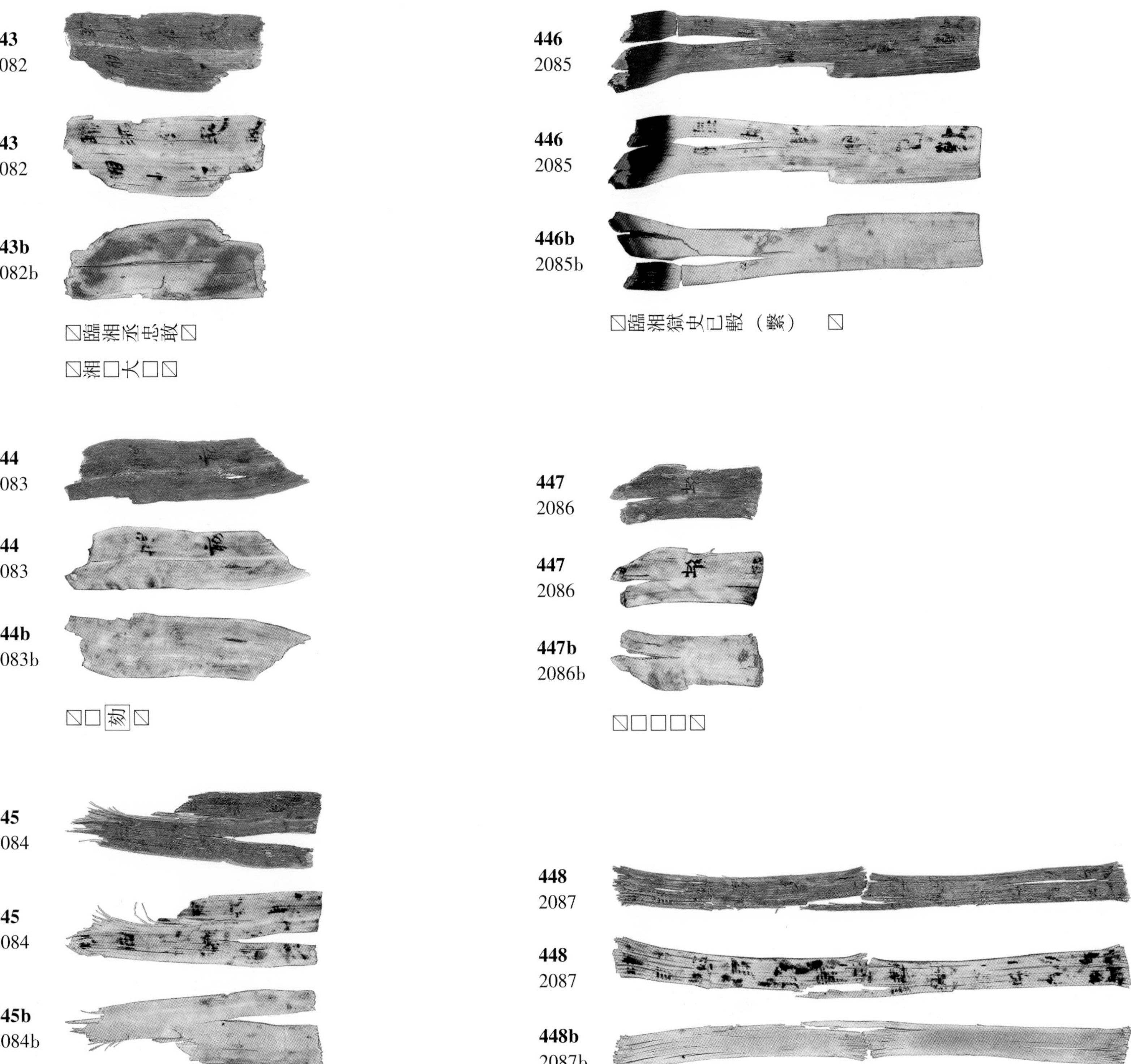

443
2082

443
2082

443b
2082b

☑臨湘丞忠敢☑

☑湘□大□☑

444
2083

444
2083

444b
2083b

☑□劾☑

445
2084

445
2084

445b
2084b

☑不□爰☑

☑曰□□□大☑

446
2085

446
2085

446b
2085b

☑臨湘獄史已毄（繫）　☑

447
2086

447
2086

447b
2086b

☑□□□☑

448
2087

448
2087

448b
2087b

☑中尉□□□簿問□中□□☑

449 2088

449 2088

449b 2088b

☒□鈞等詐（詐）□命棄市尊・臨湘起☒

450 2089

450 2089

450b 2089b

☒□□□□□□相史倚□故大夫☒

451 2090

451 2090

451b 2090b

☒□執□遣不□□□☒

452 2091

452 2091

452b 2091b

……

☒□□□不□□□□□□告☒

453 2092

453 2092

453b 2092b

☒□緒一受練襦償長安盡三月辛丑積百十八卩☒

454 2093

454 2093

454b 2093b

當補吏次□□□□□□□□□今宜☒

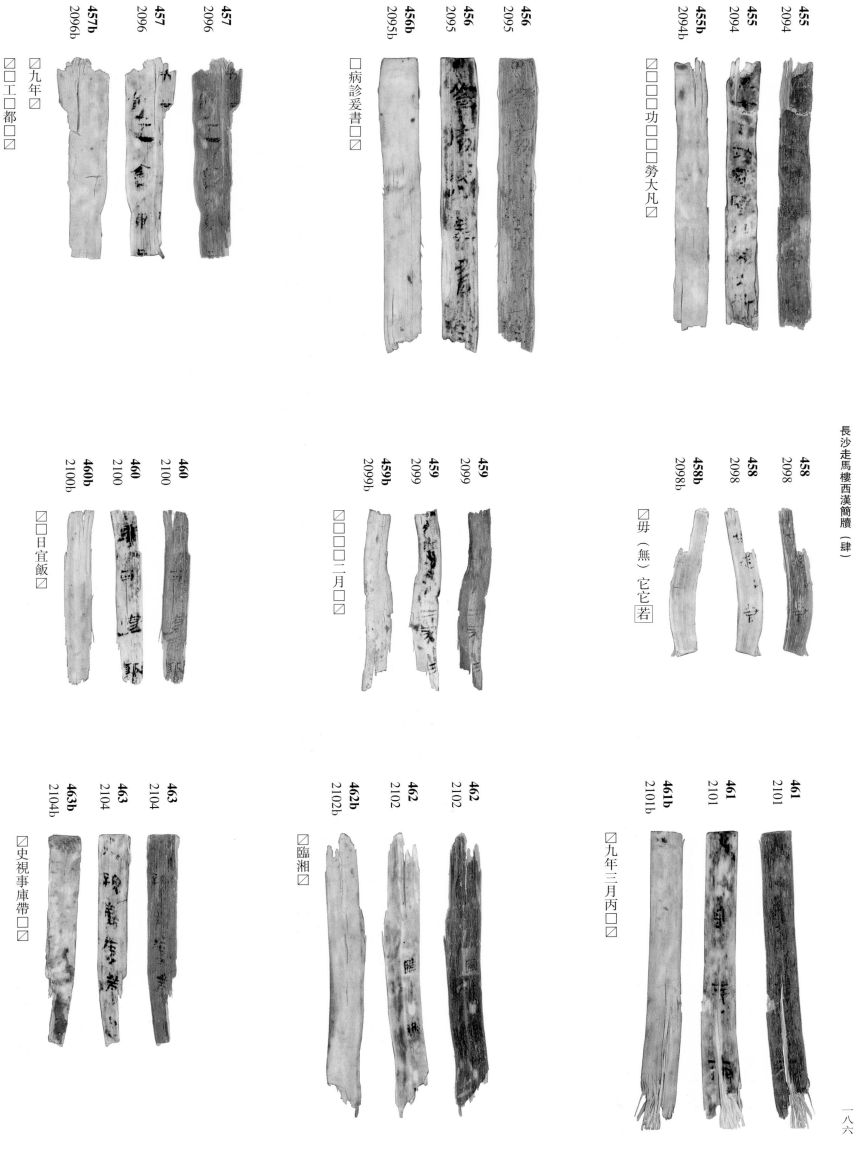

455 2094

455 2094

455b 2094b

☒☐☐☐功☐☐☐勞大凡☒

456 2095

456 2095

456b 2095b

☐病診爰書☐☒

457 2096

457 2096

457b 2096b

☒九年☒

☒☐工☐都☐☒

458 2098

458 2098

458b 2098b

☒毋（無）它它若

459 2099

459 2099

459b 2099b

☒☐☐☐二月☐☒

460 2100

460 2100

460b 2100b

☒☐日宜飯☒

461 2101

461 2101

461b 2101b

☒九年三月丙☐☒

462 2102

462 2102

462b 2102b

☒臨湘☒

463 2104

463 2104

463b 2104b

☒史視事庫帶☐☒

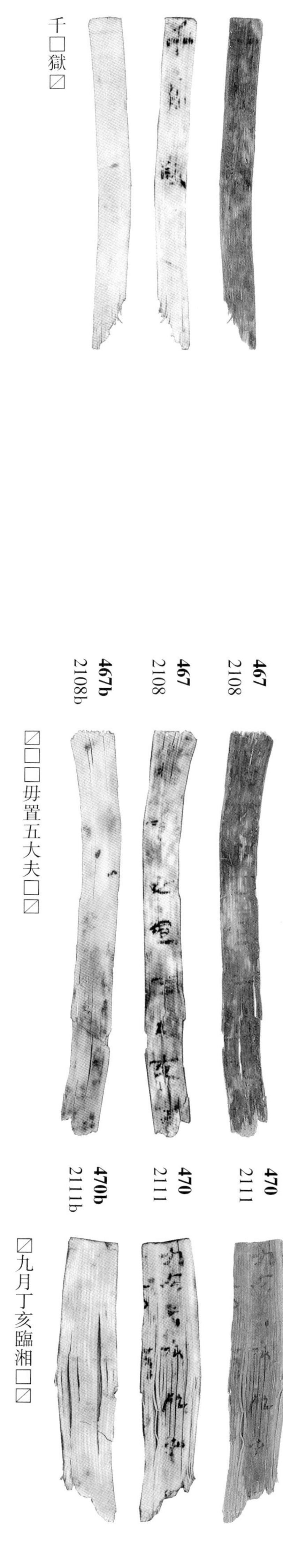

464 2105　**464** 2105　**464b** 2105b

千□獄⧄

467 2108　**467** 2108　**467b** 2108b

⧄□□毋置五大夫□⧄

470 2111　**470** 2111　**470b** 2111b

⧄九月丁亥臨湘□⧄

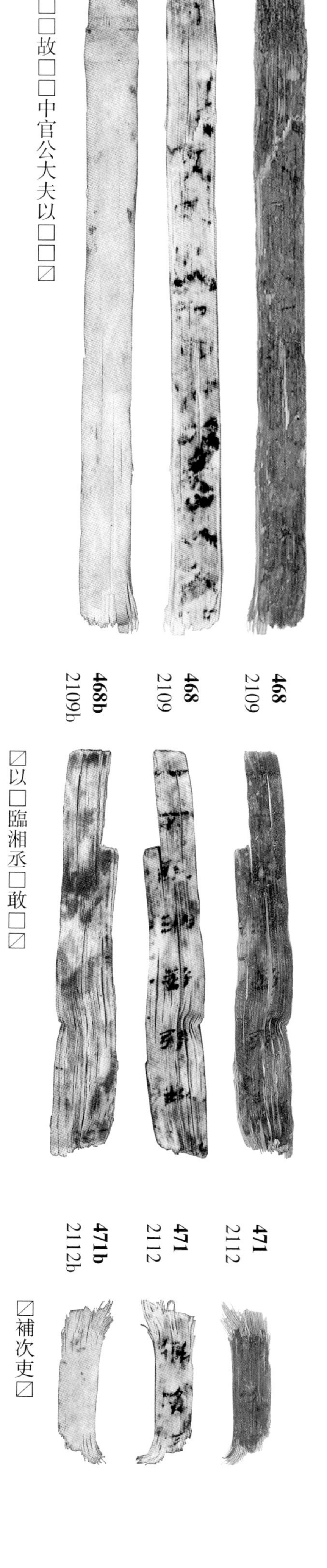

465 2106　**465** 2106　**465b** 2106b

⧄□□故□□中官公大夫以□□⧄

468 2109　**468** 2109　**468b** 2109b

⧄以□臨湘丞□敢□⧄

471 2112　**471** 2112　**471b** 2112b

⧄補次吏⧄

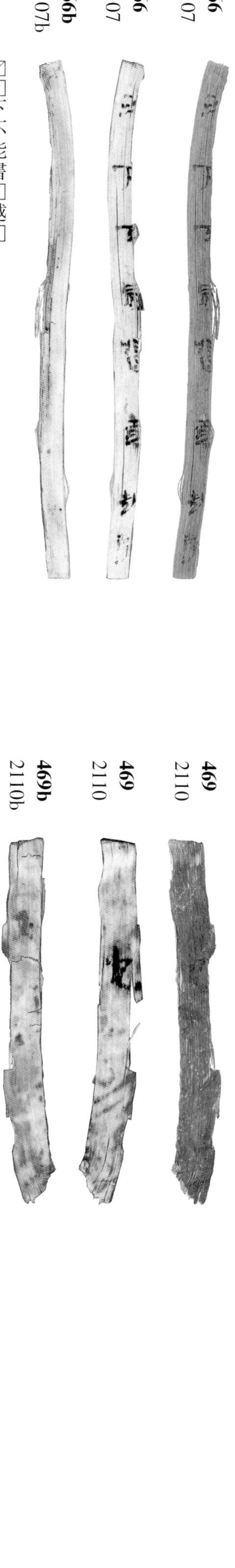

466 2107　**466** 2107　**466b** 2107b

⧄□下不能書□越□

469 2110　**469** 2110　**469b** 2110b

⧄它⧄

472
2114

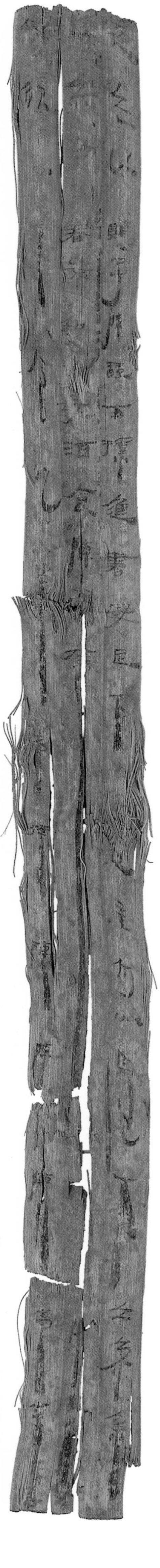

472
2114

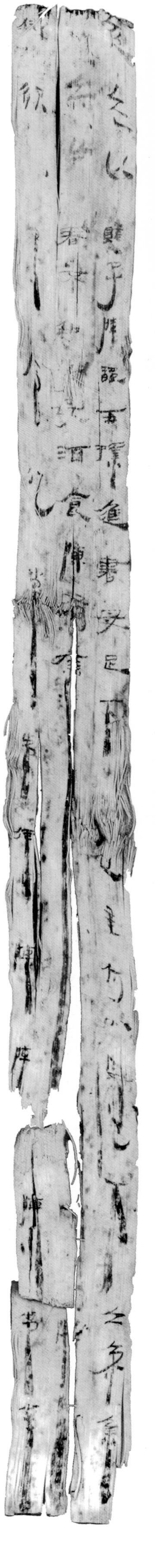

472b
2114b

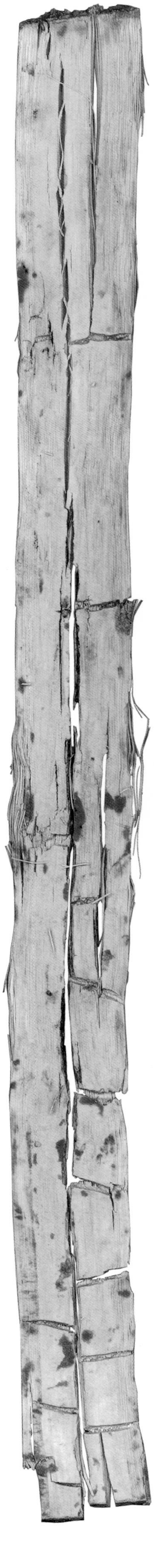

☐夜去亡賤子陳謹再拜進書母足下☐書何公馬足下大急急
☐晝去亡春不和☐母酒食陳有幸　陳
☐獄願律令從事事律陳陳陳事事

473
2118

473
2118

473b
2118b

九年☐月臨湘獄計輸問樂平里公乘志坐爲亭長亡滿五日不得削爵爲士五（伍）☐

474 2119

474 2119

474b 2119b

八年五月壬戌獄史[燕]爰書案充丞慶忌有它□劾故宮[司空即]☐

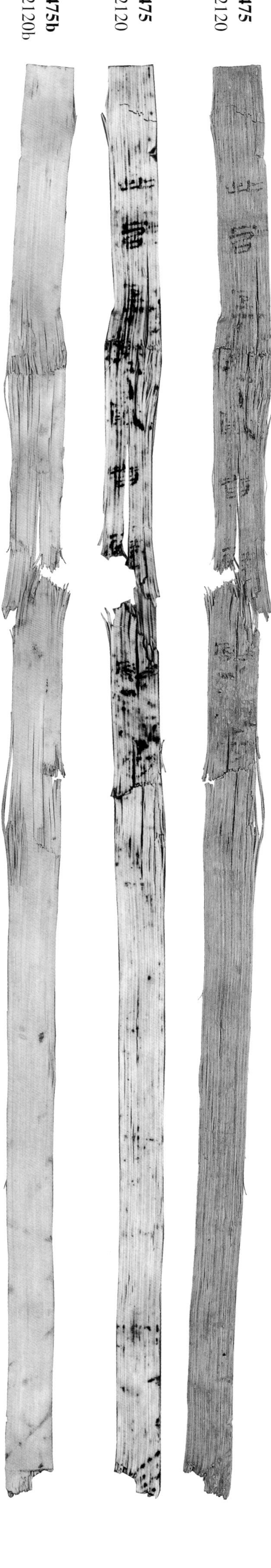

475 2120

475 2120

475b 2120b

此若至□[廄]皆辟問囚☐

476
2121

476
2121

476b
2121b

☒□監臨求盗意爲家作

☒□劾移獄以從事□□□□臨湘第

477
2124

477
2124

477b
2124b

☒榑膢下已診以屬應母大女幸，它如診書

478
2128

478
2128

478b
2128b

☐子御取車馬命棄市，會赦不自出，佐☐行言賤完城旦，操錢二萬，令爲盜徵御以己命償許☐

479
2131

479
2131

479b
2131b

三尺九年五月

480
2132

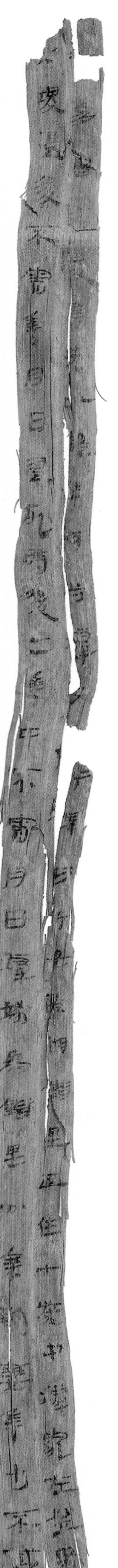

480
2132

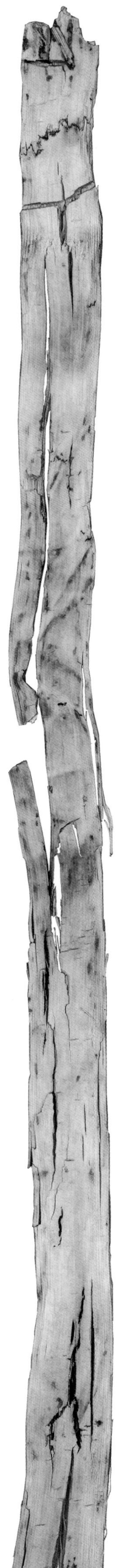

480b
2132b

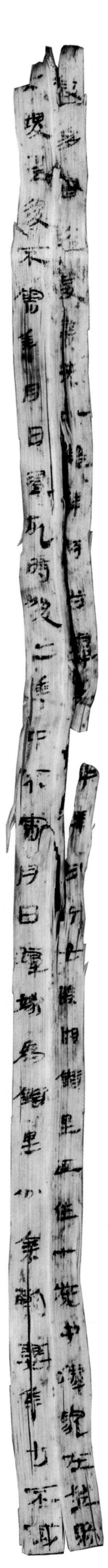

☑司寇多智（知）盜爰書先以證律辨告嬯乃訊辤（辭）曰大女臨湘鍇里迺往七歲中嬯家在登聚
☑大婢溫後不審年月日溫死時後二年中不審年月日嬯嫁爲鍇里公乘軫妻年少不識

481
2133

481
2133

481b
2133b

大（太）子給中大夫騎河給事□夫章郭中□□

482
2134

482
2134

482b
2134b

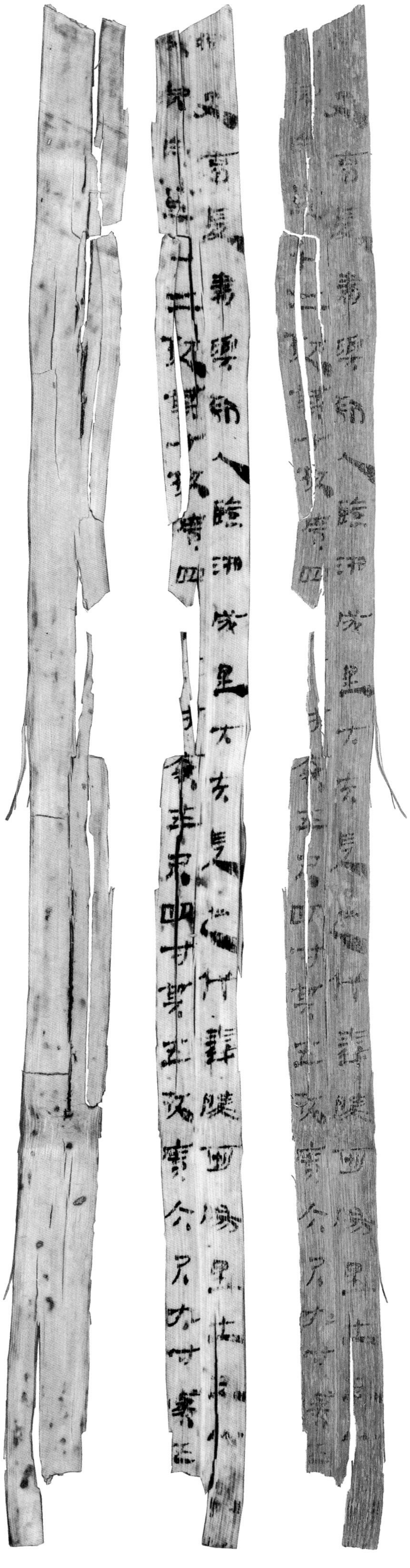

☑獄史育爰書與郵人臨湘成里大夫受之代義陵西陽里士五（伍）□□□

☑爲[家]乍器[十]二枚，其七枚廣四尺二寸、袤五尺四寸，其五枚廣六尺九寸、袤五☑

483
2136

483
2136

483b
2136b

☑以獄不治日洗沐・凡卅字

484
2137

484
2137

484b
2137b

☑史曹主計計期會及□□□案

485 2138

485 2138

485b 2138b

☑城日遣……☑

☑□□尉史高□敦長……敢言之謹寫移故獄☑

……□中□……

486 2141

486 2141

486b 2141b

☑已診以律令☑

487 2141-1

487 2141-1

487b 2141-1b

☑二□□☑

☆ **488** 2139

488 2139

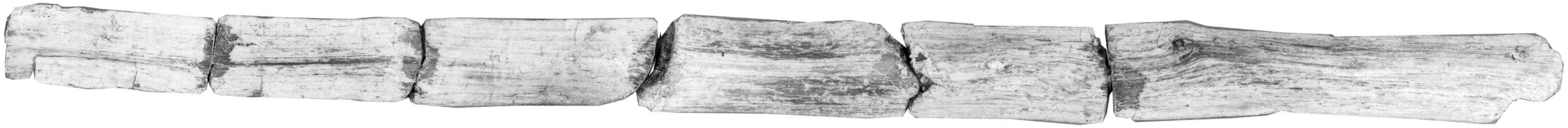

488b 2139b

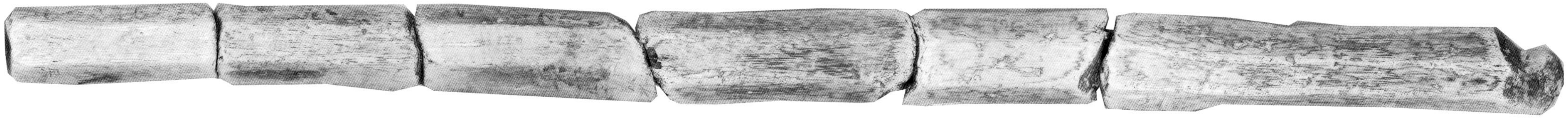

（無字）

☆
489
2140

489
2140

489b
2140b

……

490 2142
490 2142
490b 2142b

潙鄉男子黄澤坐盜□不舉在獄……☒

491 2143
491 2143
491b 2143b

☒□□□轂（繫）延年論獄，以律令從事，敢言之。丿車長宛

☒受

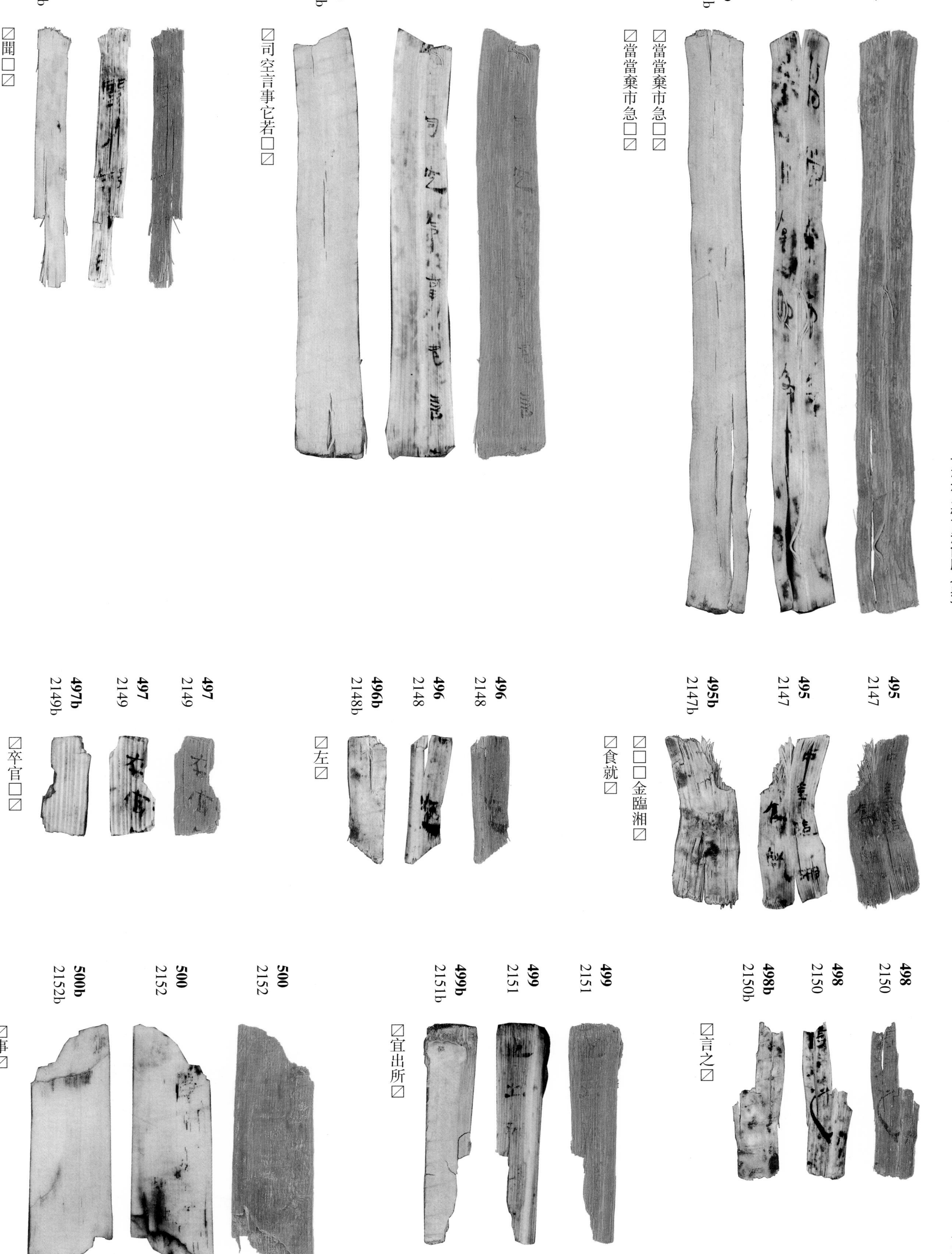

492 2144

492 2144

492b 2144b

☑當當棄市急□☑
☑當當棄市急□☑

493 2145

493 2145

493b 2145b

☑司空言事它若□☑

494 2146

494 2146

494b 2146b

☑聞□☑

495 2147

495 2147

495b 2147b

☑□□金臨湘☑
☑食就☑

496 2148

496 2148

496b 2148b

☑左☑

497 2149

497 2149

497b 2149b

☑卒官□☑

498 2150

498 2150

498b 2150b

☑言之☑

499 2151

499 2151

499b 2151b

☑宜出所☑

500 2152

500 2152

500b 2152b

☑事☑

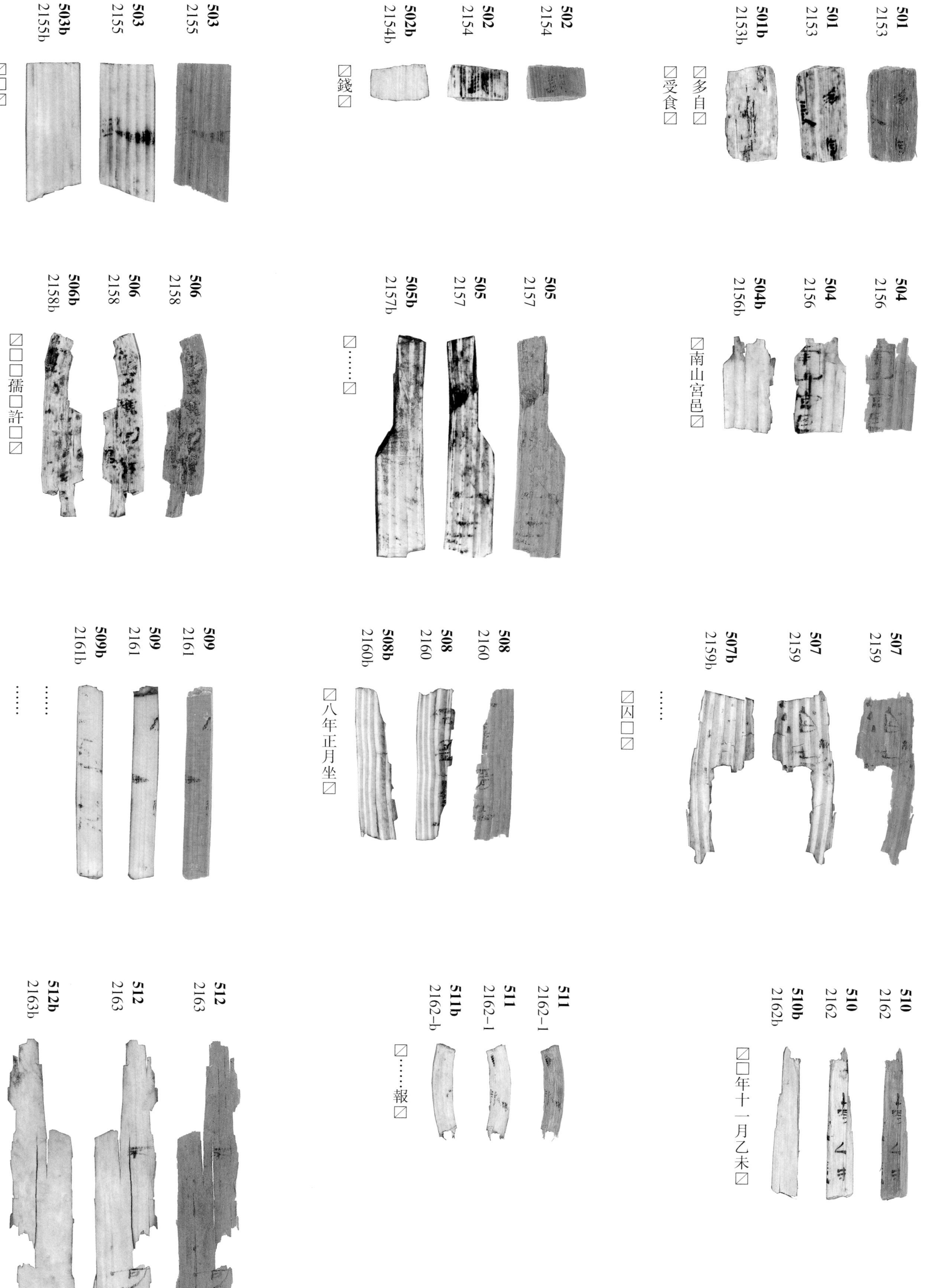

501 2153
501 2153
501b 2153b

☐多自☐
☐受食☐

502 2154
502 2154
502b 2154b

☐錢☐

503 2155
503 2155
503b 2155b

☐□☐

504 2156
504 2156
504b 2156b

☐南山宮邑☐

505 2157
505 2157
505b 2157b

☐……☐

506 2158
506 2158
506b 2158b

☐□□糯□許□☐
☐□□☐

507 2159
507 2159
507b 2159b

……

☐囚□☐

508 2160
508 2160
508b 2160b

☐八年正月坐☐

509 2161
509 2161
509b 2161b

……

……

（背面）☐□五尺☐

510 2162
510 2162
510b 2162b

☐□年十一月乙未☐

511 2162-1
511 2162-1
511b 2162-b

☐……報☐

512 2163
512 2163
512b 2163b

☐不可☐

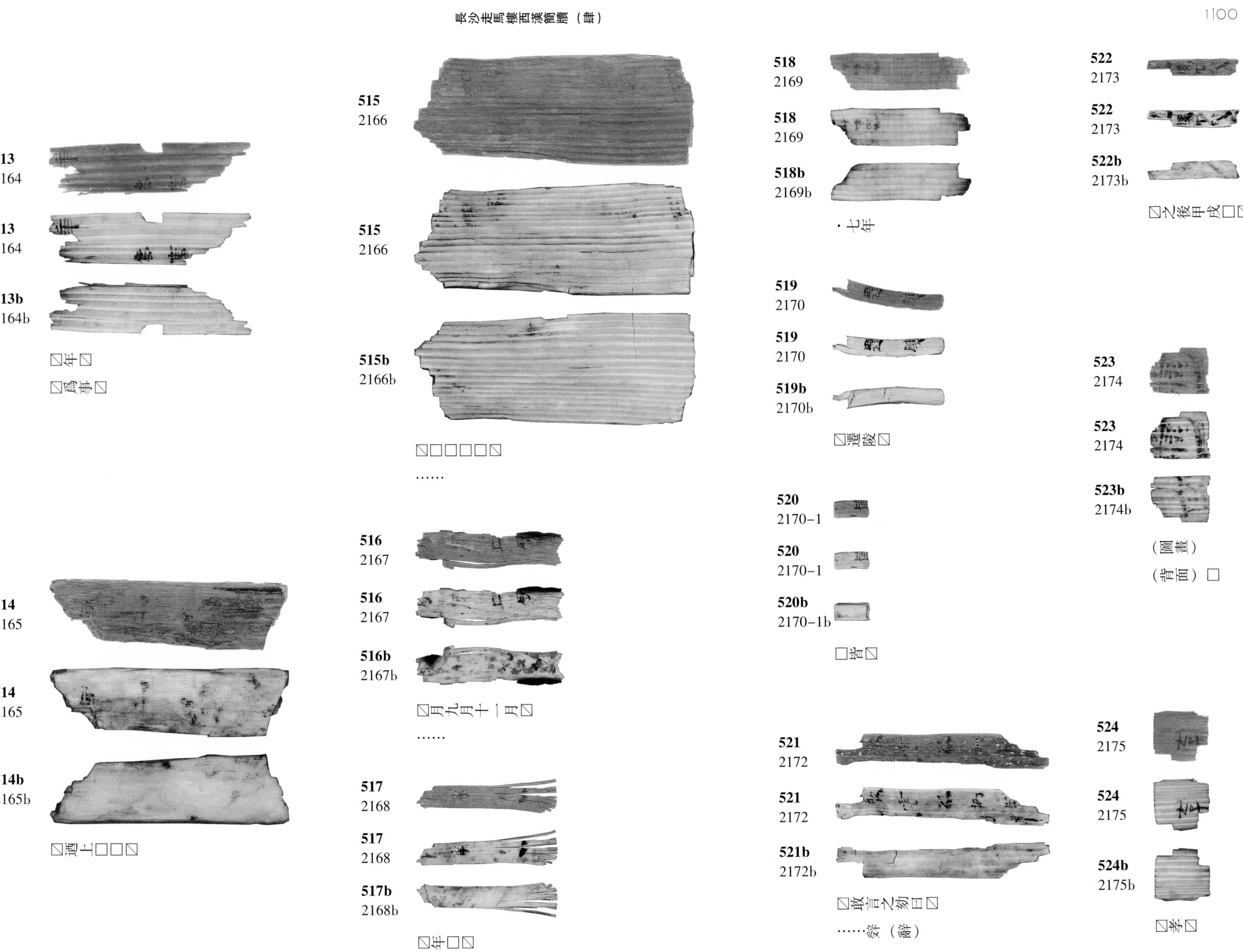

513
2164
513
2164
513b
2164b
☑年☑
☑爲事☑
514
2165
514
2165
514b
2165b
☑適上□□☑
515
2166
515
2166
515b
2166b
☑□□□□☑
……
516
2167
516
2167
516b
2167b
☑月九月十一月☑
……
517
2168
517
2168
517b
2168b
☑年□☑
518
2169
518
2169
518b
2169b
·七年
519
2170
519
2170
519b
2170b
☑遷陵☑
520
2170-1
520
2170-1
520b
2170-1b
□皆☑
521
2172
521
2172
521b
2172b
☑敢言之劾日☑
……辤（辭）
522
2173
522
2173
522b
2173b
☑之後甲戌□☑
523
2174
523
2174
523b
2174b
（圖畫）
（背面）□
524
2175
524
2175
524b
2175b
☑孝☑

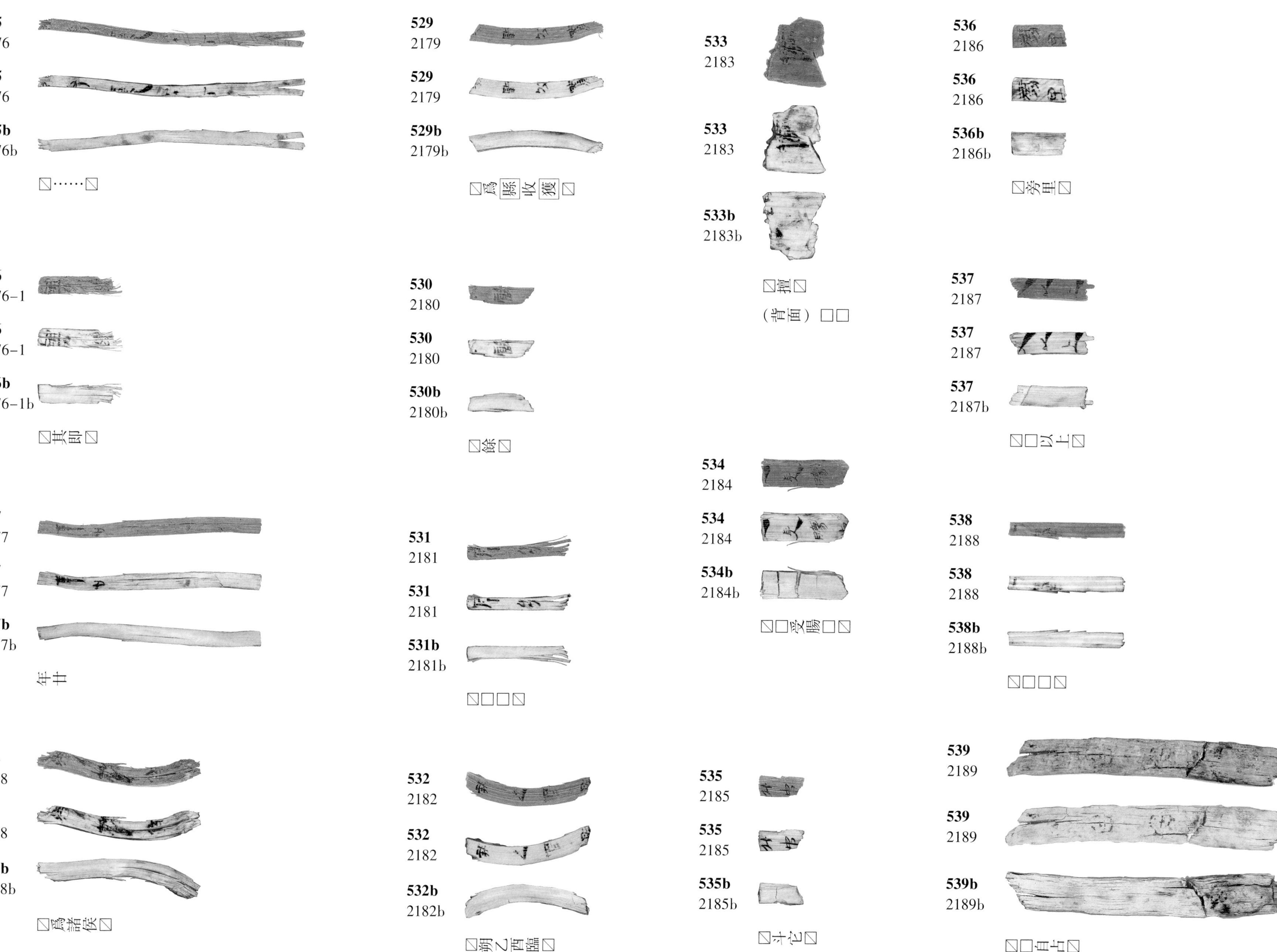

525 2176 / 525 2176 / 525b 2176b

☒……☒

526 2176-1 / 526 2176-1 / 526b 2176-1b

☒其即☒

527 2177 / 527 2177 / 527b 2177b

年廿

528 2178 / 528 2178 / 528b 2178b

☒爲諸侯☒

529 2179 / 529 2179 / 529b 2179b

☒爲[縣]收[獲]☒

530 2180 / 530 2180 / 530b 2180b

☒餘☒

531 2181 / 531 2181 / 531b 2181b

☒□□☒

532 2182 / 532 2182 / 532b 2182b

☒朔乙酉臨☒

533 2183 / 533 2183 / 533b 2183b

☒擅☒

（背面）□□

534 2184 / 534 2184 / 534b 2184b

☒□爰腸□☒

535 2185 / 535 2185 / 535b 2185b

☒斗它☒

536 2186 / 536 2186 / 536b 2186b

☒旁里☒

537 2187 / 537 2187 / 537 2187b

☒□以上☒

538 2188 / 538 2188 / 538b 2188b

☒□□☒

539 2189 / 539 2189 / 539b 2189b

☒□自占☒

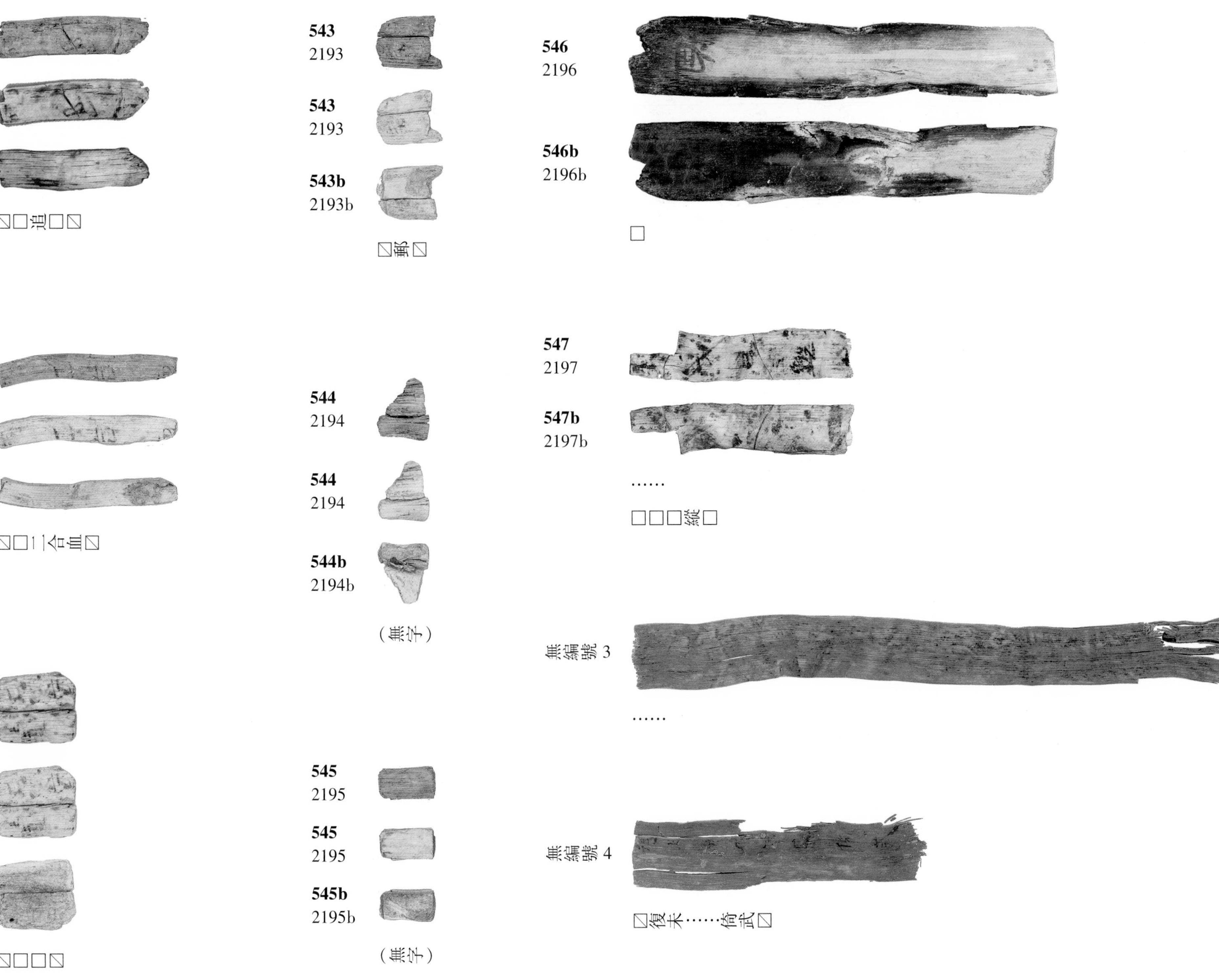

540 2190

540 2190

540b 2190b

☑□追□☑

541 2191

541 2191

541b 2191b

☑□三合血☑

542 2192

542 2192

542b 2192b

☑□□☑

☑皆☑

543 2193

543 2193

543b 2193b

☑鄣☑

544 2194

544 2194

544b 2194b

（無字）

545 2195

545 2195

545b 2195b

（無字）

546 2196

546b 2196b

□

547 2197

547b 2197b

……

□□□縱□

無編號 3

……

無編號 4

☑復未……倚武☑

附錄

附錄一　新清理飽水簡

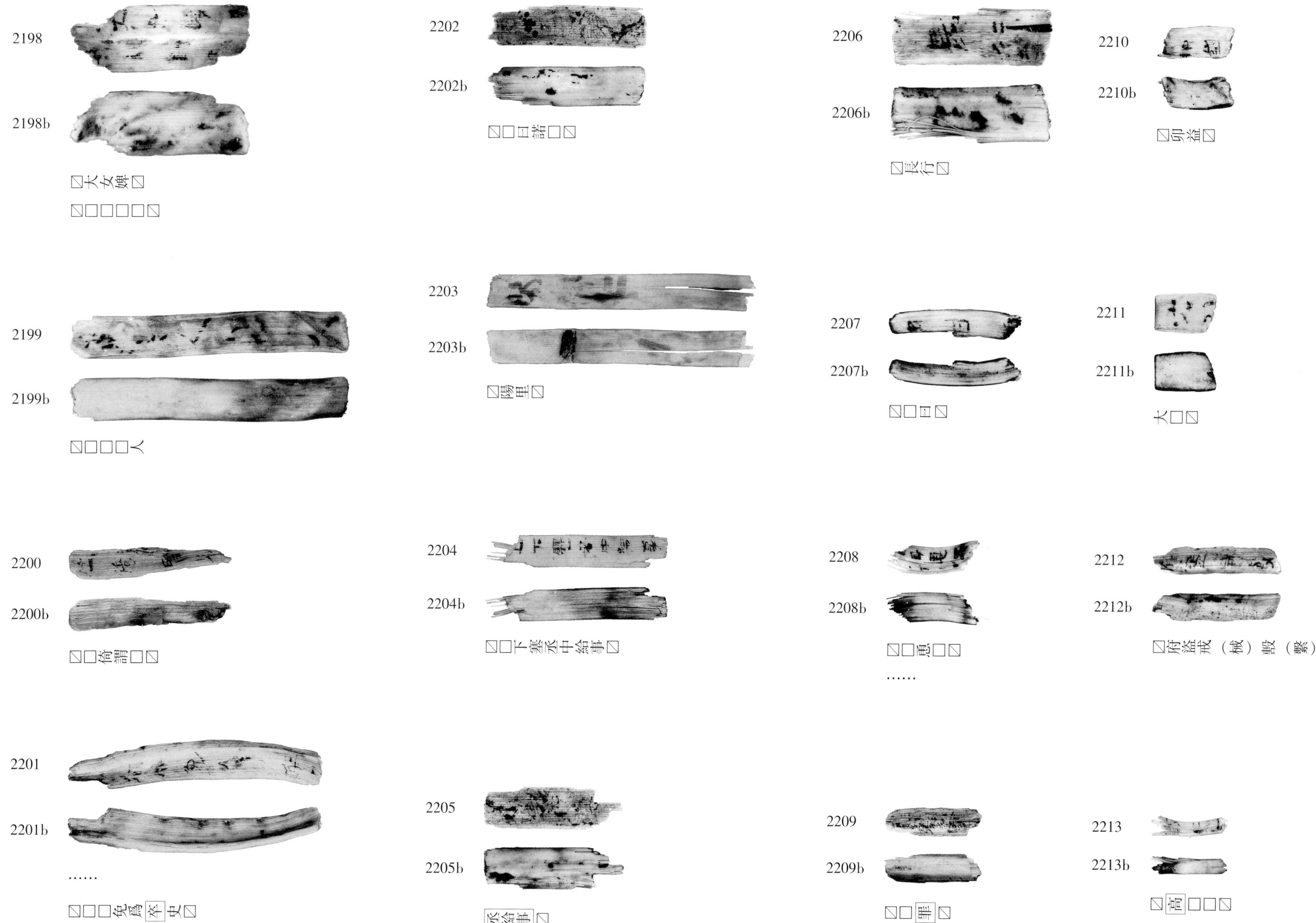

2198 2198b

☑大女婢☑

☑□□□□☑

2199 2199b

☑□□□人

2200 2200b

☑□倚謂□☑

2201 2201b

……

☑□□免爲卒史☑

2202 2202b

☑□曰諸□☑

2203 2203b

☑陽里☑

2204 2204b

☑□下塞丞中給事☑

2205 2205b

丞給事☑

2206 2206b

☑長行☑

2207 2207b

☑□曰☑

2208 2208b

☑□惠□☑

……

2209 2209b

☑□罪☑

2210 2210b

☑卯益☑

2211 2211b

大□☑

2212 2212b

☑府盜戒（械）毄（繫）☑

2213 2213b

☑高□□☑

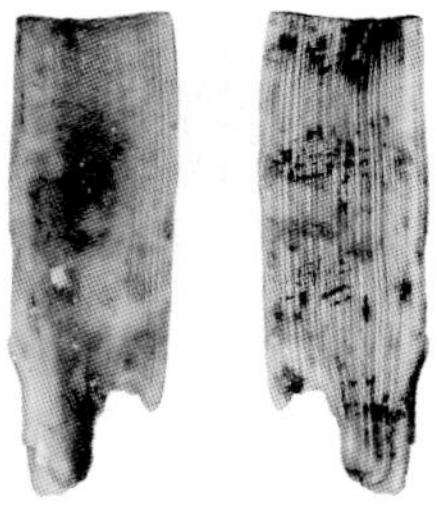

2214
2214b
臨湘[廷]▨

2215
2215b
……不識日▨

2216
2216b
▨□南郡大守▨

2217
2217b
▨湘都▨

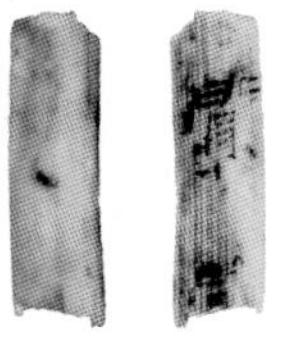

2218
2218b
▨聞□▨

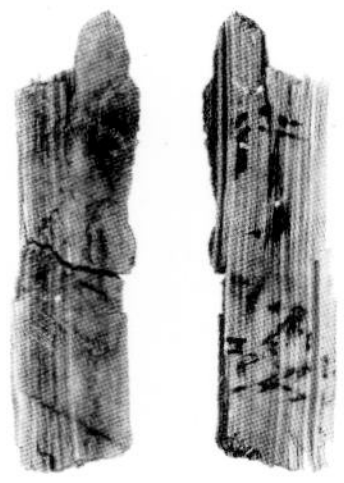

2219
2219b
▨行□▨

2220
2220b
▨□事□▨

2221
2221b
□麻□▨

2222
2222b
▨□□佐

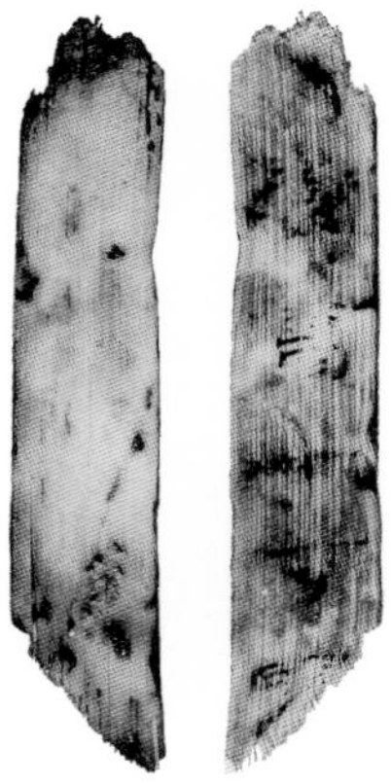

2223
2223b
▨□□可□▨

2224
2224b
▨劾臨湘駕論□□▨

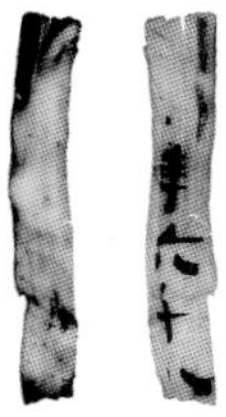

2225
2225b
▨□錢六千八▨

2226
2226b
▨安□▨

2227
2227b
……出▨

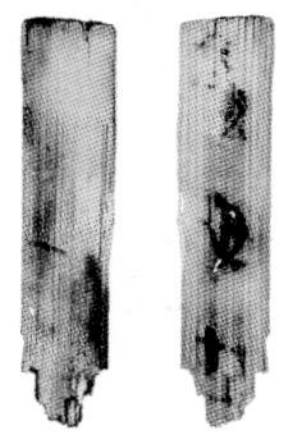

2228
2228b
□毋……

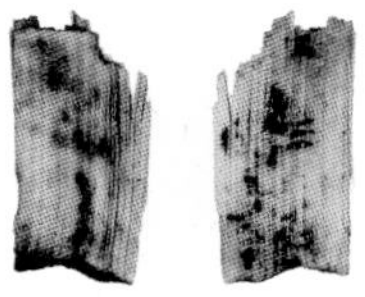

2229
2229b
▨臨湘□▨

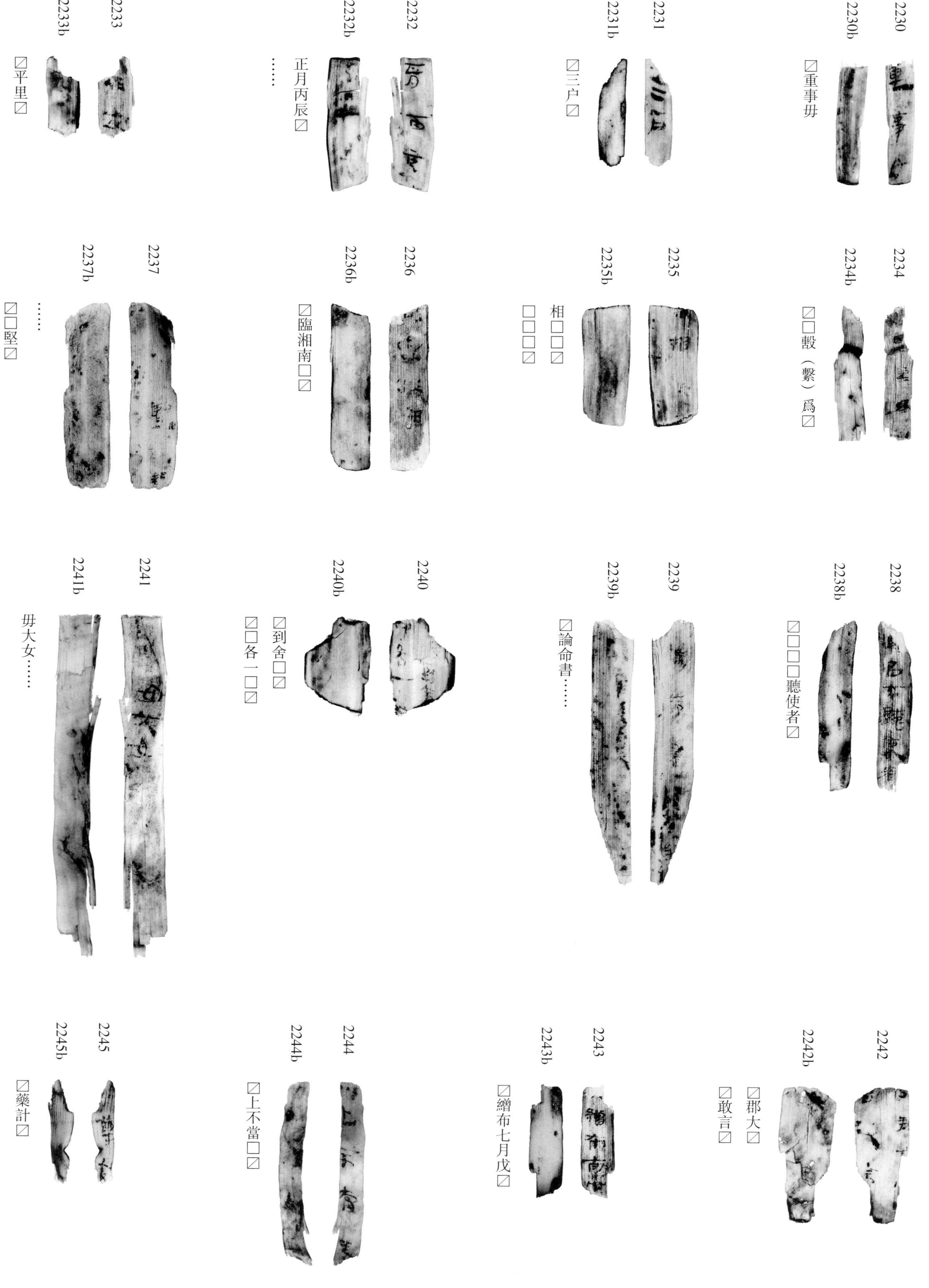

2230 2230b
☐重事毋

2231 2231b
☐三户☐

2232 2232b
正月丙辰☐
……

2233 2233b
☐平里☐

2234 2234b
☐□毄（繫）爲☐

2235 2235b
相□□☐
□□□☐

2236 2236b
☐臨湘南□☐

2237 2237b
……
☐□堅☐

2238 2238b
☐□□□聽使者☐

2239 2239b
☐論命書……

2240 2240b
☐到舍□☐
☐□各一□☐

2241 2241b
毋大女……

2242 2242b
☐郡大☐
☐敢言☐

2243 2243b
☐繒布七月戊☐

2244 2244b
☐上不當□☐

2245 2245b
☐藥計☐

2246
2246b 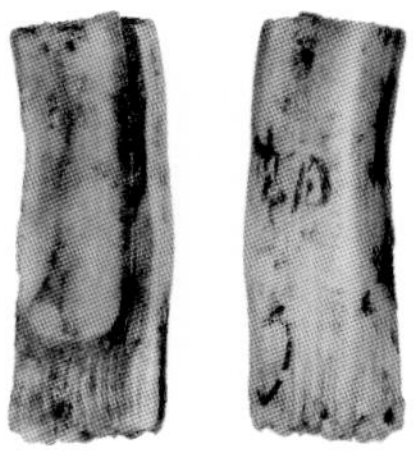
☒[胡人]☒

2247
2247b 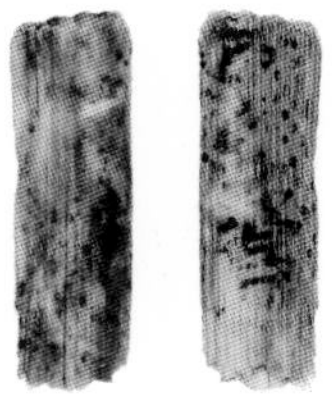
☒得☒

2248
2248b 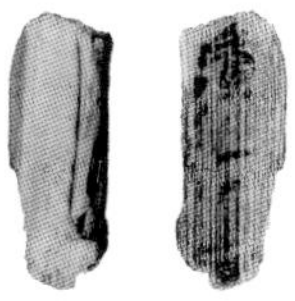
☒廣二尺☒

2249
2249b 
……
☒傳

2250
2250b 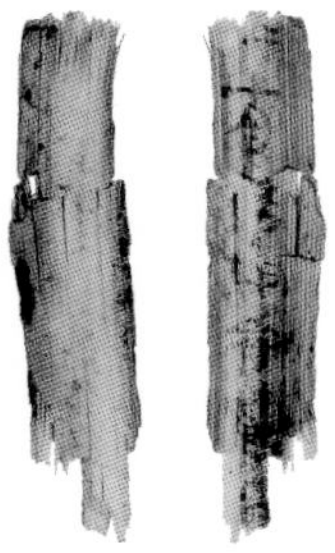
☒七月丙申□□☒

2251
2251b 
☒囚盜械鈦□□☒

2252
2252b 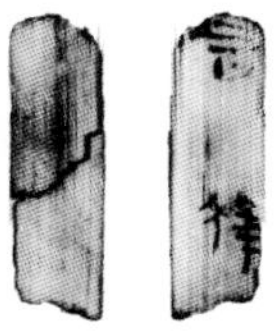
☒若律☒

2253
2253b 
……盡當……
☒不……

2254
2254b 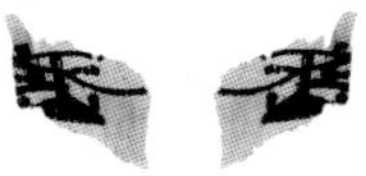
☒丞☒

2255
2255b 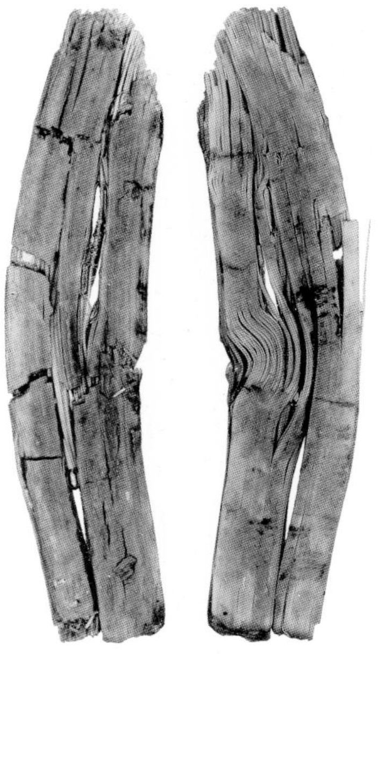
……籍

2256
2256b 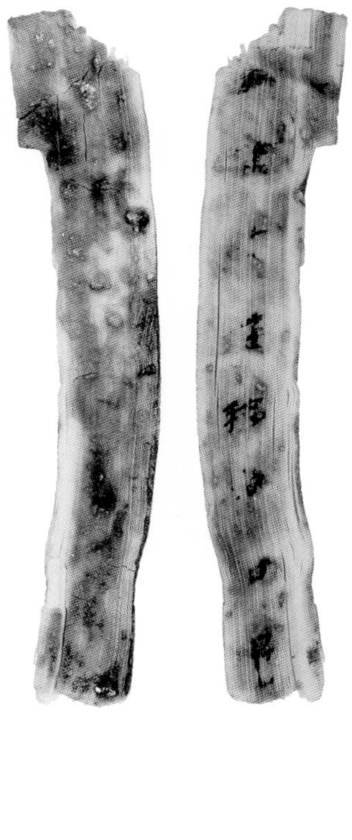
☒□□□[謹]移□□□☒

2257
2257b 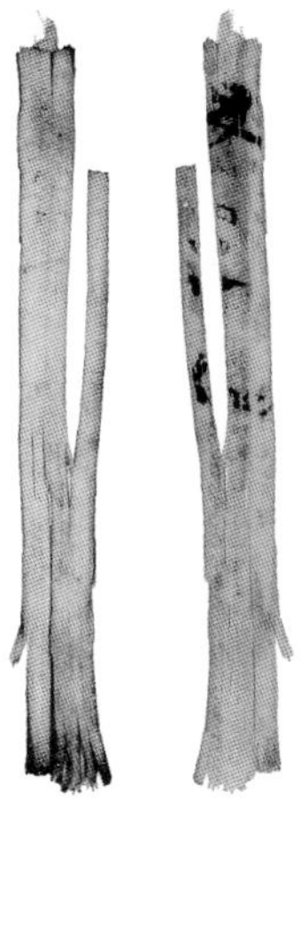
☒毋三人☒

2258

2258b

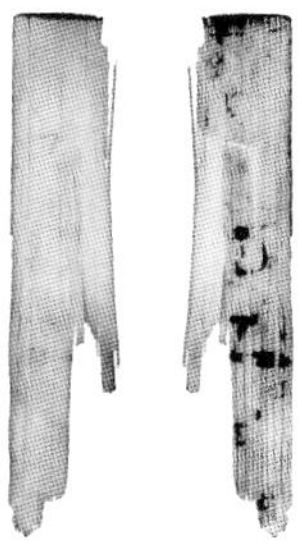

百五☐

2259

2259b

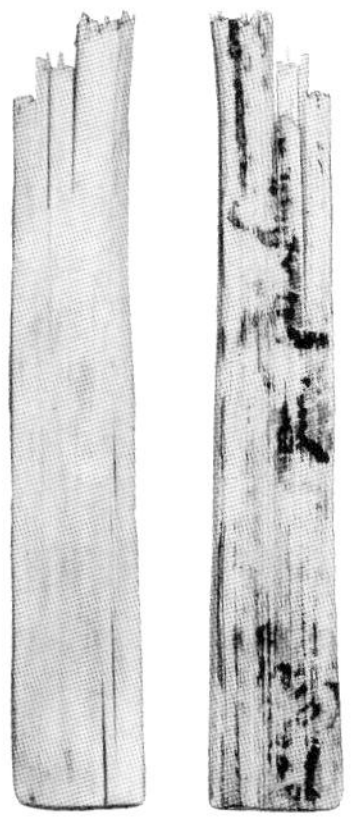

……陽

2260

2260b

上尊酒石☐

2261

2261b

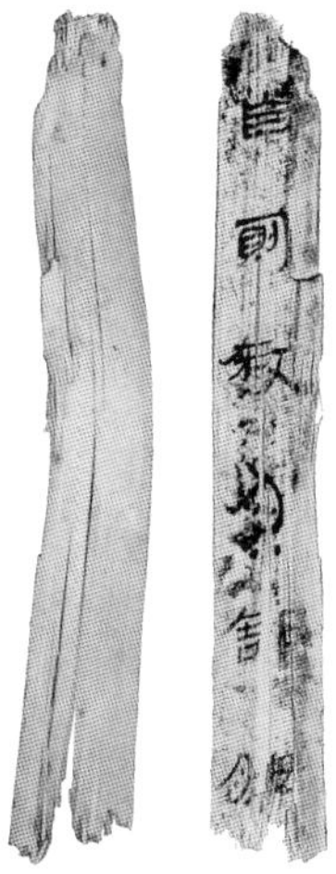

☐自賊殺創□□☐

2262

2262b

☐□……

……聽

2263

2263b

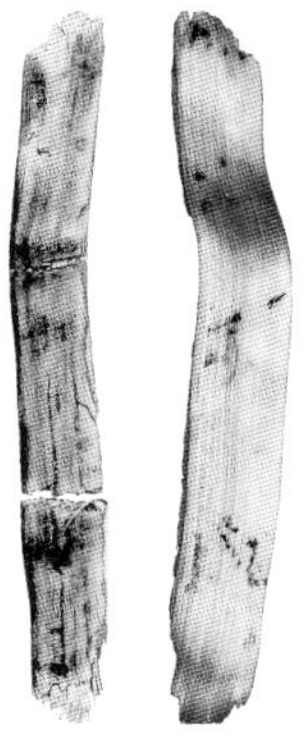

☐不□☐

2264

2264b

……

☐復作☐

2265

2265b

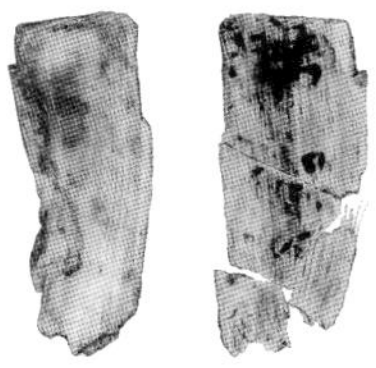

滿□☐

2266

2266b

☐拜言

2267

2267b

☐陽里☐

☐爲後☐

2268

2268b

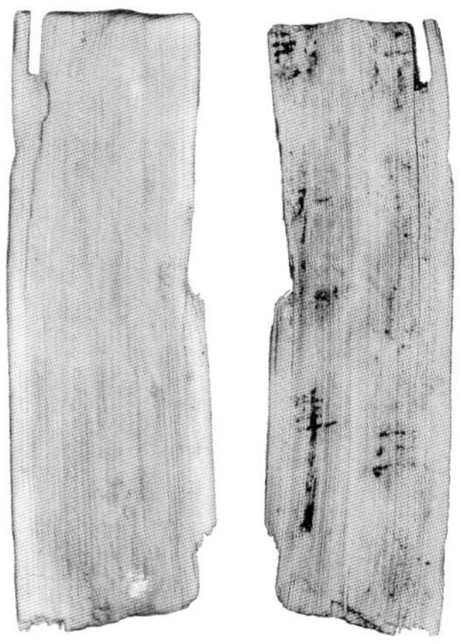

……三☐

……元年☐

2269

2269b

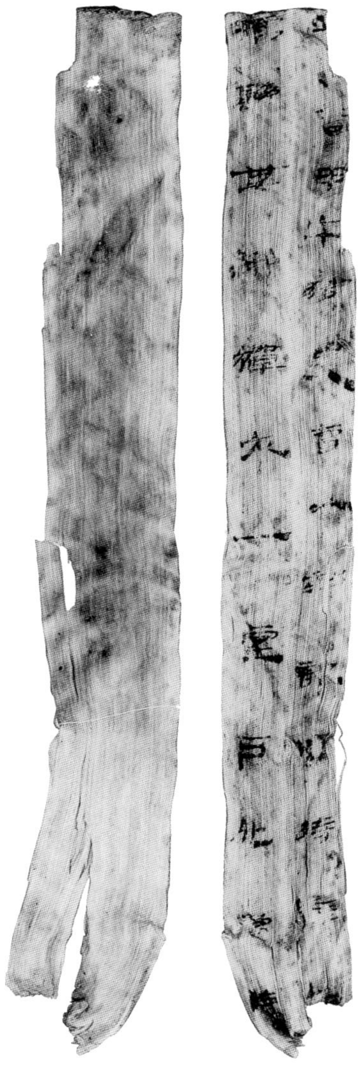

四年六月甲午獄史曹以劾訊□勝辤（辭）曰□☐

孺□其絣襌衣一，堂戶外□□☐

2270 
2270b
☐告尉謂倉

2271 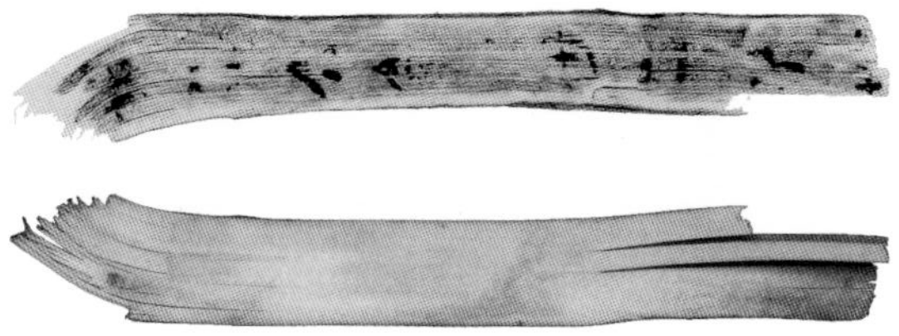
2271b
☐其☐☐六年卅二☐

2272 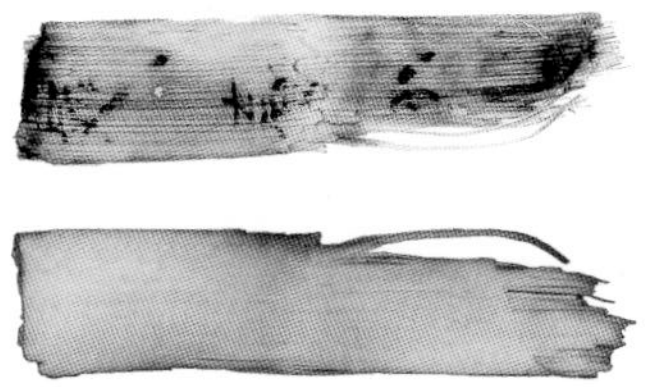
2272b
☐☐賣分☐

2273 
2273b
……解☐

2274 
2274b
☐孝文九年☐

2275 
2275b
☐卌一☐

2276 
2276b
☐劇☐

2277 
2277b
錢八百☐

2278 
2278b
☐盜通李佗☐
☐尉史勝☐

2279 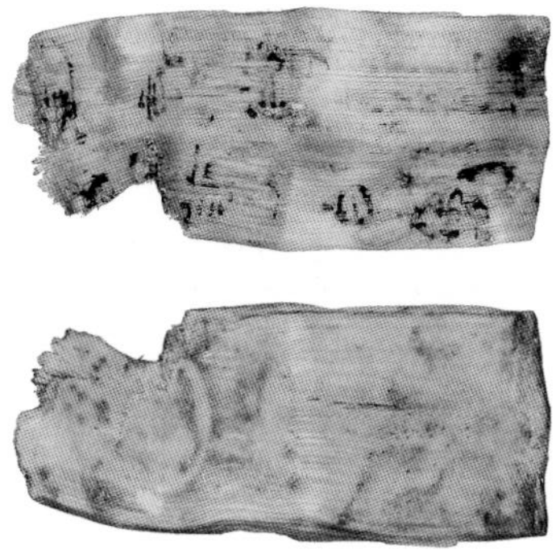
2279b
☐廷計簿
☐簿白刺

2280 
2280b
……六年☐
……

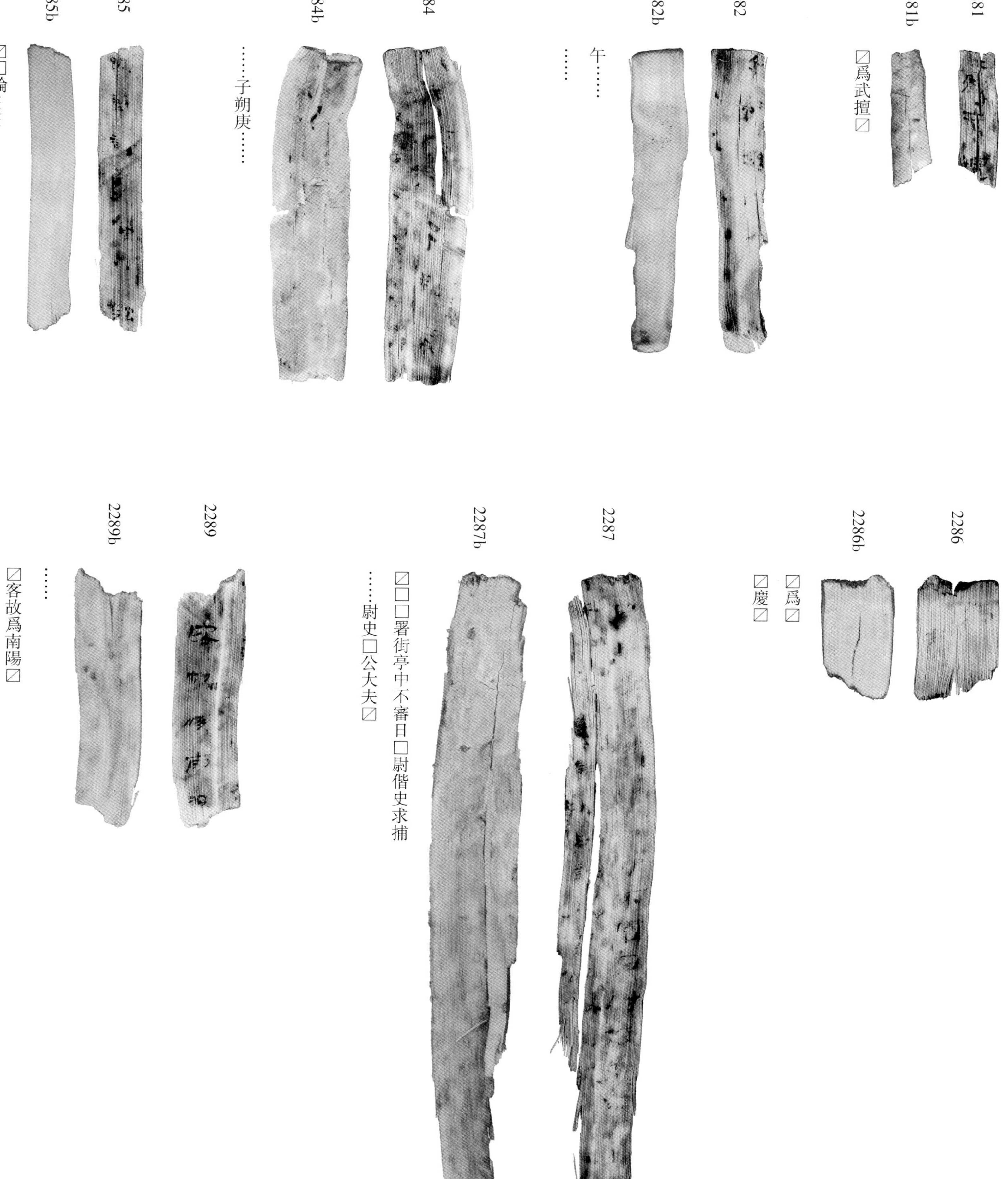

2281

2281b

⧄爲武擅⧄

2282

2282b

午……

……

2284

2284b

……子朔庚……

2285

2285b

⧄□論……

2286

2286b

⧄爲⧄

⧄慶⧄

2287

2287b

⧄□□署街亭中不審日□尉偕史求捕

……尉史□公大夫⧄

2289

2289b

……

⧄客故爲南陽⧄

2290

2290b

〼爰書□以〼
〼□屬□〼

2291

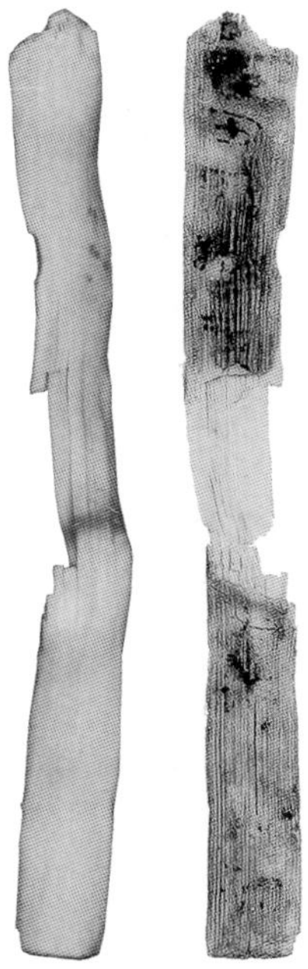

2291b

……田……

2292

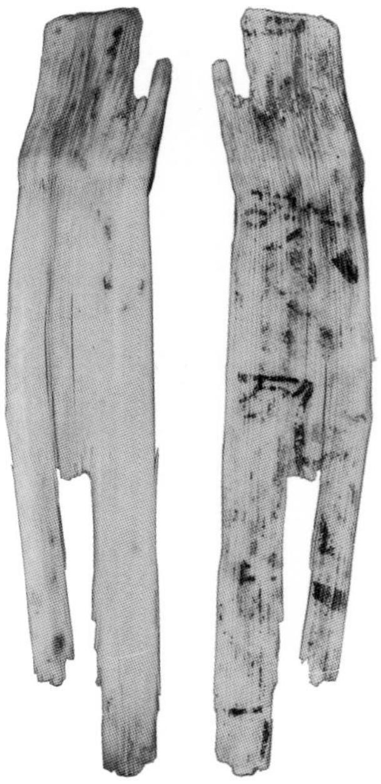

2292b

〼□殊死□□〼

2293

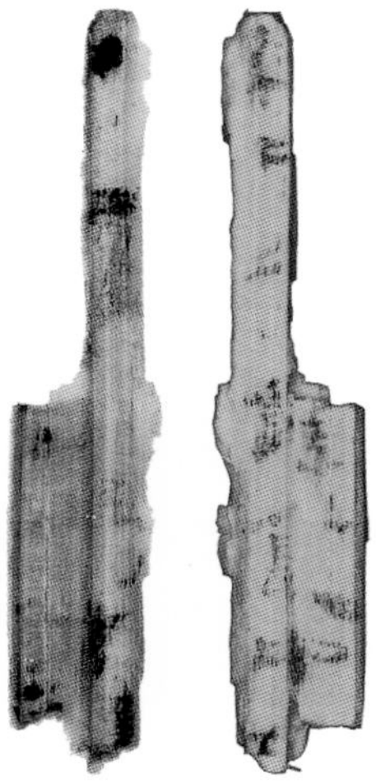

2293b

……□食中〼

2294

2294b

〼理人與□〼

2295

2295b

〼□獄□〼

2296

2296b

〼得〼

2297

2297b

臨湘移爲〼

2298

2298b

〼□言之〼

2299

2299b

……
〼□爲……

2300

2300b

已……

2301

2301b

⧄復作⧄

2302

2302b

⧄亥⧄

2303

2303b

⧄□年

2304

2304b

⧄八丈二尺負四⧄

2305

2305b

⧄誠入更⧄

2306

2306b

⧄不害

2307

2307b

⧄夫⧄

2308

2308b

⧄□計□□⧄

2309

2309b

⧄故□□□⧄

2310

2310b

⧄獄計坐⧄

……八□⧄

2311

2311b

⧄監臨主者⧄

2313

2313b

⧄迺八年四月中御□⧄
⧄遣□□⧄

2314

2314b

⧄人⧄

2315

2315b

……火

2316

2316b

⧄命未得⧄

2317

2317b

⧄臨⧄

2318

2318b

……辟⧄
……己未⧄

2319

2319b

……
⧄□牛造里□□辤（辭）⧄

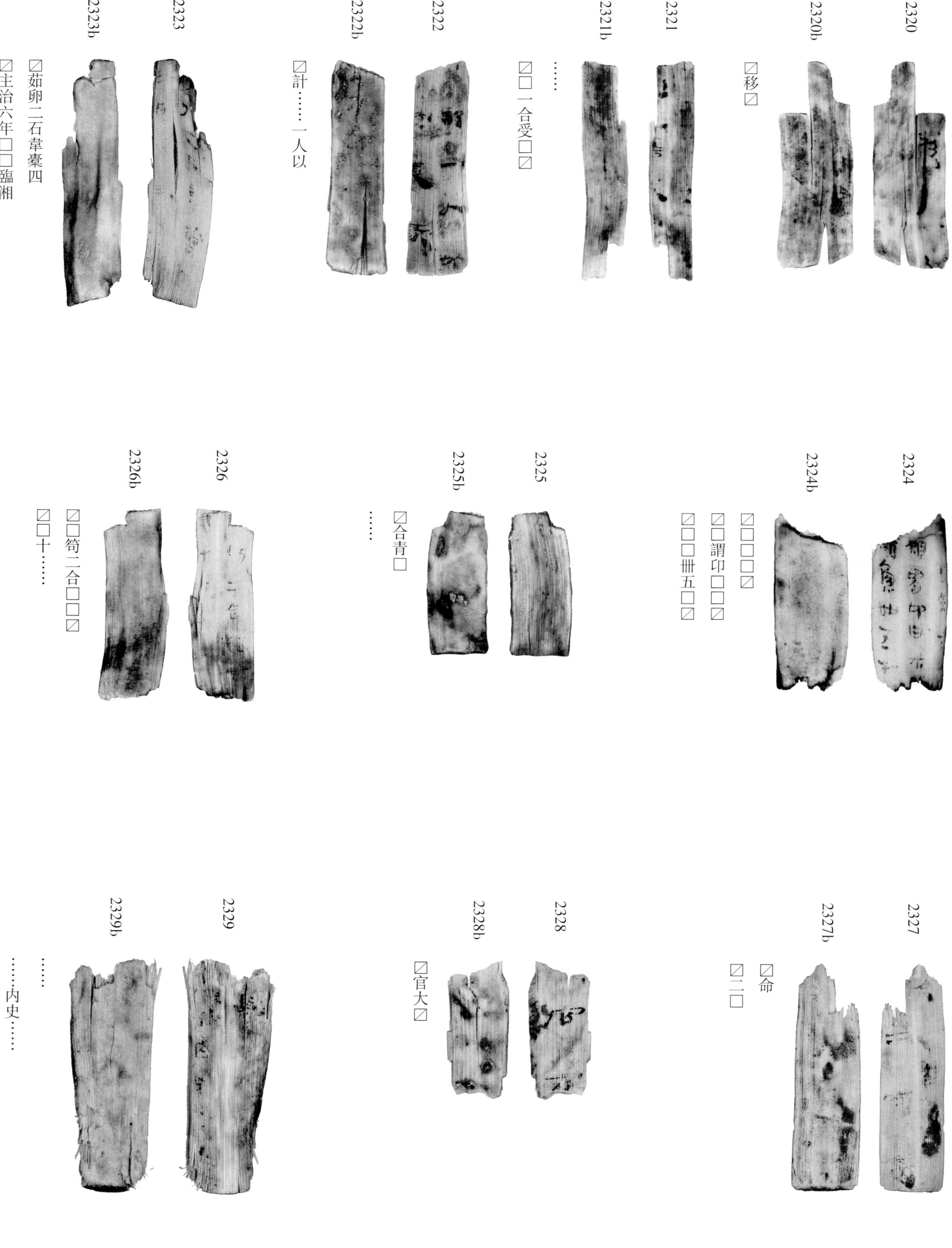

2320
2320b
⧄移⧄

2321
2321b
⧄□一合受□⧄
……

2322
2322b
⧄計……一人以

2323
2323b
⧄茹卵二石韋橐四
⧄主治六年□□臨湘

2324
2324b
⧄□□□⧄
⧄□謂印□□⧄
⧄□□卌五□⧄

2325
2325b
⧄合青□
……

2326
2326b
⧄□笥二合□□⧄
⧄□十……

2327
2327b
⧄命
⧄二□

2328
2328b
⧄官大⧄

2329
2329b
……
……内史……

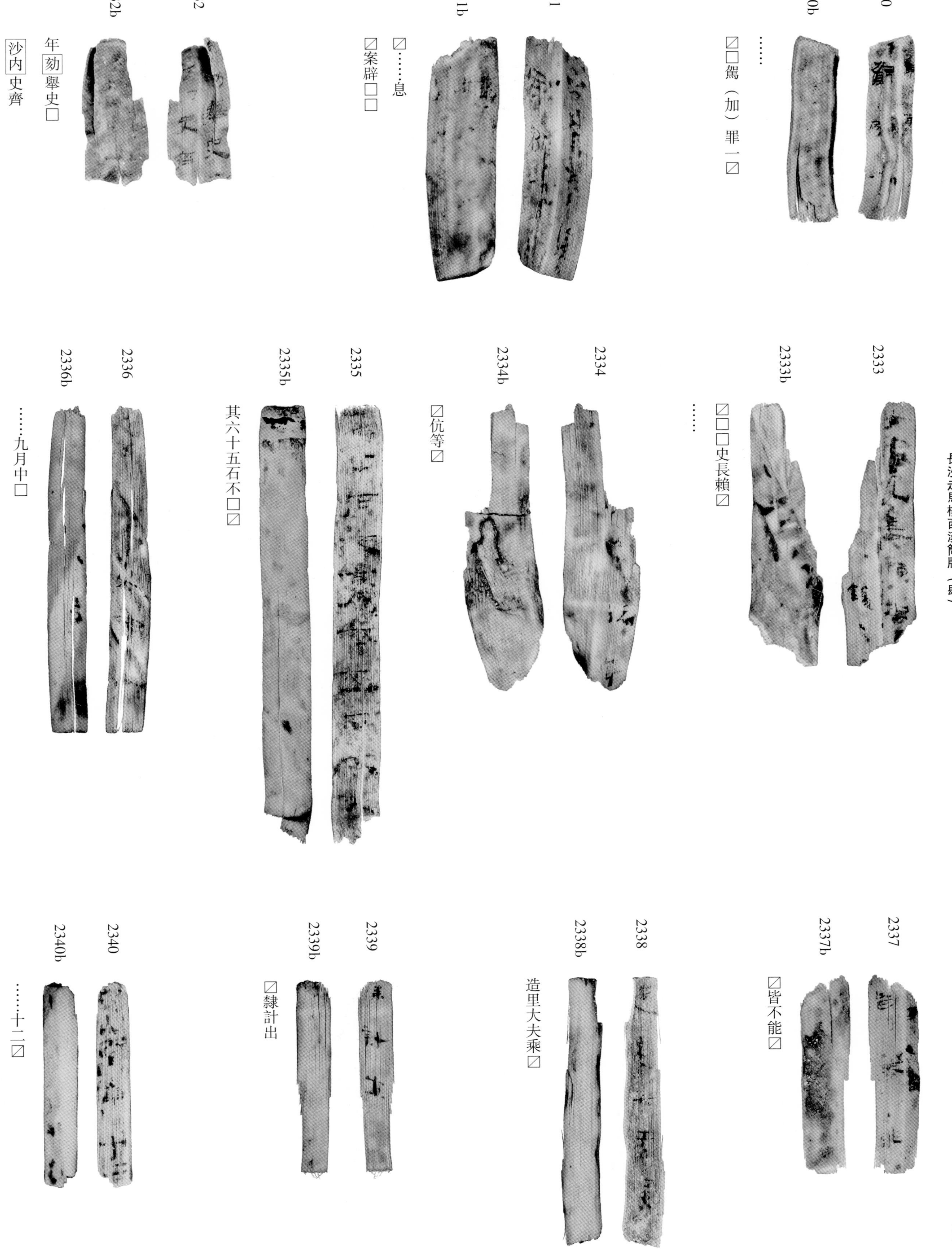

2330
2330b

☒□駕（加）罪一☒
……

2331
2331b

☒……息
☒案辟□□

2332
2332b

年劾舉史□
沙內史齊

2333
2333b

☒□□史長賴☒
……

2334
2334b

☒伉等☒

2335
2335b

其六十五石不□☒

2336
2336b

……九月中□

2337
2337b

☒皆不能☒

2338
2338b

造里大夫乘☒

2339
2339b

☒隸計出

2340
2340b

……十二☒

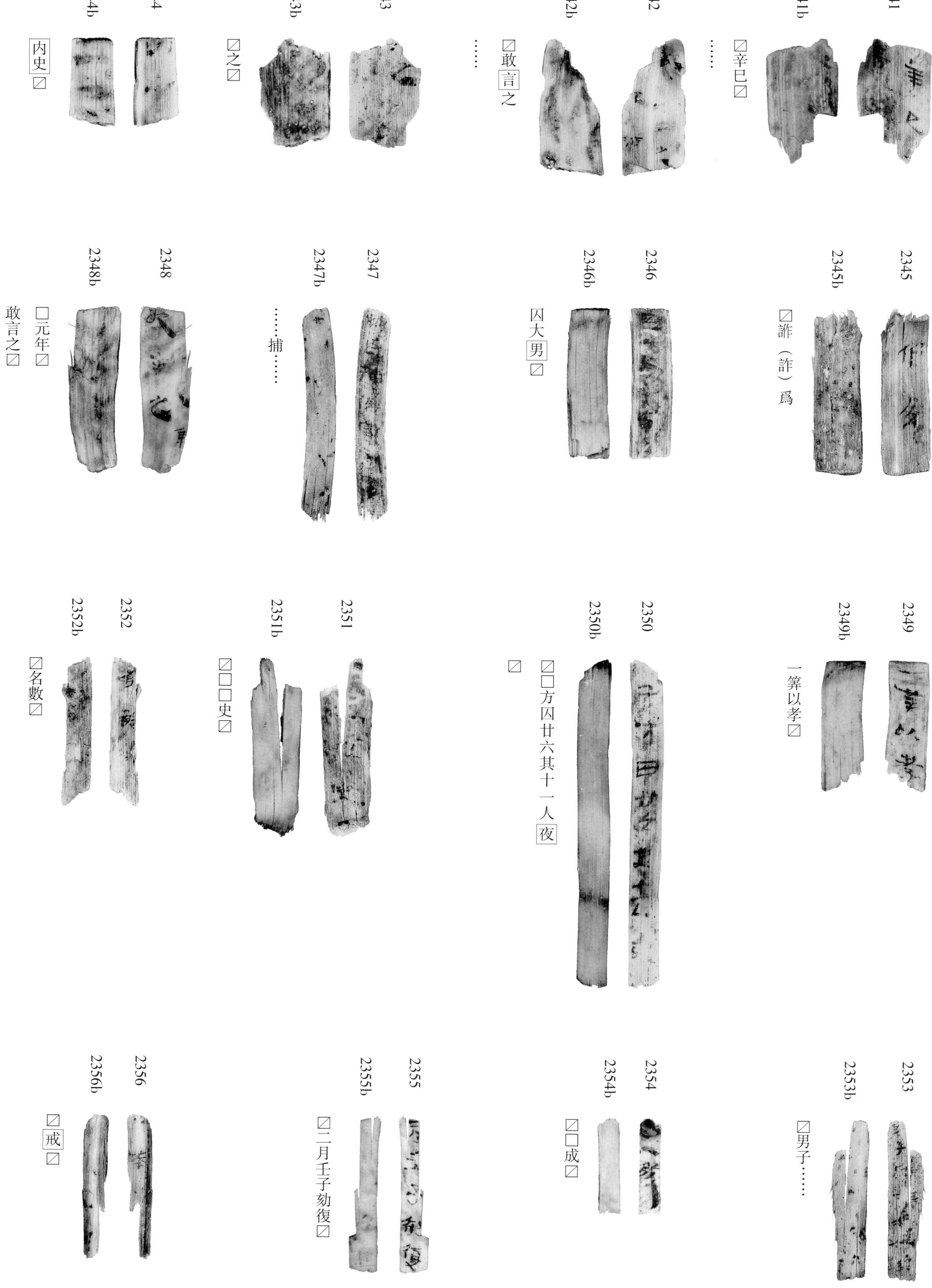

2341
2341b
〼辛巳〼
……

2342
2342b
〼敢言之
……

2343
2343b
〼之〼

2344
2344b
内史〼

2345
2345b
〼詐（詐）爲

2346
2346b
囚大男〼

2347
2347b
……捕……

2348
2348b
□元年〼
敢言之〼

2349
2349b
一筭以孝〼

2350
2350b
〼□方囚廿六其十一人夜
〼

2351
2351b
〼□□史〼

2352
2352b
〼名數〼

2353
2353b
〼男子……

2354
2354b
〼□成〼

2355
2355b
〼二月壬子劾復〼

2356
2356b
〼戒〼

2357

2357b

☒□□以劾

2358

2358b

☒鐵□☒

2359

2359b

寸

2360

2360b

☒益□☒

2361

2361b

☒寫移☒

2362

2362b

☒告□☒

2363

2363b

……到☒

……

2364

2364b

……尉☒

2365

2365b

☒中☒

2366

2366b

☒五斤☒

2367

2367b

鄉

2368

2368b

駕之爲□王女☒

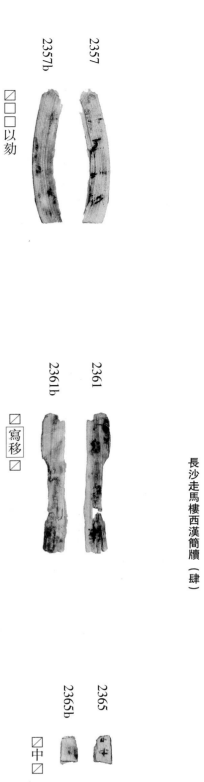

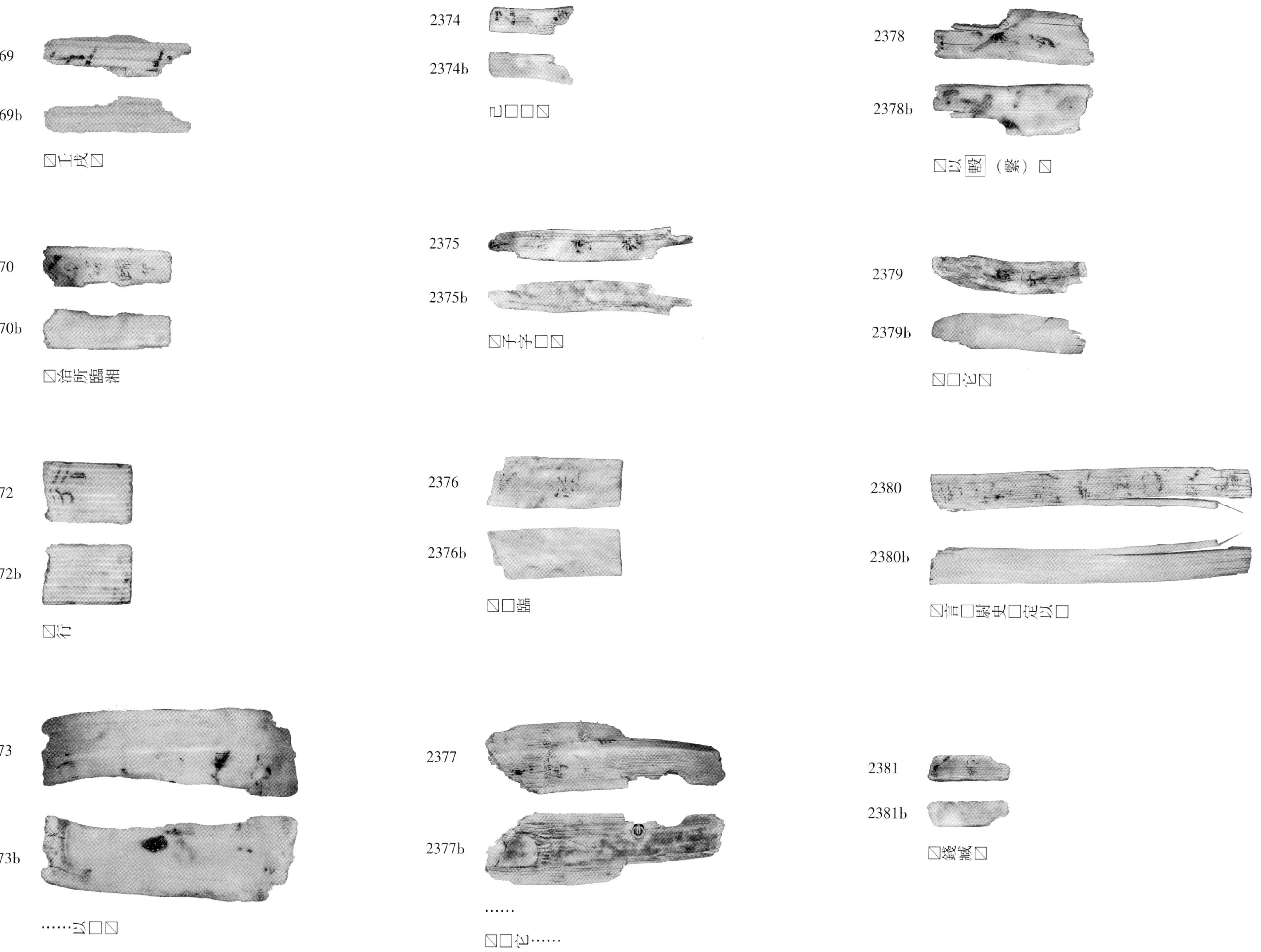

2369 2369b ☑壬戌☑

2370 2370b ☑治所臨湘

2372 2372b ☑行

2373 2373b ……以□☑

2374 2374b 己□□☑

2375 2375b ☑子宇□☑

2376 2376b ☑□臨

2377 2377b ……
☑□它……

2378 2378b ☑以殹（繫）☑

2379 2379b ☑□它☑

2380 2380b ☑言□尉史□定以□

2381 2381b ☑錢臧☑

2382

2382b

……

☐□□毋☐

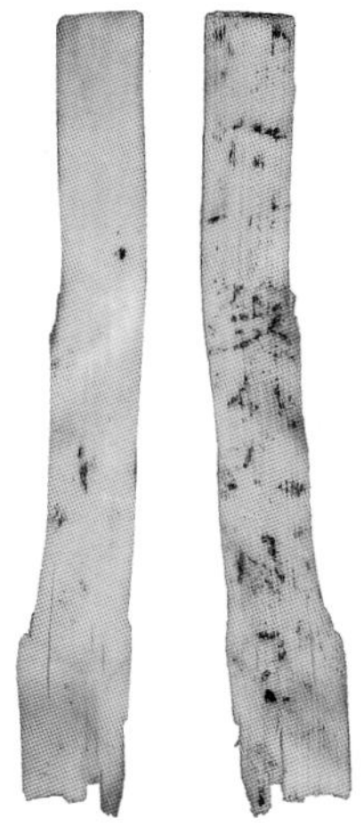

2383

2383b

……人……

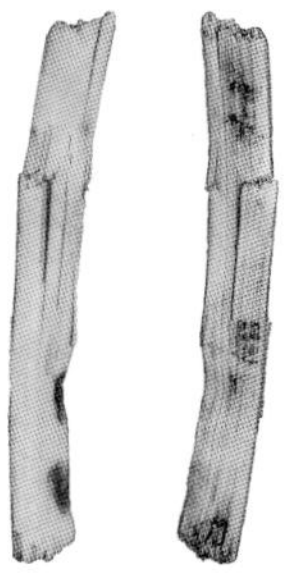

2384

2384b

☐史□□□☐

2385

2385b

定☐

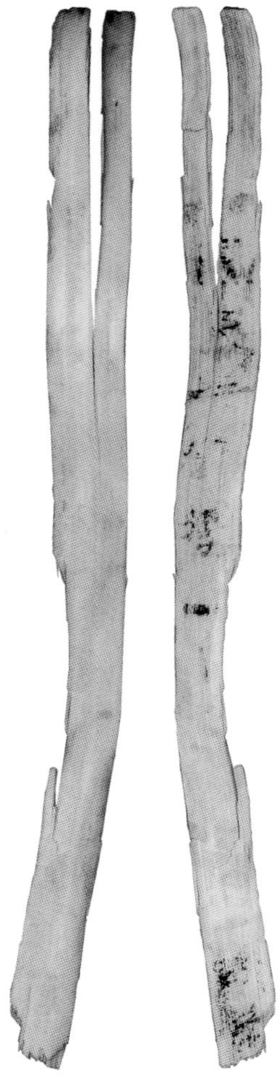

2386

2386b

食邑□□□□□□☐

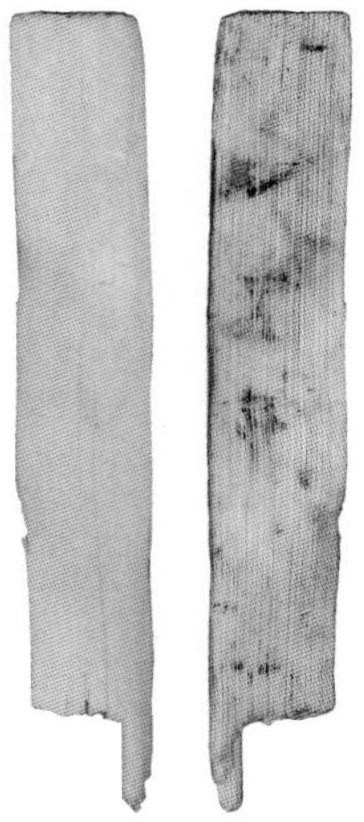

2387

2387b

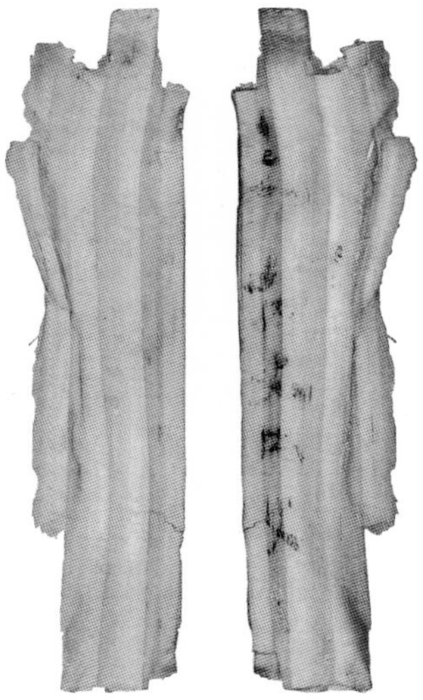

……

2388

2388b

……内史内史☐

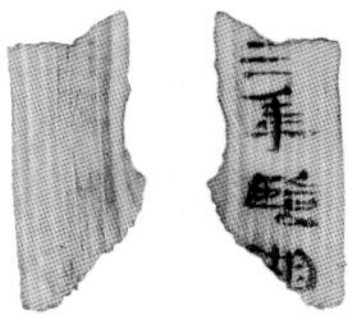

2389

2389b

☐三年臨湘☐

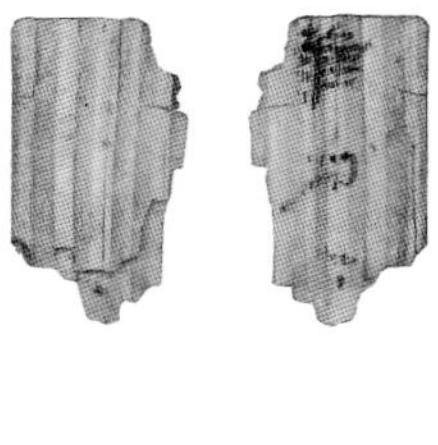

2390

2390b

難□□☐

2391

2391b

☐末□☐

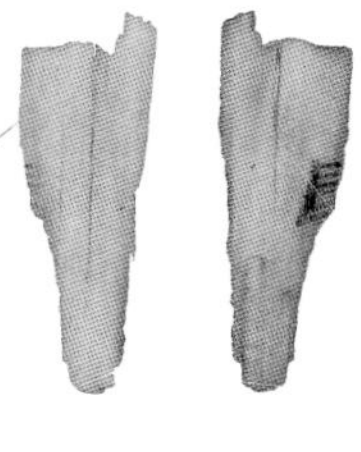

2392

2392b

☐昌☐

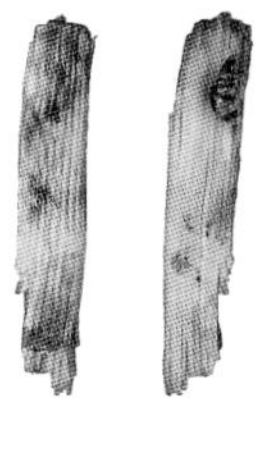

2393

2393b

☐言☐

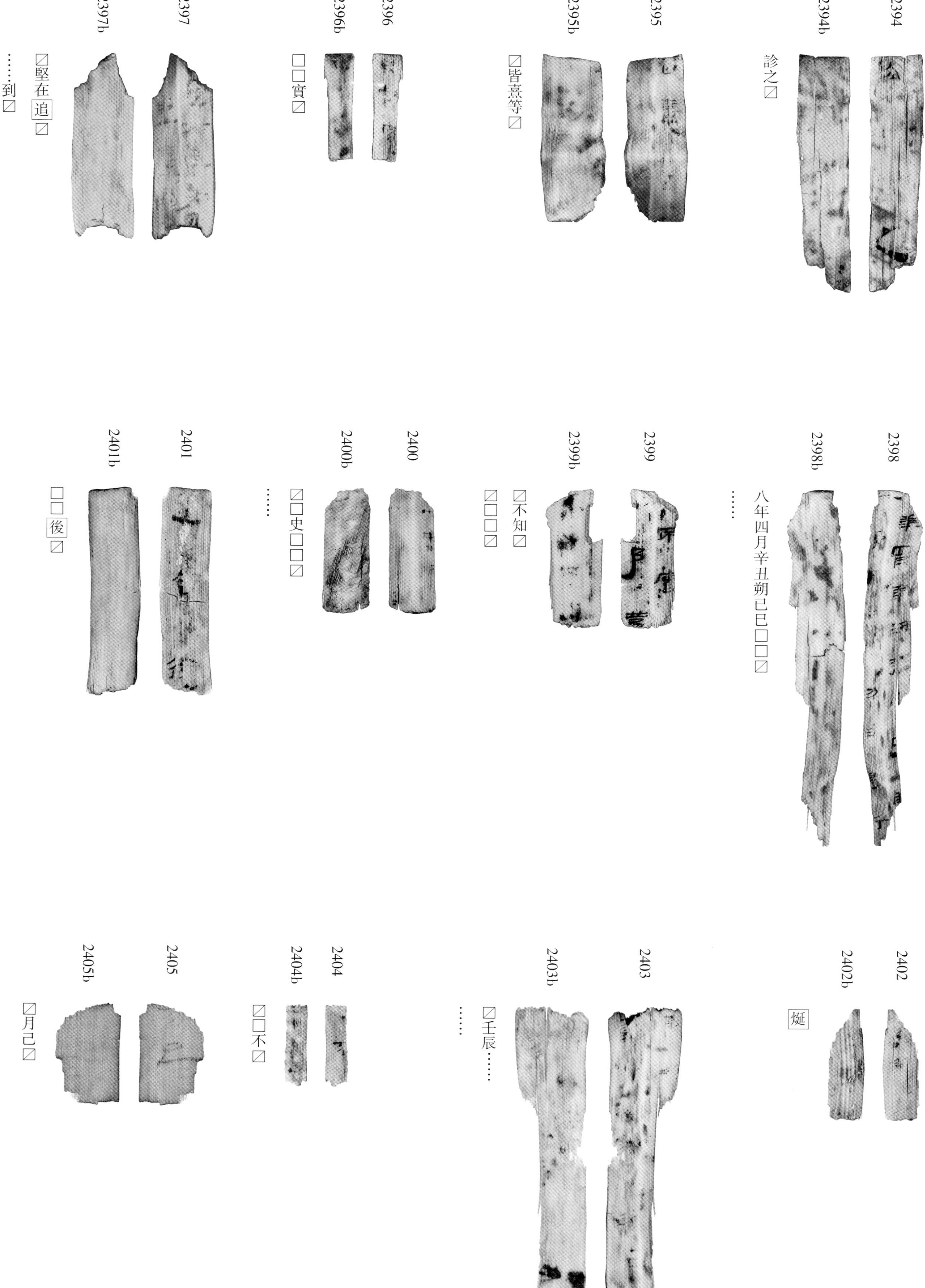

2394 2394b
診之□

2395 2395b
□皆烹等□

2396 2396b
□□實□

2397 2397b
□堅在[追]□
……到□

2398 2398b
八年四月辛丑朔己巳□□□
……

2399 2399b
□不知□
□□□□

2400 2400b
□□史□□□
……

2401 2401b
□□[後]□

2402 2402b
[媸]

2403 2403b
□壬辰……
……

2404 2404b
□□不□

2405 2405b
□月己□

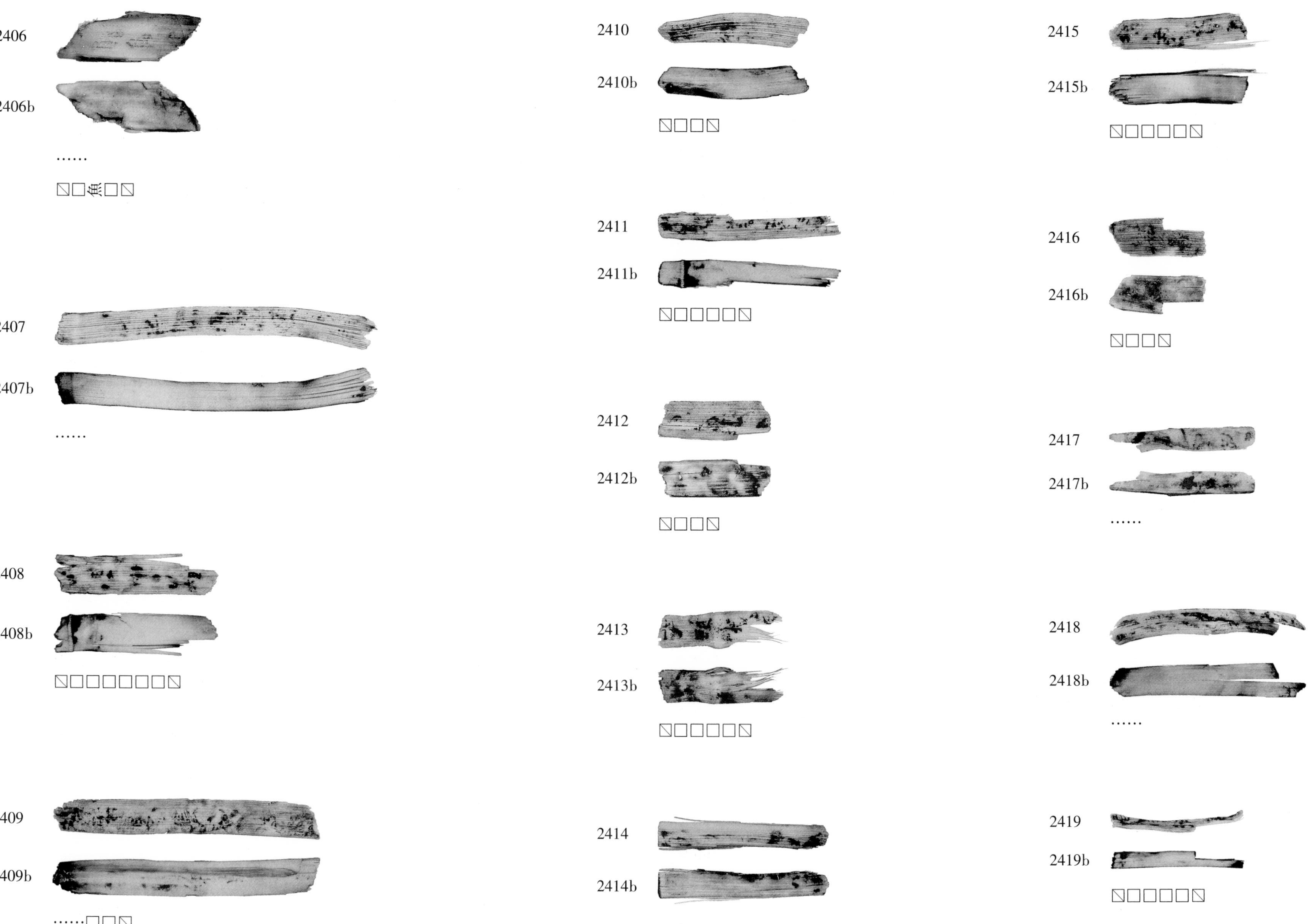

2406
2406b
……
⧅□魚□⧅

2407
2407b
……

2408
2408b
⧅□□□□□□⧅

2409
2409b
……□□⧅

2410
2410b
⧅□□⧅

2411
2411b
⧅□□□□⧅

2412
2412b
⧅□□⧅

2413
2413b
⧅□□□□⧅

2414
2414b
……

2415
2415b
⧅□□□□⧅

2416
2416b
⧅□□⧅

2417
2417b
……

2418
2418b
……

2419
2419b
⧅□□□□⧅

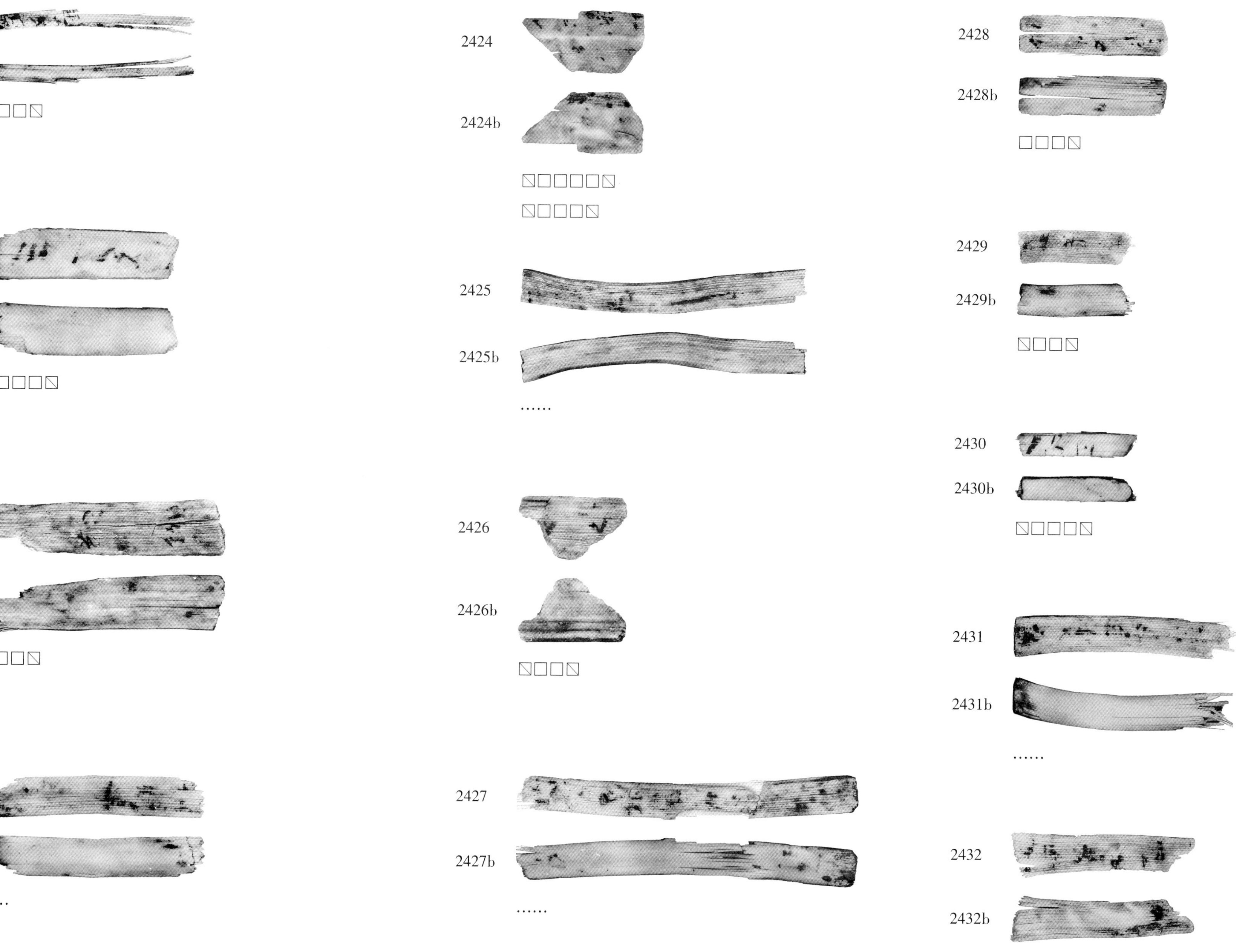

2420
2420b
⍂□□⍂

2421
2421b
⍂□□□⍂

2422
2422b
⍂□□⍂

2423
2423b
……

2424
2424b
⍂□□□□⍂
⍂□□□⍂

2425
2425b
……

2426
2426b
⍂□□⍂

2427
2427b
……

2428
2428b
□□□⍂

2429
2429b
⍂□□⍂

2430
2430b
⍂□□□⍂

2431
2431b
……

2432
2432b
……

2433
2433b
……

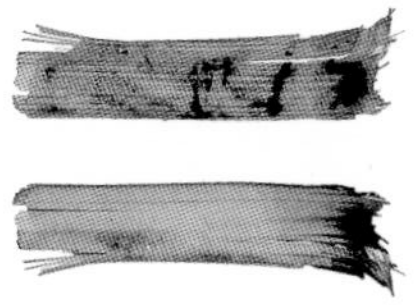

2434
2434b
……

2435
2435b
……

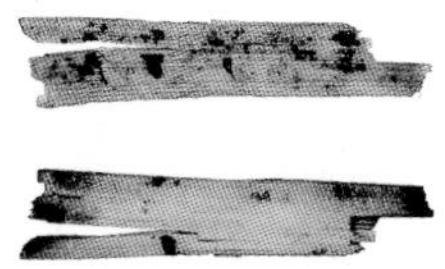

2436
2436b
……

2437
2437b
……

2438
2438b
□

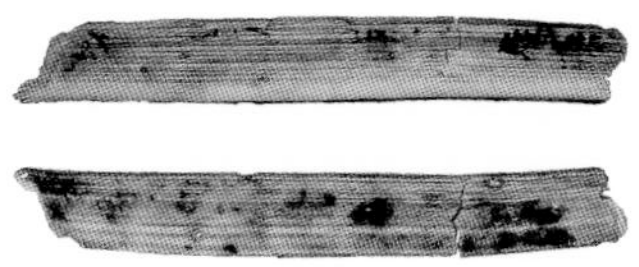

2439
2439b
……

2440
2440b
⧅□□□□⧅

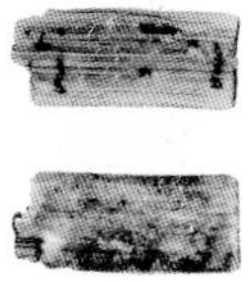

2441
2441b
……

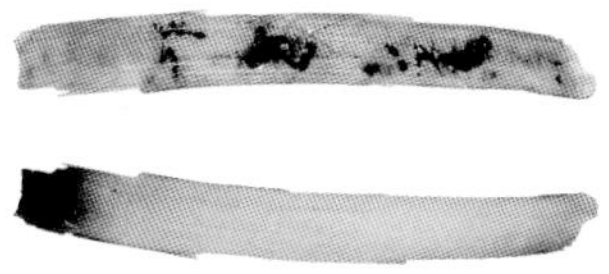

2442
2442b
□□□⧅

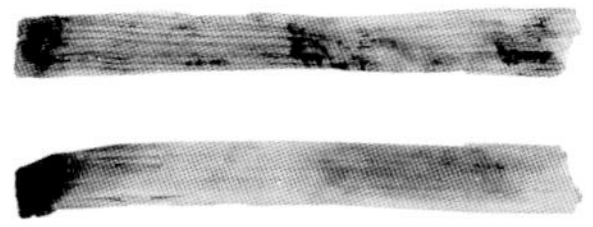

2443
2443b
……

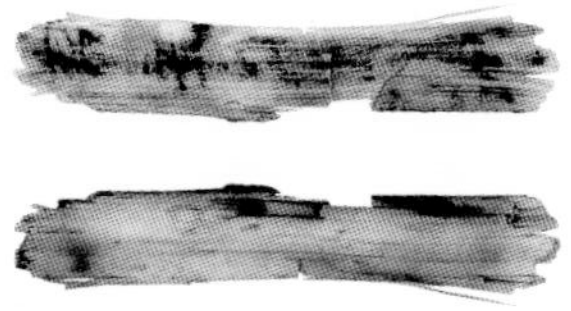

2444
2444b
……

2445
2445b
⧅□⧅

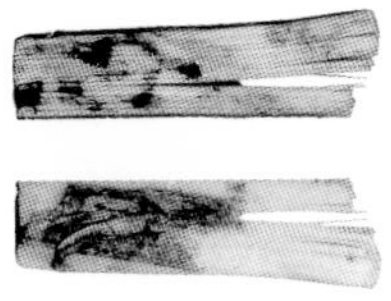

2446
2446b
□⧅

2447
2447b
⧅□⧅

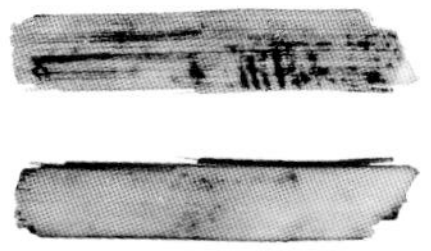

2448
2448b
……

2449
2449b
⧅□□⧅

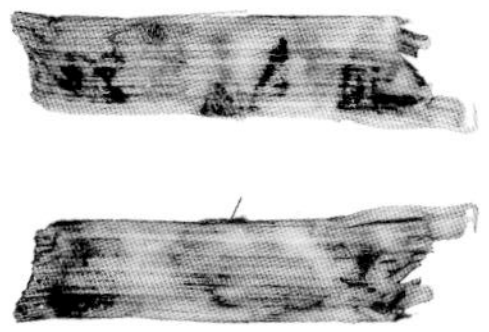

2450
2450b
⧅□□□⧅

2451
2451b
⧅□⧅

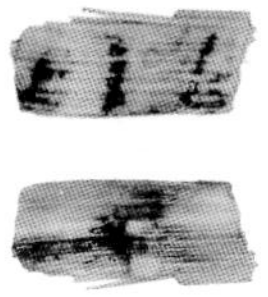

2452
2452b
……

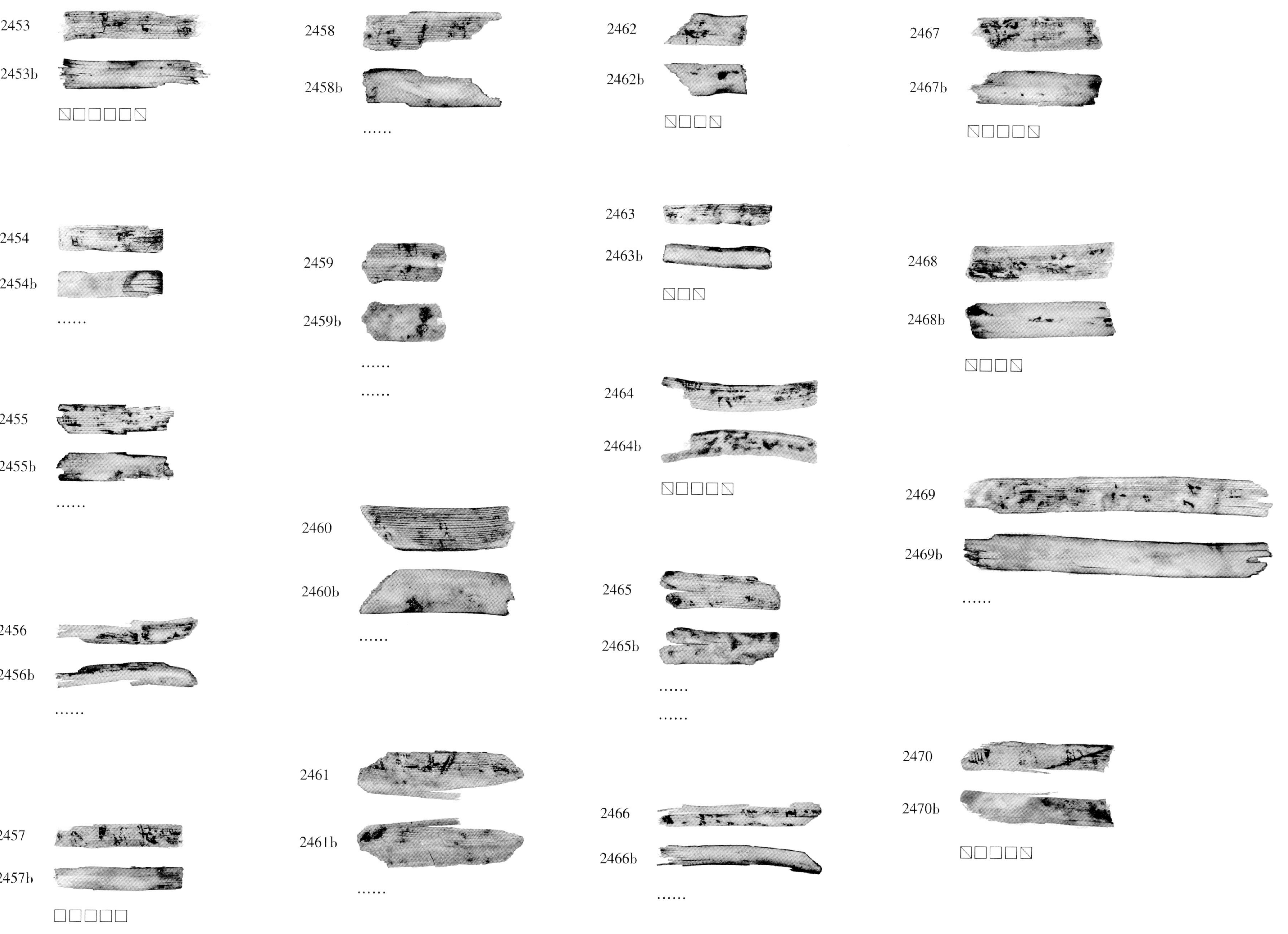

2453
2453b
⧄□□□□⧄

2454
2454b
……

2455
2455b
……

2456
2456b
……

2457
2457b
□□□□□

2458
2458b
……

2459
2459b
……
……

2460
2460b
……

2461
2461b
……

2462
2462b
⧄□□⧄

2463
2463b
⧄□⧄

2464
2464b
⧄□□□⧄

2465
2465b
……
……

2466
2466b
……

2467
2467b
⧄□□□⧄

2468
2468b
⧄□□⧄

2469
2469b
……

2470
2470b
⧄□□□⧄

2471

2471b

⧅□……

2472

2472b

……

2473

2473b

⧅□□□□⧅

2474

2474b

……

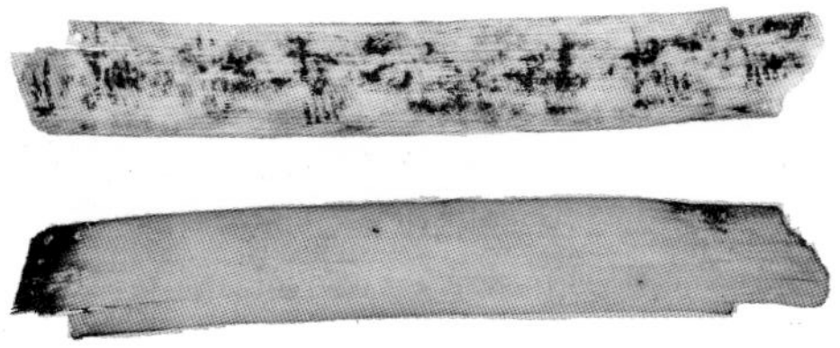

2475

2475b

……

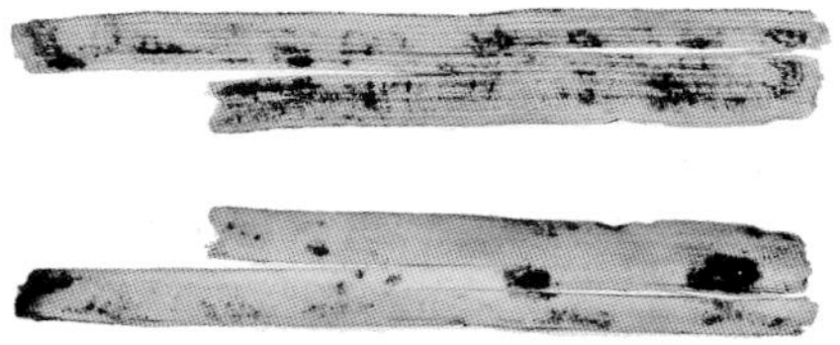

2476

2476b

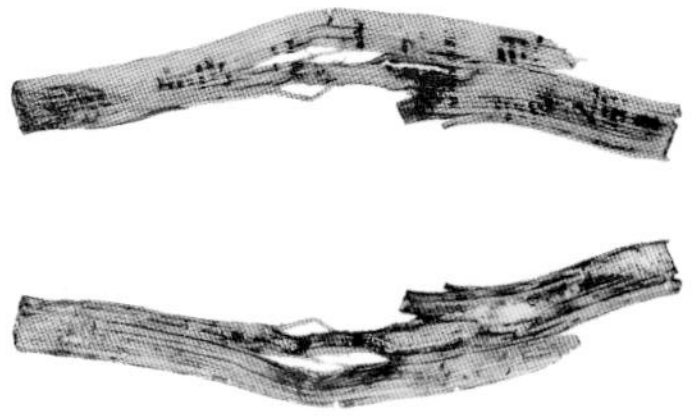

……

2477

2477b

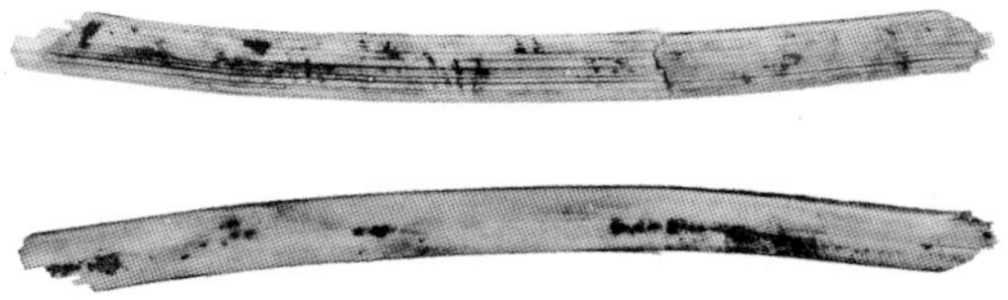

……

2478

2478b

……

……

2479

2479b

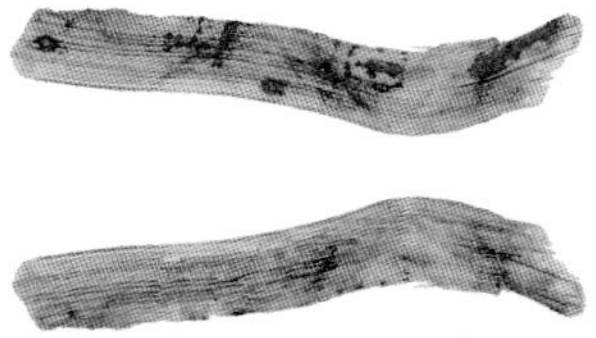

……

2480

2480b

⧅□□⧅

2481

2481b

……

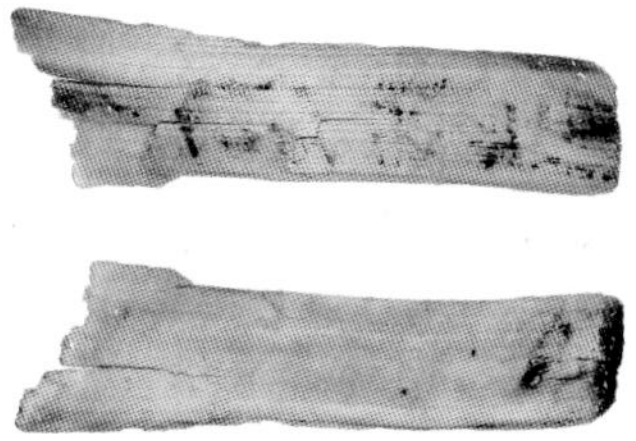

2482

2482b

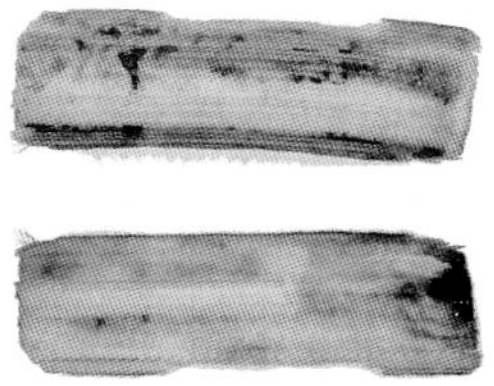

……

2483

2483b

……

……

2484

2484b

⧅□□⧅

2485

2485b

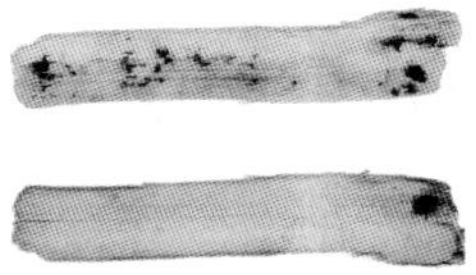

……

2486

2486b

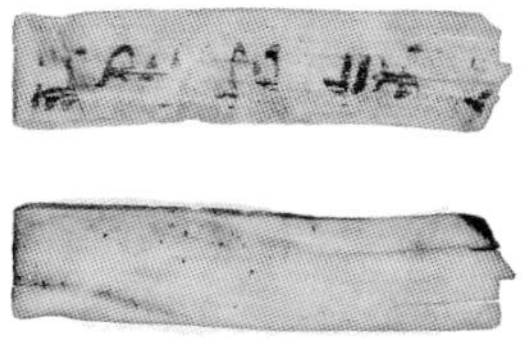

□□□□⧅

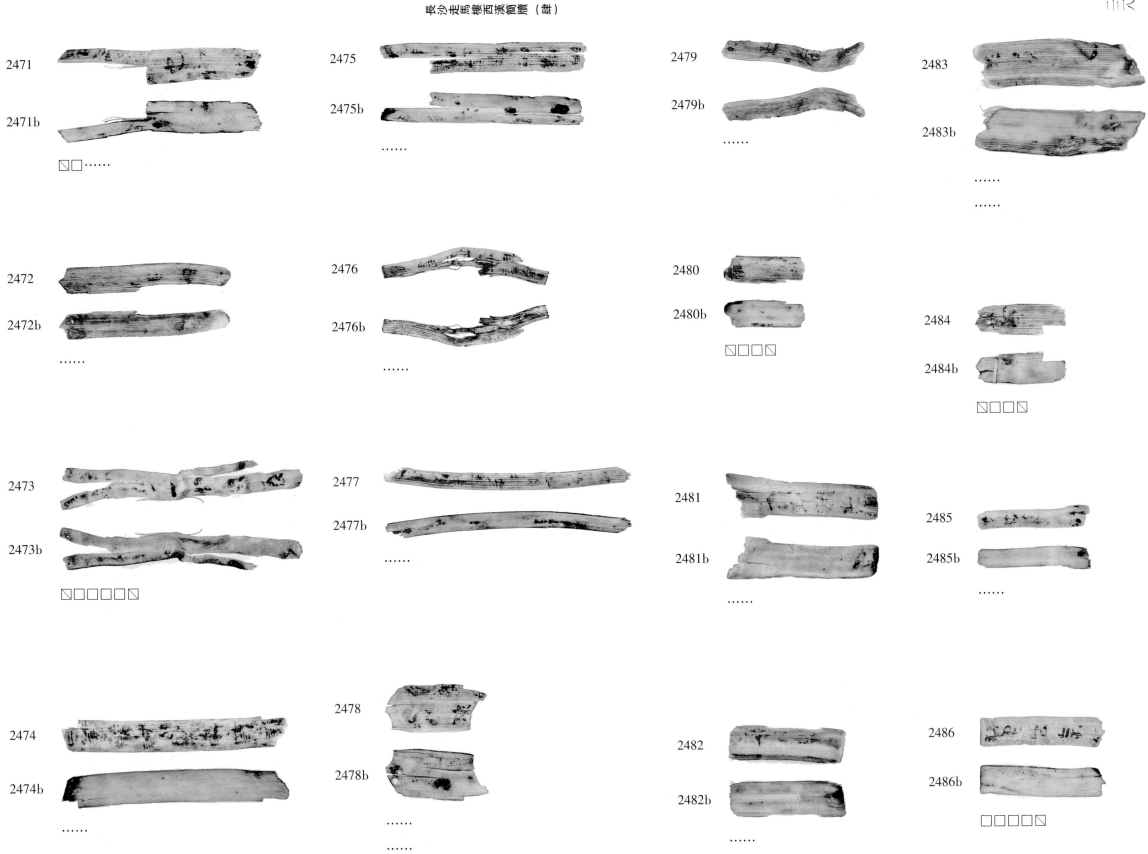

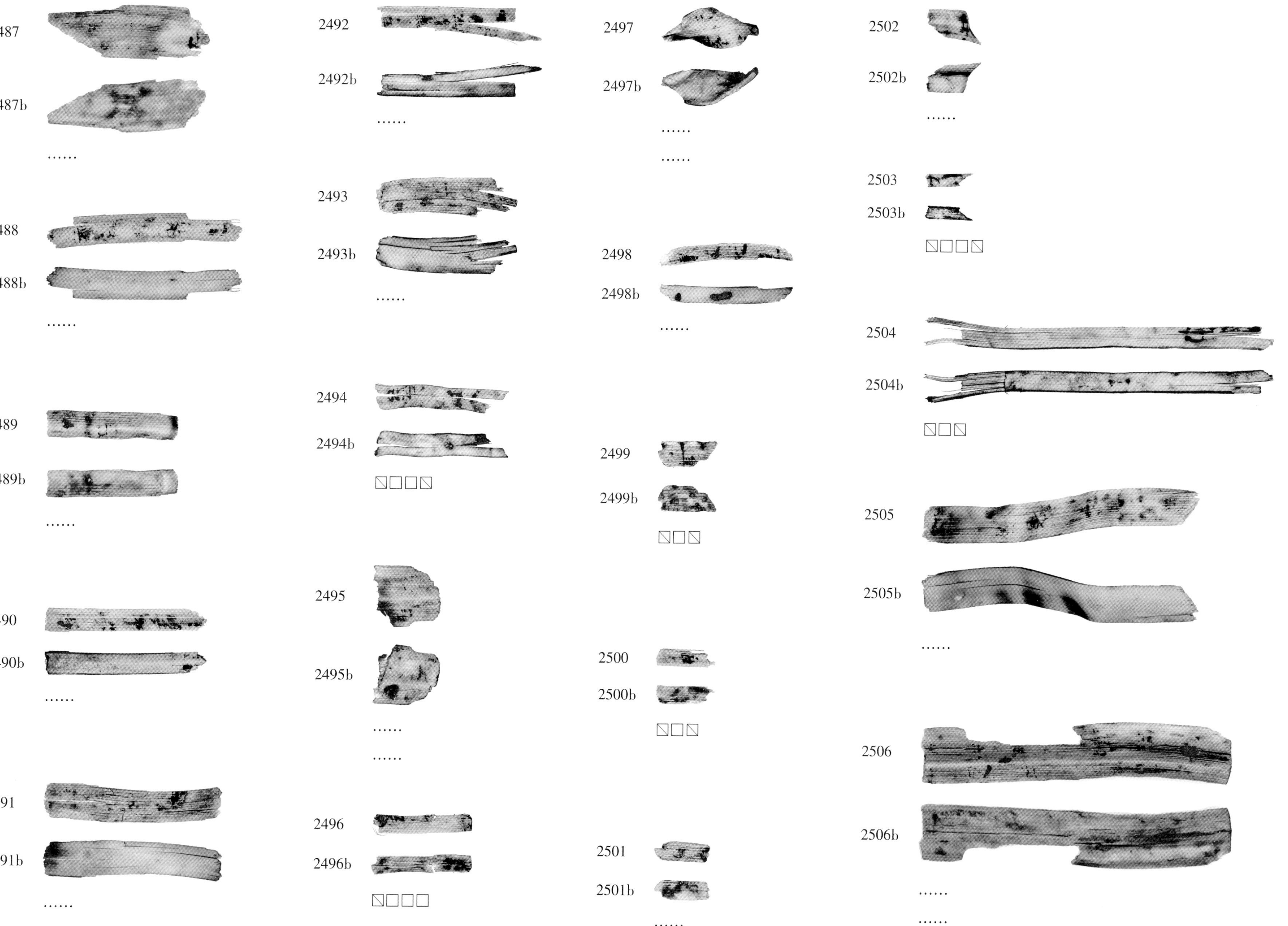

2487
2487b
……
2488
2488b
……
2489
2489b
……
2490
2490b
……
2491
2491b
……
2492
2492b
……
2493
2493b
……
2494
2494b
⊠□□⊠
2495
2495b
……
……
2496
2496b
⊠□□□
2497
2497b
……
……
2498
2498b
……
2499
2499b
⊠□⊠
2500
2500b
⊠□⊠
2501
2501b
……
2502
2502b
……
2503
2503b
⊠□□⊠
2504
2504b
⊠□⊠
2505
2505b
……
2506
2506b
……
……

2507

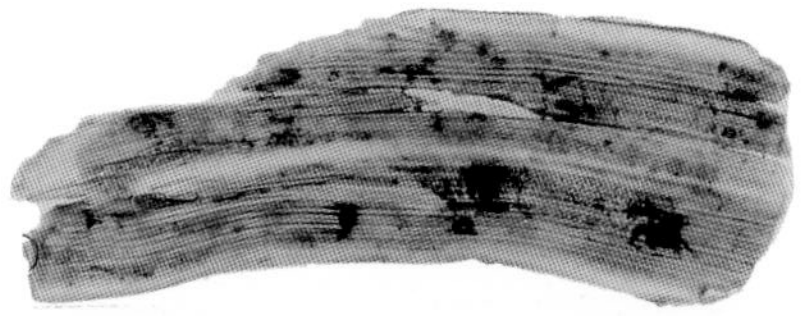

2507b

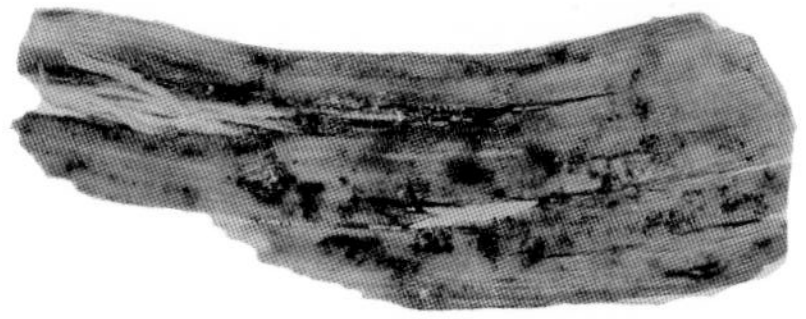

……

……

2508

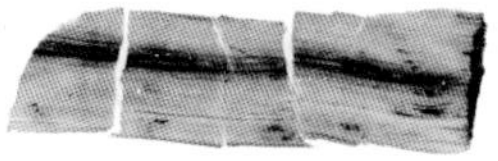

2508b

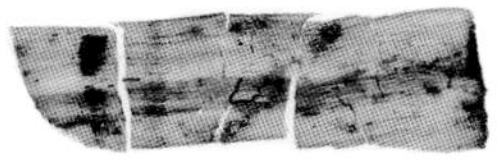

……

2509

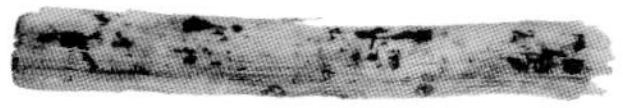

2509b

……

2510

2510b

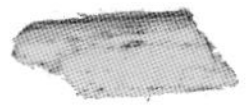

……

2511

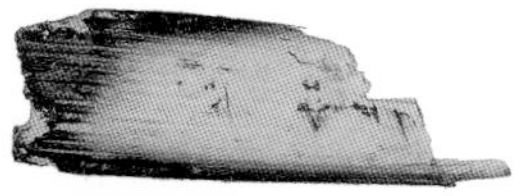

2511b

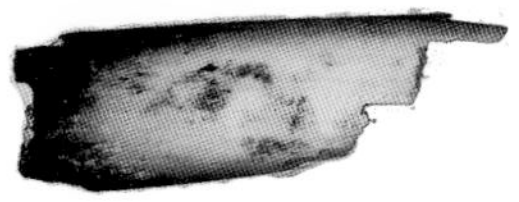

……

2512

2512b

……

2513

2513b

……

2514

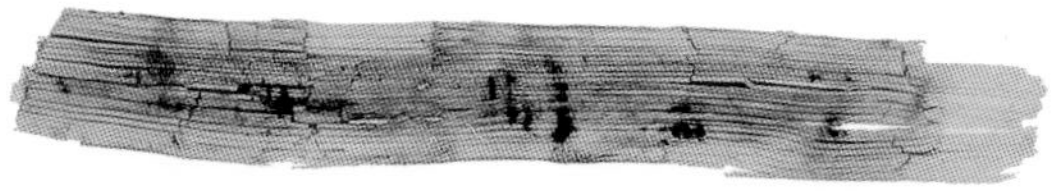

2514b

……

2515

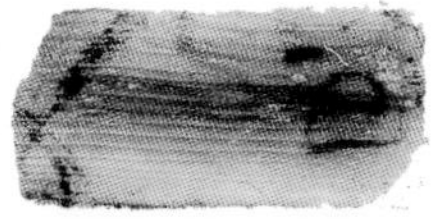

2515b

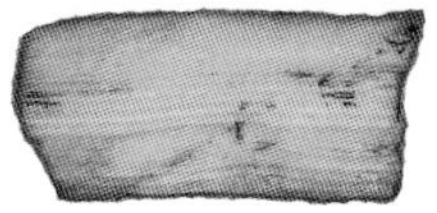

……

2516

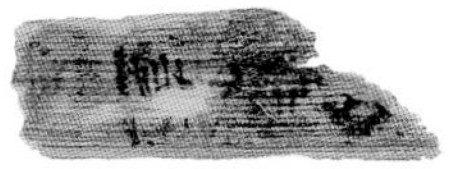

2516b

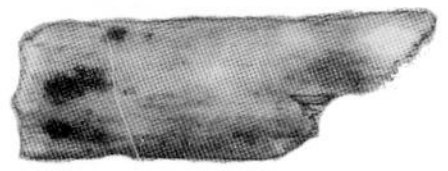

……

2517

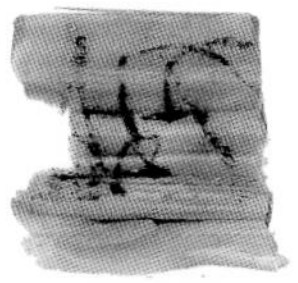

2517b

……

2518

2518b

……

……

2519

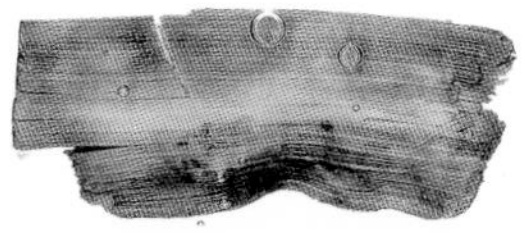

2519b

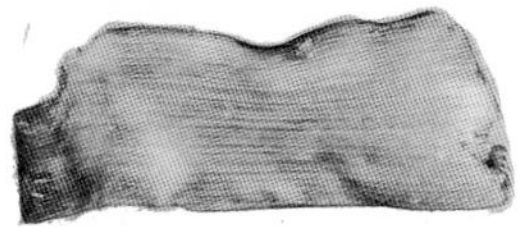

□□☐

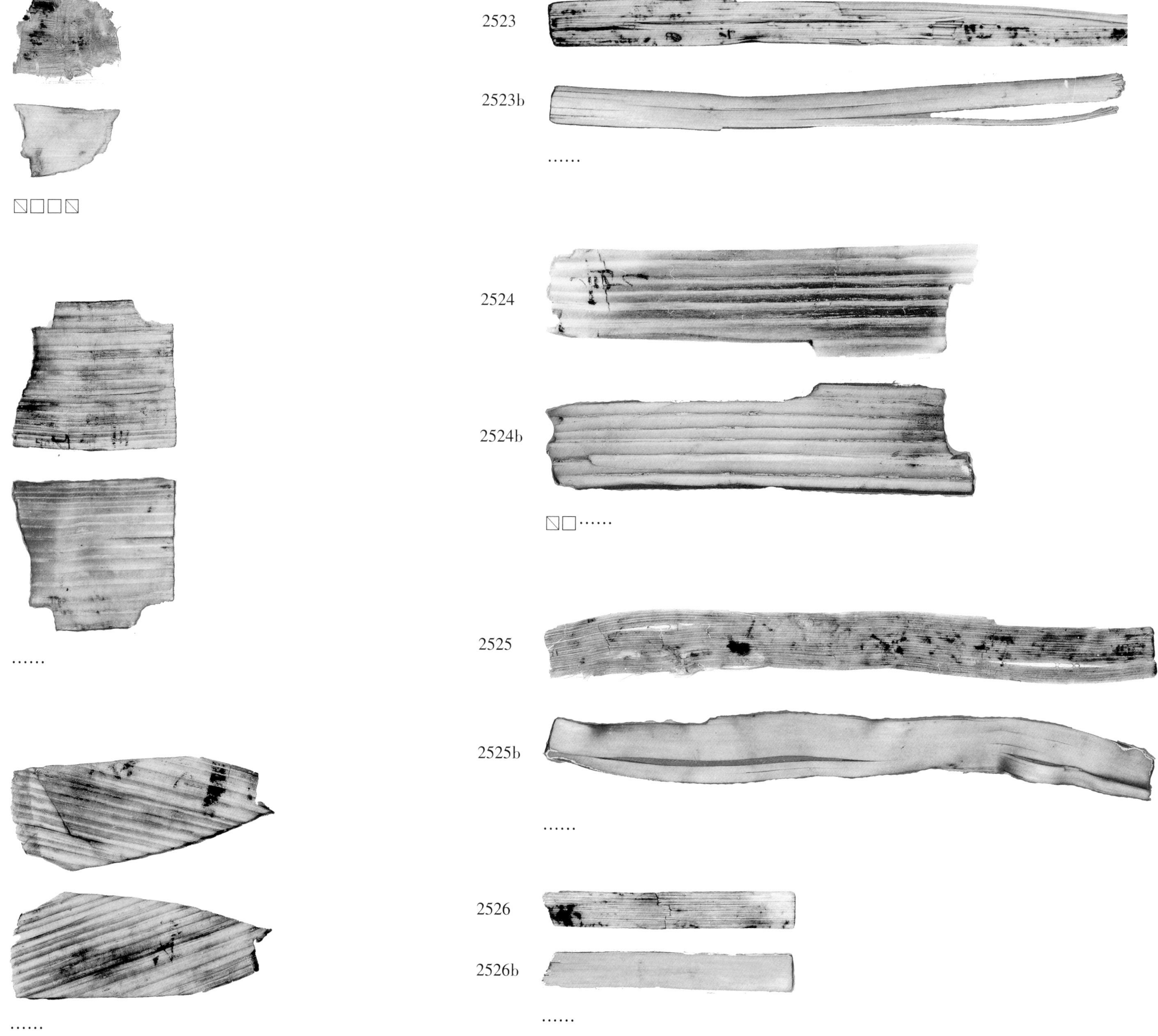

2520 2520b ⧅□□⧅

2521 2521b ……

2522 2522b ……

2523 2523b ……

2524 2524b ⧅□……

2525 2525b ……

2526 2526b ……

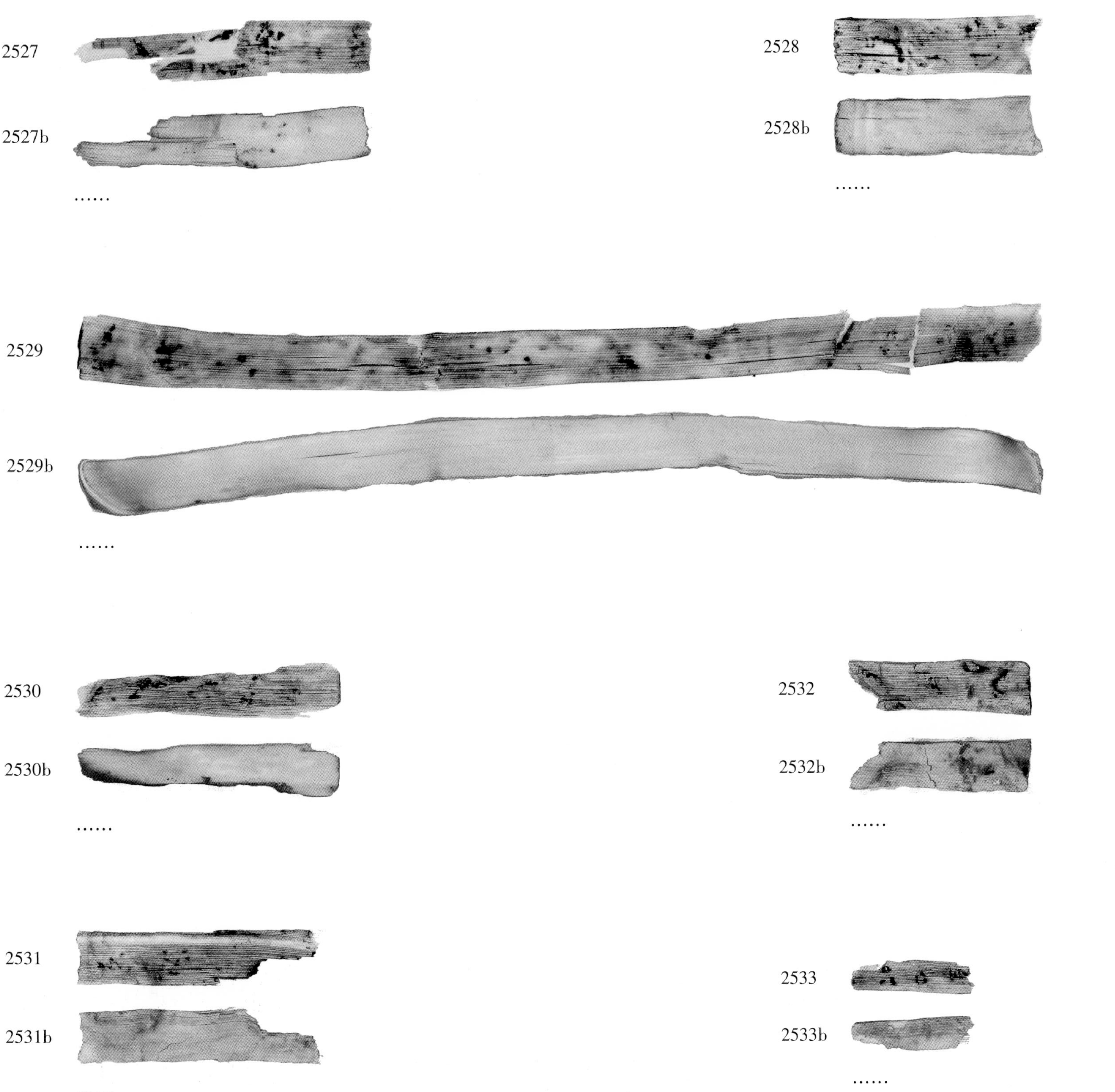

2527

2527b

……

2528

2528b

……

2529

2529b

……

2530

2530b

……

2532

2532b

……

2531

2531b

……

2533

2533b

……

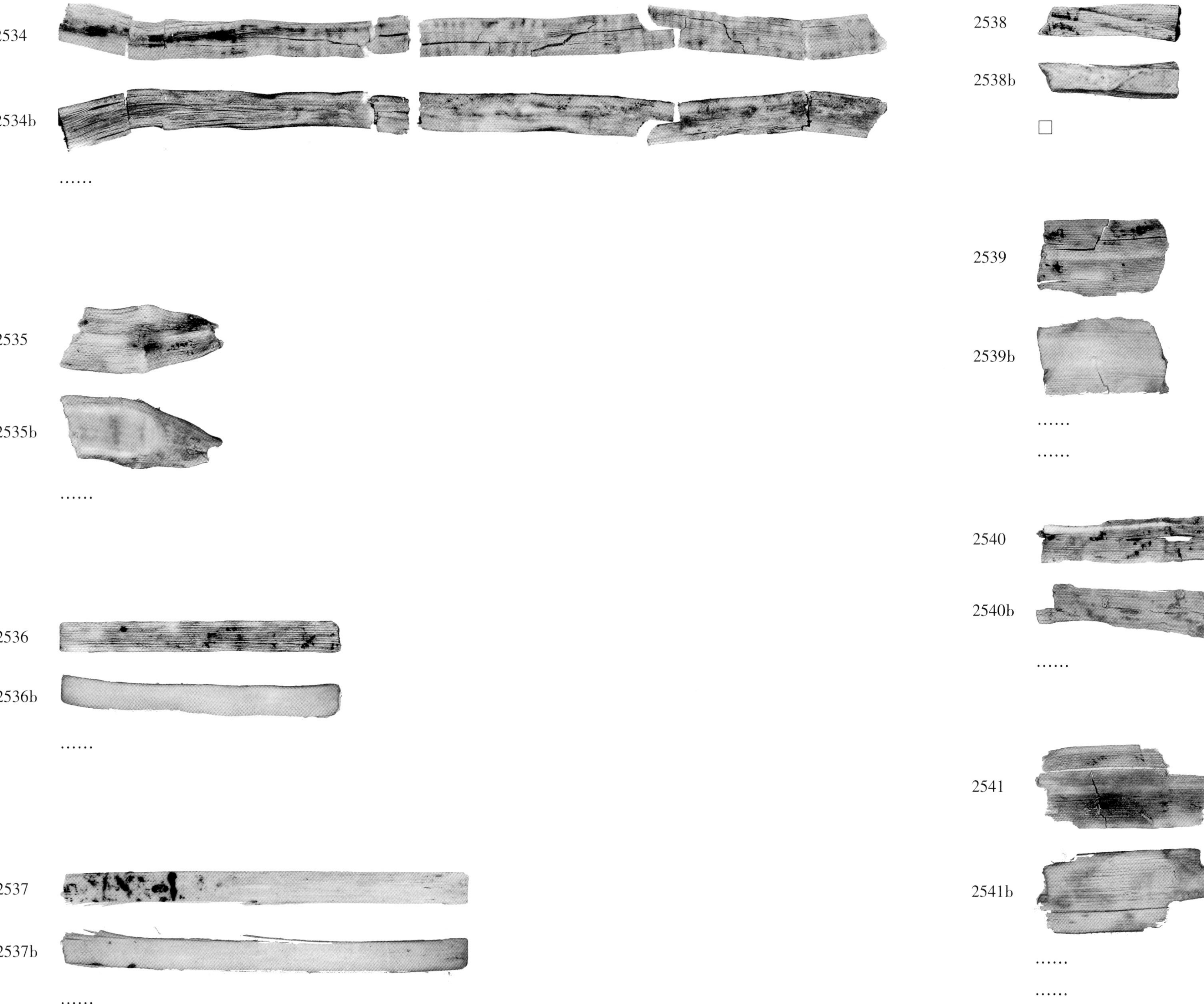

2534

2534b

……

2535

2535b

……

2536

2536b

……

2537

2537b

……

2538

2538b

□

2539

2539b

……

……

2540

2540b

……

2541

2541b

……

……

2542

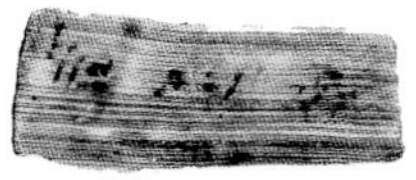

2542b

□□□〼

2543

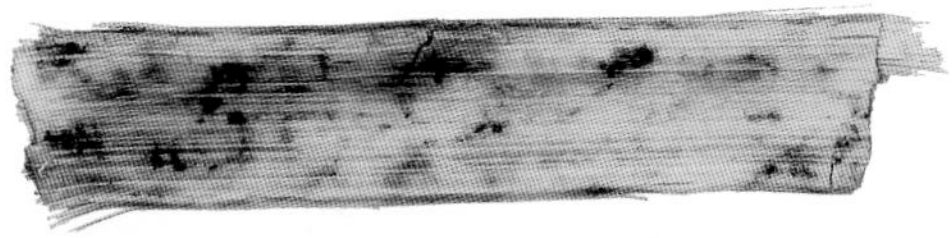

2543b

……

2549

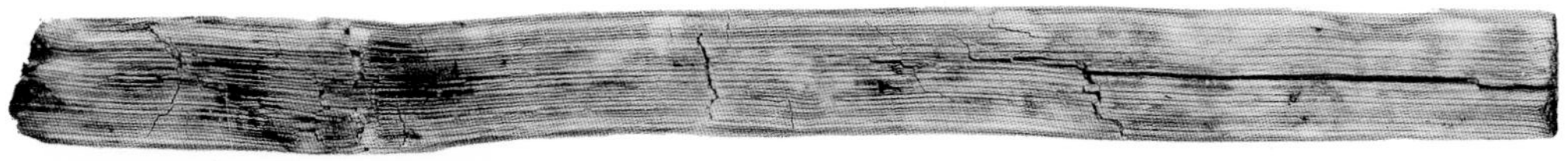

2549b

……

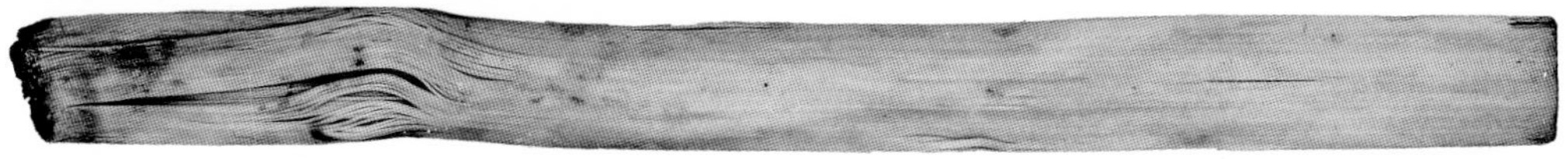

2544

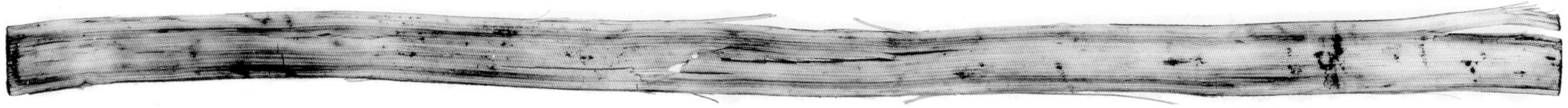

2544b

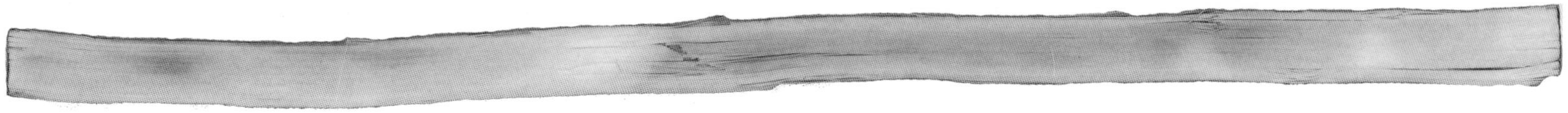

……

2550

2550b

……

2545

2545b

……

2547

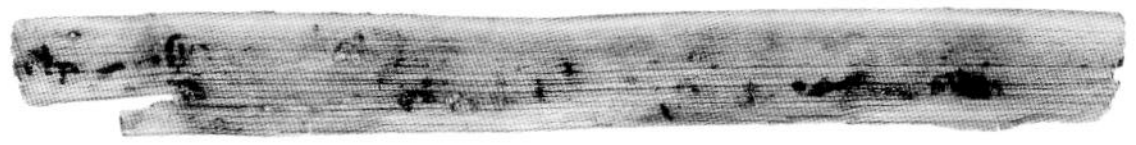

2547b

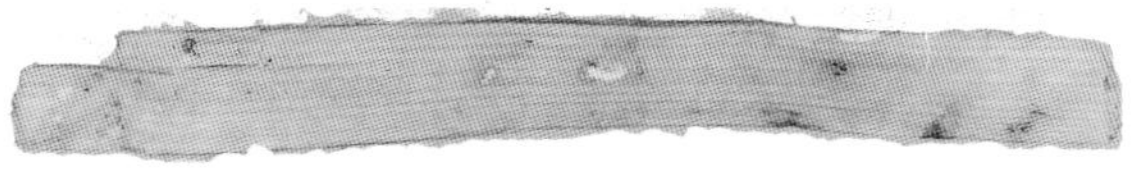

……

2551

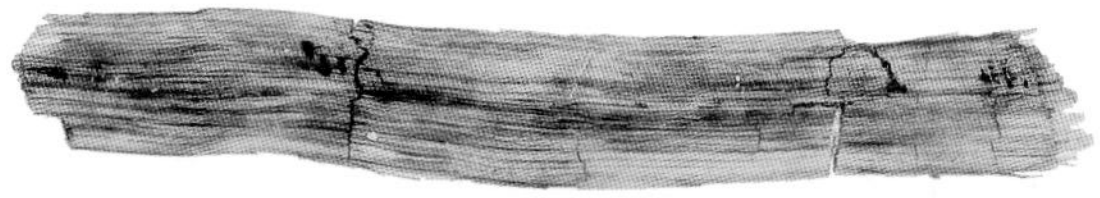

2551b

……

2546

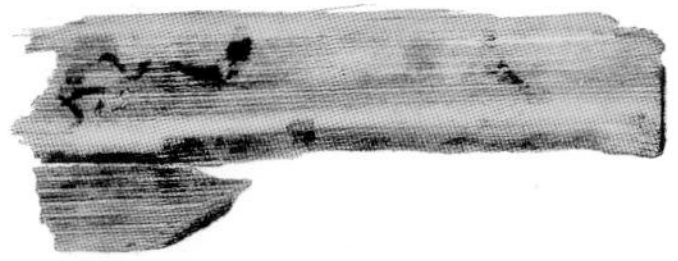

2546b

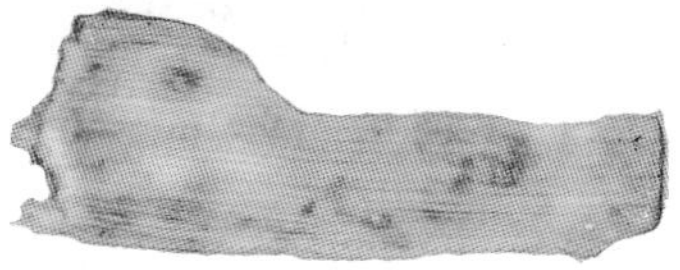

〼□

2548

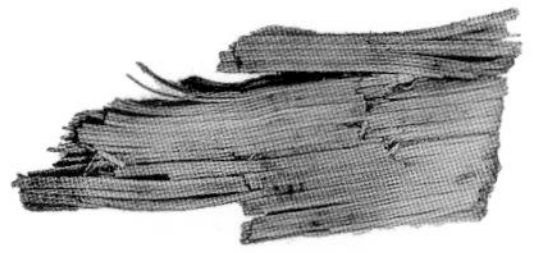

2548b

……

……

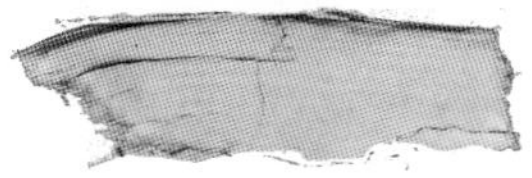

2552

2552b

……

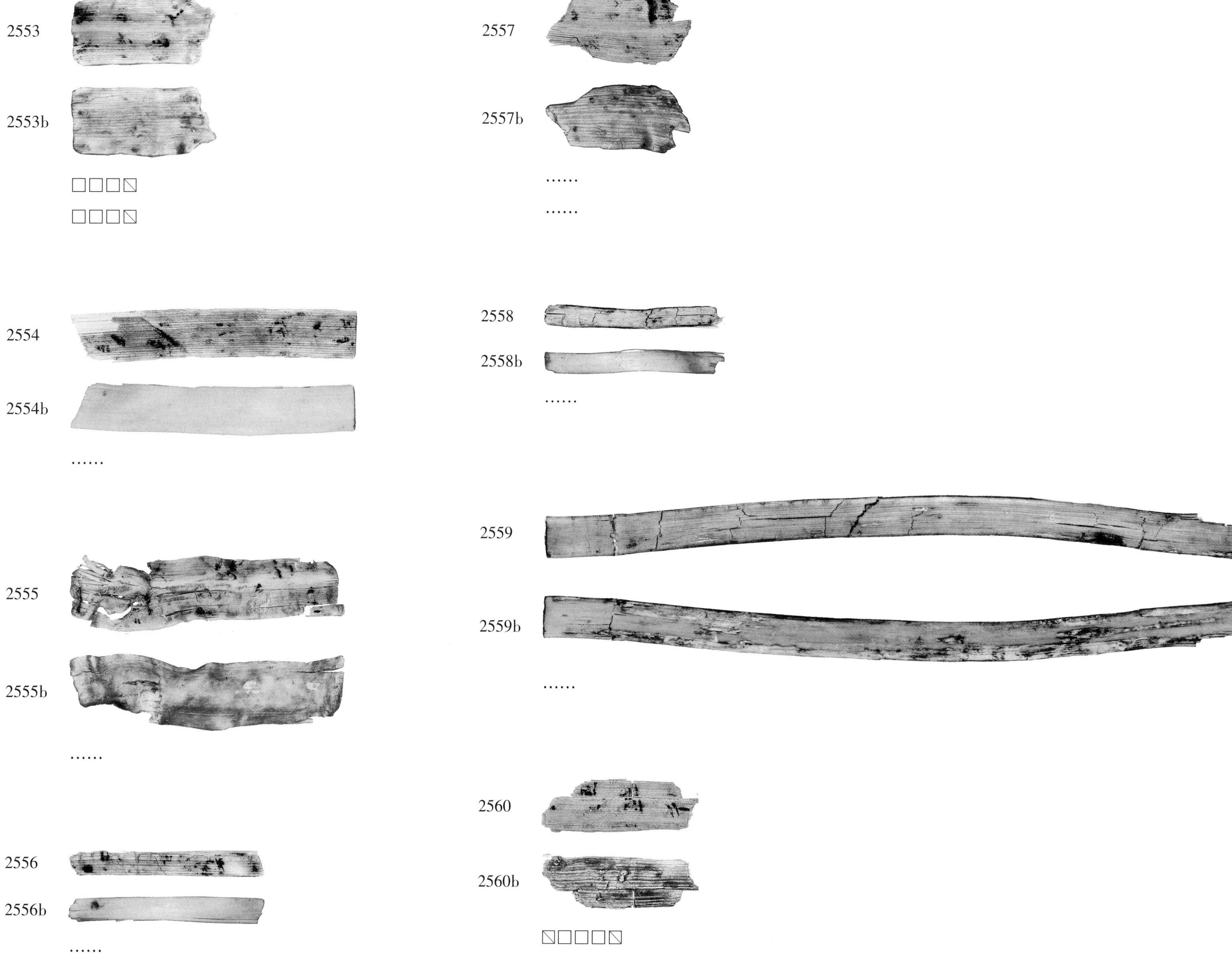

2553
2553b
□□□▨
□□□▨

2554
2554b
……

2555
2555b
……

2556
2556b
……

2557
2557b
……
……

2558
2558b
……

2559
2559b
……

2560
2560b
▨□□□▨

2561

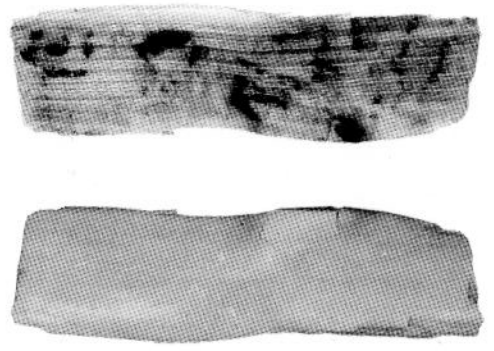

2561b

……

2562

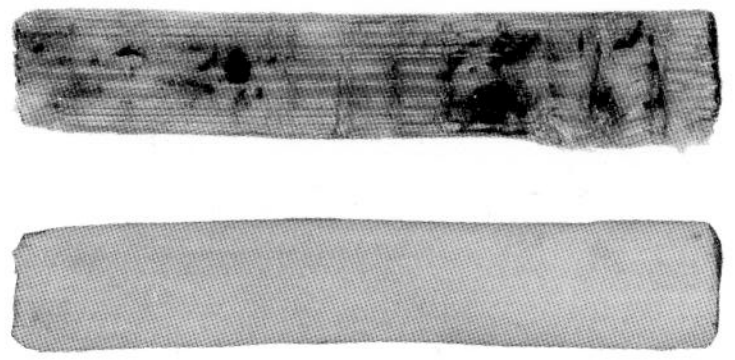

2562b

……

2563

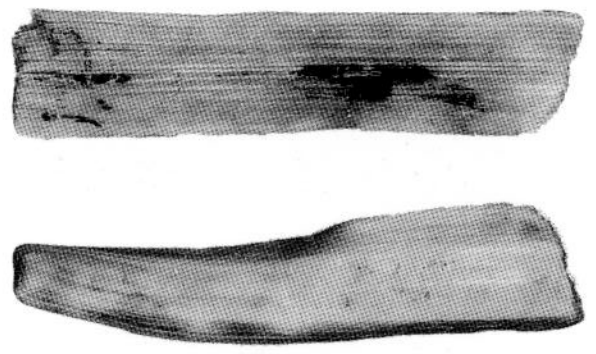

2563b

⧅□⧅

2564

2564b

⧅□□□⧅

2565

2565b

……

2566

2566b

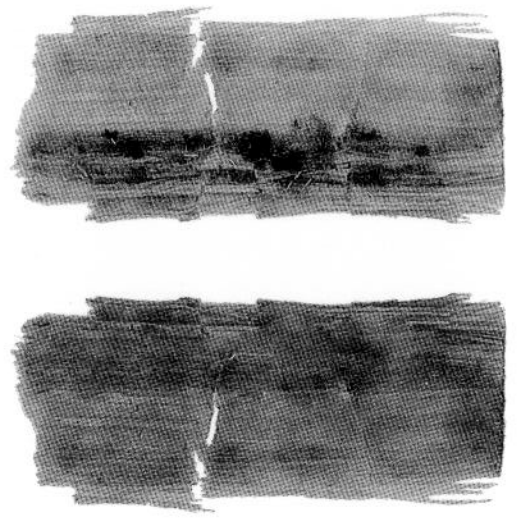

……

2567

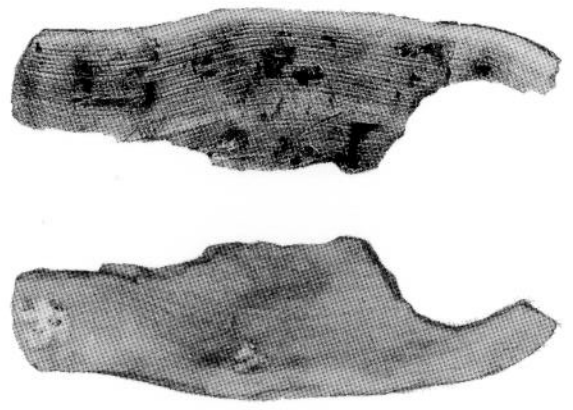

2567b

……

2568

2568b

□□

2569

2569b

……

2570

2570b

……

2571

2571b

⧅□⧅

2572

2572b

……

……

2573

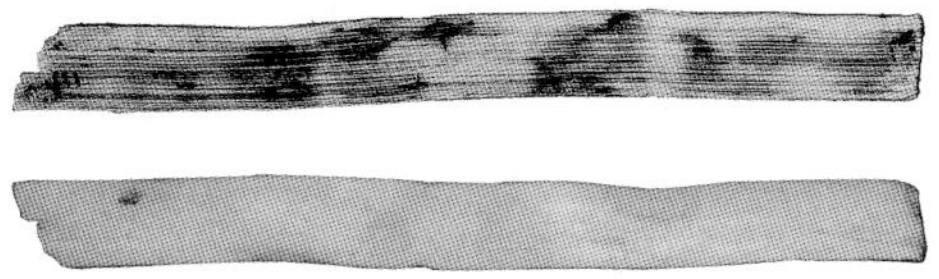

2573b

……

2574

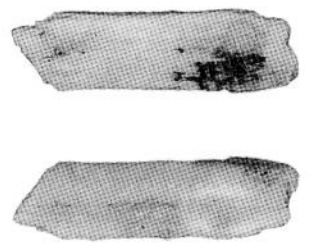

2574b

⧅□⧅

2575

2575b

⧅□□□⧅

2576

2576b

……

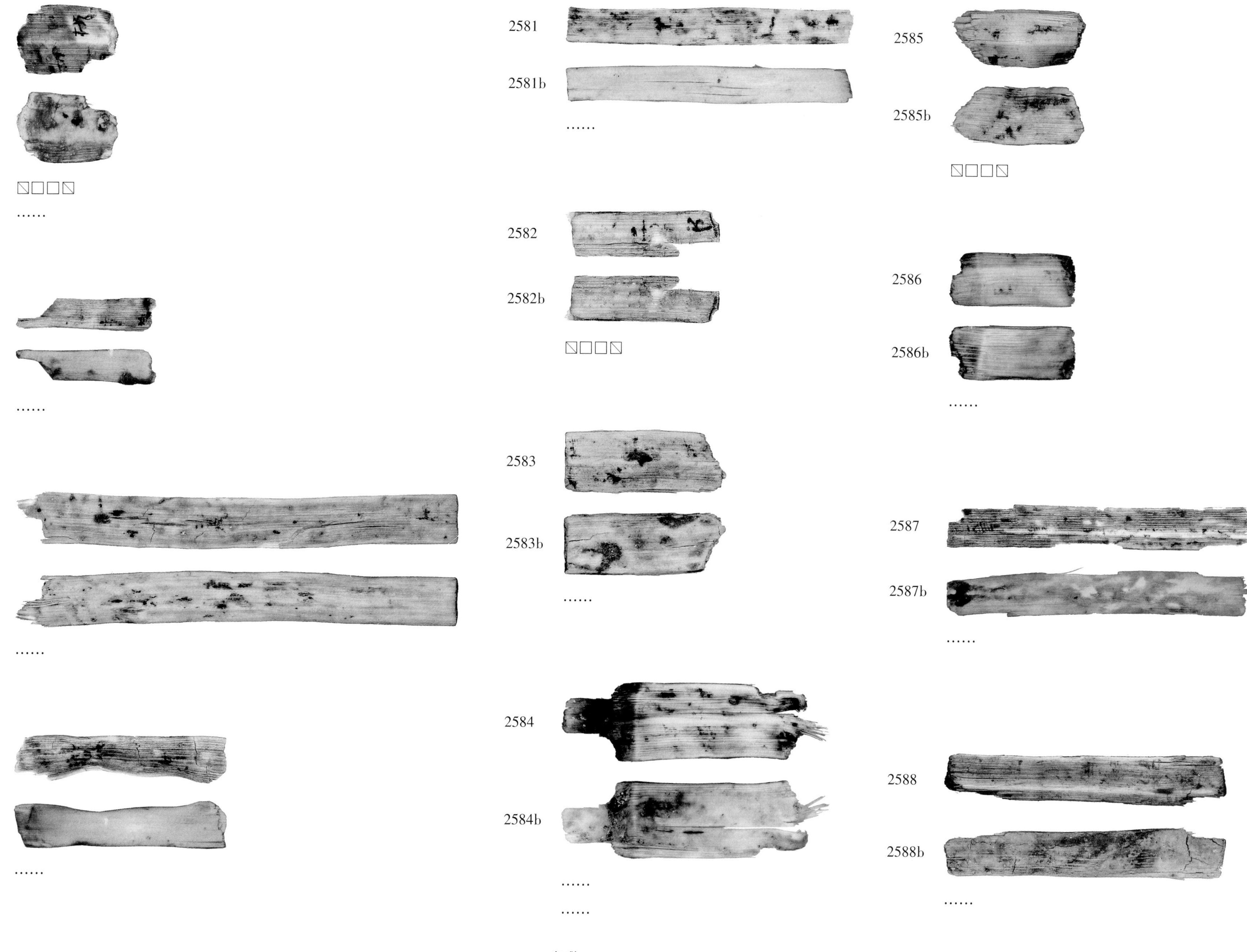

2577

2577b

☒□□☒

……

2578

2578b

……

2579

2579b

……

2580

2580b

……

2581

2581b

……

2582

2582b

☒□□☒

2583

2583b

……

2584

2584b

……

……

2585

2585b

☒□□☒

2586

2586b

……

2587

2587b

……

2588

2588b

……

2589

2589b

……

……

2590

2590b

……

……

2591

2591b

⧅□□⧅

2592

2592b

⧅□□□⧅

2593

2593b

……

2594

2594b

⧅□□□

2595

2595b

……

2596

2596b

……

2597

2597b

……

2598

2598b

……

2599

2599b

……

2600

2600b

……

2601

2601b

⧅□□

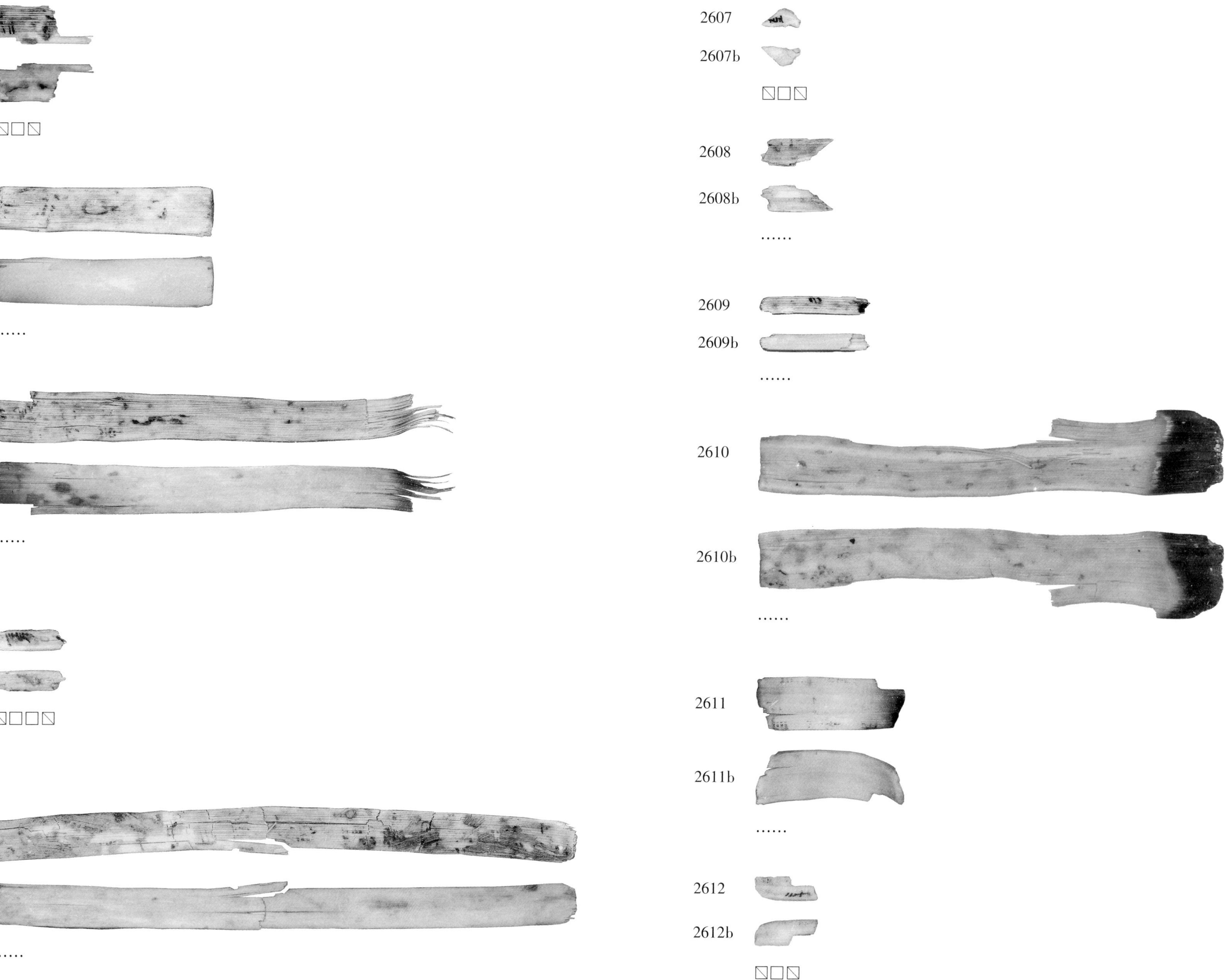

2602

2602b

⧄□⧄

2603

2603b

……

2604

2604b

……

2605

2605b

⧄□□⧄

2606

2606b

……

2607

2607b

⧄□⧄

2608

2608b

……

2609

2609b

……

2610

2610b

……

2611

2611b

……

2612

2612b

⧄□⧄

2613

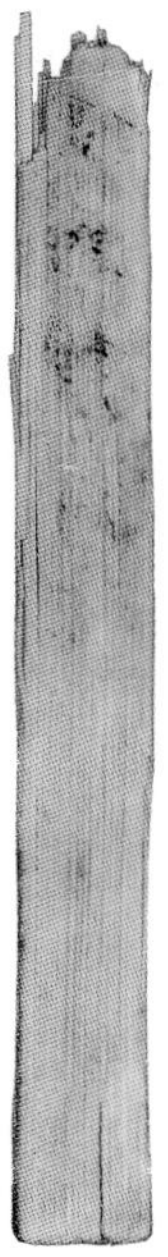

2613b ☑□□□……

2614

2614b ……

2615

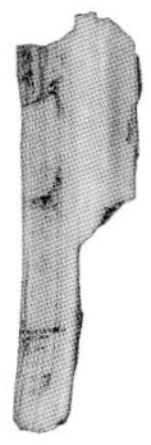

2615b ……

2616

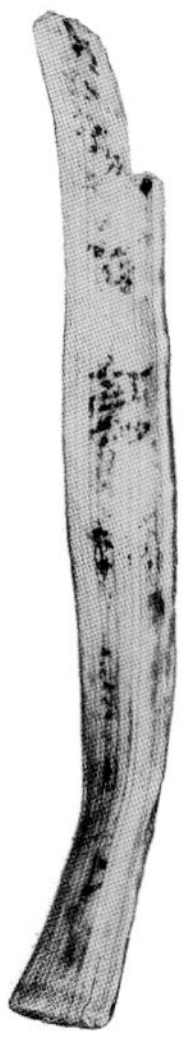

2616b ……

2617

2617b ……

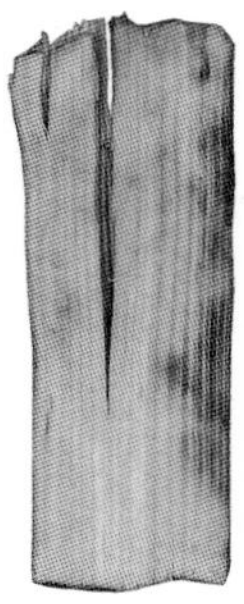

……

2618

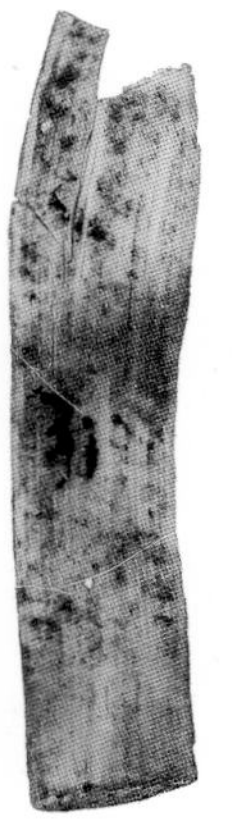

2618b ☑□□

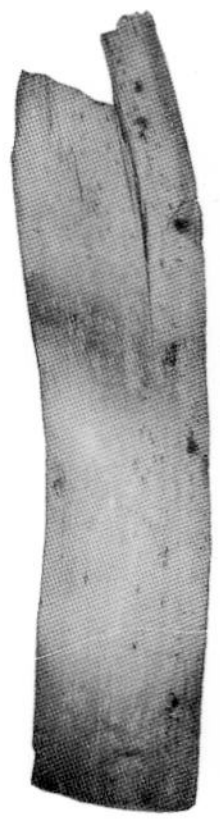

2619

2619b ……

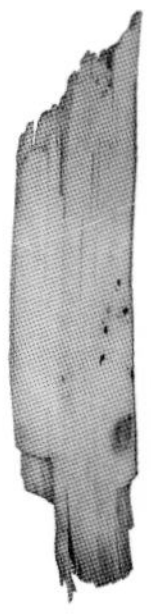

2620

2620b ☑□□□□☑

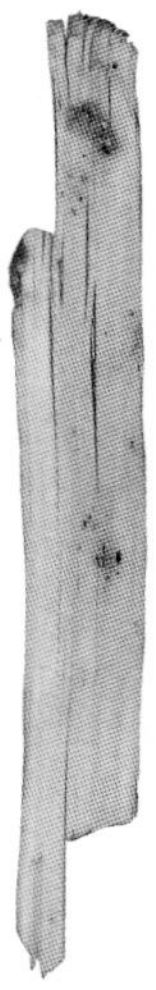

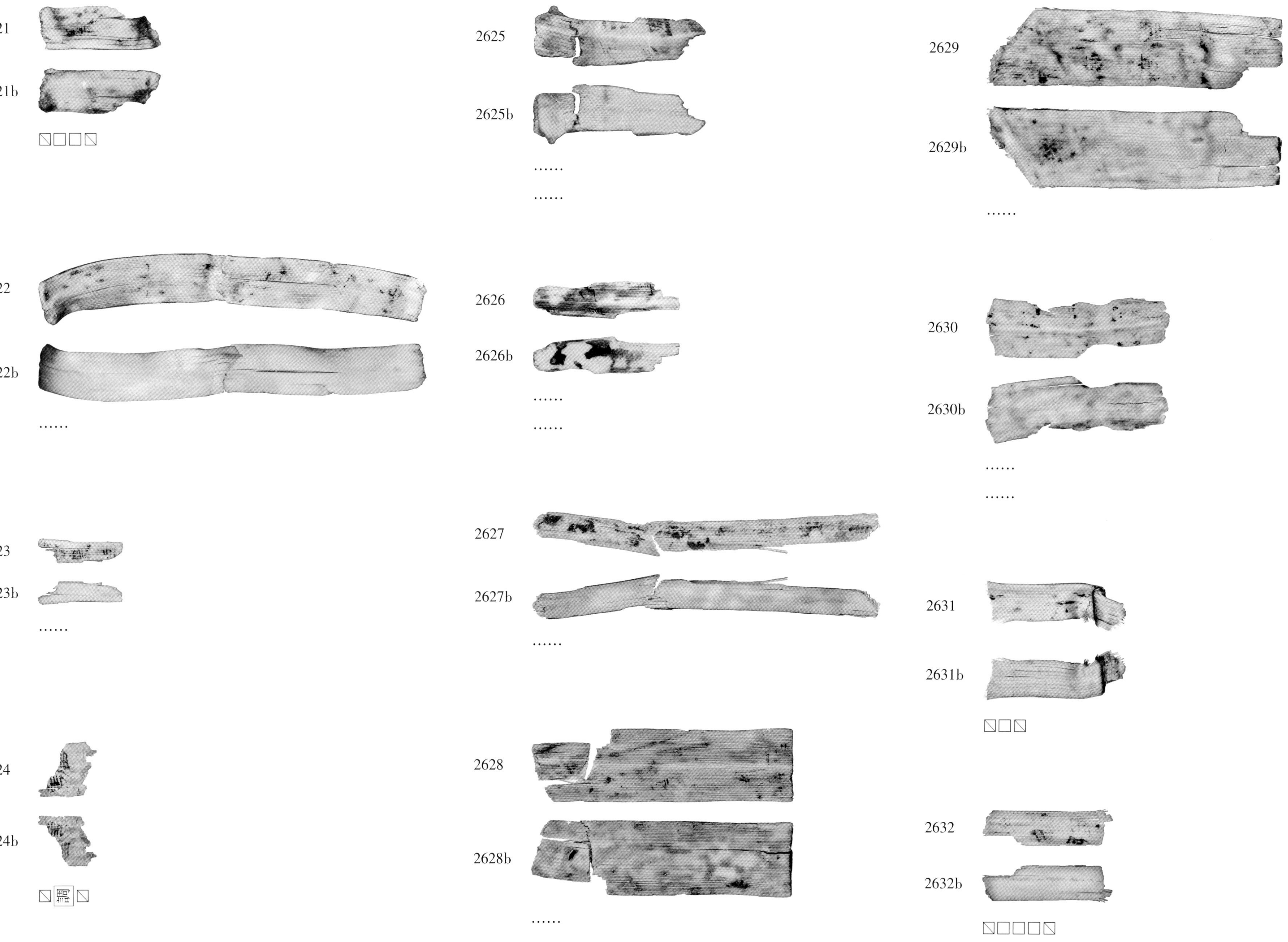

2621

2621b

☒□□☒

2622

2622b

……

2623

2623b

……

2624

2624b

☒謂☒

2625

2625b

……

……

2626

2626b

……

……

2627

2627b

……

2628

2628b

……

2629

2629b

……

2630

2630b

……

……

2631

2631b

☒□☒

2632

2632b

☒□□□☒

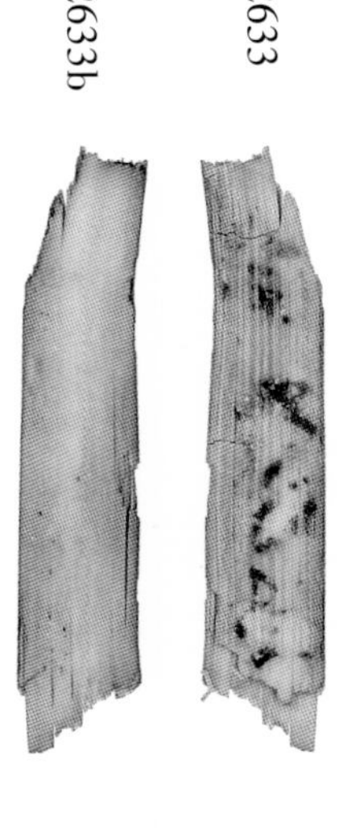

2633

2633b ……

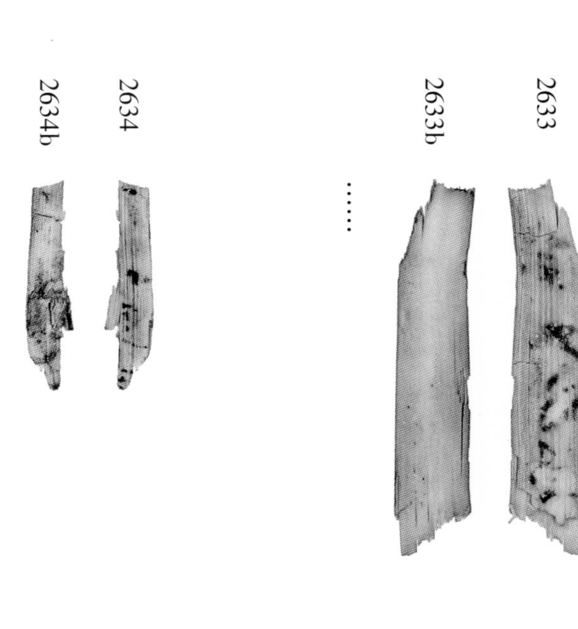

2634

2634b ……

2635

2635b ⧄□□□⧄

2636

2636b ……

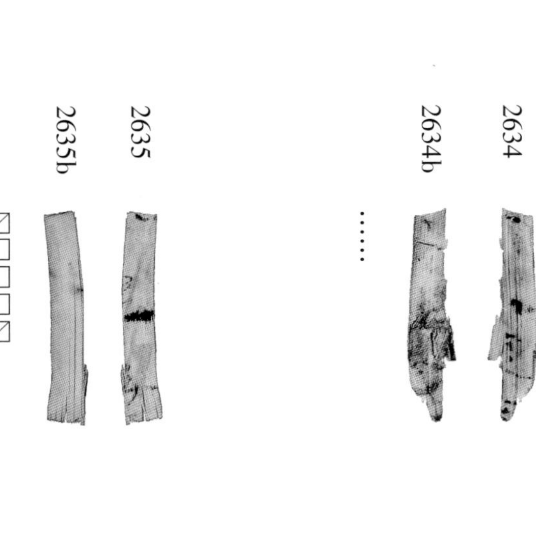

2637

2637b ……

2638

2638b ⧄□□⧄

2639

2639b ⧄□⧄

附錄二　釋文

案例一　令史兒等爲武擅解脱易桎案

001／0118

九年五月乙未朔丁未，臨湘令堅、長賴丞尊守丞告尉，謂倉、都鄉，敢告宮司空、攸、南陽、將作定王后：營徒髡鉗城旦、故大夫臨湘泉陽里武，完城旦

001b／0118b

報

002／0518

徒、故官大夫攸大里兒，宮司空令史、公乘攸臧郢里外，佐、公乘南陽平陽里不識，皆坐。故臨武丞武盜所主守錢臧（贓）六百，公士以上盜，武

003／0573

轂（繫）宮司空，請主轂（繫）令史兒爲武擅解脱易桎。獄史外、不識知武請兒，聽武請，爲武解脱易桎。論完兒爲城旦，不劾

004／0589

論武，監臨見知縱故弗舉劾，外、不識公士以上，得，轂（繫）牢。武、兒、外、不識皆有它重罪，坐，復治，駕（加）武笞百、釱左止，髡鉗兒、外、不識，

005／0582

皆爲城旦籍髡笞。得論行武、兒、外、不〖識〗重罪如律令。敢告主。

006／0591

九年五月乙未朔丁未，臨湘令堅、長賴丞尊守丞告尉，謂倉、都鄉，敢告宮司空、攸、南陽、將作定王后：定王〖后〗營徒髡鉗城旦、故大夫臨

007／0594

湘泉陽里武，完城旦徒、官大夫攸大里兒，宮司空令史、公乘攸臧郢里外，佐、公乘南陽平里不識，皆坐。武故爲臨武丞，盜所

008／0546

主守臧（贓）六百，公士以上盜，武轂（繫）宮司空獄，請主轂（繫）令史兒爲武擅解脱易桎。外、不識知武請兒，聽武請，爲武擅解脱易桎

009／0207

論完爲城旦，不劾論武。監臨見知縱故弗舉劾，外、不識公士以上，得，轂（繫）牢。駕（加）論武笞百、釱止，髡鉗兒、外、不識，皆爲城旦籍髡笞。

010／0598

令人將致其聽書，倉受入髡傅衣所當依服，移校九年癄（應）獄計，它以從事，敢告主。

011／0232

九年五月乙未朔丁未，臨湘令堅、長賴丞尊守丞告尉，謂倉、都鄉，敢告宮司空、攸、南陽、將作定王后：【定】王后營徒髡鉗城旦、故大夫臨湘泉陽里武，完爲

012／0229

城旦徒、故官大夫攸大里兒，宮司空令史、公乘攸臧郢里外、不識，皆坐武。武故爲臨武丞，盜所主守臧（贓）六百以上，盜臧轂（繫）宮司空獄。請主轂（繫）

013／0234

令史兒∟，爲武擅解脱易桎∟。外∟、不識知請兒∟，聽爲武解脱易桎，論完爲城旦，不劾論武。監臨見知縱故弗【舉】劾，外∟、不識公士以上，得，

014／0592

牢。駕（加）論武笞百、釱左止，髡鉗兒∟、外∟、不識，爲城旦髡笞。令人將致其罪，倉受入髡傅衣當衣服，移校九年應獄計。它以從事，敢告主。

015／0525

九年五月乙未朔丁未，臨湘令堅、長賴丞尊守丞告尉，謂倉、中鄉，敢告宮司空、攸、南陽、將作定王后：定〖王〗后營徒髡鉗城旦、故大夫臨湘泉陽

016／0125

里武，完城旦徒、故官大夫攸大里兒，宮司空令史、公乘攸臧郢

里外，佐、公乘南陽平陽里不識，皆坐。武故爲臨武丞，盜所主守

017／0529

臧（贓）六百，公士以上盜，武毄（繫）宮司空獄。請主毄（繫）令史兒，兒爲武擅解脱

易桎。獄史外、不識知武請兒，聽武請，爲武擅解脱易桎，論完

018／0299

兒爲城旦，不劾論武。監臨見知縱故弗舉劾，外、不識公士以上，得，

毄（繫）牢。武、兒、外、不識皆有它重罪，坐，復治。駕（加）論武笞百、釱左，髡鉗

兒、

019／0263

【外、】不識皆爲城旦籍髡笞。得論行武、兒、外、不識重罪如律令。

【敢】告主。

020／0583

九年五月乙未朔丁未，臨湘令堅、長賴丞尊守丞告尉，謂

倉、都鄉，敢告宮司空、攸、南陽，將作定王后：〖王后〗營徒髡鉗城旦、

021／0524

故大夫臨湘泉陽里武，完城旦徒、故官大夫攸大里兒，宮

司空令史、公乘南陽平里不識，皆坐。武故爲臨武丞，盜

022／0117

所主守臧（贓）六百，公士以上盜，武毄（繫）宮司空獄。請主毄（繫）令史

兒爲武擅解脱易桎。外、不識知武請兒，兒聽武請，爲武擅

023／0519

解脱易桎，論完爲城旦，不劾論武。監臨見知縱故弗舉劾，外、不

識公士以上，得，毄（繫）牢。駕（加）論武笞百、釱止，髡鉗兒、外、不識皆爲城旦籍髡

024／0580

笞。令人將致其聽書，倉受入髡傳衣所當依服，移校九年

應獄計。它以從事，敢告主。

025／0814

九年五月乙未朔丁未，臨湘令堅、長賴丞尊守丞告尉，謂倉、都

鄉，敢告宮司空攸、南陽、將作定王后：【王后】營徒髡鉗城旦、故大夫臨湘泉

026／0798

陽里武，完城旦徒、故官大夫攸大里兒，宮司空令史，公乘

南陽平里不識，皆坐。武故爲臨武丞，監所主守臧（贓）六百，

027／0803

公士以上盜，武毄（繫）宮司空獄。請主毄（繫）令史兒，爲武擅

解脱易桎。外、不識知武請兒，聽武請，爲武擅解脱易

028／0809

桎，請〈論〉完城旦，不劾論武。監臨見知縱故弗舉劾，外、

不識公士以上，得，毄（繫）牢。駕（加）論武笞百、釱止，髡鉗兒、外、不識皆爲

029／0811

城旦籍髡笞。令人將致其聽書，倉受入髡傳衣所當依服。移

校九年應獄計，它以從事，敢告主。

030／0797

九年五月乙未朔丁未，臨湘令堅、長賴丞尊守丞告尉，謂倉、中鄉，

敢告宮司空、攸、南陽、將作定王后： 營徒髡鉗城旦、故大夫

031／0799

臨湘泉陽里武，完城旦徒、故官大夫攸大里兒，宮司空

令史、公乘攸臧郢里外，佐、公乘南陽平陽里不識，皆坐。

032 / 0804

武故爲臨武丞，盜所主守臧（贓）六百，公士以上盜，武毄（繫）宮司空

獄。請主毄（繫）令史兒爲武擅解脱易桎。獄史外、不識

033 / 0810

知武請兒，兒聽武請，爲武擅解脱易桎。論完兒爲城旦，不

劾論武。監臨見知縱故弗舉劾，外、不識公士以上得毄（繫）

034 / 0808

牢。武、兒、外不識皆有它重罪，坐，復治。駕（加）論武笞百、鈦

左止，髡鉗兒、外、不識皆爲城旦籍髡笞。行武、兒、外

035 / 0801

不識重罪如律令，敢告主。

036 / 0597

九年五月乙未朔丁未，臨湘令堅、長賴丞尊守丞告尉，謂倉、都鄉，敢

告宮司空、攸、南陽、將作定王后：定王后營徒髡鉗城旦、故大夫臨湘泉陽

037 / 0208

里武，完城旦徒、故官大夫攸大里兒，宮司空令史、公乘攸臧郢里

外，佐、公乘南陽平陽里不識，皆【坐】。武故爲臨武丞，盜所主守臧（贓）六百，公

038 / 0590

鉗兒、外、不識，皆爲城旦籍髡笞。得論行武、兒、外、不識重罪如

律令，敢告主

039 / 0240

將作定王后營徒……

040 / 0920

其聽書移校▨

041 / 1550

九年四月丁丑，獄史河人爰書□▨

秩四百石，主毄（繫）令史兒坐劾□髣▨

042 / 0200

九年四月乙丑朔丁丑，臨湘令堅、守丞尊告獄史河人、乘之：適將

▨□□□□□完城旦兒、獄史釘有姦詐（詐），復治，有書

043 / 0309

▨□□獄史河人訊武，兒爲武解脱，其毋（無）姦詐（詐），何解？辤（辭）曰：武坐盜

所主守▨

▨□令史兒爲武解易桎，毋（無）它。它如辤（辭）。

044 / 0350

▨訊不識┘、外，辤（辭）曰：皆□□不識南陽平陽里□，【外攸臧郢里】▨

▨劾曰：臨湘郢里大夫壬負罰金一斤，居之，日未備□□▨

045 / 1570

·外、不識辤（辭）。

046 / 0223

□遣□□不敢故弗舉劾，獄未斷，會五月乙未赦，遣自□□

敢□之

047 / 0128

復作毄（繫）外、不識、倪、武作縣官各二歲□□鞫敢言之▨……

048 / 1144

▨□二月己丑劾論武

049 / 1525

□髡鉗城旦武、兒、外、不識□□□□□□□……

050／1861

☒□□宮司空令史公乘外☒

☒盜去亡□□□□公乘□☒

051／0751

赦以令復作□□☒

它以從事，如律令☒

052／0688

告縱都亭以□去時□□□□□☒

會五月乙未赦已論復作縣官二歲☒

053／2122

九年四月丁丑，獄史河人訊□□謂兒爲武解脱桎，武不論，其毋（無）姦詐（詐），何解？

辤（辭）曰：問兒□☒

為武擅自解脱，以故狀論武，實毋（無）姦詐（詐），毋（無）它，它如辤。

案例二一　血婁、齊盜贓案

054／0127

九年二月丙寅朔甲申，臨湘丞忠謂司空，敢告宮司空、南山、烝陽丞主：宮司空髡鉗城旦徒血婁、完城旦徒齊。齊，故公乘、烝陽羅里，血

055／0274

婁，士五（伍）、南山成里，皆坐盜鐵涓（鎖）各一，亡，未命。共盜靖園高成里大夫昌錢二千、麻布一匹、緒複衣一、□羅複被一、青羅複函領一、緒

056／0153

☒【麻單（襌）】衣各二、麻皂複衣二、小車檢（奩）一合、絲皂複絝一兩。黃里瘳慶【栱船】一樓，壽陵西都士五（伍）朝練絲複衣一、銅釪一，不知何人米二

057／0585

石、栱船一樓，臧（贓）并直（值）錢萬三千八百九十。血婁有（又）盜長賴令史吳銅釪一，士五（伍）號盧麻單（襌）衣三、米四斗、錢百八十四、節（櫛）一雙、嬰一兩，臨湘大女合皂卑（椑）

058／0119

一、麻布六尺二寸、芠婁（屨）一兩，臧（贓）并直（值）錢千三百廿八。臧（贓）皆千錢以上，得，㲉（繫）牢，駕（加）論髡鉗血婁、齊└，血婁笞一百二百鈦左右止，齊笞百

059／0226

鈦左止，皆爲城旦籍髡笞。其聽書，司空受入髡傳依所當衣服，移校九年應獄計，除錄血婁齊所共盜昌錢八【百卌一、緒麻】☒

060／0593

單（襌）衣各一、麻皂複衣二、小車檢（奩）一合、慶栱船一樓，不知何人米二石、栱船一樓靡，它皆見，已以畀昌等。血婁、齊毋（無）它同居會計

061／0300

財物以償，居，皆以從事，如律令，敢告主

062／0341

九年二月丙寅朔甲申，臨湘丞忠謂司空，敢告宮司空、南山、烝陽丞主：宮司空髡鉗城旦徒血婁，完城旦徒齊。齊，故公乘

063／0342

烝陽羅里，血婁士五（伍）南山成里，皆坐盜鐵涓（鎖）各一，亡，未命。共盜靖園高成里大夫昌錢二千、麻布一匹、緒複衣一、□羅□一，青

064／0259

羅複函領一、緒└麻單（襌）衣各二、麻皂複衣三、小車檢（奩）一合、絲皂複絝一兩，黃里瘳慶栱船一樓，壽陵西都士五（伍）朝練絲複

065 / 0339

衣一、銅釪一，不知何人米二石、栱船一柍、臧（贓）并直（值）錢萬三千八百九十。血
婁有（又）
盜長賴令史吳銅釪一，士五（伍）號盧麻單（禪）衣三、米四斗、錢百八十四

066 / 0402

節（櫛）一雙、嬰一兩，臨湘大女合皂卑（椑）［卑（椑）］一、麻布六尺二寸、芨婁
（屨）一兩，
臧（贓）并直（值）錢千三百廿八，臧（贓）皆千錢以上，得，轂（繫）牢，駕（加）
論髡鉗

067 / 0729

【血婁齊，血】婁笞一百二百鈇左右止，齊笞百鈇左止，皆爲城旦
【籍髡笞，其聽書】司空受入髡傳依所當衣服，【移校九年應】

068 / 0888

☑【獄計，除】錄血婁齊所共盜昌錢八百卌一、緒麻單（禪）衣各一、麻【皂複】【衣
二、小】小
車檢（奩）一合、慶拱船一柍、不知何人米二石、□☑

069 / 0881 + 0877

☑靡，它皆見，已以畀昌等。……會計財物以償，居，吏
卒守將司之別論，以律令。

070 / 0547

九年二月丙寅朔甲申，臨湘丞忠謂司空，敢告宮司空、南山、
烝陽丞主：宮司空髡鉗城旦徒血婁、完城旦徒齊。齊、

071 / 0595

故公乘、烝陽羅里，血婁、士五（伍）南山成里，皆坐盜鐵潰（鎖）
各一，亡，未命。共盜靖園高成里大夫昌錢二千、麻布一

072 / 0587

四、緒複衣一、□羅複被一、青羅複函領一、緒乚麻單（禪）衣各
二、麻皂複衣二、小車檢（奩）一合、絲皂複絝一兩，黃里瘳

073 / 0197

慶拱船一柍，壽陵西都士五（伍）朝練絲複衣一、銅釪一，不
知何人米二石、栱船一柍，臧（贓）并直（值）錢萬三千八百九十，血婁有（又）盜長賴
令

074 / 0535

史吳銅釪一、士五（伍）號盧麻單（禪）衣三、米四斗、錢百八十四、節（櫛）一
雙、嬰一兩；臨湘大女合皂卑（椑）一、麻布六尺二寸、芨婁（屨）一兩，

075 / 0549

臧（贓）并直（值）錢千三百廿八，臧（贓）留千錢以上，得，轂（繫）牢，駕（加）論
髡鉗
血婁、齊，齊、血婁笞一百二百鈇左右止，齊笞百鈇左止皆

076 / 0596

爲城旦籍髡笞，其聽書，司空受入髡傳依所當衣
服，移校九年應獄計，除錄血婁、齊所共盜昌錢八百

077 / 0588

卌一、緒ノ麻單（禪）衣各一、麻皂複衣二、小車檢（奩）一合、慶栱船一
柍、不知何人米二石、栱船一柍靡，它皆見，已以畀昌等。

078 / 0984

☑血婁、齊毋（無）它同居☑，
☑□如律令，敢告主☑

079 / 1197 + 1106 + 1781

九年二月丙寅【甲申，臨湘】丞忠謂【司】空敢告宮司☑
空、南山、烝【陽丞主：宮司空髡鉗城】旦徒血婁、完城旦徒齊☑

080 / 1878+0980

故公乘烝陽【羅里】血婁士五（伍）南山☑

共盜靖園高【成】□大夫昌錢二千☑

081 / 1191

☑□□□……

☑血婁笞百二百鈦

082 / 1893

☑麻布六尺☑

☑□□□□☑

083 / 0482

左右止，齊笞百鈦左止，皆爲城旦籍髡笞☑

髡傅衣所當衣服，移校九年應獄☑（計，除錄血婁齊所共盜昌錢八卌一、緒ノ麻）

084 / 0227

齊毋（無）它同居會計財物以償，居，吏卒守將司之别，

從事，如律令，敢告主。

085 / 1171

☑複衣二、小車

☑一艘，靡它皆見

086 / 0684

司空佐疾捕得·髡鉗城旦徒血蔞（婁）□罪囚

087 / 0738

之獄復簿問血蔞等四人即劾去分部·

088 / 0857

☑□□倉入服，移校九年應獄計，除錄

☑……

089 / 1036

☑將致其聽書……☑

☑錄血婁□所共盜☑

090 / 1093

靖園高☑

091 / 1194

☑□□齊故公乘烝陽羅里☑

092 / 1202

☑鉗笞百☑

☑鈦左右止□☑

093 / 1417

☑……☑

☑齊□□血婁血☑

094 / 1696

☑□血婁☑

095 / 1876

兩□□□二麻皂複☑

廿八，臧（贓）皆千錢以上☑

096 / 2126

☑公俱迺曰：我營徒縣下沅陽界□□□厚多柧人可以居與武穿界不智（知）其過即得亡出

闌亡☑

☑□□血婁曰：諾，其明日□謂適曰：我以桯杅皆急求，有擅解脱。適曰：我置□求□

當可得也□曰☑

☑□□西北辟界楃木皆□敗可穿以出，□亦視之易穿也，後二日不審日日中時獄史慶出適置

☑

☑……獄史……適……後適☑

097 / 1252

☒……………☒

☒梐亡我視☒

案例三　可思首匿案

098 / 0647

☒誠定邑命鬼新（薪），可思智（知）而首匿代人道具毋☒

099 / 1513

捕[得]代人、嬰☒

100 / 2117

嬰、寸、伯子、鬼新（薪）代人道具毋（無）它狀，它若劾

101 / 2127

七年十一月癸未，獄史河人以辟報訊尊辤（辭）曰：大夫臨湘邸里故爲漻陽☒

可思有劾毄（繫）獄獄徵識者，獄遣尊來識。可思爲人年可七十二，長六尺以上。可思□

☒

102 / 2116

鄉即亡，相往邸之代人、嬰、吳人、寸等皆曰：諾其八月生一日夜可半時，代人、伯子、

嬰、吳人、寸等即俱去亡。其八月生四日可晏食[時]，

嬰、吳人、寸亡盧旁竹中。伯子即之鄧車盧，可須臾環（還）邸。代人、嬰、吳人、寸等

曰：伯新往視田，獨[婢]□□已告[婢]弗入，代人、嬰、吳

103 / 2125

☒□可思方與樂聚鄉，尉卿、令史童等捕可思子樂。之亭時，嬰、代人等方縛在亭上，尉

卿

☒言可思誠首匿，定邑命髡鉗笞百二百二百鈦左右止城旦，吳人髡鉗笞百二百鈦左止城

附錄

104 / 0213

□大夫嬰何字嬰[應]字嬰[曰]嬰字留見。代人曰字門國。寸曰字☒

完爲城旦，有擅去署，駕（加）論髡鉗。蘭何事？吳人曰：坐縱囚論髡鉗☒

105 / 0370

☒[大夫]臨湘上里，爲孝文廟亭長，□☒

☒里大女可思，可思子小男樂，田□☒

106 / 0484

☒□婢□貌　□□與同事者五人俱來邸，婢婢☒

☒[夫]去，不蜀（獨）止，可思心[憐]伯子不忍去，癃諾，伯子即[環]☒

107 / 0581

方位廷下，代人、嬰、吳人、寸等即拜，與可思言曰：有死罪，生平未嘗得謁母，今有☒

□[責]鄧車來，代人、伯子、嬰、吳人、寸等即起拜，與鄧車言。鄧車謂伯子曰：我前☒

108 / 0651

☒急來煩累，邸女可思曰：諾何傷。即唬（呼）代人、嬰、吳人、寸等，入坐內中

☒聞女有事言女得來。伯子曰：賴伯得屬見人來，今故來邸。伯、鄧

109 / 1096+0907

☒□□其明日可思去之室，後不審☒

☒代人吳人、伯子等俱來，可[思]☒

110 / 1001

穸盧內我入[不]可思曰：今年我[食]☒

111 / 1001-1

嬰、代人、寸、吳人等入門問□□□☒

112 / 0475

炅，代人、吳人、寸等即環（還），復之可思盼☑

寸、吳人、嬰、伯子等人坐，食已即臥留，可☑

113 / 0887

代人等人坐，食已即臥☑

簿言可思曰可思匿☑

114 / 0267

曰鄧車歸之室。可思問鄧車曰：路人安在？鄧車曰：□☑

思問代人等曰：國人何索來？代人曰：蛇、莁、黄見路有病不☑

115 / 1599

☑以來，代人曰蛇、莁、黄見路有病，不能如故復來，可☑

☑□三四日旦，吳人、寸往示笱求魚，代人、寸擇塈盧☑

116 / 0435+0874

☑有頃到，可思、鄧車方坐，可思問代人等曰：國人何索，須☑

☑可二ㄥ、三日可思□去之室，後三日伯子死，即葬盧西山中。後☑

117 / 1051

☑……☑

☑□不，可思時恐☑

118 / 1236

☑□□□□

☑等代人曰坐劾

119 / 0807

七年五月庚子，獄史吳以劾訊可思☑

命髡鉗笞百二百二百釱左右止城☑

120 / 2059

☑代人命鬼薪與☑

☑盧可思界□☑

121 / 2115

☑□以劾訊代人辤（辭）曰：定邑司寇徒故公乘千秋里迺八月中不

☑□定邑命鬼新（薪）□它若劾

122 / 0704

☑前坐首匿定邑

☑笞百釱左右止城旦

123 / 0968

☑□獄狗☑

☑坐首匿定邑☑

124 / 0988

☑……☑

☑□匿弗☑

125 / 0689

☑可思□□□□二牒并移遣故佐尊

☑言之

126 / 1149

☑邸婢不書内

☑□蜀止可思□

127 / 1285

□路人移臨湘莁里☑

□□□□不可貇□☑

128／1453

☑吳人不得代人☑

129／1457

☑吳人不☑

☑廣☑

案例四　定邑令史辛與佐齒監臨主守盜縣官錢案

130／0556

關長若丞。前辛、齒亡臨澬界中，已遣佐、徒求捕未得，將
移辰陽，令官與雜捕齒致若書，敢言之

131／0557

九年正月丙申朔辛酉，鐵官長齊守臨湘令、丞忠敢告定邑主：定邑令史
辛與行事長南山長行、佐齒，皆坐劾監臨主守縣官錢盜之

131b／0557**b**

□月戊寅臨湘佐□□以來掾遂、獄史生

132／0545

齒詐（詐）爲出券以辟盜，使佐充、徒一人捕取辛、齒，書到，令史可
聽書與從事，雜捕，得。遣信吏徒［送］徒、佐將致臨湘獄，定縣名爵

133／0196

里，它坐。有復問毋（無）有論其〈云〉何，有罪耐以上當請者非請何以
傅狀年盡今年年幾何歲移爵結年籍，遣識者，人即不在，勝

134／0575

九年二月丙寅朔丙寅，令史野守都鄉，敢言之：寫上，謹案：佐
首前爲長庚從史，歸家在辰陽，敬勝真書，書與臨湘佐充署。

案例五　六年六月公乘適坐自占年故不以實

135／0528

六年六月辛亥朔丙寅，庫嗇夫餘行臨湘丞事告尉，謂中鄉：從里公乘吳
適坐自占年故不以實三歲以上，捕適未得，書到益閱（闕），吏徒求捕以得爲故，得將

136／0260

適未得盡（書）到益閱（闕）吏徒求捕以得爲故，得，將致
獄，定名爵里、它坐有罪耐以上當請者非何

137／0174

□求捕以得爲故，得，將致獄，定名爵里、它坐，罪耐以上當請
者非當，何以年，盡今年，年幾何歲，移 年籍，遣識者即

138／0275

六年六月辛亥朔癸酉，臨湘令越、庫嗇夫餘行丞事，敢言☑
移主爵都尉五年爵計畢一牒臨湘盡扎□小□☑

案例六　臨湘胡里燕坐盜息里王別案

139／0115

七年八月乙巳朔壬申，臨湘令寅告尉，謂庫、司空、都鄉：都鄉胡里大男燕坐盜臨湘
息里官大夫別梅橐船一㮴袤三丈五尺二寸，廣二尺一寸・見臧（贓）辜☑

140／2123

七年八月乙丑，獄史生訊燕道狀辤（辭）曰：大男臨湘胡里，田高陵野□☑
所乘，燕邪所智（知）息里男子王別家有公船，燕即往來賃，別☑

141 / 0246

七年八月己巳，獄史生訊燕遝獄未鞫吏言何解☒

解它若告☒

142 / 0364

☒氾里，爲廟廚，曹卒家室興□同縣里公土☒

☒吏卒燕來言□病溫（瘟）死臨湘渚下，燕爲載□☒

143 / 1172

☒獄史行燕

☒□之劾日

144 / 1472

☒燕……年五十九爲☒

145 / 1552

☒訊辭曰公乘臨沅宛□爲□□燕☒

☒……中佐上謁新定園衛出上☒

146 / 1653

☒……史燕長☒

☒□□□□慶忌皆故☒

147 / 1983

里公大夫燕爵爲士五（伍）尉削☒

148 / 1188

□獄史生言臨湘令史□□

……

149 / 0146

☒□盜別梅（梅）檣船一艘毋（無）它

150 / 0433

☒日欲往之☒

☒□念別船☒

未歸類簡

151 / 1762

☒丞令所☒

152 / 1763

☒□□西後□☒

153 / 1764

☒劾日牒書□☒

154 / 1765

☒數罪具□☒

155 / 1766

·受直（值）錢□☒

156 / 1767

絳□蜀□☒

157 / 1768

☒間陽里☒

☒□內□☒

158 / 1769

報爲案不具及誤脫不署斗☒

丙辰赦前以令不论其□☒

159 / 1770
二月甲辰朔辛亥□□□□□□▨
□□□□之史□□▨

160 / 1771
▨□□□中□
▨□夬（決）別坐劾▨

161 / 1772
▨□一以上予錢▨
▨以所盜賦臧（贓）▨
▨□□□▨

162 / 1773
▨□□□里上□▨

163 / 1774
中尉府調遣□
嗇夫賢佐

164 / 1775
▨□月丙辰長沙□▨
▨以律令從▨

165 / 1777
▨盜賊詣御府會▨
▨臨式〈武〉盜所主守傳▨

166 / 1778
▨午案事□▨
▨言之

167 / 1779
▨得爵□□受▨
▨□□纏乘▨

168 / 1780
▨臨湘令越□▨
▨毋留書□▨

169 / 1782
▨史意以辟▨
▨公乘□有▨

170 / 1783
▨□臨湘令▨
▨□□□□▨

171 / 1784
▨以律辨▨
▨囚□□▨

172 / 1785
▨尉□
▨鉗左

173 / 1786
▨卒史視□□□實當□其官當□▨
▨增□當減□□□舊官不入移▨

174 / 1787
▨朔己巳□□臨湘令堅謁□□□□□□□
▨□□□□□□就□□□□□□□

175 / 1788

至八月□□男子□□□□□□□▨

176 / 1789

▨毋（無）不平端罪司空

▨毋（無）不平端罪司空

177 / 1790

▨□命未得，錢

178 / 1791

▨坐備印亡書到

▨致獄定縣名

179 / 1793

▨□律令▨

▨□□亭亭長▨

180 / 1794

▨髡鉗延年

181 / 1795

□具篤□毋留

……

182 / 1797

▨從軍，武陵變（蠻）夷反假内官鐵□一人從

▨□□□□□□□□□□□□□

183 / 1798

九年七月甲午朔▨

曰六月癸巳夜卒▨

184 / 1799

五年八月甲▨

185 / 1800

▨齊守丞卻之

186 / 1802

□里□年卅長七尺二寸□年卅三長

七尺一寸……

187 / 1803

辰陽開長□丞□

188 / 1805

九年十一月丁酉朔□□鐵官長齊守臨湘令，丞忠敢言之

斗食嗇夫令史功舉者十六牒別言夬（決）其一曰臨湘斗

189 / 1806

八年後九月戊戌朔丙辰，□坐以逕嗇夫充國七年自占功墨□▨

人故行須以夬（決）獄毋留，如律令。

190 / 1807

八年後九月戊戌朔丙辰，鐵官長齊守臨湘令，丞忠敢言之：府

移劾曰牒書七年，斗食嗇夫、令史功舉臨湘十六牒，以律令從

191 / 1808

五年六月乙亥朔癸巳，東鄉嗇夫嬰敢言之：廷移臨湘書曰都里士五（伍）閆坐

去家過三百里，不取傳，定名里年姓、它坐，追〈遣〉識者報，謹問士五（伍）姓陽氏，

名里定，

未亡時毋（無）它坐，有罪不當請，年廿三，遣父大夫視識，謁報臨湘，敢之

192 / 1809

▨何長沙 □□□▨

193 / 1810

（人形圖畫）

194 / 1811

□□□□□命□之先□及□□

六月甲戌服命，令史□□失期劾寫移書致獄詣，以律

令從事，敢言之。

195 / 1812

浮食新田徙臨湘以私宦事長沙□□□□□□

二人取書到尉都鄉開吏徒佐來捕必以盡得

196 / 1813

▨□□廟廚啬▨

▨之府書曰▨

▨會二月□▨

197 / 1814

▨□武

198 / 1815

斯言▨

199 / 1816

□陽□▨

200 / 1817

皆它遣▨

析里膊斀▨

201 / 1818

▨□□日上▨

▨□□□□▨

202 / 1819

▨□□□□▨

▨□告□□▨

203 / 1820

▨臨▨

▨敢言▨

204 / 1821

▨賜之□▨

205 / 1822

▨□一以上

▨□應法

206 / 1823

▨聚錢▨

▨□▨

207 / 1824

▨掾崇□▨

208 / 1825

▨亭□▨

▨蠻夷□▨

209 / 1826

九年七月▨

問外宛▨

210 / 1827

府校長▨

211 / 1828
〼大□〼

212 / 1829
〼行長史
〼□者有

213 / 1830
齊〼

214 / 1831
〼[牢]卒獄

215 / 1832
〼□取〼

216 / 1833
〼錢萬〼

217 / 1834
〼失

218 / 1835
〼私〼

219 / 1836
三兩〼

220 / 1837
〼陵陵

221 / 1838
〼□免〼
〼相藉〼

222 / 1839
〼夫□擇行〼

223 / 1841
〼□□□□
〼別書敢言之

224 / 1842
〼□卒史□
〼□□到轂（繫）

225 / 1843
□□□□〼

226 / 1844
〼以……百以賈肺

227 / 1845
[詣官]卻[書]曰□□報□□□□□〼

228 / 1846
史前□前史〼

229 / 1847
□□□廿上蜀智（知）人〼

230 / 1848
□□擅□□屬□□□

231 / 1849

⧄□

232 / 1850

⧄□史行事□□□令史□⧄

⧄□□□獄史□□⧄

233 / 1851

⧄□中□□謂□□□⧄

234 / 1852

⧄盜二□七月己卯□⧄

235 / 1853

⧄□六十□⧄

236 / 1854

三月癸未劾曰⧄

237 / 1855

嗇夫□□七年功墨□不□縣界□□⧄

記誤，以律令從事，問□⧄

238 / 1856

⧄□□尉計者毋上校書到言牒⧄

⧄內史齊客行長沙相事，邸長始行長史⧄

239 / 1857

⧄臨沅丞主主□⧄

⧄革一犀角□□⧄

240 / 1858

⧄之獄書□□

⧄□方□命□

⧄□□□□

241 / 1859

⧄陽里從偕□⧄

⧄錢從□□⧄

242 / 1860

⧄□爲□吏有事⧄

⧄金□□□□⧄

243 / 1862

⧄受囚敢纏，獄皆未斷

⧄□□□復作罪決

244 / 1863

⧄如何⧄

⧄夫購賞金六兩⧄

245 / 1864

⧄□□毋留ノ□

246 / 1865

戊申……袤九尺凡二⧄

己酉……厚二寸□⧄

庚戌⧄

247 / 1866

⧄□走黃廣謹再拜⧄

⧄走黃廣⧄

248 / 1867

人人酉☐

249 / 1868

☐甲午朔甲午臨湘令堅敢言案

☐□夫

250 / 1869

敢告告☐

251 / 1870

☐令□□使若來爲☐

☐也即去約歸□☐

252 / 1871

☐獄史意以辟報☐

☐時董□充國□☐

253 / 1873

☐當爲吏□□越案□□□□☐

☐辟報，如律令，敢告主☐

254 / 1874

☐如律令，今敢告主。

☐敢言之。

255 / 1875

八年正月戊戌，劾曰：徼得一男子☐

□陳公馬足下甚苦官事因書再拜上書叩上

256 / 1877

☐□□致如書有物故☐

☐告主☐

257 / 1879

☐丞昌益陽☐

☐時倚捲□☐

258 / 1880

☐□癸巳☐

☐主富劾及爰☐

259 / 1881

☐□客人予盜戒（械）囚大男復☐

260 / 1882

詐（詐）曰西……☐

261 / 1883

☐受受受受受

262 / 1884

☐案長沙外長沙内史□☐

☐不以爲事從報官☐

263 / 1885

☐言以爰書□□關佐在☐

264 / 1888

☐守□獻食致☐

☐乃得□受□□☐

265 / 1890

☐□□二千石□

266 / 1891

☐□□臣□空☐

267 / 1892

⧄癸巳，積廿日□⧄

268 / 1556+0885

⧄□爲吏大夫買南陽長建馬□匹⧄

⧄南陽長建馬所胃（謂）馬賈（價）金賈（價）⧄

269 / 1894

⧄□陽長建

270 / 1895

⧄□自□爰書□⧄

⧄□□□買□⧄

271 / 1896

⧄□□□必上□⧄

272 / 1897

牒書十一牒斗食嗇夫令⧄

□□□□⧄

273 / 1898

⧄皆坐無名數，辤（辭）如劾□⧄

274 / 1899

⧄□府卻死罪⧄

⧄□□□□⧄

275 / 1900

⧄□□□□□⧄

⧄□□□西陽□⧄

276 / 1901

⧄□中尉卒史⧄

277 / 1902

⧄□日□□長沙⧄

278 / 1903

⧄書曰□

⧄湘延年

⧄□□

278b / 1903**b**

⧄□□□□

279 / 1904

⧄□□意□⧄

280 / 1905

⧄□謹與守卒尊足□⧄

⧄□□皆⧄

281 / 1906

⧄言之

⧄□□

282 / 1907

⧄月壬午下□⧄

283 / 1908

⧄以署定福⧄

284 / 1909

⧄羅里⧄

285 / 1910

☐掾曰□□□臨湘□☐

286 / 1911

☐□□不審下□□辤（辭）如劾☐

287 / 1912

☐……☐

288 / 1913

☐胡人慶辤（辭）☐

289 / 1914

☐襄☐

290 / 1915

☐斗食嗇夫公案問符六年功上□☐

291 / 1916

☐二萬，令爲盜故御，以己命☐

292 / 1917

☐□不自□□□□□司☐

293 / 1918

☐請論它有等比，制曰可，它□□☐

294 / 1919

☐始爲臾皇后稱妾上爵治乚詔獄☐

295 / 1920

六年四月癸丑，令史光劾曰：廚佐行非餔食時□□□

296 / 1921

☐事下當☐

☐……☐

297 / 1922

☐尉史迺☐

☐□□□☐

298 / 1923

☐□□□☐

☐□□□☐

299 / 1924

☐見知主□☐

300 / 1925

☐滮同□☐

☐□中時☐

301 / 1926

☐绔一兩□☐

☐□□□應☐

302 / 1927

☐□劾□□

303 / 1928

☐忠重□

☐□□□佐

304 / 1929

☐舉吏各能□其□

305 / 1930

⍁……⍁

⍁……⍁

306 / 1932

……券……

307 / 1933

⍁到縣□□□

308 / 1934

⍁□補爵次莝里五大夫□建⍁

309 / 1935

⍁武死適（嫡）子爵常□⍁

310 / 1936

六年七月⍁

倉官⍁

311 / 1937

⍁敢[告建]□⍁

⍁縣□□⍁

312 / 1938

都鄉男子旁籍

313 / 1939

⍁亡走□⍁

314 / 1940

⍁□⍁

⍁再拜⍁

315 / 1941

⍁所不得見⍁

316 / 1942

⍁長沙王□⍁

317 / 1943

⍁事⍁

318 / 1944

⍁今□⍁

⍁空□□⍁

⍁□□⍁

319 / 1945

⍁寰謹再拜⍁

320 / 1946

⍁小史相□⍁

⍁小史殷⍁

321 / 1947

⍁言⍁

322 / 1948

⍁七年功墨將署歲年下不□⍁

⍁□論罰充國金一兩⍁

323 / 1949

⍁中父優能監妻[惑]⍁

⍁□中父齊皆封左□⍁

324 ／1950

・論報

325 ／1951

▨□□□辛□□□□□名□

326 ／1952

▨季建謹再拜請

▨□□□□□

327 ／1953

▨龍▨

328 ／1954

（墨團）

329 ／1955

▨謹再▨

330 ／1956

▨者它▨

331 ／1957

▨□御史少史□□□□言從上行▨

▨三□□□□□當與□得在□□□▨

332 ／1958

▨□行

333 ／1959

▨相府主

▨德

334 ／1960

▨完▨

335 ／1961

▨□安國▨

336 ／1962

▨以□▨

337 ／1963

▨□徒▨

338 ／1964

▨多□□中□▨

339 ／1965

▨□囚▨

340 ／1967

▨□具[其]具▨

341 ／1968

▨往□▨

342 ／1969

倀亭長▨

343 ／1970

▨受▨

344 ／1971＋1966

・辟報

345 / 1972

□其

346 / 1973

乙又謹

再拜乙

347 / 1974

⧄……

⧄……壬□□□四……當遇

348 / 1976

⧄□嗇夫□⧄

⧄以上毄（繫）未夬（決）⧄

⧄□屬書□⧄

……

349 / 1977

⧄見小夫

⧄辟讖謁

350 / 1978

⧄人一⧄

⧄之一⧄

351 / 1979

⧄七牒盜走⧄

⧄□□⧄

352 / 1980

⧄馬足⧄

353 / 1981

⧄兼

354 / 1982

⧄廿一求不得食⧄

355 / 1982-1

弗食⧄

356 / 1984

⧄市□⧄

357 / 1985

⧄長沙⧄

⧄之⧄

⧄內史⧄

……

358 / 1986

⧄不⧄

359 / 1987

⧄吳吳⧄

360 / 1988

⧄□□⧄

361 / 1989

⧄拜□⧄

362 / 1990

⧄□⧄

⧄□□⧄

363 / 1991

☒□既□□☒

☒□之☒

☒□來告☒

364 / 1992

☒□□□□☒

365 / 1993

春三月□☒

366 / 1994

☒沐獲

366b / 1994**b**

☒□□

367 / 1995

☒□□☒

368 / 1996

☒□□□□□☒

☒士五（伍）□□□☒

369 / 1997

☒□□☒

369b / 1997**b**

☒□□☒

370 / 1998

☒報□

371 / 1999

☒鉗城

372 / 2000

☒庶☒

373 / 2001

☒□十六☒

374 / 2002

☒□大（太）倉徒☒

375 / 2003

☒安諸☒

376 / 2004

（習字筆畫）

376b / 2004**b**

（習字筆畫）

377 / 2005

☒□□☒

☒□□☒

☒留☒

377b / 2005**b**

☒使☒

378 / 2006

☒□□□☒

379 / 2007

⧄四月⧄

380 / 2008

⧄馬牛走臣某⧄

380b / 2008**b**

⧄從事⧄

381 / 2009

⧄□長⧄

⧄己朔亥⧄

⧄己亥都⧄

381b / 2009**b**

⧄己亥己己亥亥⧄

382 / 2010

令慾⧄

鞫⧄

382b / 2010**b**

鑵⧄

383 / 2011

⧄□作所毄（繫）□□⧄

384 / 2012+2013

⧄馬⧄

⧄馬⧄

384b / 2012+2013**b**

⧄府大⧄

385 / 2014

⧄謹再⧄

⧄当至前⧄

⧄□賜然⧄

385b / 2014**b**

⧄其⧄

⧄使若以⧄

386 / 2015

三年七月己亥朔⧄

三年七月元⧄

三年⧄

386b / 2015**b**

年六月己巳

己長亥

387 / 2020

（習字筆畫）

387b / 2020**b**

（習字筆畫）

388 / 2021

⧄事□⧄

389 / 2022

⧄□當爲二千⧄

389b / 2022**b**

⧄表乙年定⧄

390 / 2023

⧄拜言⧄

⧄不得至前有死罪謹⧄

⧄□賜死不敢亡去⧄

390b / 2023b

⧄拜言□□□⧄

⧄袤謹再拜□之⧄

391 / 2024+2026

⧄謹伏地再拜進書君⧄

391b / 2024+2026b

⧄六月甲九年六月辛未⧄

392 / 2025

（習字筆畫）

393 / 2027

⧄□□⧄

⧄□□⧄

394 / 2028

⧄軍⧄

395 / 2029

⧄□東⧄

396 / 2030

⧄諸君皆取取之⧄

396b / 2030b

⧄聞君焉⧄

397 / 2031

⧄□□⧄

397 / 2031b

（背面）⧄□□⧄

398 / 2032

九年訊□□

十四事

八年餘獄

398b / 2032b

（背面）□□八年餘

399 / 2033

⧄□史⧄

400 / 2034

⧄之之□⧄

400b / 2034b

⧄□⧄

401 / 2035

車床叉如馬駟於馬於車

401b / 2035b

敢乃宮司空道宮司空

402 / 2037

九年三月六月六月朔甲子▨

九年三月六月六月朔甲子▨

402b / 2037**b**

……

403 / 2038

▨斗斗斗斗斗▨

▨□五十常□▨

▨書三百□常□▨

403b / 2038**b**

▨日書三百五十常□▨

404 / 2039

▨敢言之……▨

404b / 2039**b**

▨長沙廄騶……▨

405 / 2040

▨弟取既□成奇

▨丞再拜使□門

□□枚足以上□

405b / 2040**b**

▨□□亡□

406 / 2044+2041

僕擄再拜請▨

孝公足下，擄勞已，洽之，皆已傳▨

公令擄，獄史定，獄史名▨

史□擄欲已行史空▨

406b / 2044+2041**b**

冬□定獄史名曰以歸▨

孝公足下▨

407 / 2042

臨湘

408 / 2043

▨□□公士▨

▨里戶人公士□□□

409 / 2045

▨言之馬牛走敢言之▨

409b / 2045**b**

……

410 / 2046

▨謹再拜▨

下願▨

驫願驫願賜▨

410b / 2046**b**

家謹□▨

乙謹▨

何何▨

411 / 2047

（圖畫）

412 / 2048

▨□□▨

412b ／2048**b**

☒日子右☒

413 ／2049

☒□乙丨□☒

413b ／2049**b**

☒□尉史☒

414 ／2050

☒中程

中□

中□☒

414b ／2050**b**

☒斗斗☒

415 ／2051

☒□再拜□

☒□☒

415b ／2051**b**

☒言□☒

☒□奴☒

416 ／2052

☒者重☒

☒□□□☒

417 ／2053

☒□使☒

☒□賜☒

418 ／2054

☒從十月辛☒

418b ／2054**b**

☒馬□牛□☒

419 ／2055

☒爰爰爰□☒

419b ／2055**b**

☒女爰丈夷更□□☒

耐耐耐

420 ／2057

☒九年六月甲子☒

☒令史官大夫

421 ／2058

☒□□所還使☒

☒犯有治獄史☒

☒□□□☒

422 ／2060

☒□獄史卯[齊]□□□□□期□□辟問□佐丙主☒

423 ／2061

☒毋牢□□□信死獄中信死奴☒

☒□□亭中□□信死□□審□□☒

424 ／2062

☒□□□□□

☒□□毋□□

425 / 2064
☒□□功墨□☒

426 / 2065
☒□□□□□□□□☒

427 / 2066
☒□□何

428 / 2067
☒□轂（繫）門者陽者東

429 / 2068
☒□□壬寅毋（無）有□興徒□

430 / 2069
當補吏次安成五大夫孝□□□

431 / 2070
當補吏次莊里五大夫□□□□□□□□□□☒

432 / 2071
當用補吏次安成五大夫□□□爲中鄉佐□☒

433 / 2072
☒□□□□□

434 / 2073
☒廷移臨湘☒
☒□大女榮傷☒

435 / 2074
☒湘令堅長賴☒
☒鐵官長ノ獄史☒

436 / 2075
故□□□☒
□其□報庫☒

437 / 2076
☒□風☒
☒□劾☒

438 / 2077
☒以□縛召□☒
☒不審日廷訊楮☒

439 / 2078
☒□□□敢言□□□□□☒
☒年□□當□七年九月吏□□☒

440 / 2079
氏事不可行在五月乙未赦前☒
□實□□□□爲莊氏并上言☒

441 / 2080
☒今越敢言之移死罪發未覺
☒□湘毋應書敢言之

442 / 2081
□□□之□□都吏案□□俗者☒
令書到言□□□□□□□☒

443 / 2082
☒臨湘丞忠敢☒
☒湘□大□☒

444 / 2083

☒□劾☒

445 / 2084

☒不□受☒

☒曰□□□大☒

446 / 2085

☒臨湘獄史已毄（繫）☒

447 / 2086

☒□□□☒

449 / 2087

☒中尉□□□簿問□中□□☒

449 / 2088

☒□鈞等詐（詐）□命棄市尊·臨湘起☒

450 / 2089

☒□□□□□□相史倚□故大夫☒

451 / 2090

☒□執□遣不□□□☒

452 / 2091

……

☒□□□不□□□□□□告☒

453 / 2092

☒□緒一受練繻償長安盡三月辛丑積百十八ᴾ☒

454 / 2093

當補吏次□□□□□□□□□今宜☒

455 / 2094

☒□□□功□□□勞大凡☒

456 / 2095

□病診爰書□☒

457 / 2096

☒九年☒

☒□工□都□☒

458 / 2098

☒毋（無）它它若

459 / 2099

☒□□□二月□☒

460 / 2100

☒□日宜飯☒

461 / 2101

☒九年三月丙□☒

462 / 2102

☒臨湘☒

463 / 2104

☒史視事庫帶□☒

464 / 2105

千□獄☒

465 / 2106

☑□□故□□中官公大夫以□□☑

466 / 2107

☑□下不能書□越□

467 / 2108

☑□□毋置五大夫□☑

468 / 2109

☑以□臨湘丞□敢□☑

469 / 2110

☑它☑

470 / 2111

☑九月丁亥臨湘□☑

☑□□☑

471 / 2112

☑補次吏☑

472 / 2114

☑夜去亡賤子陳謹再拜[進]書母足下□書何公馬足下大急急

☑書去亡春不和□母酒食陳有幸　陳

☑獄願律令從事事律陳陳陳事事

473 / 2118

九年□月臨湘獄計[輸問]樂平里公乘志坐爲亭長亡滿五日不得削爵爲士五（伍）□

474 / 2119

八年五月壬戌獄史[燕]爰書案充丞慶忌有它□劾故宮[司空即]☑

475 / 2120

此若至□[廄]皆辟問囚☑

476 / 2121

☑□監臨求盜意爲家作

☑□劾移獄以從事　　臨湘第

477 / 2124

☑榑滕下已診以屬應母大女幸，它如診書

478 / 2128

☑子御取車馬命棄市，會赦不自出，佐□行言賤完城旦，操錢二萬，令爲盜徵御以已命償許

☑

479 / 2131

三尺九年五月

480 / 2132

☑司寇多智（知）盜爰書先以證律辨告㛅乃訊辭曰大女臨湘鍇里迺往七歲中㛅家在登聚

☑大婢溫後不審年月日溫死時後二年中不審年月日㛅嫁爲鍇里公乘軫妻年少不識

481 / 2133

大（太）子給中大夫騎河給事□夫章鄣中□□

482 / 2134

☑獄史育爰書與鄉人臨湘成里大夫受之代義陵西陽里士五（伍）□□□

☑爲家乍器[十]二枚，其七枚廣四尺二寸、衺五尺四寸，其五枚廣六尺九寸、衺五☑

483 / 2136

☑以獄不治日洗沐・凡卅字

484 / 2137

〼史曹主計計期會及□□□案

485 / 2138

〼城旦遺……〼

〼□□尉史高□敦長……敢言之謹寫移故獄〼

……□中□……

486 / 2141

〼已診以律令〼

487 / 2141-1

〼二□□〼

488 / 2139

（無字）

489 / 2140

……

490 / 2142

潙鄉男子黄澤坐盜□不舉在獄……〼

491 / 2143

〼受

〼□□□毄（繫）延年論獄，以律令從事，敢言之。ノ車長宛

492 / 2144

〼當當棄市急□〼

〼當當棄市急□〼

493 / 2145

〼司空言事它若□〼

494 / 2146

〼聞□〼

495 / 2147

〼□□金臨湘〼

〼食就〼

496 / 2148

〼左〼

497 / 2149

〼卒官□〼

498 / 2150

〼言之〼

499 / 2151

〼宜出所〼

500 / 2152

〼事〼

501 / 2153

〼多自〼

〼受食〼

502 / 2154

〼錢〼

503 / 2155

〼□〼

504 / 2156
▨南山宮邑▨

505 / 2157
▨……▨

506 / 2158
▨□□孺□許□▨
▨□□▨

507 / 2159
……
▨囚□▨

508 / 2160
▨八年正月坐▨

509 / 2161
……
……

509b / 2161b
▨□五尺▨

510 / 2162
▨□年十一月乙未朔▨

511 / 2162–1
▨……報▨

512 / 2163
▨不可▨

513 / 2164
▨年▨
▨爲事▨

514 / 2165
▨迺上□□▨

515 / 2166
▨□□□□▨
……

516 / 2167
▨月九月十一月▨
……

517 / 2168
▨年□▨

518 / 2169
・七年

519 / 2170
▨遷陵▨

520 / 2170–1
□皆▨

521 / 2172
▨敢言之劾曰▨
……辤（辭）

522 / 2173
▨之後甲戌□▨

523／2174
（圖畫）

523／2174**b**
□

524／2175
⧅孝⧅

525／2176
⧅……⧅

526／2176-1
⧅其即⧅

527／2177
年廿

528／2178
⧅爲諸侯⧅

529／2179
⧅爲縣收獲⧅

530／2180
⧅餘⧅

531／2181
⧅□□⧅

532／2182
⧅朔乙酉臨⧅

533／2183
⧅擅⧅

533b／2183**b**
□□

534／2184
⧅□受賜□⧅

535／2185
⧅斗它⧅

536／2186
⧅旁里⧅

537／2187
⧅□以上⧅

538／2188
⧅□□⧅

539／2189
⧅□自占⧅

540／2190
⧅□追□⧅

541／2191
⧅□二合血⧅

542／2192
⧅□□⧅
⧅皆⧅

543／2193

〼郵〼

544／2194

（無字）

545／2195

（無字）

546／2196

□

547／2197

……

□□□縱

無編號 3

……

無編號 4

〼復未……倚武〼

附錄三　簡牘編號、材質及尺寸對照表

卷内號	原始簡號	材質	尺寸	備注
001	0118	竹	長21.3釐米，寬1.6釐米，厚0.15釐米	
002	0518	竹	長21.2釐米，寬1.6釐米，厚0.16釐米	
003	0573	竹	長20.9釐米，寬1.6釐米，厚0.17釐米	
004	0589	竹	長21.2釐米，寬1.5釐米，厚0.23釐米	
005	0582	竹	長21.8釐米，寬1.5釐米，厚0.32釐米	
006	0591	竹	長21.1釐米，寬1.5釐米，厚0.15釐米	
007	0594	竹	長21.2釐米，寬1.5釐米，厚0.14釐米	
008	0546	竹	長20.8釐米，寬1.5釐米，厚0.23釐米	
009	0207	竹	長21.2釐米，寬1.6釐米，厚0.21釐米	
010	0598	竹	長21.2釐米，寬1.6釐米，厚0.12釐米	
011	0232	竹	長20.9釐米，寬1.5釐米，厚0.12釐米	
012	0229	竹	長20.3釐米，寬1.4釐米，厚0.16釐米	
013	0234	竹	長20.7釐米，寬1.5釐米，厚0.13釐米	
014	0592	竹	長20.5釐米，寬1.4釐米，厚0.12釐米	
015	0525	竹	長20.9釐米，寬1.5釐米，厚0.17釐米	
016	0125	竹	長21.7釐米，寬1.4釐米，厚0.15釐米	
017	0529	竹	長21.7釐米，寬1.6釐米，厚0.32釐米	
018	0299	竹	長20釐米，寬1.6釐米，厚0.1釐米	
019	0263	竹	長20.2釐米，寬1.4釐米，厚0.12釐米	
020	0583	竹	長21.3釐米，寬1.6釐米，厚0.18釐米	
021	0524	竹	長20.6釐米，寬1.5釐米，厚0.16釐米	
022	0117	竹	長21.3釐米，寬1.6釐米，厚0.18釐米	
023	0519	竹	長21釐米，寬1.5釐米，厚0.22釐米	
024	0580	竹	長20.9釐米，寬1.5釐米，厚0.13釐米	
025	0814	竹	長21.2釐米，寬1.5釐米，厚0.16釐米	
026	0798	竹	長21.7釐米，寬1.5釐米，厚0.25釐米	
027	0803	竹	長21.7釐米，寬1.4釐米，厚0.25釐米	
028	0809	竹	長21.4釐米，寬1.7釐米，厚0.24釐米	
029	0811	竹	長21.5釐米，寬1.7釐米，厚0.24釐米	
030	0797	竹	長21.7釐米，寬1.4釐米，厚0.27釐米	
031	0799	竹	長21.3釐米，寬1.5釐米，厚0.22釐米	
032	0804	竹	長21.2釐米，寬1.3釐米，厚0.21釐米	
033	0810	竹	長21.2釐米，寬1.5釐米，厚0.22釐米	
034	0808	竹	長21.4釐米，寬1.6釐米，厚0.21釐米	
035	0801	竹	長21.3釐米，寬1.5釐米，厚0.24釐米	
036	0597	竹	長21.1釐米，寬1.5釐米，厚0.13釐米	
037	0208	竹	長20.2釐米，寬1.4釐米，厚0.21釐米	
038	0590	竹	長20.6釐米，寬1.3釐米，厚0.16釐米	
039	0240	竹	長14.9釐米，寬1.5釐米，厚0.17釐米	
040	0920	竹	長5釐米，寬0.5釐米，厚0.15釐米	
041	1550	竹	長11.1釐米，寬1.4釐米，厚0.16釐米	
042	0200	竹	長21.2釐米，寬1.7釐米，厚0.2釐米	
043	0309	竹	長23.6釐米，寬1.5釐米，厚0.11釐米	
044	0350	竹	長19.3釐米，寬1.5釐米，厚0.31釐米	
045	1570	竹	長8.4釐米，寬0.7釐米，厚0.11釐米	
046	0223	竹	長16.2釐米，寬1.5釐米，厚0.18釐米	
047	0128	竹	長19.2釐米，寬1.5釐米，厚0.13釐米	
048	1144	竹	長9.2釐米，寬0.8釐米，厚0.12釐米	

卷内號	原始簡號	材質	尺寸	備注
049	1525	竹	長 20.5 釐米，寬 0.8 釐米，厚 0.2 釐米	
050	1861	竹	長 7.9 釐米，寬 1.2 釐米，厚 0.17 釐米	
051	0751	竹	長 7.2 釐米，寬 1.4 釐米，厚 0.12 釐米	
052	0688	竹	長 13.6 釐米，寬 1.7 釐米，厚 0.13 釐米	
053	2122	竹	長 30.5 釐米，寬 1.6 釐米，厚 0.25 釐米	
054	0127	竹	長 21.3 釐米，寬 1.2 釐米，厚 0.14 釐米	
055	0274	竹	長 20.6 釐米，寬 1.4 釐米，厚 0.19 釐米	
056	0153	竹	長 21.7 釐米，寬 1.4 釐米，厚 0.13 釐米	
057	0585	竹	長 20.7 釐米，寬 1.5 釐米，厚 0.11 釐米	
058	0119	竹	長 21.1 釐米，寬 1.3 釐米，厚 0.12 釐米	
059	0226	竹	長 21 釐米，寬 1.4 釐米，厚 0.12 釐米	
060	0593	竹	長 21.5 釐米，寬 1.5 釐米，厚 0.18 釐米	
061	0300	竹	長 20.8 釐米，寬 1.5 釐米，厚 0.15 釐米	
062	0341	竹	長 21.1 釐米，寬 1.7 釐米，厚 0.15 釐米	
063	0342	竹	長 21.5 釐米，寬 1.8 釐米，厚 0.13 釐米	
064	0259	竹	長 19.9 釐米，寬 1.5 釐米，厚 0.1 釐米	
065	0339	竹	長 20.7 釐米，寬 1.4 釐米，厚 0.11 釐米	
066	0402	竹	長 20.6 釐米，寬 1.5 釐米，厚 0.13 釐米	
067	0729	竹	長 16.6 釐米，寬 1.6 釐米，厚 0.07 釐米	
068	0888	竹	長 15.6 釐米，寬 1.4 釐米，厚 0.21 釐米	
069	0881	竹	長 8.3 釐米，寬 1.5 釐米，厚 0.22 釐米	0881+0877
	0877	竹	長 6.4 釐米，寬 1.5 釐米，厚 0.2 釐米	
070	0547	竹	長 20.6 釐米，寬 1.5 釐米，厚 0.26 釐米	
071	0595	竹	長 21.4 釐米，寬 1.5 釐米，厚 0.15 釐米	
072	0587	竹	長 20.7 釐米，寬 1.4 釐米，厚 0.14 釐米	
073	0197	竹	長 20.5 釐米，寬 1.5 釐米，厚 0.16 釐米	
074	0535	竹	長 20.6 釐米，寬 1.4 釐米，厚 0.17 釐米	
075	0549	竹	長 20.4 釐米，寬 1.4 釐米，厚 0.17 釐米	
076	0596	竹	長 20.9 釐米，寬 1.4 釐米，厚 0.13 釐米	
077	0588	竹	長 20.5 釐米，寬 1.6 釐米，厚 0.13 釐米	
078	0984	竹	長 6 釐米，寬 1.5 釐米，厚 0.31 釐米	
079	1197	竹	長 3.7 釐米，寬 1.4 釐米，厚 0.23 釐米	1197+1106+1781
	1106	竹	長 3.8 釐米，寬 1.3 釐米，厚 0.16 釐米	
	1781	竹	長 5.6 釐米，寬 1.2 釐米，厚 0.17 釐米	
080	1878	竹	長 4.5 釐米，寬 1.3 釐米，厚 0.14 釐米	1878+0980
	0980	竹	長 5.7 釐米，寬 1.5 釐米，厚 0.16 釐米	
081	1191	竹	長 4.8 釐米，寬 1.6 釐米，厚 0.22 釐米	
082	1893	竹	長 3.9 釐米，寬 1 釐米，厚 0.16 釐米	
083	0482	竹	長 13.5 釐米，寬 1.4 釐米，厚 0.23 釐米	
084	0227	竹	長 19.3 釐米，寬 1.4 釐米，厚 0.14 釐米	
085	1171	竹	長 6.1 釐米，寬 1.4 釐米，厚 0.31 釐米	
086	0684	竹	長 20.8 釐米，寬 0.6 釐米，厚 0.05 釐米	
087	0738	竹	長 21 釐米，寬 0.7 釐米，厚 0.07 釐米	
088	0857	竹	長 15.2 釐米，寬 1.2 釐米，厚 0.13 釐米	
089	1036	竹	長 6.7 釐米，寬 1.5 釐米，厚 0.23 釐米	
090	1093	竹	長 3.2 釐米，寬 0.9 釐米，厚 0.15 釐米	
091	1194	竹	長 8.1 釐米，寬 0.9 釐米，厚 0.17 釐米	
092	1202	竹	長 4.1 釐米，寬 0.9 釐米，厚 0.27 釐米	

卷内號	原始簡號	材質	尺寸	備注
093	1417	竹	長6.9釐米，寬1.4釐米，厚0.16釐米	
094	1696	竹	長2.3釐米，寬0.6釐米，厚0.09釐米	
095	1876	竹	長6.3釐米，寬1.4釐米，厚0.16釐米	
096	2126	竹	長28.2釐米，寬2.2釐米，厚0.27釐米	
097	1252	竹	長2.6釐米，寬0.7釐米，厚0.15釐米	
098	0647	竹	長15.3釐米，寬1.6釐米，厚0.34釐米	
099	1513	竹	長4釐米，寬1.5釐米，厚0.29釐米	
100	2117	竹	長39.1釐米，寬1.6釐米，厚0.19釐米	
101	2127	竹	長35.6釐米，寬1.4釐米，厚0.29釐米	
102	2116	竹	長34.3釐米，寬1.7釐米，厚0.33釐米	
103	2125	竹	長25.1釐米，寬1.4釐米，厚0.28釐米	
104	0213	竹	長16.7釐米，寬1.5釐米，厚0.1釐米	
105	0370	竹	長12.2釐米，寬1.5釐米，厚0.28釐米	
106	0484	竹	長15.2釐米，寬1.5釐米，厚0.16釐米	
107	0581	竹	長22.7釐米，寬1.5釐米，厚0.14釐米	
108	0651	竹	長19.3釐米，寬1.5釐米，厚0.14釐米	
109	1096	竹	長2.3釐米，寬1釐米，厚0.21釐米	1096+0907
	0907	竹	長5.7釐米，寬1.4釐米，厚0.23釐米	
110	1001	竹	長9.9釐米，寬1.1釐米，厚0.25釐米	
111	1001-1	竹	長8.7釐米，寬0.6釐米，厚0.25釐米	
112	0475	竹	長9.6釐米，寬1.5釐米，厚0.18釐米	
113	0887	竹	長6.4釐米，寬1.5釐米，厚0.23釐米	
114	0267	竹	長15.6釐米，寬1.6釐米，厚0.15釐米	
115	1599	竹	長14.3釐米，寬1.6釐米，厚0.45釐米	
116	0435	竹	長3.6釐米，寬1.5釐米，厚0.22釐米	0435+0874
	0874	竹	長11.5釐米，寬1.7釐米，厚0.28釐米	
117	1051	竹	長4.4釐米，寬1.1釐米，厚0.23釐米	
118	1236	竹	長3.4釐米，寬0.9釐米，厚0.2釐米	
119	0807	竹	長20.5釐米，寬1.4釐米，厚0.23釐米	
120	2059	竹	長5.4釐米，寬1.4釐米，厚0.27釐米	
121	2115	竹	長34.3釐米，寬1.5釐米，厚0.15釐米	
122	0704	竹	長11.5釐米，寬1.6釐米，厚0.15釐米	
123	0968	竹	長7.4釐米，寬1.7釐米，厚0.19釐米	
124	0988	竹	長2.7釐米，寬1釐米，厚0.24釐米	
125	0689	竹	長13.5釐米，寬1.5釐米，厚0.18釐米	
126	1149	竹	長4.4釐米，寬0.9釐米，厚0.18釐米	
127	1285	竹	長8.2釐米，寬1.5釐米，厚0.27釐米	
128	1453	竹	長4.6釐米，寬1.5釐米，厚0.27釐米	
129	1457	竹	長6.7釐米，寬1.4釐米，厚0.37釐米	
130	0556	竹	長21.5釐米，寬1.5釐米，厚0.26釐米	
131	0557	竹	長21.8釐米，寬1.4釐米，厚0.3釐米	
132	0545	竹	長21.3釐米，寬1.4釐米，厚0.35釐米	
133	0196	竹	長21.4釐米，寬1.4釐米，厚0.17釐米	
134	0575	竹	長21.7釐米，寬1.5釐米，厚0.21釐米	
135	0528	竹	長21.6釐米，寬1.4釐米，厚0.2釐米	
136	0260	竹	長21.1釐米，寬1.5釐米，厚0.22釐米	
137	0174	竹	長21.5釐米，寬1.6釐米，厚0.21釐米	
138	0275	竹	長19.4釐米，寬1.6釐米，厚0.1釐米	

卷内號	原始簡號	材質	尺寸	備注
139	0115	竹	長22.5釐米，寬1.6釐米，厚0.17釐米	
140	2123	竹	長26.8釐米，寬1.4釐米，厚0.21釐米	
141	0246	竹	長25.3釐米，寬1.5釐米，厚0.2釐米	
142	0364	竹	長14.4釐米，寬1.7釐米，厚0.36釐米	
143	1172	竹	長5.1釐米，寬1.8釐米，厚0.23釐米	
144	1472	竹	長9.5釐米，寬0.6釐米，厚0.09釐米	
145	1552	竹	長16.3釐米，寬1.3釐米，厚0.15釐米	
146	1653	竹	長7.1釐米，寬1.4釐米，厚0.14釐米	
147	1983	竹	長13.4釐米，寬0.9釐米，厚0.13釐米	
148	1188	竹	長9.1釐米，寬1.3釐米，厚0.25釐米	
149	0146	竹	長14.1釐米，寬1.6釐米，厚0.17釐米	
150	0433	竹	長4.4釐米，寬1.3釐米，厚0.2釐米	
151	1762	竹	長3.8釐米，寬0.8釐米，厚0.13釐米	
152	1763	竹	長6.5釐米，寬0.8釐米，厚0.11釐米	
153	1764	竹	長3.6釐米，寬0.7釐米，厚0.11釐米	
154	1765	竹	長3.7釐米，寬0.4釐米，厚0.11釐米	
155	1766	竹	長5.1釐米，寬0.8釐米，厚0.11釐米	
156	1767	竹	長4.9釐米，寬0.9釐米，厚0.1釐米	
157	1768	木	長4.2釐米，寬1.1釐米，厚0.12釐米	
158	1769	竹	長7.8釐米，寬1.2釐米，厚0.14釐米	
159	1770	竹	長7.6釐米，寬1.2釐米，厚0.17釐米	
160	1771	竹	長6.8釐米，寬1.2釐米，厚0.14釐米	
161	1772	竹	長5.3釐米，寬1.3釐米，厚0.2釐米	
162	1773	竹	長5.3釐米，寬1.5釐米，厚0.22釐米	
163	1774	竹	長3.6釐米，寬1.2釐米，厚0.21釐米	
164	1775	竹	長4.9釐米，寬0.9釐米，厚0.21釐米	
165	1777	竹	長5.4釐米，寬1.3釐米，厚0.22釐米	
166	1778	竹	長8.1釐米，寬1.1釐米，厚0.21釐米	
167	1779	竹	長6.7釐米，寬1.3釐米，厚0.19釐米	
168	1780	竹	長5.9釐米，寬1.3釐米，厚0.2釐米	
169	1782	竹	長4.6釐米，寬1.5釐米，厚0.16釐米	
170	1783	竹	長3.9釐米，寬1.1釐米，厚0.2釐米	
171	1784	竹	長6.9釐米，寬0.9釐米，厚0.2釐米	
172	1785	竹	長8.6釐米，寬1.4釐米，厚0.19釐米	
173	1786	竹	長12.5釐米，寬1.6釐米，厚0.21釐米	
174	1787	竹	長16.9釐米，寬1.5釐米，厚0.27釐米	
175	1788	竹	長19釐米，寬1.2釐米，厚0.25釐米	
176	1789	竹	長9.2釐米，寬2.1釐米，厚0.46釐米	
177	1790	竹	長9.3釐米，寬1.2釐米，厚0.24釐米	
178	1791	竹	長6釐米，寬1.4釐米，厚0.17釐米	
179	1793	竹	長2.9釐米，寬1.6釐米，厚0.21釐米	
180	1794	竹	長6.9釐米，寬0.8釐米，厚0.19釐米	
181	1795	竹	長9.3釐米，寬1.3釐米，厚0.22釐米	
182	1797	竹	長16.4釐米，寬1.2釐米，厚0.32釐米	
183	1798	竹	長5.4釐米，寬1.5釐米，厚0.19釐米	
184	1799	竹	長4.1釐米，寬0.6釐米，厚0.22釐米	
185	1800	竹	長6.3釐米，寬1.2釐米，厚0.2釐米	
186	1802	木	長22.7釐米，寬2.5釐米，厚0.17釐米	

卷内號	原始簡號	材質	尺寸	備注
187	1803	木	長17.4釐米，寬2.2釐米，厚0.3釐米	
188	1805	木	長17.2釐米，寬2.1釐米，厚0.38釐米	
189	1806	木	長22.2釐米，寬2.5釐米，厚0.47釐米	
190	1807	木	長22.6釐米，寬2.1釐米，厚0.35釐米	
191	1808	木	長22.7釐米，寬2.9釐米，厚0.29釐米	
192	1809	木	長10.9釐米，寬1.2釐米，厚0.25釐米	
193	1810	木	長16.7釐米，寬1.9釐米，厚0.52釐米	
194	1811	木	長22.4釐米，寬2.2釐米，厚0.25釐米	
195	1812	木	長22.8釐米，寬2.2釐米，厚0.3釐米	
196	1813	木	長8.3釐米，寬4.2釐米，厚0.28釐米	
197	1814	木	長16.5釐米，寬4.9釐米，厚0.36釐米	
198	1815	木	長4.5釐米，寬3.3釐米，厚0.25釐米	
199	1816	木	長3.9釐米，寬2釐米，厚0.31釐米	
200	1817	木	長4.5釐米，寬2.3釐米，厚0.29釐米	
201	1818	木	長3.5釐米，寬2.2釐米，厚0.24釐米	
202	1819	木	長3.9釐米，寬2.2釐米，厚0.26釐米	
203	1820	木	長10.7釐米，寬2.6釐米，厚0.19釐米	雙面有字
204	1821	木	長6釐米，寬1.1釐米，厚0.14釐米	
205	1822	木	長4.6釐米，寬2.3釐米，厚0.25釐米	
206	1823	木	長4.3釐米，寬2.4釐米，厚0.26釐米	
207	1824	木	長2.2釐米，寬1.4釐米，厚0.31釐米	
208	1825	木	長4.7釐米，寬2.4釐米，厚0.26釐米	
209	1826	木	長3.7釐米，寬2.7釐米，厚0.32釐米	
210	1827	木	長5釐米，寬1.6釐米，厚0.17釐米	
211	1828	木	長4.7釐米，寬2.2釐米，厚0.3釐米	
212	1829	木	長4.4釐米，寬2.2釐米，厚0.23釐米	
213	1830	木	長5.9釐米，寬1.5釐米，厚0.06釐米	
214	1831	木	長4.2釐米，寬1.5釐米，厚0.2釐米	
215	1832	木	長2.6釐米，寬1.5釐米，厚0.19釐米	
216	1833	木	長3.1釐米，寬1.2釐米，厚0.07釐米	
217	1834	木	長2.9釐米，寬1釐米，厚0.14釐米	
218	1835	木	長1.8釐米，寬1.3釐米，厚0.22釐米	
219	1836	木	長3.3釐米，寬1釐米，厚0.17釐米	
220	1837	木	長2.7釐米，寬1.9釐米，厚0.15釐米	
221	1838	木	長2.2釐米，寬1.3釐米，厚0.26釐米	
222	1839	木	長4.5釐米，寬1.3釐米，厚0.05釐米	
223	1841	木	長6.7釐米，寬2.1釐米，厚0.24釐米	
224	1842	木	長6.4釐米，寬2.5釐米，厚0.25釐米	
225	1843	竹	長8.1釐米，寬0.9釐米，厚0.09釐米	
226	1844	竹	長11.5釐米，寬0.9釐米，厚0.13釐米	
227	1845	竹	長12.3釐米，寬0.9釐米，厚0.16釐米	
228	1846	竹	長11.7釐米，寬0.9釐米，厚0.19釐米	
229	1847	竹	長15.6釐米，寬0.7釐米，厚0.18釐米	
230	1848	竹	長21釐米，寬0.9釐米，厚0.18釐米	
231	1849	竹	長19.5釐米，寬0.6釐米，厚0.09釐米	
232	1850	竹	長8.3釐米，寬1.3釐米，厚0.24釐米	
233	1851	竹	長6.2釐米，寬0.9釐米，厚0.11釐米	
234	1852	竹	長3.4釐米，寬0.4釐米，厚0.06釐米	

卷内號	原始簡號	材質	尺寸	備注
235	1853	竹	長4.9釐米，寬0.8釐米，厚0.14釐米	
236	1854	竹	長3.9釐米，寬0.9釐米，厚0.12釐米	
237	1855	竹	長12釐米，寬1.6釐米，厚0.18釐米	
238	1856	竹	長12.7釐米，寬1.7釐米，厚0.34釐米	
239	1857	竹	長6.1釐米，寬1.2釐米，厚0.16釐米	
240	1858	竹	長5.3釐米，寬1.5釐米，厚0.15釐米	
241	1859	竹	長5.9釐米，寬1.5釐米，厚0.17釐米	
242	1860	竹	長6.2釐米，寬1.3釐米，厚0.17釐米	
243	1862	竹	長7.3釐米，寬1.4釐米，厚0.15釐米	
244	1863	竹	長4.5釐米，寬1.4釐米，厚0.18釐米	
245	1864	竹	長6.9釐米，寬1.5釐米，厚0.15釐米	
246	1865	木	長8.9釐米，寬2.9釐米，厚0.21釐米	
247	1866	木	長10.6釐米，寬2.3釐米，厚0.24釐米	
248	1867	木	長6.3釐米，寬2.8釐米，厚0.07釐米	
249	1868	木	長16.2釐米，寬2.7釐米，厚0.3釐米	
250	1869	木	長11.2釐米，寬3.8釐米，厚0.25釐米	
251	1870	木	長13.7釐米，寬2.2釐米，厚0.25釐米	有楔口
252	1871	竹	長5.5釐米，寬1.1釐米，厚0.15釐米	
253	1873	竹	長10釐米，寬1.4釐米，厚0.15釐米	
254	1874	竹	長14.3釐米，寬1.2釐米，厚0.19釐米	
255	1875	竹	長21釐米，寬2.6釐米，厚0.28釐米	
256	1877	竹	長6.5釐米，寬1.2釐米，厚0.15釐米	
257	1879	竹	長4.3釐米，寬1.2釐米，厚0.19釐米	
258	1880	竹	長6.1釐米，寬0.9釐米，厚0.11釐米	
259	1881	竹	長8.9釐米，寬0.6釐米，厚0.11釐米	
260	1882	竹	長7.9釐米，寬0.7釐米，厚0.11釐米	
261	1883	竹	長8.6釐米，寬1.2釐米，厚0.11釐米	
262	1884	竹	長9.6釐米，寬1.2釐米，厚0.12釐米	
263	1885	竹	長11.5釐米，寬0.8釐米，厚0.11釐米	
264	1888	竹	長6.7釐米，寬1.3釐米，厚0.16釐米	
265	1890	竹	長6.1釐米，寬0.9釐米，厚0.11釐米	
266	1891	竹	長5.8釐米，寬1釐米，厚0.13釐米	
267	1892	竹	長6釐米，寬0.8釐米，厚0.09釐米	
268	1556	竹	長7.1釐米，寬1.5釐米，厚0.17釐米	1556+0885
	0885	竹	長6.7釐米，寬1.6釐米，厚0.32釐米	
269	1894	竹	長3.5釐米，寬0.9釐米，厚0.15釐米	
270	1895	竹	長5.1釐米，寬1釐米，厚0.14釐米	
271	1896	竹	長4.5釐米，寬0.6釐米，厚0.09釐米	
272	1897	竹	長5.9釐米，寬1釐米，厚0.12釐米	
273	1898	竹	長6.2釐米，寬0.7釐米，厚0.09釐米	
274	1899	竹	長4.9釐米，寬0.9釐米，厚0.12釐米	
275	1900	竹	長4.9釐米，寬0.8釐米，厚0.12釐米	
276	1901	竹	長4.7釐米，寬0.5釐米，厚0.13釐米	
277	1902	竹	長7.2釐米，寬0.6釐米，厚0.09釐米	
278	1903	竹	長3.5釐米，寬0.8釐米，厚0.11釐米	雙面有字
279	1904	竹	長5.6釐米，寬0.7釐米，厚0.15釐米	
280	1905	竹	長6釐米，寬0.9釐米，厚0.13釐米	
281	1906	竹	長4.3釐米，寬0.7釐米，厚0.11釐米	

卷内號	原始簡號	材質	尺寸	備注
282	1907	竹	長 5 釐米，寬 0.7 釐米，厚 0.13 釐米	
283	1908	竹	長 4.3 釐米，寬 0.4 釐米，厚 0.11 釐米	
284	1909	竹	長 3.6 釐米，寬 0.7 釐米，厚 0.12 釐米	
285	1910	竹	長 6.1 釐米，寬 0.6 釐米，厚 0.15 釐米	
286	1911	竹	長 6 釐米，寬 0.5 釐米，厚 0.07 釐米	
287	1912	竹	長 5.2 釐米，寬 0.6 釐米，厚 0.09 釐米	
288	1913	竹	長 7 釐米，寬 0.6 釐米，厚 0.11 釐米	
289	1914	竹	長 5.6 釐米，寬 0.7 釐米，厚 0.11 釐米	
290	1915	竹	長 11.4 釐米，寬 0.7 釐米，厚 0.12 釐米	
291	1916	竹	長 10.8 釐米，寬 0.9 釐米，厚 0.11 釐米	
292	1917	竹	長 10.1 釐米，寬 0.8 釐米，厚 0.11 釐米	
293	1918	竹	長 16 釐米，寬 0.8 釐米，厚 0.13 釐米	
294	1919	竹	長 16.3 釐米，寬 0.8 釐米，厚 0.13 釐米	
295	1920	竹	長 15.6 釐米，寬 0.6 釐米，厚 0.07 釐米	
296	1921	竹	長 5.6 釐米，寬 1.4 釐米，厚 0.22 釐米	
297	1922	竹	長 3.3 釐米，寬 1.5 釐米，厚 0.12 釐米	
298	1923	竹	長 2.9 釐米，寬 1.1 釐米，厚 0.16 釐米	
299	1924	竹	長 3.8 釐米，寬 1.3 釐米，厚 0.11 釐米	
300	1925	竹	長 4 釐米，寬 1 釐米，厚 0.16 釐米	
301	1926	竹	長 4.2 釐米，寬 1.1 釐米，厚 0.17 釐米	
302	1927	竹	長 4.2 釐米，寬 1.6 釐米，厚 0.24 釐米	
303	1928	竹	長 5.7 釐米，寬 1.3 釐米，厚 0.13 釐米	
304	1929	竹	長 6.3 釐米，寬 0.5 釐米，厚 0.11 釐米	
305	1930	竹	長 9.6 釐米，寬 1.1 釐米，厚 0.11 釐米	
306	1932	竹	長 14 釐米，寬 1 釐米，厚 0.18 釐米	
307	1933	竹	長 10.8 釐米，寬 0.8 釐米，厚 0.11 釐米	
308	1934	竹	長 8.5 釐米，寬 0.6 釐米，厚 0.1 釐米	
309	1935	竹	長 7.2 釐米，寬 1.3 釐米，厚 0.17 釐米	
310	1936	竹	長 2.8 釐米，寬 1.3 釐米，厚 0.19 釐米	
311	1937	竹	長 3.2 釐米，寬 1.2 釐米，厚 0.14 釐米	
312	1938	木	長 11.8 釐米，寬 5.5 釐米，厚 0.48 釐米	
313	1939	木	長 9.2 釐米，寬 2.1 釐米，厚 0.06 釐米	
314	1940	木	長 4.2 釐米，寬 2.3 釐米，厚 0.23 釐米	
315	1941	木	長 3.9 釐米，寬 1.7 釐米，厚 0.06 釐米	
316	1942	木	長 5.5 釐米，寬 1.8 釐米，厚 0.16 釐米	
317	1943	木	長 3.4 釐米，寬 1.7 釐米，厚 0.06 釐米	
318	1944	木	長 2.3 釐米，寬 2.8 釐米，厚 0.13 釐米	
319	1945	木	長 5 釐米，寬 2.5 釐米，厚 0.06 釐米	
320	1946	木	長 2.9 釐米，寬 1.6 釐米，厚 0.39 釐米	
321	1947	木	長 2.2 釐米，寬 1.6 釐米，厚 0.27 釐米	
322	1948	木	長 8.9 釐米，寬 2 釐米，厚 0.31 釐米	
323	1949	木	長 10.1 釐米，寬 2.4 釐米，厚 0.22 釐米	
324	1950	木	長 13.4 釐米，寬 1.4 釐米，厚 0.27 釐米	
325	1951	木	長 19.6 釐米，寬 2.1 釐米，厚 0.34 釐米	
326	1952	木	長 17.8 釐米，寬 1.4 釐米，厚 0.24 釐米	
327	1953	木	長 7.9 釐米，寬 1.7 釐米，厚 0.07 釐米	
328	1954	木	長 4.2 釐米，寬 2.7 釐米，厚 0.37 釐米	
329	1955	木	長 3.8 釐米，寬 1.6 釐米，厚 0.26 釐米	

卷内號	原始簡號	材質	尺寸	備注
330	1956	木	長3釐米，寬1.2釐米，厚0.18釐米	
331	1957	木	長10.6釐米，寬2釐米，厚0.27釐米	
332	1958	木	長4.1釐米，寬2.3釐米，厚0.43釐米	
333	1959	木	長5.2釐米，寬1.9釐米，厚0.28釐米	
334	1960	木	長3.6釐米，寬1.6釐米，厚0.16釐米	
335	1961	木	長4釐米，寬1.2釐米，厚0.18釐米	
336	1962	木	長2.2釐米，寬2.2釐米，厚0.22釐米	
337	1963	木	長3.3釐米，寬1.4釐米，厚0.08釐米	
338	1964	木	長5.1釐米，寬2.1釐米，厚0.22釐米	
339	1965	木	長5.2釐米，寬3釐米，厚0.26釐米	
340	1967	木	長2.7釐米，寬1.1釐米，厚0.21釐米	
341	1968	木	長5.2釐米，寬2釐米，厚0.1釐米	
342	1969	木	長2.8釐米，寬2釐米，厚0.26釐米	
343	1970	木	長3.4釐米，寬1.5釐米，厚0.16釐米	有朱筆
344	1971	木	長2.6釐米，寬1.2釐米，厚0.13釐米	1971+1966
	1966	木	長2.7釐米，寬1.1釐米，厚0.21釐米	
345	1972	木	長5.8釐米，寬2.6釐米，厚0.19釐米	
346	1973	木	長6.6釐米，寬5.5釐米，厚0.19釐米	
347	1974	木	長12.1釐米，寬1.9釐米，厚0.34釐米	
348	1976	木	長9.2釐米，寬4釐米，厚0.24釐米	
349	1977	木	長3.9釐米，寬2.4釐米，厚0.25釐米	
350	1978	木	長3釐米，寬2.1釐米，厚0.24釐米	有朱筆
351	1979	木	長3.9釐米，寬1.4釐米，厚0.14釐米	
352	1980	木	長2.6釐米，寬1.4釐米，厚0.29釐米	
353	1981	木	長2.3釐米，寬1.4釐米，厚0.31釐米	
354	1982	木	長6.1釐米，寬1.5釐米，厚0.03釐米	
355	1982-1	木	長2.4釐米，寬1.5釐米，厚0.03釐米	
356	1984	木	長3.5釐米，寬1.1釐米，厚0.04釐米	
357	1985	木	長2.7釐米，寬1.6釐米，厚0.04釐米	
358	1986	木	長3.8釐米，寬1.2釐米，厚0.04釐米	
359	1987	木	長3.2釐米，寬1.4釐米，厚0.09釐米	
360	1988	木	長6.4釐米，寬1.7釐米，厚0.11釐米	
361	1989	木	長3.5釐米，寬1.4釐米，厚0.03釐米	
362	1990	木	長4.2釐米，寬2.1釐米，厚0.26釐米	
363	1991	木	長6.3釐米，寬2.8釐米，厚0.17釐米	
364	1992	木	長6.4釐米，寬2.1釐米，厚0.21釐米	
365	1993	木	長7.7釐米，寬1釐米，厚0.07釐米	
366	1994	木	長6.7釐米，寬0.7釐米，厚0.24釐米	
367	1995	木	長5.4釐米，寬1.2釐米，厚0.14釐米	
368	1996	竹	長4.5釐米，寬0.5釐米，厚0.14釐米	
369	1997	木	長3.6釐米，寬0.7釐米，厚0.13釐米	雙面有字
370	1998	木	長2釐米，寬1.3釐米，厚0.17釐米	
371	1999	木	長2.5釐米，寬1.2釐米，厚0.08釐米	
372	2000	木	長4.4釐米，寬1.3釐米，厚0.14釐米	
373	2001	木	長3釐米，寬1.2釐米，厚0.16釐米	
374	2002	木	長3.9釐米，寬0.7釐米，厚0.23釐米	
375	2003	木	長2.7釐米，寬2.8釐米，厚0.37釐米	
376	2004	木	長9釐米，寬2.8釐米，厚0.4釐米	背面有墨蹟

卷内號	原始簡號	材質	尺寸	備注
377	2005	木	長1.5釐米，寬4.9釐米，厚0.3釐米	雙面有字
378	2006	木	長4.6釐米，寬1.1釐米，厚0.17釐米	背面有墨蹟
379	2007	木	長4.9釐米，寬2.6釐米，厚0.13釐米	
380	2008	木	長5.6釐米，寬1.5釐米，厚0.25釐米	雙面有字
381	2009	木	長3.2釐米，寬2.3釐米，厚0.33釐米	雙面有字
382	2010	木	長2.7釐米，寬3.3釐米，厚0.18釐米	雙面有字
383	2011	木	長6.2釐米，寬1.4釐米，厚0.19釐米	雙面有字
384	2012	木	長1.4釐米，寬2.4釐米，厚0.12釐米	雙面有字 2012+2013
	2013	木	長1.5釐米，寬2.4釐米，厚0.12釐米	
385	2014	木	長3.3釐米，寬2.6釐米，厚0.21釐米	雙面有字
386	2015	木	長3.7釐米，寬2.2釐米，厚0.36釐米	雙面有字
387	2020	木	長11釐米，寬1.9釐米，厚0.17釐米	
388	2021	木	長8.6釐米，寬1.2釐米，厚0.23釐米	背面有墨蹟
389	2022	木	長8.5釐米，寬1.9釐米，厚0.25釐米	雙面有字
390	2023	木	長8.3釐米，寬2.6釐米，厚0.25釐米	雙面有字
391	2024	木	長7.3釐米，寬1.5釐米，厚0.31釐米	雙面有字 2024+2026
	2026	木	長8釐米，寬1.5釐米，厚0.34釐米	
392	2025	木	長10.9釐米，寬0.8釐米，厚0.14釐米	
393	2027	木	長6.7釐米，寬4.2釐米，厚0.47釐米	
394	2028	木	長4釐米，寬2釐米，厚0.14釐米	雙面有字
395	2029	木	長2.9釐米，寬1釐米，厚0.23釐米	背面有墨蹟
396	2030	木	長5.3釐米，寬2.8釐米，厚0.22釐米	雙面有字、背面有朱筆
397	2031	木	長5.5釐米，寬1.6釐米，厚0.22釐米	雙面有字
398	2032	木	長15.9釐米，寬6釐米，厚0.42釐米	雙面有字
399	2033	木	長7.3釐米，寬3.2釐米，厚0.65釐米	
400	2034	木	長21.7釐米，寬4.5釐米，厚0.35釐米	背面有墨蹟
401	2035	木	長22釐米，寬3.5釐米，厚0.2釐米	雙面有字
402	2037	木	長11.9釐米，寬3.6釐米，厚0.24釐米	雙面有字
403	2038	木	長7.1釐米，寬2.6釐米，厚0.33釐米	雙面有字
404	2039	木	長11釐米，寬5.1釐米，厚0.36釐米	雙面有字
405	2040	木	長9.5釐米，寬2.8釐米，厚0.16釐米	雙面有字
406	2044	木	長14.4釐米，寬4.6釐米，厚0.26釐米	雙面有字 2044+2041
	2041	木	長5.5釐米，寬2釐米，厚0.25釐米	
407	2042	木	長9.7釐米，寬3.1釐米，厚0.51釐米	
408	2043	木	長11.7釐米，寬3.8釐米，厚0.35釐米	
409	2045	木	長13.2釐米，寬4.5釐米，厚0.15釐米	雙面有字
410	2046	木	長5.1釐米，寬2.8釐米，厚0.2釐米	雙面有字
411	2047	木	長4.7釐米，寬1.6釐米，厚0.23釐米	雙面有圖
412	2048	木	長5.2釐米，寬1.8釐米，厚0.16釐米	雙面有字
413	2049	木	長14.7釐米，寬1.7釐米，厚0.34釐米	雙面有字
414	2050	木	長3.6釐米，寬2.6釐米，厚0.32釐米	雙面有字
415	2051	木	長3.7釐米，寬3.1釐米，厚0.39釐米	雙面有字
416	2052	木	長2.7釐米，寬1.2釐米，厚0.13釐米	
417	2053	木	長1.5釐米，寬1.9釐米，厚0.19釐米	
418	2054	木	長4.7釐米，寬0.8釐米，厚0.19釐米	雙面有字
419	2055	木	長25.9釐米，寬0.35釐米，厚0.27釐米	雙面有字
420	2057	竹	長4.7釐米，寬1.4釐米，厚0.22釐米	
421	2058	竹	長6.4釐米，寬1.5釐米，厚0.21釐米	

卷内號	原始簡號	材質	尺寸	備注
422	2060	竹	長 14.6 釐米，寬 1.6 釐米，厚 0.14 釐米	
423	2061	竹	長 9.8 釐米，寬 1.3 釐米，厚 0.13 釐米	
424	2062	竹	長 7.4 釐米，寬 1.9 釐米，厚 0.35 釐米	
425	2064	竹	長 4 釐米，寬 1.5 釐米，厚 0.16 釐米	
426	2065	竹	長 8 釐米，寬 0.6 釐米，厚 0.09 釐米	
427	2066	竹	長 9.4 釐米，寬 0.6 釐米，厚 0.12 釐米	
428	2067	竹	長 13.2 釐米，寬 0.9 釐米，厚 0.09 釐米	
429	2068	竹	長 13.3 釐米，寬 0.7 釐米，厚 0.13 釐米	
430	2069	竹	長 16.5 釐米，寬 0.6 釐米，厚 0.09 釐米	
431	2070	竹	長 19.9 釐米，寬 0.6 釐米，厚 0.07 釐米	
432	2071	竹	長 19.9 釐米，寬 0.6 釐米，厚 0.07 釐米	
433	2072	竹	長 6.6 釐米，寬 0.7 釐米，厚 0.09 釐米	
434	2073	竹	長 4.6 釐米，寬 1.1 釐米，厚 0.11 釐米	
435	2074	竹	長 6.3 釐米，寬 1 釐米，厚 0.21 釐米	
436	2075	竹	長 5.3 釐米，寬 1.3 釐米，厚 0.11 釐米	
437	2076	竹	長 1.7 釐米，寬 1.4 釐米，厚 0.11 釐米	
438	2077	竹	長 8.2 釐米，寬 1.4 釐米，厚 0.13 釐米	
439	2078	竹	長 11.5 釐米，寬 1.5 釐米，厚 0.13 釐米	
440	2079	竹	長 11.3 釐米，寬 1.4 釐米，厚 0.12 釐米	
441	2080	竹	長 12.2 釐米，寬 1.5 釐米，厚 0.21 釐米	
442	2081	竹	長 15 釐米，寬 1.4 釐米，厚 0.19 釐米	
443	2082	竹	長 3.9 釐米，寬 1.4 釐米，厚 0.18 釐米	
444	2083	竹	長 4.7 釐米，寬 1.1 釐米，厚 0.07 釐米	
445	2084	竹	長 4.9 釐米，寬 1.3 釐米，厚 0.15 釐米	
446	2085	竹	長 7.1 釐米，寬 0.9 釐米，厚 0.18 釐米	
447	2086	竹	長 2.9 釐米，寬 0.9 釐米，厚 0.15 釐米	
448	2087	竹	長 9.8 釐米，寬 0.5 釐米，厚 0.08 釐米	
449	2088	竹	長 11.2 釐米，寬 0.9 釐米，厚 0.16 釐米	
450	2089	竹	長 11.7 釐米，寬 0.8 釐米，厚 0.09 釐米	
451	2090	竹	長 12.1 釐米，寬 0.8 釐米，厚 0.11 釐米	
452	2091	竹	長 12.9 釐米，寬 0.8 釐米，厚 0.09 釐米	
453	2092	竹	長 12.9 釐米，寬 0.7 釐米，厚 0.08 釐米	
454	2093	竹	長 16 釐米，寬 0.7 釐米，厚 0.07 釐米	
455	2094	竹	長 7.5 釐米，寬 0.8 釐米，厚 0.17 釐米	
456	2095	竹	長 8.1 釐米，寬 0.9 釐米，厚 0.19 釐米	
457	2096	竹	長 5.5 釐米，寬 1.3 釐米，厚 0.13 釐米	
458	2098	竹	長 4.1 釐米，寬 0.6 釐米，厚 0.12 釐米	
459	2099	竹	長 5 釐米，寬 0.7 釐米，厚 0.07 釐米	
460	2100	竹	長 4.8 釐米，寬 0.6 釐米，厚 0.07 釐米	
461	2101	竹	長 8.2 釐米，寬 0.8 釐米，厚 0.13 釐米	
462	2102	竹	長 7.8 釐米，寬 0.9 釐米，厚 0.09 釐米	
463	2104	竹	長 5.8 釐米，寬 0.8 釐米，厚 0.19 釐米	
464	2105	竹	長 6.5 釐米，寬 0.6 釐米，厚 0.11 釐米	
465	2106	竹	長 11.9 釐米，寬 0.8 釐米，厚 0.14 釐米	
466	2107	竹	長 9.3 釐米，寬 0.4 釐米，厚 0.15 釐米	
467	2108	竹	長 8 釐米，寬 0.7 釐米，厚 0.11 釐米	
468	2109	竹	長 7.4 釐米，寬 0.9 釐米，厚 0.11 釐米	
469	2110	竹	長 6.6 釐米，寬 0.6 釐米，厚 0.11 釐米	

卷内號	原始簡號	材質	尺寸	備注
470	2111	竹	長 5.6 釐米，寬 1.1 釐米，厚 0.13 釐米	
471	2112	竹	長 3 釐米，寬 0.7 釐米，厚 0.09 釐米	
472	2114	竹	長 31.5 釐米，寬 2.3 釐米，厚 0.33 釐米	
473	2118	竹	長 29.7 釐米，寬 0.8 釐米，厚 0.14 釐米	
474	2119	竹	長 32.5 釐米，寬 1.5 釐米，厚 0.25 釐米	
475	2120	竹	長 29.2 釐米，寬 0.9 釐米，厚 0.15 釐米	
476	2121	竹	長 25.8 釐米，寬 1.1 釐米，厚 0.24 釐米	
477	2124	竹	長 26.8 釐米，寬 1.5 釐米，厚 0.1 釐米	
478	2128	竹	長 36.2 釐米，寬 0.9 釐米，厚 0.11 釐米	
479	2131	竹	長 26.9 釐米，寬 1.3 釐米，厚 0.2 釐米	
480	2132	竹	長 31.8 釐米，寬 1.5 釐米，厚 0.22 釐米	
481	2133	竹	長 30.3 釐米，寬 0.5 釐米，厚 0.13 釐米	
482	2134	竹	長 28.4 釐米，寬 1.4 釐米，厚 0.12 釐米	
483	2136	竹	長 27.6 釐米，寬 0.7 釐米，厚 0.1 釐米	
484	2137	竹	長 29.4 釐米，寬 0.7 釐米，厚 0.11 釐米	
485	2138	竹	長 26.7 釐米，寬 1.5 釐米，厚 0.12 釐米	
486	2141	竹	長 5.2 釐米，寬 1.2 釐米，厚 0.21 釐米	
487	2141-1	竹	長 3.3 釐米，寬 1 釐米，厚 0.21 釐米	
488	2139	木	長 55.7 釐米，寬 1.5~3.4 釐米，厚 1.2~2 釐米	觚
489	2140	木	長 56.8 釐米，寬 3.7~3.9 釐米，厚 1.2~2.3 釐米	觚
490	2142	木	長 23.4 釐米，寬 1.9 釐米，厚 0.27 釐米	
491	2143	竹	長 21.7 釐米，寬 1.3 釐米，厚 0.22 釐米	
492	2144	竹	長 14 釐米，寬 1.2 釐米，厚 0.19 釐米	
493	2145	竹	長 10.3 釐米，寬 1.4 釐米，厚 0.19 釐米	
494	2146	竹	長 6.2 釐米，寬 0.7 釐米，厚 0.14 釐米	
495	2147	竹	長 4.2 釐米，寬 1.4 釐米，厚 0.29 釐米	
496	2148	竹	長 3.1 釐米，寬 0.8 釐米，厚 0.19 釐米	
497	2149	木	長 2.4 釐米，寬 1.1 釐米，厚 0.25 釐米	
498	2150	竹	長 3.8 釐米，寬 0.9 釐米，厚 0.09 釐米	
499	2151	竹	長 5.3 釐米，寬 1.2 釐米，厚 0.44 釐米	
500	2152	木	長 5.8 釐米，寬 1.9 釐米，厚 0.25 釐米	
501	2153	竹	長 2.3 釐米，寬 1.1 釐米，厚 0.15 釐米	
502	2154	木	長 0.9 釐米，寬 1.4 釐米，厚 0.23 釐米	
503	2155	木	長 3.3 釐米，寬 1.3 釐米，厚 0.17 釐米	
504	2156	木	長 2.3 釐米，寬 1.2 釐米，厚 0.05 釐米	
505	2157	木	長 5.3 釐米，寬 1.1 釐米，厚 0.26 釐米	
506	2158	竹	長 4.4 釐米，寬 0.9 釐米，厚 0.09 釐米	
507	2159	木	長 4.1 釐米，寬 1.1 釐米，厚 0.05 釐米	
508	2160	木	長 3.6 釐米，寬 0.8 釐米，厚 0.05 釐米	
509	2161	木	長 4.6 釐米，寬 0.6 釐米，厚 0.22 釐米	
510	2162	竹	長 3.6 釐米，寬 0.6 釐米，厚 0.16 釐米	
511	2162-1	竹	長 2.3 釐米，寬 0.4 釐米，厚 0.14 釐米	
512	2163	木	長 6.6 釐米，寬 1.3 釐米，厚 0.06 釐米	
513	2164	木	長 5 釐米，寬 1.3 釐米，厚 0.05 釐米	
514	2165	竹	長 5.9 釐米，寬 1.5 釐米，厚 0.48 釐米	
515	2166	木	長 7 釐米，寬 2.6 釐米，厚 0.17 釐米	
516	2167	竹	長 3.7 釐米，寬 0.8 釐米，厚 0.07 釐米	
517	2168	竹	長 3.5 釐米，寬 0.5 釐米，厚 0.1 釐米	

卷内號	原始簡號	材質	尺寸	備注
518	2169	木	長3.5釐米，寬1釐米，厚0.04釐米	
519	2170	竹	長2.8釐米，寬0.3釐米，厚0.15釐米	
520	2170-1	竹	長0.9釐米，寬0.4釐米，厚0.15釐米	
521	2172	竹	長5.3釐米，寬0.7釐米，厚0.07釐米	
522	2173	竹	長2.3釐米，寬0.35釐米，厚0.06釐米	
523	2174	木	長1.5釐米，寬1.1釐米，厚0.05釐米	兩面有圖
524	2175	木	長1.4釐米，寬1.1釐米，厚0.05釐米	
525	2176	竹	長6.3釐米，寬0.2釐米，厚0.08釐米	
526	2176-1	竹	長2釐米，寬0.4釐米，厚0.08釐米	
527	2177	竹	長5.3釐米，寬0.3釐米，厚0.07釐米	
528	2178	竹	長3.9釐米，寬0.4釐米，厚0.13釐米	
529	2179	竹	長3.2釐米，寬0.4釐米，厚0.13釐米	
530	2180	竹	長1.6釐米，寬0.4釐米，厚0.09釐米	
531	2181	竹	長2.5釐米，寬0.3釐米，厚0.06釐米	
532	2182	竹	長3釐米，寬0.4釐米，厚0.13釐米	
533	2183	竹	長1.5釐米，寬1.6釐米，厚0.29釐米	兩面有字
534	2184	竹	長2.1釐米，寬0.6釐米，厚0.11釐米	
535	2185	竹	長1.1釐米，寬0.5釐米，厚0.1釐米	
536	2186	竹	長1.3釐米，寬0.5釐米，厚0.07釐米	
537	2187	竹	長2釐米，寬0.5釐米，厚0.16釐米	
538	2188	木	長2.8釐米，寬0.3釐米，厚0.06釐米	
539	2189	竹	長6.7釐米，寬0.8釐米，厚0.07釐米	
540	2190	竹	長3.2釐米，寬0.8釐米，厚0.07釐米	
541	2191	竹	長3.8釐米，寬0.5釐米，厚0.13釐米	
542	2192	竹	長1.7釐米，寬1.4釐米，厚0.19釐米	
543	2193	竹	長1.4釐米，寬1.1釐米，厚0.18釐米	
544	2194	竹	長1.1釐米，寬0.4釐米，厚0.2釐米	
545	2195	竹	長1.2釐米，寬0.6釐米，厚0.2釐米	
546	2196	竹	長9釐米，寬0.6釐米，厚0.3釐米	
547	2197	竹	長4.6釐米，寬1釐米，厚0.1釐米	
飽水簡				
548	2198	竹	長4.3釐米，寬1.6釐米，厚0.2釐米	
549	2199	竹	長6.7釐米，寬1釐米，厚0.1釐米	
550	2200	竹	長3.9釐米，寬0.7釐米，厚0.2釐米	
551	2201	竹	長6.1釐米，寬0.9釐米，厚0.2釐米	
552	2202	竹	長3.8釐米，寬0.9釐米，厚0.1釐米	
553	2203	竹	長6.5釐米，寬0.8釐米，厚0.2釐米	
554	2204	竹	長4.4釐米，寬0.8釐米，厚0.1釐米	
555	2205	竹	長3.4釐米，寬1釐米，厚0.1釐米	
556	2206	竹	長3.9釐米，寬1釐米，厚0.1釐米	
557	2207	竹	長3.2釐米，寬0.6釐米，厚0.1釐米	
558	2208	竹	長2.2釐米，寬0.7釐米，厚0.1釐米	
559	2209	竹	長2.4釐米，寬0.7釐米，厚0.1釐米	
560	2210	竹	長1.7釐米，寬0.7釐米，厚0.3釐米	
561	2211	竹	長1.5釐米，寬0.9釐米，厚0.2釐米	
562	2212	竹	長3.1釐米，寬0.6釐米，厚0.1釐米	
563	2213	竹	長1.9釐米，寬0.4釐米，厚0.1釐米	
564	2214	竹	長3.3釐米，寬1.1釐米，厚0.2釐米	

卷内號	原始簡號	材質	尺寸	備注
565	2215	竹	長6.4釐米，寬0.7釐米，厚0.1釐米	
566	2216	竹	長5.7釐米，寬1.3釐米，厚0.1釐米	
567	2217	竹	長2.1釐米，寬0.9釐米，厚0.2釐米	
568	2218	竹	長2.2釐米，寬1.2釐米，厚0.2釐米	
569	2219	竹	長3.2釐米，寬0.8釐米，厚0.1釐米	
570	2220	竹	長3.1釐米，寬1釐米，厚0.2釐米	
571	2221	竹	長3.3釐米，寬0.9釐米，厚0.1釐米	
572	2222	竹	長3.7釐米，寬1.2釐米，厚0.2釐米	
573	2223	竹	長5.4釐米，寬1釐米，厚0.1釐米	
574	2224	竹	長3.8釐米，寬0.7釐米，厚0.1釐米	
575	2225	竹	長2.7釐米，寬0.4釐米，厚0.1釐米	
576	2226	竹	長2.9釐米，寬1釐米，厚0.2釐米	殘存兩字
577	2227	竹	長4.2釐米，寬1釐米，厚0.1釐米	
578	2228	竹	長2.8釐米，寬0.6釐米，厚0.1釐米	
579	2229	竹	長1.9釐米，寬0.9釐米，厚0.1釐米	
580	2230	竹	長3釐米，寬0.6釐米，厚0.2釐米	
581	2231	竹	長2.6釐米，寬0.6釐米，厚0.1釐米	
582	2232	竹	長3.3釐米，寬1釐米，厚0.1釐米	
583	2233	竹	長2釐米，寬0.8釐米，厚0.1釐米	
584	2234	竹	長3.3釐米，寬0.7釐米，厚0.2釐米	
585	2235	竹	長3釐米，寬1.1釐米，厚0.2釐米	
586	2236	竹	長4.1釐米，寬0.9釐米，厚0.1釐米	
587	2237	竹	長4.6釐米，寬1.1釐米，厚0.2釐米	
588	2238	竹	長4.2釐米，寬0.7釐米，厚0.1釐米	
589	2239	竹	長6.5釐米，寬0.9釐米，厚0.2釐米	
590	2240	竹	長2.5釐米，寬1.6釐米，厚0.3釐米	
591	2241	竹	長8.4釐米，寬1釐米，厚0.1釐米	
592	2242	竹	長3.4釐米，寬1.3釐米，厚0.3釐米	
593	2243	竹	長2.8釐米，寬0.8釐米，厚0.1釐米	
594	2244	竹	長4.5釐米，寬0.6釐米，厚0.1釐米	
595	2245	竹	長2.6釐米，寬0.5釐米，厚0.3釐米	
596	2246	竹	長3釐米，寬1釐米，厚0.3釐米	
597	2247	竹	長2.6釐米，寬0.8釐米，厚0.1釐米	
598	2248	竹	長1.9釐米，寬0.7釐米，厚0.2釐米	
599	2249	竹	長2.9釐米，寬1.1釐米，厚0.1釐米	
600	2250	竹	長3.7釐米，寬0.7釐米，厚0.1釐米	
601	2251	竹	長5.1釐米，寬0.9釐米，厚0.1釐米	
602	2252	竹	長2.1釐米，寬0.6釐米，厚0.1釐米	
603	2253	竹	長12.1釐米，寬1.4釐米，厚0.5釐米	
604	2254	木	長0.6釐米，寬1.2釐米，厚0.03釐米	
605	2255	竹	長8.1釐米，寬1.8釐米，厚0.32釐米	
606	2256	竹	長8.5釐米，寬1.5釐米，厚0.12釐米	
607	2257	竹	長6.1釐米，寬0.6釐米，厚0.09釐米	
608	2258	竹	長3.6釐米，寬0.7釐米，厚0.05釐米	
609	2259	竹	長5.5釐米，寬0.9釐米，厚0.16釐米	
610	2260	竹	長3.5釐米，寬0.9釐米，厚0.11釐米	
611	2261	竹	長6.3釐米，寬0.8釐米，厚0.12釐米	
612	2262	竹	長3.5釐米，寬1.7釐米，厚0.32釐米	

卷内號	原始簡號	材質	尺寸	備注
613	2263	竹	長 4.9 釐米，寬 0.5 釐米，厚 0.11 釐米	
614	2264	竹	長 2.7 釐米，寬 1 釐米，厚 0.14 釐米	
615	2265	竹	長 2.4 釐米，寬 1 釐米，厚 0.15 釐米	
616	2266	木	長 3.8 釐米，寬 2 釐米，厚 0.2 釐米	疑木楬殘片
617	2267	竹	長 4.6 釐米，寬 1.4 釐米，厚 0.15 釐米	
618	2268	竹	長 5.7 釐米，寬 1.7 釐米，厚 0.15 釐米	
619	2269	竹	長 14.4 釐米，寬 1.7 釐米，厚 0.27 釐米	
620	2270	竹	長 5.9 釐米，寬 0.7 釐米，厚 0.14 釐米	
621	2271	竹	長 7.2 釐米，寬 0.8 釐米，厚 0.1 釐米	
622	2272	竹	長 4.2 釐米，寬 0.9 釐米，厚 0.15 釐米	
623	2273	竹	長 5.6 釐米，寬 1 釐米，厚 0.14 釐米	
624	2274	竹	長 7.6 釐米，寬 1.4 釐米，厚 0.27 釐米	
625	2275	竹	長 3 釐米，寬 1.4 釐米，厚 0.16 釐米	
626	2276	竹	長 4.1 釐米，寬 1 釐米，厚 0.15 釐米	
627	2277	竹	長 3 釐米，寬 1.1 釐米，厚 0.16 釐米	
628	2278	竹	長 5 釐米，寬 1.6 釐米，厚 0.16 釐米	
629	2279	竹	長 4.6 釐米，寬 2 釐米，厚 0.3 釐米	
630	2280	竹	長 3.1 釐米，寬 1.4 釐米，厚 0.14 釐米	
631	2281	竹	長 2.9 釐米，寬 0.8 釐米，厚 0.11 釐米	
632	2282	竹	長 6.6 釐米，寬 1.2 釐米，厚 0.16 釐米	
633	2283	竹	長 11 釐米，寬 1.6 釐米，厚 0.4 釐米	收入第叁卷 076
634	2284	竹	長 7.3 釐米，寬 1.6 釐米，厚 0.2 釐米	
635	2285	竹	長 6.3 釐米，寬 0.9 釐米，厚 0.1 釐米	
636	2286	竹	長 2.7 釐米，寬 1.6 釐米，厚 0.4 釐米	
637	2287	竹	長 14.3 釐米，寬 1.9 釐米，厚 0.4 釐米	
638	2288	竹	長 4.9 釐米，寬 1.5 釐米，厚 0.3 釐米	收入第叁卷 077
639	2289	竹	長 5.6 釐米，寬 1.4 釐米，厚 0.2 釐米	
640	2290	竹	長 3.8 釐米，寬 1.4 釐米，厚 0.1 釐米	
641	2291	竹	長 8.6 釐米，寬 1 釐米，厚 0.1 釐米	
642	2292	竹	長 8.4 釐米，寬 1.7 釐米，厚 0.2 釐米	
643	2293	木	長 6.4 釐米，寬 1.2 釐米，厚 0.2 釐米	兩面有字
644	2294	竹	長 3 釐米，寬 1.1 釐米，厚 0.1 釐米	
645	2295	竹	長 4.3 釐米，寬 0.8 釐米，厚 0.1 釐米	
646	2296	木	長 2.1 釐米，寬 1 釐米，厚 0.1 釐米	
647	2297	竹	長 3.7 釐米，寬 0.8 釐米，厚 0.1 釐米	
648	2298	竹	長 3 釐米，寬 0.8 釐米，厚 0.1 釐米	
649	2299	竹	長 4.3 釐米，寬 1.6 釐米，厚 0.1 釐米	
650	2300	竹	長 3.1 釐米，寬 0.9 釐米，厚 0.2 釐米	
651	2301	竹	長 3.6 釐米，寬 1 釐米，厚 0.2 釐米	
652	2302	竹	長 1 釐米，寬 0.9 釐米，厚 0.1 釐米	
653	2303	竹	長 1.4 釐米，寬 0.7 釐米，厚 0.1 釐米	
654	2304	竹	長 6.9 釐米，寬 1.1 釐米，厚 0.1 釐米	
655	2305	竹	長 3 釐米，寬 0.9 釐米，厚 0.2 釐米	
656	2306	竹	長 3.1 釐米，寬 0.8 釐米，厚 0.1 釐米	
657	2307	竹	長 2.4 釐米，寬 1 釐米，厚 0.1 釐米	
658	2308	竹	長 3.9 釐米，寬 1.1 釐米，厚 0.1 釐米	
659	2309	竹	長 4.2 釐米，寬 1.2 釐米，厚 0.2 釐米	
660	2310	竹	長 4.8 釐米，寬 1.3 釐米，厚 0.1 釐米	

卷内號	原始簡號	材質	尺寸	備注
661	2311	木	長 8 釐米，寬 1.3 釐米，厚 0.3 釐米	
662	2312	竹	長 7 釐米，寬 1.9 釐米，厚 0.3 釐米	收入第貳卷 127
663	2313	木	長 3.6 釐米，寬 1.8 釐米，厚 0.1 釐米	
664	2314	竹	長 12.7 釐米，寬 1.7 釐米，厚 0.1 釐米	
665	2315	竹	長 15.8 釐米，寬 1.4 釐米，厚 0.2 釐米	
666	2316	竹	長 5.1 釐米，寬 0.9 釐米，厚 0.1 釐米	
667	2317	木	長 4.6 釐米，寬 1.2 釐米，厚 0.1 釐米	
668	2318	竹	長 6 釐米，寬 1.5 釐米，厚 0.25 釐米	
669	2319	竹	長 7.3 釐米，寬 1.6 釐米，厚 0.22 釐米	
670	2320	竹	長 4.8 釐米，寬 1.6 釐米，厚 0.15 釐米	
671	2321	竹	長 5.1 釐米，寬 1 釐米，厚 0.12 釐米	
672	2322	竹	長 4.9 釐米，寬 1.4 釐米，厚 0.21 釐米	
673	2323	竹	長 5.6 釐米，寬 1.4 釐米，厚 0.2 釐米	
674	2324	竹	長 4.2 釐米，寬 1.7 釐米，厚 0.32 釐米	
675	2325	竹	長 3.2 釐米，寬 1.3 釐米，厚 0.12 釐米	
676	2326	竹	長 4.5 釐米，寬 1.5 釐米，厚 0.18 釐米	
677	2327	竹	長 5.3 釐米，寬 1.5 釐米，厚 0.2 釐米	
678	2328	竹	長 3.2 釐米，寬 1.4 釐米，厚 0.32 釐米	
679	2329	竹	長 5.5 釐米，寬 1.9 釐米，厚 0.4 釐米	
680	2330	竹	長 4.6 釐米，寬 1.1 釐米，厚 0.25 釐米	
681	2331	竹	長 5.9 釐米，寬 1.7 釐米，厚 0.22 釐米	
682	2332	竹	長 3.6 釐米，寬 1.6 釐米，厚 0.26 釐米	
683	2333	竹	長 6.5 釐米，寬 1.8 釐米，厚 0.2 釐米	
684	2334	竹	長 6.9 釐米，寬 1.8 釐米，厚 0.22 釐米	
685	2335	竹	長 10.6 釐米，寬 1.1 釐米，厚 0.18 釐米	
686	2336	竹	長 7.9 釐米，寬 0.9 釐米，厚 0.1 釐米	
687	2337	竹	長 4.8 釐米，寬 1.2 釐米，厚 0.22 釐米	
688	2338	竹	長 6.5 釐米，寬 0.9 釐米，厚 0.1 釐米	
689	2339	竹	長 4.7 釐米，寬 0.8 釐米，厚 0.1 釐米	
690	2340	竹	長 5 釐米，寬 0.8 釐米，厚 0.11 釐米	
691	2341	竹	長 3 釐米，寬 1.7 釐米，厚 0.2 釐米	
692	2342	竹	長 3.4 釐米，寬 1.5 釐米，厚 0.28 釐米	
693	2343	竹	長 2.6 釐米，寬 1.7 釐米，厚 0.21 釐米	
694	2344	竹	長 2.2 釐米，寬 1.1 釐米，厚 0.2 釐米	
695	2345	竹	長 3.9 釐米，寬 1.1 釐米，厚 0.26 釐米	
696	2346	竹	長 3.6 釐米，寬 1 釐米，厚 0.25 釐米	
697	2347	竹	長 5.2 釐米，寬 0.7 釐米，厚 0.1 釐米	
698	2348	竹	長 4 釐米，寬 1.1 釐米，厚 0.15 釐米	
699	2349	竹	長 3.1 釐米，寬 1 釐米，厚 0.12 釐米	
700	2350	竹	長 7.8 釐米，寬 0.7 釐米，厚 0.1 釐米	
701	2351	竹	長 4.3 釐米，寬 1 釐米，厚 0.11 釐米	
702	2352	竹	長 3.6 釐米，寬 0.7 釐米，厚 0.1 釐米	
703	2353	竹	長 3.8 釐米，寬 0.8 釐米，厚 0.1 釐米	
704	2354	竹	長 2.3 釐米，寬 0.5 釐米，厚 0.09 釐米	
705	2355	竹	長 3.7 釐米，寬 0.7 釐米，厚 0.09 釐米	
706	2356	竹	長 3.5 釐米，寬 0.6 釐米，厚 0.1 釐米	
707	2357	竹	長 3.7 釐米，寬 0.6 釐米，厚 0.16 釐米	
708	2358	竹	長 1.7 釐米，寬 0.6 釐米，厚 0.2 釐米	

卷内號	原始簡號	材質	尺寸	備注
709	2359	竹	長 3.4 釐米，寬 0.3 釐米，厚 0.1 釐米	
710	2360	竹	長 4 釐米，寬 1.1 釐米，厚 0.1 釐米	
711	2361	竹	長 3.9 釐米，寬 0.6 釐米，厚 0.09 釐米	
712	2362	竹	長 2.9 釐米，寬 1.1 釐米，厚 0.08 釐米	
713	2363	竹	長 4.6 釐米，寬 1.5 釐米，厚 0.32 釐米	
714	2364	竹	長 1.6 釐米，寬 0.7 釐米，厚 0.09 釐米	
715	2365	竹	長 0.8 釐米，寬 0.5 釐米，厚 0.1 釐米	
716	2366	竹	長 1.5 釐米，寬 0.4 釐米，厚 0.1 釐米	
717	2367	竹	長 11.5 釐米，寬 1.2 釐米，厚 0.1 釐米	
718	2368	竹	長 5.5 釐米，寬 1 釐米，厚 0.1 釐米	
719	2369	木	長 3.4 釐米，寬 0.8 釐米，厚 0.1 釐米	
720	2370	竹	長 3 釐米，寬 1.3 釐米，厚 0.1 釐米	
721	2371	竹	長 11.9 釐米，寬 1.5 釐米，厚 0.3 釐米	收入第叁卷 078
722	2372	木	長 2.1 釐米，寬 1.3 釐米，厚 0.2 釐米	
723	2373	竹	長 5.4 釐米，寬 1.5 釐米，厚 0.3 釐米	
724	2374	竹	長 2 釐米，寬 0.6 釐米，厚 0.1 釐米	
725	2375	竹	長 4.8 釐米，寬 0.7 釐米，厚 0.1 釐米	
726	2376	竹	長 3.2 釐米，寬 1.2 釐米，厚 0.1 釐米	
727	2377	竹	長 5.6 釐米，寬 1.7 釐米，厚 0.3 釐米	
728	2378	竹	長 3.7 釐米，寬 1.2 釐米，厚 0.2 釐米	
729	2379	竹	長 3.5 釐米，寬 0.8 釐米，厚 0.2 釐米	
730	2380	竹	長 7.6 釐米，寬 0.8 釐米，厚 0.1 釐米	
731	2381	竹	長 1.9 釐米，寬 0.6 釐米，厚 0.2 釐米	
732	2382	竹	長 5.3 釐米，寬 1.5 釐米，厚 0.3 釐米	
733	2383	竹	長 6.2 釐米，寬 0.9 釐米，厚 0.1 釐米	
734	2384	竹	長 3.8 釐米，寬 0.4 釐米，厚 0.08 釐米	
735	2385	竹	2.6 釐米，寬 1.2 釐米，厚 0.2 釐米	
736	2386	竹	長 12.8 釐米，寬 0.9 釐米，厚 0.13 釐米	
737	2387	竹	長 6.2 釐米，寬 1 釐米，厚 0.14 釐米	
738	2388	木	長 6.9 釐米，寬 1.7 釐米，厚 0.09 釐米	
739	2389	木	長 2 釐米，寬 0.9 釐米，厚 0.07 釐米	削衣
740	2390	木	長 2.2 釐米，寬 1.2 釐米，厚 0.08 釐米	削衣
741	2391	竹	長 3 釐米，寬 1.2 釐米，厚 0.18 釐米	
742	2392	木	長 2.6 釐米，寬 0.9 釐米，厚 0.08 釐米	削衣
743	2393	竹	長 2.7 釐米，寬 0.5 釐米，厚 0.08 釐米	
744	2394	竹	長 5.7 釐米，寬 1.2 釐米，厚 0.13 釐米	
745	2395	竹	長 4 釐米，寬 1.5 釐米，厚 0.13 釐米	
746	2396	竹	長 2.5 釐米，寬 0.7 釐米，厚 0.12 釐米	
747	2397	竹	長 4.4 釐米，寬 1.5 釐米，厚 0.23 釐米	
748	2398	竹	長 8.6 釐米，寬 1.3 釐米，厚 0.15 釐米	
749	2399	竹	長 3.3 釐米，寬 1.2 釐米，厚 0.25 釐米	
750	2400	竹	長 3 釐米，寬 1.1 釐米，厚 0.25 釐米	
751	2401	竹	長 5 釐米，寬 1.1 釐米，厚 0.2 釐米	
752	2402	竹	長 2.7 釐米，寬 0.9 釐米，厚 0.1 釐米	
753	2403	竹	長 7.1 釐米，寬 1.7 釐米，厚 0.23 釐米	
754	2404	竹	長 1.9 釐米，寬 0.5 釐米，厚 0.08 釐米	
755	2405	木	長 2.4 釐米，寬 1.5 釐米，厚 0.06 釐米	
756	2406	竹	長 3.5 釐米，寬 1.2 釐米，厚 0.25 釐米	

卷内號	原始簡號	材質	尺寸	備注
757	2407	竹	長7.4釐米，寬0.7釐米，厚0.1釐米	
758	2408	竹	長3.8釐米，寬0.9釐米，厚0.2釐米	
759	2409	竹	長6.1釐米，寬0.8釐米，厚0.1釐米	
760	2410	竹	長3.5釐米，寬0.7釐米，厚0.1釐米	
761	2411	竹	長4.2釐米，寬0.6釐米，厚0.2釐米	
762	2412	竹	長2.7釐米，寬0.9釐米，厚0.2釐米	
763	2413	竹	長3釐米，寬0.8釐米，厚0.1釐米	
764	2414	竹	長4釐米，寬0.7釐米，厚0.2釐米	
765	2415	竹	長3.3釐米，寬0.8釐米，厚0.1釐米	
766	2416	竹	長2.2釐米，寬0.9釐米，厚0.1釐米	
767	2417	竹	長3.2釐米，寬0.5釐米，厚0.1釐米	
768	2418	竹	長4.5釐米，寬0.7釐米，厚0.1釐米	
769	2419	竹	長3.1釐米，寬0.4釐米，厚0.1釐米	
770	2420	竹	長4.9釐米，寬0.4釐米，厚0.1釐米	
771	2421	竹	長4.6釐米，寬1.1釐米，厚0.2釐米	
772	2422	竹	長5.6釐米，寬1.2釐米，厚0.2釐米	
773	2423	竹	長5.2釐米，寬0.8釐米，厚0.2釐米	
774	2424	竹	長2.8釐米，寬1.4釐米，厚0.1釐米	
775	2425	竹	長6.6釐米，寬0.7釐米，厚0.2釐米	
776	2426	竹	長2.5釐米，寬0.7釐米，厚0.1釐米	
777	2427	竹	長7.8釐米，寬0.8釐米，厚0.2釐米	
778	2428	竹	長3.4釐米，寬0.9釐米，厚0.1釐米	
779	2429	竹	長2.7釐米，寬0.7釐米，厚0.1釐米	
780	2430	竹	長2.8釐米，寬0.5釐米，厚0.2釐米	
781	2431	竹	長5.1釐米，寬0.9釐米，厚0.1釐米	
782	2432	竹	長4.3釐米，寬1釐米，厚0.1釐米	
783	2433	竹	長2.7釐米，寬0.9釐米，厚0.1釐米	
784	2434	竹	長2.7釐米，寬0.5釐米，厚0.1釐米	
785	2435	竹	長3.5釐米，寬0.4釐米，厚0.1釐米	
786	2436	竹	長2.8釐米，寬0.7釐米，厚0.1釐米	
787	2437	竹	長2.5釐米，寬0.4釐米，厚0.1釐米	
788	2438	竹	長4.3釐米，寬0.7釐米，厚0.2釐米	
789	2439	竹	長4.3釐米，寬0.5釐米，厚0.1釐米	
790	2440	竹	長3.7釐米，寬0.7釐米，厚0.1釐米	
791	2441	竹	長1.6釐米，寬0.7釐米，厚0.1釐米	
792	2442	竹	長4釐米，寬0.5釐米，厚0.1釐米	
793	2443	竹	長3.9釐米，寬0.4釐米，厚0.1釐米	
794	2444	竹	長3.7釐米，寬0.7釐米，厚0.1釐米	
795	2445	竹	長3.2釐米，寬1釐米，厚0.3釐米	
796	2446	竹	長2.5釐米，寬0.7釐米，厚0.1釐米	
797	2447	竹	長1.5釐米，寬0.6釐米，厚0.2釐米	
798	2448	竹	長2.8釐米，寬0.5釐米，厚0.1釐米	
799	2449	竹	長4.7釐米，寬0.6釐米，厚0.1釐米	
800	2450	竹	長3.2釐米，寬0.7釐米，厚0.1釐米	
801	2451	竹	長4.4釐米，寬0.9釐米，厚0.1釐米	
802	2452	竹	長1.7釐米，寬0.7釐米，厚0.1釐米	
803	2453	竹	長3.7釐米，寬0.7釐米，厚0.1釐米	
804	2454	竹	長2.6釐米，寬0.6釐米，厚0.2釐米	

卷内號	原始簡號	材質	尺寸	備注
805	2455	竹	長 2.9 釐米，寬 0.7 釐米，厚 0.1 釐米	
806	2456	竹	長 3.5 釐米，寬 0.6 釐米，厚 0.1 釐米	
807	2457	竹	長 3.2 釐米，寬 0.6 釐米，厚 0.1 釐米	
808	2458	竹	長 3.5 釐米，寬 0.9 釐米，厚 0.2 釐米	
809	2459	竹	長 2.1 釐米，寬 1 釐米，厚 0.1 釐米	
810	2460	竹	長 3.8 釐米，寬 1 釐米，厚 0.2 釐米	
811	2461	竹	長 4.1 釐米，寬 1.1 釐米，厚 0.1 釐米	
812	2462	竹	長 2.1 釐米，寬 0.8 釐米，厚 0.1 釐米	
813	2463	竹	長 2.7 釐米，寬 0.5 釐米，厚 0.1 釐米	
814	2464	竹	長 3.8 釐米，寬 0.6 釐米，厚 0.2 釐米	
815	2465	竹	長 3 釐米，寬 0.09 釐米，厚 0.1 釐米	
816	2466	竹	長 4 釐米，寬 0.6 釐米，厚 0.1 釐米	
817	2467	竹	長 3.3 釐米，寬 0.9 釐米，厚 0.1 釐米	
818	2468	竹	長 3.7 釐米，寬 0.8 釐米，厚 0.1 釐米	
819	2469	竹	長 7.6 釐米，寬 0.8 釐米，厚 0.2 釐米	
820	2470	竹	長 3.8 釐米，寬 0.7 釐米，厚 0.1 釐米	
821	2471	竹	長 5.6 釐米，寬 0.9 釐米，厚 0.1 釐米	
822	2472	竹	長 4.7 釐米，寬 0.7 釐米，厚 0.1 釐米	
823	2473	竹	長 6.7 釐米，寬 0.8 釐米，厚 0.1 釐米	
824	2474	竹	長 6.4 釐米，寬 0.8 釐米，厚 0.1 釐米	
825	2475	竹	長 5.6 釐米，寬 0.78 釐米，厚 0.1 釐米	
826	2476	竹	長 4.6 釐米，寬 0.7 釐米，厚 0.1 釐米	
827	2477	竹	長 6.8 釐米，寬 0.4 釐米，厚 0.1 釐米	
828	2478	竹	長 2.8 釐米，寬 1.3 釐米，厚 0.2 釐米	
829	2479	竹	長 3.7 釐米，寬 0.6 釐米，厚 0.1 釐米	
830	2480	竹	長 2.2 釐米，寬 0.7 釐米，厚 0.1 釐米	
831	2481	竹	長 4.2 釐米，寬 1.2 釐米，厚 0.2 釐米	
832	2482	竹	長 3.2 釐米，寬 0.9 釐米，厚 0.1 釐米	
833	2483	竹	長 4.7 釐米，寬 1.2 釐米，厚 0.2 釐米	
834	2484	竹	長 2.5 釐米，寬 0.8 釐米，厚 0.1 釐米	
835	2485	竹	長 3.1 釐米，寬 0.6 釐米，厚 0.1 釐米	
836	2486	竹	長 3.5 釐米，寬 0.8 釐米，厚 0.1 釐米	
837	2487	竹	長 3.8 釐米，寬 1.2 釐米，厚 0.2 釐米	
838	2488	竹	長 4.7 釐米，寬 0.7 釐米，厚 0.1 釐米	
839	2489	竹	長 3.1 釐米，寬 0.6 釐米，厚 0.1 釐米	
840	2490	竹	長 3.9 釐米，寬 0.5 釐米，厚 0.1 釐米	
841	2491	竹	長 4.3 釐米，寬 0.8 釐米，厚 0.1 釐米	
842	2492	竹	長 3.9 釐米，寬 0.6 釐米，厚 0.1 釐米	
843	2493	竹	長 3.5 釐米，寬 0.8 釐米，厚 0.1 釐米	
844	2494	竹	長 3.3 釐米，寬 0.6 釐米，厚 0.1 釐米	
845	2495	竹	長 1.6 釐米，寬 1.4 釐米，厚 0.2 釐米	
846	2496	竹	長 2.5 釐米，寬 0.4 釐米，厚 0.1 釐米	
847	2497	竹	長 2.3 釐米，寬 1 釐米，厚 0.1 釐米	
848	2498	竹	長 3.2 釐米，寬 0.4 釐米，厚 0.1 釐米	
849	2499	竹	長 1.4 釐米，寬 0.6 釐米，厚 0.1 釐米	
850	2500	竹	長 1.4 釐米，寬 0.4 釐米，厚 0.1 釐米	
851	2501	竹	長 1.3 釐米，寬 0.5 釐米，厚 0.1 釐米	
852	2502	竹	長 1.3 釐米，寬 0.7 釐米，厚 0.1 釐米	

卷内號	原始簡號	材質	尺寸	備注
853	2503	竹	長1.1釐米，寬0.3釐米，厚0.1釐米	
854	2504	竹	長8.4釐米，寬0.5釐米，厚0.2釐米	
855	2505	竹	長6.7釐米，寬0.8釐米，厚0.1釐米	
856	2506	竹	長7.5釐米，寬1.4釐米，厚0.2釐米	
857	2507	竹	長5.4釐米，寬1.9釐米，厚0.16釐米	
858	2508	竹	長3.3釐米，寬1釐米，厚0.09釐米	
859	2509	竹	長4.2釐米，寬0.6釐米，厚0.08釐米	
860	2510	竹	長1.6釐米，寬0.5釐米，厚0.13釐米	
861	2511	竹	長3.4釐米，寬1.1釐米，厚0.2釐米	
862	2512	竹	長5.2釐米，寬0.6釐米，厚0.11釐米	
863	2513	竹	長2.7釐米，寬0.3釐米，厚0.15釐米	
864	2514	竹	長7.1釐米，寬0.9釐米，厚0.13釐米	
865	2515	竹	長2.8釐米，寬1.3釐米，厚0.16釐米	
866	2516	竹	長2.9釐米，寬1釐米，厚0.12釐米	
867	2517	竹	長1.8釐米，寬1.6釐米，厚0.22釐米	
868	2518	木	長7.1釐米，寬2.4釐米，厚0.22釐米	
869	2519	竹	長3.5釐米，寬1.5釐米，厚0.2釐米	
870	2520	竹	長2.2釐米，寬1.7釐米，厚0.05釐米	
871	2521	木	長3.5釐米，寬3釐米，厚0.08釐米	
872	2522	木	長5.6釐米，寬2.2釐米，厚0.2釐米	兩面有字痕
873	2523	竹	長12.2釐米，寬0.9釐米，厚0.16釐米	
874	2524	木	長9.2釐米，寬2.3釐米，厚0.3釐米	
875	2525	竹	長13.1釐米，寬1.4釐米，厚0.11釐米	
876	2526	竹	長5.4釐米，寬0.8釐米，厚0.1釐米	
877	2527	竹	長5.9釐米，寬1釐米，厚0.1釐米	
878	2528	竹	長4.1釐米，寬1釐米，厚0.17釐米	
879	2529	竹	長19.2釐米，寬1.2釐米，厚0.11釐米	
880	2530	竹	長5.3釐米，寬1.1釐米，厚0.08釐米	
881	2531	竹	長4.9釐米，寬1釐米，厚0.1釐米	
882	2532	竹	長3.5釐米，寬1釐米，厚0.19釐米	
883	2533	竹	長2.4釐米，寬0.6釐米，厚0.06釐米	
884	2534	竹	長18.1釐米，寬0.9釐米，厚0.15釐米	
885	2535	竹	長3.6釐米，寬1.4釐米，厚0.5釐米	
886	2536	竹	長6.2釐米，寬0.7釐米，厚0.11釐米	
887	2537	竹	長9釐米，寬0.7釐米，厚0.1釐米	
888	2538	竹	長3.1釐米，寬0.8釐米，厚0.16釐米	
889	2539	竹	長2.9釐米，寬1.6釐米，厚0.2釐米	
890	2540	竹	長3.8釐米，寬1釐米，厚0.1釐米	
891	2541	竹	長4.1釐米，寬1.8釐米，厚0.2釐米	
892	2542	竹	長2.7釐米，寬1釐米，厚0.1釐米	
893	2543	竹	長6.3釐米，寬1.2釐米，厚0.2釐米	
894	2544	竹	長21.8釐米，寬1釐米，厚0.2釐米	
895	2545	竹	長6.3釐米，寬1釐米，厚0.2釐米	
896	2546	竹	長4.4釐米，寬1.5釐米，厚0.2釐米	
897	2547	竹	長7.6釐米，寬0.8釐米，厚0.1釐米	
898	2548	竹	長3.5釐米，寬1.5釐米，厚0.2釐米	
899	2549	竹	長13.7釐米，寬1.1釐米，厚0.3釐米	
900	2550	竹	長2.8釐米，寬1.9釐米，厚0.2釐米	

卷内號	原始簡號	材質	尺寸	備注
901	2551	竹	長7.4釐米，寬1釐米，厚0.1釐米	
902	2552	竹	長4釐米，寬0.8釐米，厚0.1釐米	
903	2553	竹	長3.2釐米，寬1.4釐米，厚0.2釐米	
904	2554	竹	長6.2釐米，寬1釐米，厚0.1釐米	
905	2555	竹	長6釐米，寬1.5釐米，厚0.1釐米	
906	2556	竹	長4.3釐米，寬0.6釐米，厚0.1釐米	
907	2557	竹	長3.2釐米，寬1.4釐米，厚0.2釐米	
908	2558	竹	長4釐米，寬0.5釐米，厚0.1釐米	
909	2559	竹	長16釐米，寬0.9釐米，厚0.1釐米	
910	2560	竹	長3.4釐米，寬1.1釐米，厚0.1釐米	
911	2561	竹	長3.2釐米，寬0.8釐米，厚0.1釐米	
912	2562	竹	長4.8釐米，寬0.9釐米，厚0.1釐米	
913	2563	竹	長3.9釐米，寬0.8釐米，厚0.2釐米	
914	2564	竹	長3.4釐米，寬0.7釐米，厚0.1釐米	
915	2565	竹	長2.6釐米，寬1.2釐米，厚0.1釐米	
916	2566	竹	長3.4釐米，寬1.4釐米，厚0.1釐米	
917	2567	竹	長3.8釐米，寬1釐米，厚0.1釐米	
918	2568	竹	長2.6釐米，寬1釐米，厚0.1釐米	
919	2569	竹	長2.6釐米，寬1.5釐米，厚0.1釐米	
920	2570	竹	長2.2釐米，寬1釐米，厚0.1釐米	
921	2571	竹	長1.2釐米，寬0.8釐米，厚0.1釐米	
922	2572	竹	長5.9釐米，寬1.5釐米，厚0.2釐米	
923	2573	竹	長6.3釐米，寬0.6釐米，厚0.1釐米	
924	2574	竹	長1.9釐米，寬0.5釐米，厚0.1釐米	
925	2575	竹	長3.3釐米，寬1.2釐米，厚0.2釐米	
926	2576	竹	長1.9釐米，寬0.8釐米，厚0.1釐米	
927	2577	竹	長2.5釐米，寬1.7釐米，厚0.2釐米	
928	2578	竹	長3.5釐米，寬0.8釐米，厚0.1釐米	
929	2579	竹	長10.7釐米，寬1.2釐米，厚0.2釐米	背面似有字
930	2580	竹	長5.3釐米，寬1.1釐米，厚0.2釐米	
931	2581	竹	長7釐米，寬0.8釐米，厚0.1釐米	
932	2582	竹	長3.8釐米，寬0.8釐米，厚0.1釐米	
933	2583	竹	長4釐米，寬1.5釐米，厚0.2釐米	
934	2584	竹	長6.6釐米，寬1.8釐米，厚0.2釐米	
935	2585	竹	長3.2釐米，寬1.4釐米，厚0.29釐米	
936	2586	竹	長3.1釐米，寬1.3釐米，厚0.21釐米	
937	2587	竹	長7.4釐米，寬1釐米，厚0.12釐米	
938	2588	竹	長6.9釐米，寬1.1釐米，厚0.3釐米	
939	2589	竹	長4.5釐米，寬1.2釐米，厚0.2釐米	
940	2590	竹	長5.3釐米，寬1.6釐米，厚0.2釐米	
941	2591	竹	長3.6釐米，寬1釐米，厚0.4釐米	
942	2592	竹	長3.4釐米，寬0.9釐米，厚0.1釐米	
943	2593	竹	長3.5釐米，寬1.2釐米，厚0.14釐米	
944	2594	竹	長4.8釐米，寬0.5釐米，厚0.15釐米	
945	2595	竹	長4.6釐米，寬0.4釐米，厚0.13釐米	
946	2596	竹	長6.1釐米，寬0.6釐米，厚0.08釐米	
947	2597	竹	長4.5釐米，寬0.7釐米，厚0.2釐米	
948	2598	竹	長2.9釐米，寬0.6釐米，厚0.15釐米	

卷内號	原始簡號	材質	尺寸	備注
949	2599	竹	長5釐米，寬0.7釐米，厚0.1釐米	
950	2600	竹	長7釐米，寬1.5釐米，厚0.3釐米	
951	2601	竹	長1.3釐米，寬1.2釐米，厚0.1釐米	
952	2602	竹	長2.2釐米，寬0.8釐米，厚0.15釐米	
953	2603	竹	長5釐米，寬1.4釐米，厚0.1釐米	
954	2604	竹	長10.5釐米，寬1.2釐米，厚0.1釐米	
955	2605	竹	長1.5釐米，寬0.5釐米，厚0.1釐米	
956	2606	竹	長13.5釐米，寬1釐米，厚0.1釐米	
957	2607	木	長0.9釐米，寬0.4釐米，厚0.1釐米	
958	2608	竹	長1.7釐米，寬0.6釐米，厚0.1釐米	
959	2609	竹	長2.5釐米，寬0.5釐米，厚0.1釐米	
960	2610	竹	長10.6釐米，寬1.9釐米，厚0.2釐米	
961	2611	竹	長3.4釐米，寬1釐米，厚0.1釐米	
962	2612	竹	長1.5釐米，寬0.6釐米，厚0.1釐米	
963	2613	竹	長8.4釐米，寬0.9釐米，厚0.2釐米	
964	2614	竹	長2.8釐米，寬0.6釐米，厚0.1釐米	
965	2615	竹	長2.8釐米，寬0.8釐米，厚0.2釐米	
966	2616	竹	長7釐米，寬1.9釐米，厚0.1釐米	
967	2617	竹	長3.9釐米，寬1.4釐米，厚0.2釐米	
968	2618	竹	長5.5釐米，寬1.2釐米，厚0.12釐米	
969	2619	竹	長3.9釐米，寬0.8釐米，厚0.12釐米	
970	2620	竹	長6.6釐米，寬0.8釐米，厚0.1釐米	
971	2621	竹	長3釐米，寬1釐米，厚0.23釐米	
972	2622	竹	長9.3釐米，寬1.1釐米，厚0.12釐米	
973	2623	竹	長2釐米，寬0.5釐米，厚0.08釐米	
974	2624	木	長1.3釐米，寬1.2釐米，厚0.05釐米	
975	2625	竹	長4.2釐米，寬1.2釐米，厚0.17釐米	
976	2626	竹	長3.6釐米，寬0.8釐米，厚0.15釐米	
977	2627	竹	長8.4釐米，寬0.7釐米，厚0.17釐米	
978	2628	竹	長6.2釐米，寬1.7釐米，厚0.2釐米	
979	2629	竹	長7.1釐米，寬1.7釐米，厚0.16釐米	
980	2630	竹	長4.4釐米，寬1.3釐米，厚0.1釐米	
981	2631	竹	長3.3釐米，寬0.9釐米，厚0.12釐米	
982	2632	竹	長3.1釐米，寬0.7釐米，厚0.07釐米	
983	2633	竹	長5.2釐米，寬0.9釐米，厚0.2釐米	
984	2634	竹	長2.9釐米，寬0.4釐米，厚0.1釐米	
985	2635	竹	長2.9釐米，寬0.4釐米，厚0.07釐米	
986	2636	竹	長2.6釐米，寬0.5釐米，厚0.09釐米	
987	2637	竹	長2.5釐米，寬0.4釐米，厚0.1釐米	
988	2638	竹	長5.6釐米，寬0.2釐米，厚0.1釐米	
989	2639	竹	長1.9釐米，寬0.5釐米，厚0.2釐米	

附錄四　職官名索引

職官名	簡號
A	
安陽嗇夫	2019
B	
罷屯司馬	1399、1430
備盜賊令史	0185、0190、0401、0414、1617+0765-1+1016+0765-2
便丞	0347
便侯丞	0024、0039
便侯相	0031、0039、0088、0110
C	
采銅丞	0169
采銅長	0135、0211、1121、1397
倉嗇夫	0084、0086、0221、0344、0578
倉佐	0004-1、0040、0096
長賴丞	0118、0204、0232、0525、0583、0591、0597、0640、0767、0797、0814、0924-1、1310、2074
長賴令史	0197、0339、0585
長賴長	1398
長沙邸長	0015、0175、1856
長沙侯	0530
長沙廄丞	0682
長沙廄馬府佐	1048
長沙廄馬佐	1049
長沙軍司馬	0079
長沙郎中	0057
長沙内史	0097、0126、0175、0235、0335、0372、0500、0507、0530、0533、1884
長沙内史丞	0126、0235、0372、0500
長沙少史	0425
長沙少史守卒史	0425
長沙相	0044、0120、0216、0261、0272、0389、0520、1856
長沙相史	0046、0047
車府丞	0044
車長	2143
辰陽令史	0046、0173+0076
辰陽獄史	0040、0048
丞	0013、0024、0039、0040、0043、0048、0090、0107+0095、0120、0138、0186、0264、0269、0273、0318、0320、0333、0343、0344、0351、0374、0382、0395、0398、0405、0481、0552、0556、0560、0576、0579、0620、0622、0650、0661、0712、0793、0838、0895、0987、0993、0995、0997、1000、1006、1053、1143、1173、1198、1204、1284、1335、1762、1796、1803、1879、2040
丞相	0120、0231、0273、0334、0378、0503、1448、1492、1495
丞相史	0425
充丞	2119
舂陵長	0530
廚佐	1920
從史	0575
D	

職官名	簡號
大倉	0501
大倉丞	0507
大倉令	0500、0507
大常	0379+0391
大常丞	0379+0391
大傅	1722
大農令	0054
大農卒史	0054、0094
大僕	0088
大醫	0209、0523、0527
大子傅	0120、0261、1718
殿西宮府門郎中	0278、0321+0947
定廟長	0552、1383
定邑令史	0557
定邑長	0214
定園長	0214
東鄉嗇夫	1808
斗食	0411、0550、0773-1、1000、1012
斗食令史	0550、0773-1
斗食嗇夫	1274、1276、1756、1805、1807、1897、1915
都梁侯	0266、0270
都水丞	0501、0869
都鄉	0085（都鄉勝）
都鄉嗇夫	0132、0439+0137+0145、0622、0795、1238
都鄉守嗇夫	0368+1564+1584
都鄉佐	0102、0244、0622
敦長	2138
F	
府嗇夫	1143（□府嗇夫）
府史	1012
府佐	0868
G	
給事令史	0024
給事謁者	0376+0515
給事柱下	0056
宮司空	0400、0852
宮司空丞	0796
宮司空令史	0125、0208、0229、0518、0524、0594、0798、0799、1861
宮司空獄史	0401、0186、0269、1303、1654+0698
宮司空長	0852
宮西夕門佐	0268、0281
廣門佐	0617、2016

職官名	簡號
J	
監	1685
監葆嗇夫	0190、0250
監田守	0013
將軍	0325
將田義陵佐	0006、0037、0081
將田沅陽佐	0006、0081、0426
將田佐	0049
街亭求盗	0284
廄	1792+0017
廄守	1105
廄佐	0677
具獄計丞	0273
具獄史	0399、0406、0559、1337
具獄亭長	0010、0011、0152+0080
具獄獄史	0633
郡大守	0054
郡守	0378
K	
庫	0013、1577、2104
庫嗇夫	0138、0528、0275、0327
擴門佐	0418、0513、0564、1801
L	
郎中	0376+0515
牢監	0601、0769、0771
牢監佐	0233、0637
里正	1619
醴陵丞	0417、0542
臨溈丞	0283、0818
臨武丞	0125、0208、0229、0518、0524、0594、0798、0804
臨湘丞	0086、0127、0129、0132、0180、0201、0215、0256、0313、0322、0324、0341、0347、0375、0528、0547、0552、0555、0557、0574、0578、0640、0670、0816、1197+1106+1781、1272、1329、1448、1560、1575、1576、1577、1589、1805、1807、2082、2109
臨湘令	0115、0118、0134、0176、0177、0191、0557、0200、0204、0232、0243、0258、0265、0270、0275、0293、0306、0322、0327、0222、0375、0397、0399、0395、0428、0501、0525、0552、0559、0566、0583、0591、0597、0668、0682、0725、0727、0752、0777、0797、0814、0816、0869、0894、1331、1576、1589、1658、1745、1776、1780、1783、1787、1805、1807、1868、2074
臨湘令史	0135、0143、0247、0403、0407、0416、0421、0633、0777、0795、0796、1188、1338
臨湘少内	0603（臨湘少内誤）
臨湘尉	0205
臨湘獄史	0268、0278、0281、0321+0947、0534、0619、0769、0771、2085
臨湘佐	0557b、0575
臨沅丞	1857
鄗丞	0086、0306、0836、0967
鄗長	1024

職官名	簡號
酃佐	0079
令	0043、0189+0249、0190、0245、0280、0352、0374、0397、0401、0404、0408、0409、0410、0423、0453、0609、0630、0730+1616、0754、0848、0895、1269、1585、1617+0765−1+1016+0765−2、1762、1931、2080
令史	0013、0015、0024、0031、0033、0039、0046、0173+0076、0078、0079、0086、0088、0090、0096、0097、0107+0095、0110、0117、0120、0121、0125、0133、0163、0169、0179、0180、0185、0187、0190、0201、0203、0208、0214、0216、0220、0221、0222、0229、0234、0247、0248、0250、0261、0280、0309、0337、0339、0347、0352、0397、0401、0404、0407、0408、0409、0410、0414、0421、0423、0500、0501、0503、0507、0508、0526、0536、0539、0540、0544、0545、0550、0552、0575、0576、0599、0630、0633、0648、0666、0668、0697、0711、0754、0803、0804、0838、0847、0861、1010、1025、1045、1269、1276、1283、1509、1617+0765−1+1016+0765−2、1692、1723、1805、1807、1811、1850、1897、1920、2057、2125
羅丞	0861
M	
門淺丞	0313
門下亭長	0195、0399
廟廚嗇夫	0454、0859、1000、1714、1813
廟府嗇夫	0669
磨鄉嗇夫	1483
N	
南部都尉	0266、0270
南郡大守	0039、0429、0430
南山令史	0795
南山長	0180、0337、0395、0507、0557、0559、0679、0754、0776+0775、1138
南山佐	0557、0624、0776+0775
南亭求盜	1069、1192
南鄉嗇夫	0185、0401、0408、0410、0414、0578、1689
南鄉佐	0057
南陽大守	0615
南陽庫	1335
南陽長	0335、1556+0885、1894
内官令	0044
内官長	0243、0256、0324、1692、1745
内史	0120、0175、0179、0216、0530、1214、1508、1856、1985
内史守卒史	1255
内史卒史	0042、0707、0774
Q	
蕲春長	0576
清河大守	1627
求盜	0038、0284、0628、0916、1035、1069、1192、1279、1447、1585、2121、2135
S	
三封丞	2017（采集簡）
三封令	2017（采集簡）
三封右尉	2017（采集簡）
三封左尉	2017（采集簡）
嗇夫	0008、0010、0011、0031、0033、0039、0152+0080、0090、0110、0180、0280、0292、0409、0539、0550、0772、1010、1047、1065、1111、1114、1117、1134、1143、1145、1212、1240、1311、1328、1689、1774、1806、1855、1976、2019、2019b

職官名	簡號
少府	0088、0382
少内佐	0187、0231、0304、0334、0360、0431、0504、0527、0618、0638、0645、0697
少内嗇夫	0578
少史	0425、0763、0786、1957
食官丞	1723
食官長	1723
史	0238、0244、0431、0442、0491、0500、0548、0613、0615、0632、0658、0758、0855、0866、1025、1114、1169、1193、1222、1277、1335、1441、1450、1479、1566、1571、1585、1641、1653、1715、1770、1782、1975、2033、2044+2041、2104
使者	0279、0522
守丞	0179、0200、0894、0956、1800
守令史	0078、0190、0250（守令史備盜賊）、0312、0344、1220
守衛尉	0382
守獄史	0008、0009、0041、0094、0305、0343、0818
守長	0332、0351、0395、0398
守卒史	0042、0046、0425、0762
壽陵守	1462
壽陵長	1535
書佐	0039、0188、0235、0372、0507、0530、0615、0649、0650、1024、1301、1383、1462
脽夷鄉嗇夫	0052+0157、0161+0003
司空	0444、1690、1840
司空令史	0116
司空嗇夫	0374、0419、0509、0538、0714、1067
司空佐	0057、0684、0891、1711
筭書佐	1010
T	
鐔成庫佐	0004-1、0040
鐔成嗇夫	0180、1145
廷史	0615、0635
廷尉	1602、1646、1685
亭長	0010、0011、0084、0110、0132、0185、0195、0215、0222、0280、0370、0351、0396、0399、0536、0537、0539、0551、0569、0578、0620、0648、0691、0753、0866、0997、1043、1069、1489、1572、1793、1969、2118
鐵官嗇夫	1010
鐵官長	0557、0327、1625、1805、1807、2074
W	
尉	0115、0118、0120、0138、0166、0176、0182、0215、0232、0286、0322、0327、0481、0525、0528、0550（尉史曹）、0552、0574、0578、0583、0591、0597、0632、0670、0736、0745、0762、0797、0814、0816、0842、0856、0895、0960、0970、0993、1005、1006、1069、1181、1198、1272、1329、1341、1441、1444、1445、1574、1575、1785、1796、1812、1856、2097、2125
尉曹史	0541
尉史	0038、0040、0053、0132、0194、0280、0295、0320、0403、0407、0411、0416、0421、0481、0539、0666、0861、0918、0943、0950、0964+0383+1609、1000、1141、1184、1282、1922、2049b、2135、2138
沃丞	2017（采集簡）
沃野令	2017（采集簡）
沃野右尉	2017（采集簡）

職官名	簡號
沃左尉	2017（采集簡）
無陽丞	0121
無陽長	0007、0121、0171+0012
武庫丞	0044
武陵守卒史	0046
武陵卒史	0173+0076
X	
西山陵長	0180、0337
西山佐	0599
鄉嗇夫	0052+0157、0906、1445、1461、1617+0765-1+1016+0765-2
鄉佐	0057、1497、1659、1684
相史	0007、0011、0040、0043、0046、0047、0173+0076、0179、0261、2089
小史	1579、1946
Y	
謁者	0268、0281、0376+0515
益陽長	0767
益陽佐	1225
義陵佐	0006、0037、0081、0162+0353+1743
永巷長	1490
攸丞	0542
攸令史	1045
郵人	0133、2134
酉陽丞	0555
右倉	0503
右倉佐	0506、0508、0602
右尉	0539、1234、2017（采集簡）
御府丞	0215、0555、0574、0578、0670、1272、1326、1329
御府長	0886
御史	0379+0391、0389、0635、1492、1495
御史少史	0425、1957
獄門嗇夫	0772
獄門亭長	0551、0569、0753
獄史	0002、0161+0003、0004-1、0034、0040、0044、0049、0057、0133、0180、0186、0200、0205、0210、0246、0269、0277、0279、0309、0327、0373、0376+0515、0386、0413、0449、0620、0560、0562、0395、0351、0401、0441、0462+0463、0516、0529、0557b、0561、0564、0566、0573、0605、0606、0608、0617、0619、0626、0628、0640、0661、0665、0716、0726、0742、0754、0756、0766、0769、0780、0787、0804、0807、0817、0837、0848、0852、0854、0856、0886、0908、0997、1020、1023、1055、1117、1151、1172、1188、1303、1333、1452、1520、1531、1550、1560、1634b、1654+0698、1737、1792+0017、1850、1871、2016、2044+2041、2058、2060、2074、2085、2103、2119、2122、2123、2126、2127、2134
獄佐	0483、0975
沅陽丞	0107+0095
沅陽倉佐	0004-1、0040
沅陽長	0107+0095
沅陽佐	0004、0006、0081、0426

職官名	簡號
掾	0557b、0302、0333、0490、0615、0756、1824、1910
掾嗇夫	0024
Z	
長	0013、0042、0077、0105+0089+0098、0090、0318、0405、0186、0269、0333、0395、0398、0351、0556、0575、0579、0609、0649、0767、0852、1540、1680
長史	0120、0216、0261、1829、1856
昭陵獄史	0133、0313
烝陽丞	0127、0283、0341、0491、0547、0763、1197+1106+1781
正	0151+0005、0078、0669、1685
中官	2106
中郎	0177
中尉	0182、1744、2087
中尉丞	0358-1、0566
中尉守卒史	0042
中尉卒史	0398、0400、0406、0633、0761、1338、1901
中鄉佐	1280、1689、2071
諸侯相	0054、0378
竹遂亭長	0132
主爵都尉	0275
主繫令史	0117、0229、0234、0529、0546、0573、0803、0804、1550
主繫嗇夫	1328
主繫佐	1418、1522、1571
秭歸令	0039
卒史	0014、0024、0040、0042、0046、0054、0173+0076、0162+0353+1743、0179、0188、0235、0335、0398、0351、0401、0409、0410、0425、0429、0500、0507、0530、0619、0649、0655、0707、0774、0927、0981、1010、1015、1018、1024、1237、1462、1654+0698、1786、1842
左内史	0346、1044
左尉	0327、2017（采集簡）
佐	0004、0014、0024、0031、0039、0043、0087、0090、0096、0110、0122+0114、0125、0141、0556、0557、0203、0208、0252、0257、0258、0277、0284、0331、0392、0412、0449、0500、0506、0518、0522、0545、0561、0575、0594、0611、0615、0618、0669、0675、0689、0799、0841、0899、0906、0952、1015、0657+1555、1065、1141、1159、1205、2128、1418、1447、1552、1774、1801b、1812、1885、1928、2060

附錄五　人名索引

人名	簡號
	A
敖力	0057
翾	0380
印	0539
哀	1463
	B
巴人	0002、0017、0121
豹	0078
鼻	0102
别梅	0115、0146
不識	0125、0128、0208、0229、0234、0263、0299、0350、0373、0469、0518、0519、0524、0529、0546、0573、0582、0589、0590、0594、0798、0799、0803、0804、0808、0809、0810、0861、1398、1570
不淮	0145、0381、0387
膊	0188、0235、0649、1024、1817
弼（?）	0210
被	0261
粺	0351
丙	0372、0507、0530、2060
部	0374
辟閭	0396、2019
伯子	0475、0484、0581、0651、0874、0907、2116、2117
逋	0542
避	0551
辟	0555、0569、0753
辨	0576
伯	0651
不臾	0767
婢	1398
不疑	1532、1597
	C
充	0006、0013、0014、0078、0088、0353、0422、0533、0541、0545、0599、1450
持嚍	0031、0033、0039、0110
郰	0040、0048
充國	0044、0194、0429、0430、1806、1948
長始	0089
蔡土	0101、0103
乘之	0180、0185、0186、0189、0190、0200、0222、0247、0248、0250、0268、0269、0281、0318、0321+0947、0337、0338、0376、0384、0397、0399、0400、0401、0403、0404、0405、0407、0408、0409、0410、0414、0423+0776、0515、0534、0536、0559、0560、0562、0601、0605、0606、0613、0620、0621、0624、0630、0661、0668、0698、0661、0666、0668、0698、0717、0724、0730、0736、0741、0742、0754、0761、0765 下、0776、0777、0787、0848、1270、1282、1302、1337、1610、1641
朝	0185、0197、0210、0222、0259、0536、1185
醜人	0186、0269、0395、0405
次	0195

人名	簡號
瘳慶	0587+0197、0259
寸	0213、0475、0581、0651、1599、2116、2117
蒭	0243
昌	0274、0342、0425、0503、0588、0593、0595、0596、0762、0881、0888、0980、1008、1201、1879
辰	0332、0649、0852
成	0383、1255、1483
超	0414①、0624、0776
嬋	0484
齒	0545、0556、0557
昌之	0552
倉	0560、0620
蒼	0766、1587
乘	1138
曹害	1394
醜	1576
城	1679
崇	1824
楮	2077
陳	2114
D	
定	0001、2044+2041、1908
地	0007、0008、0017、
當時	0057、0256、0381+1465、0439+0137+0145、0532、0964+0383+1609、1596、1720、1796、2056、2063
多	0143、0185、0186、0189、0190、0222、0250、0280、0352、0401、0404、0409、0410、0414、0630、2132
當	0188、0235、0335、0649、1015、1024、1561
得之	0262
鄧車	0267、0581、0651、0874、2116
代人	0267、0475、0581、0647、0651、0874、0887、1096+0907、1236、1513、1599、2115、2116
登	0306、0377、0836、0967、0909、1561、1351
釘	0399、0406、0559、0633、1337
到	0418、0513、0617、1801、2016
多	0458、1294
笪	0493、0941、0941、1192、1324
當?	0500
達	0537
鄧里	0578
牒	1455
E	
兒	0117、0125、0128、0208、0229、0234、0263、0299、0309、0518、0573、0582、0589、0590、0584、0798、0799、0803、0804、0808、0809、0810、2122

① 誤作詔。

人名	簡號
F	
方風	0005、0011、0012、0151
非子	0083、0090、0225、0346、0347
煩	0142
福	0150、0257、0277、0313、0320、0507、0599、1107、1523、1604、1908
方河人	0416
夫	0649
方	0666
方時	0861
伏狗	0868
副	1169
G	
搞	0001、0003、0017、0052、0077、0080、0113、0123
工期	0001、0005、0007、0008、0017、0052、0098、0112、0151
共皮	0005、0010、0017、0089、0157
共來	0010、0017
共木	0016
庚	0009、0010、0080、0166、0694、0858
貴	0039、0280、1750
癸	0042
光甲	0040、0048
廣昌	0057
光	0142、1345、1920
贛人	0247
國人	0267、0874
固	0279、0306、0316、0516、0522、0718、0913
恭	0386
敢纏	0422
過	0854、1333
狗	0892
光延	0943
古	1354
廣	1457
郭長孫	1511
公	1915
高	1931、2138
H	
胡人	0003、0008、0017、0094、0553、0565、1018、1019、1913
後	0013
虹	0084
寰	0186、0254、0268、0269、0281、0296、0351、0395、0398、0615、0649、0661、0852、0986、1717、1945
河人	0200、0277、0309、0561、0564、0736、0742、0756、0769、0771、0772、1004、1467、1519、1550、2122、2127

人名	簡號
黄襄	0215、0578
賀	0268、0281、0501、1580
號	0339、0535
據	0407、0421、2044+2041
交	0538
漢	0555
合	0402、0535、0585
黄獄	1072
黄	0267、1599
黄廣	1866
黄澤	2142
J	
麐	0003、0005、0016、0017、0077、0080、0105、0123
驕	0038、0040、0169
駕	0040、0048、0173、0348、1395
疾	0057、0684
敬	0079
嘉	0088
堅	0104、0118、0177、0200、0203、0204、0231、0232、0258、0284、0288、0334、0525、0583、0591、0597、0645、0682、0697、0725、0797、0814、0816、1279①、1787、1868、2074、2135
即	0143
居無	0172
監	0187、0360、0527、0395、0677
基望	0195
衿	0214
解	0295
堅（少内佐）	0304
建	0335、0702、0885、0891、0913、1680、1894、1937
捲	0351、0395
炅	0475
解	0500
俊〈後〉	0516
加	0539
季子	0658
齎	0764
金夫	0970
寄	1335
均	1418
夾	1441
久	1496

① 簡文誤爲監。

人名	簡號
進之	1645
及時	1931
季建	1952
鈞	2088
驕河	2133
K	
伉	0006、0014、0034、0076、0078、0092、0099、0353
可	0024
葵	0078、0579、1460
柯	0084、0340
快	0090、0346、0347
可思	0267、0370、0435+0874、0484、0581、0647、0651、0689、0807、0887、0907、1001、1149、1332、2125、2127
客夫	0425、0555、0574、0578、0679、1169、1272 、1326、1329、1483、1640、1640
擴	0501、0506、0802、0869
庫	1313
客人	1522
L	
劉	0013
虜展（?）	0013
虜	0024、1377、1387
貍	0078
路人	0090、0267、0346、0347、0774、1285
閭	0110、0712
理人	0143、0185、0189、0190、0222、0247、0338、0384、0397、0401、0410、0462、0463、0668、0679、0730、0765 上、0773 下、0848、1302、1608
寮	0186
蘭	0213
樂	0370、2125
臨	0375
癃	0484
樂歲	0506、0602
連	0579
牢	0787
粱	1021、1022
祿福	1352
龍	1953
M	
卯	0004、0006、0013、0014、0032、0035、0038、0040、0048、0076、0092、0094、0104、0156、0173、0184、0349、0353、0426、0601、1322、2060
妹	0005、0011
萮	0015
莫當	0031、0039、0110

人名	簡號
賣	0177
麥	0292
苗	0752
馬童	0762
買	0852、0854
毛翁盍	1561、1597
衺	2023
名	2044+2041
N	
南	0101、0109
農夫	0187、0203、0211、0371、0472、0481、0503、0508、0526、0658?、0697、1184
諾	0484、0651
奴	1031、1533、1760
迺	1922
O	
歐陽	1561
P	
僕	0003、0005、0016、0017、0077、0080、0105、0123、0796、1043、1645
平若	0126
蒲蘚	0540
旁勧（?）	1721
Q	
強秦	0003、0005、0016、0017、0077、0080、0105、0123
強是	0078
企	0039、0110
青肩	0050、0095、0768、1329
青	1737
強是	0089
齊	0018、0031、0039、0119、0127、0169、0226、0227、0327、0341、0482、0547、0549、0557、0593、0596、0729、0888、0984、1194、1417、1559、1781、1800、1805、1949、2060
齊客	0175、0235、0335、0372、0500、0506、0530、0533、1856
綺	0261、1718
慶	0253、0284、0286、0294、0385、0459、0941、0952、0992、1069、1117、1147、1192、1205、1265、1279、1324、1553、1667、1913、2126、2135
青北	0321
全□	0576
期	0648
起	0648?
千我	1445
卻之	1800
慶忌	2119
卿	2125

人名	簡號
R	
容	0005、0011
壬	0185、0189、190、0280、0327、0350、0401、0408、0409、0410、0414、
如	0292
容人	1296
榮	2073
S	
奢	0007、0008
始	0013、0175、0288、0530、0706、1856
勝	0024、0033、0083、0085、0090、0987、1007
商	0033、1807
室	0044
贯	0079
聲	0132
申	0166、0858
孫方思	0177
壽	0185、0189、190、0222、0280、0337、0352、0395、0397、0399、0401、0404、0408、0409、0410、0423、0536、0559、0730、0754、0848、1931
祒	0186、0269、0318、0351、0395、0398、0405
收	0243、0256、0324
守	0894
生	0246、1188、2123
蛇	0267、1599
素	0302
尚	0302
思	0375
擅	0419
始	0458
聖	0615
適	0736、1065
遂	0756
戍	0795
順	0802
市	0802
始	0802
蜀	0897、1034、1149
拾	0906
舒	1355、1559
視	1808
受之	2134
T	
僮	0004、0006、0014、0032、0037、0048、0049、0076、0078、0081、0094、0184、0349

人名	簡號
它	0041、0079、0343
它人	0079、0110、1338、1931
庭竹	0284
通	0385、1279、1679、2135
唐固	0522
徒	0545
童	0648、2125
屯	0702
豚	0802
滕	1670
W	
吳人	0004、0049、0205、0213、0475、0538、0581、0596、0619、0628、0651、0652、0729、1022、1457、1599、2116、2125
吳人?	0607
午	0078、0086、0353、0606、1277、1588、1645
武	0017、0117、0118、0125、0128、0172、0173、0208、0229、0232、0234、0263、0299、0309、0368、0518、0519、0524、0529、0546、0582、0589、0590、0592、0594、0769、0771、0798、0799、0803、0804、0808、0809、0810、1144、1935、2122
外	0125、0128、0208、0234、0263、0299、0350、0518、0519、0529、0546、0573、0582、0589、0590、0592、0594、0799、0803、0804、0808、0809、0810、1570
完	0185
誤	0252、0441、0504、0618、0638、0657、0807、0817、0855、0908、0955
吳	0339、0535、0585、1442
吳（乘之案）	0277、0561、0564、0617、0716、0726、0769、0771、0772
溫	0479、2132
蛙	0479
萬年	0507
吳適	0528
危	0540
妄	1306
莖	0267、1599
毋傷	1711
王別	2123
宛	2143
X	
襄人	0001、0003、0005、0007、0008、0010、0011、0012、0016、0017、0052、0077、0080、0089、0123、1514
相如	0014、0351
熹	0054、0584、0795
相聲	0078
婿	0080、0121、
訢	0083、0090、0346
襄	0087、0815、1444、1717
血婁	0119、0127、0197、0226、0127+0274、0339、0341、0342、0547、0549、0585、0593、0595、0596、0738、0888、0980、0984、1191、1417、2126

人名	簡號
信	0166、0327、0399、0630、0691、1646、2061
獻	0180、0351、0395、0661
夏卯?	0204
俠	0318、0351、0373、0395、0398、0405、0469、0620、0661、1516
辛	0545、0556、0557
新	0408、0754+0624、0775+0776
行	0649、0852、1316、1920
奚	0711
相	0756、1946
纁	1325
熊厚	1510
鄉	1671
熏	1672
幸	1701
賢	1774
孝	2069
邪	2123
	Y
於鐵	0001、0005、0011、0012、0131、0171
於見	0120
援	0015、0079
倚莊	0024、0033
意	0024、0031、0254、0296、0351、0837、0997、1782、1871、2121
酉	0033
乙	0042、0620、0665
埶	0044
倚	0047、0121、0925、1023、1286、2089
野	0048、0076、0078、0348、0575
陽	0107、0422、0769
燕	0115、0246、0364、1172、1472、1552、1653、1983、2123
寅	0115、0176、0191、0566、1655、1658
焬年	0158、0195、0221、0323、0425、0491
嬴	0158、0195、0323、0375
延	0452、1560
𪊥	0180、0395
倚相	0201、0412、0506、0539、0618
倚【相】	0504
嬰	0213、0257、0351?、0475、0581、0648、0651、0703、0760、0976、0999、1506、1513、1808、2116、2117、2125
越	0243、0245、0265、0275、0322、0374、0375、0501、0752、0869、0894、1053、1331、1576、1589、1780、2080
育	0245、2134
豫	0270
繇	0275、0528

人名	簡號
寅	0293
御	0303
越	0380
營	0513
郢	0530
淵	0553
魚	0553、0565
異	0560、0620
宜	0619
衍?	0637
楊建	0639
燕犀	0649、0852
轅	0762
園人	0773 下
陽都	0815
娗志	0886
嫗	0911
禹	0911
耶	0955
育	1356
夷	1382、1516
意	1444
倚人	1474
倚益	1479
臾	1642
殷	1946
優	1949
延年	2143
Z	
周	0013、0077、0080
執	0024
則	0033、0186、0351、0395、039、0400、0401、0406、0409、0410、0425、0633、0661、0676、0761、1338
縱	0040、0048、0076、0348
姊	0109
尊	0118、0201、0235、0258、0180、0200、0204、0232、0351、0395、0398、0525、0583、0591、0597、0689、0797、0814、0816、1204、1310、1566、2088、2127
忠（臨湘丞）	0127、0322、0341、0547、0552、0555、0557、1575、1805、1807、2082
忠	0386、0742、1269
志	0132、2118
張乘之①	0212、0416、0421、0666、0773 上

① 張乘之在簡文中常省稱爲乘之。

人名	簡號
字陽	0215
征	0245
直	0252
中	0283
壯	0284
重	0351
章	0376、0562、0848
祭	0391
正里	0500、0506
臧見	0532、1596
寂諒	0572
正	0576
張木	0867
責	1238
張臣	1294
重土	1326
擇之	1335
狀	1394
張齊	1398
走	1442
朱常	1540、1548
至	1567
止	1573
軫	2132
莊	2135
無法確定讀音的人名	
禎	0419、0509、0538、0714
婝	0867

附錄六　地名索引

一、本索引所列為長沙走馬樓西漢簡牘所見地名。爲排版方便，原釋文後所加之（?）及在釋文外補加之□號，一律取消。

二、本索引按中文拼音字母順序編排，對地名不進行分類處理。簡號指長沙走馬樓西漢簡牘之原始編號。

三、地名首字爲□者，附於本索引末尾。長沙走馬樓西漢簡牘所見地名用字與傳世文獻有異者，如"棓陵"史書中一般作"涪陵"等，爲保持簡牘用字原貌，本索引以簡牘用字爲準。

地名	簡號
	A
安成里	0006、0078、1313、1434、1650、2069、2071
安居	0077、0152+0080
安陽鄉	0574、2019、1574
	B
棓陵	0088、0033
北利里	1476
北平	0102、0109
便	0042、0085、0346、0225、0347
便侯国	0024、0031、0039、0088、0110、0434、1325
	C
材陽里	0262
昌里	0040、0346、0292、1586
郴	0447、0346、0225
辰阳	0046、0040、0173+0076、0048、0556、0575、1803
成里	0424、1670、0274、0342、0595、2134
城東門	0284、2103、0712、0544、0312
城東門亭	0132、0628
從里	0528
充	0107+0095、2119
春陵	0530
春里	0540
長安	2092
長賴	0795、1796、0132、0204、0340、0344、0767、0796、0176、1114、1310、1398、0118、0591、0232、0525、0583、0814、0797、0597、0585、0339、0197、2074
長陵聚	0094
長沙國	0272、0520、0047、0121、0046、0079、0015、0852、0044、0057、0097、0120、0126、0175、0216、0261、0335、0372、0425、0491、0530、0533、0682、0633、0932、0938、1048、1049、1183、1255、0042、0389、0645、0209、0503、0235、0231、0334、0191、0504、0501、0506、0412、0667、0187、0507、0697、0644、0500、0707、0272、0520、1334、1360、1558、1652、1775、1809、1812、1856、1884、1902、1942、1985、2039b
長沙内史	0084
	D
大里	1185、0518、0594、0229、0125、0524、0798、0799、0208
當陽里	0479、0796、0955
當越里	1597
登聚	0749、2132
登里	1561
鄧里	0215、0578、0584
邸里	0104、0189+0249、0185、0190、0410、0338、1617+0765+1016+0765-1、0406、1337、0462+0463、1618、2127

地名	簡號
定陵	0686
定邑	0214、0538、0522、0279、0306、1420、0647、2125、2115、0704、0968、0557
定園	0214、1552
東郭里	0373
東里	0555
東鄉	1808
都里	0346、1808
都梁侯國	0266、0270
都鄉	0094、0795、0056、0975、1796、0084、0132、0322、0622、0669、0253、0244、0856、0961、1238、1241、0085、0102、0266、0272、0520、1412、1741、0118、0591、0232、0583、0814、0597、0575、0115、1812、1938、0368+1564+1584、0439+0137+0145
F	
扶里	0166、1601+0858
富陽	0107+0095
G	
高成里	0158、0274、0342、0595
高平里	0292、0303
藁上里	1392
根里	0861
工里	1483
共里	0152+0080、0010、0011、0008、0161+0003
故咸陽	1526
廣成部	0322
廣漢	0069 上
貴賤里	1597
H	
侯陽鄉	1175
胡里	0115、2123
胡書里	0322
皇里	0011、0008
黄里	0445、0153、0259、0587
J	
畸里	0346
褉里	0795
江陵	0088、0033、0107+0095
匠里	1701
街亭	0222、0284、2103
靖園	0127、0342、0595、1878+0980、1093
橘州	0395、0408、0352、0536、0404、0668、0248、0397、0679、0761、0776+0775、0189+0249、1617+0765+1016+0765-1
K	
鍇里	0458、2132
L	
樂成里	0346

地名	簡號
樂平里	2118
醴陵	0175、0417、0447、0542、0176、1723
連道	0107+0095、0175、0188、1271、0694
漻亭	1538
漻陽	0477、0584、2127
漻陽鄉	0441
臨南陵	0335
臨沮	0088、0033
臨利里	1326
臨溈	0556、0447、0767、0423、0620、0560、1656+1607、0283、0556
臨武	0518、0594、0229、0125、0524、0798、0804、0208
臨湘	0002、0121、0795、0056、1577、1745、0256、0088、0057、0086、0104、0134、0135、0172、0175、0204、0215、0243、0258、0265、0293、0319、0322、0327、0340、0344、0476、0479、0487、0491、0538、0539、0540、0552、0553、0555、0574、0578、0632、0659、0660、0669、0670、0682、0699、0706、0725、0727、0739、0745、0752、0758、0806、0816、0846、0337、0423、0414、0620、0395、0185、0190、0410、0338、0398、0180、0754、0560、0559、0536、0250、0222、0668、0399、0406、0397、1337、0247、0633、0796、1338、0313、0133、0143、0777、0403、0407、0421、0534、0773、0212、1776、0604、0640、0721、0787、0268、0281、0176、0283、0516、0279、0306、0375、0158、0158、0861、0867、0869、0872、0878、0974、0989、0991、0999、1007、1012、1025、1052、1175、1184、1175、1213、1242、1271、1272、0346、0347、0102、0103、0503、0505、0235、0231、0334、0326、0191、0504、0501、0667、0638、0201、0508、0644、0360、0602、0331、0905、0917、0500、2019、0512、0769、0566、1804、0771、0619、0266、0270、0272、0520、0292、0303、1322、1326、1329、1331、1339、1346、1372、1443、1448、1493、1504、1505、1560、1561、1575、1576、1589、1634、1649、1658、1689、1701、0118、0591、0232、0525、0583、0524、0814、0797、0799、0597、0200、0350、0127、0585、0341、0402、0547、0535、2127、0370、1285、0557、0528、0275、0115、0364、1188、1780、1783、1787、1805、1807、1812、1868、1910、2042、2073、2082、2085、2088、2109、2111、2118、2121、2134、2147、0324 正、0557b、0107＋0095、0189＋0249、0205＋0363、0321＋0947、0368+1564+1584、0462+0463、1656+1607、1449+1363、1601+0858、2129+2130、1197+1106+1781、1617+0765+1016+0765-1
臨沅	1792+0017、0107+0095、0257、0744、0406、1552、1857
零	0088
零陵	0611
零陽	0358
鄗	0079、0015、0086、0836、0306、0967、1024、1224
羅里	1666、0127、0342、0595、1878+0980、1194、1909
羅	0373、0469、0553、0687、0861、0867
笠里	0752
M	
門淺	0107+0095、0313
磨鄉	1012、1483、1511、1575
N	
南郡	0039、0429、0430、0423
南山	0795、0417、0337、0776+0775、0395、0180、0624、0559、0536、0679、0935+0384、1138、0507、0127、0274、0341、0342、0547、0595、1197+1106+1781、1878+0980、0557、2156
南亭	0741、1069、1192、2103
南鄉	0057、0215、0578、0414、0401、0185、0408、0410、0138、0176、1475、1511
南陽	0006、0078、0175、0188、0335、0763、0774、1335、0118、0518、0591、0594、0232、0525、0125、0583、0524、0615、0814、0798、0797、0799、0597、0208、0350、1556+0885
南陽里	0006、0078

地名	簡號
牛造里	0204、0337、0423、0180、0754、0403、0407、0421、0416、2026、2129+2130、0212
P	
旁里	2186
蓬門	2103
平里	0524、0798
平陽里	0518、0799、0125、0208、0350、
Q	
棲溪涌	0161+0003
蕲春	0576
千秋里	2115
遷陵	0107+0095、1120、1736、2170
輕半	0152+0080、0161+0003
清河	1627
清陽	0781
泉陽里	0327、0118、0594、0232、0524、0799
R	
饒郵里	0049
S	
沙□里	0867
沙羡	1120
上都	0151+0005
上郡	1314
上里	0370
汜里	0364
始里	0694
壽陵	0175、0188、0739、0796、0176、1021、1114、1140、1462、1535、0153、0259、0197
蜀	0069 上
腓夷鄉	0052+0157、0161+0003
索	0107+0095
T	
鐔成	0040、0004-1、0048、0154、0180、1145
同里	0859
W	
外宛里	0693、1634
宛	1552
溈里	0555
溈鄉	2142
問陽里	1768
無陽	0047、0052+0157、0152+0080、0010、0011、0171+0012、0008、0007、1792+0017、0121、0004、0013、0173+0076、0048、0049、0092+0099+0349、0162+0353+1743、0014、0794
菑里	0057、1285、1934
武陵	0663、0744、1797

地名	簡號
X	
西都里	0153、0259、0197
西山	0134、0477、0599、0796、0176、1275、0292
西山陵	0337、0180
西市	0332
西陽里	2134
息里	0115、2123
下都	0151+0005
湘水	1008
孝文廟亭	0370
偕里	1493
熏陽	0301
Y	
烶年里	0133、0522、1506
雁澤渚	0686
陽里	0991、0999、1859
傜里	1272
楪侯國	0283、0522
夷道	0088
義陵	0006、0037、0081、0094、0040、0048、0162+0353+1743、2134
溁陵	0120
溁溪	0152+0080
溁中	0016+0123
邑陵	0084、0340
益闟	0138、0194、1123、1575
益陽	0965、1488、1225、1735、1879
郢里	0350
攸	0861、0118、0518、0591、0594、0232、0229、0525、0583、0524、0814、0798、0797、0799、0597、0208、0350
郵里	1604
酉陽	0555、1900
豫章	0266、0170
沅陵	0087、0100、0107+0095、1736
沅陽	0006、0426、0081、0004、0040、0348、0048、2126
Z	
臧郢里	0518、0594、0229、0125、0799、0208、0350
昭陵	0107+0095、0447、0796、0313、0133
烝陽	0079、0175、0491、0555、0669、0763、0283、0960、1277、0127、0341、0342、0547、0595、1878+0980、1194
中里	0712
中鄉	0166、1601+0858、0104、1272、1280、1390、1689、0525、0797、0528、2071
州陵	0423
周奉鄉	1492
竹遂亭	0132

地名	簡號
渚下	0364
莊里	0406、2070
姊歸	0107+0095
秭歸	0039
其他	
□運里	1463
□里	1271

图书在版编目（CIP）数据

長沙走馬樓西漢簡牘 / 長沙簡牘博物館，湖南大學簡帛文獻研究中心編著. --長沙：岳麓書社，2024. 3
ISBN 978-7-5538-2051-4

Ⅰ. ①長… Ⅱ. ①長… ②湖… Ⅲ. ①简（考古）—研究—長沙—西漢時代 Ⅳ. ①K877.54

中國國家版本館CIP數據核字（2024）第058063號

CHANGSHA ZOUMALOU XIHAN JIANDU

長沙走馬樓西漢簡牘

編　　著　長沙簡牘博物館　湖南大學簡帛文獻研究中心
出 版 人　崔　燦
責任編輯　王文西　邱建明　包文放　魯雲雲
責任校對　舒　舍
排版設計　幀藝坊文化

出版發行　岳麓書社
地　　址　湖南省長沙市愛民路47號
直銷電話　0731-88804152　0731-88885616
郵　　編　410006

印　　刷　雅昌文化（集團）有限公司
版　　次　2024年3月第1版
印　　次　2024年3月第1次印刷
開　　本　787 mm × 1092 mm　1 / 8
印　　張　151.5
字　　數　3090千字
書　　號　ISBN 978-7-5538-2051-4
定　　價　5200.00 圓（全四册）

如有印裝質量問題，請與本社印務部聯繫
電　　話　0731-88884129